Green Company Transformation

Arne Prieß (Hrsg.)

# Green Company Transformation

## Ökologische Nachhaltigkeit als Erfolgsfaktor für Unternehmen

1. Auflage

Haufe Group
Freiburg · München · Stuttgart

**Bibliografische Information der Deutschen Nationalbibliothek**

Die Deutsche Nationalbibliothek verzeichnet diese Publikation in der Deutschen Nationalbibliografie; detaillierte bibliografische Daten sind im Internet über http://dnb.dnb.de/ abrufbar.

**Print:** ISBN 978-3-648-16466-2 Bestell-Nr. 10848-0001
**ePub:** ISBN 978-3-648-16467-9 Bestell-Nr. 10848-0100
**ePDF:** ISBN 978-3-648-16468-6 Bestell-Nr. 10848-0150

FSC
www.fsc.org
MIX
Papier aus verantwortungsvollen Quellen
FSC® C083411

Arne Prieß (Hrsg.)
**Green Company Transformation**
1. Auflage 2022


www.haufe.de
info@haufe.de

Bildnachweis (Cover): Pixabay

Produktmanagement: Jürgen Fischer
Lektorat: Barbara Buchter, extratour, Freiburg

# Inhaltsverzeichnis


Hinweise zu diesem Buch ... 11

Nachhaltiges Wirtschaften als bestes aller Zukunftsmodelle – ein Vorwort ... 15
*Yvonne Zwick*

**1 Mit Leidenschaft auf allen Ebenen zur echten Green Company! ... 19**
*Anabel Ternès von Hattburg*

1.1 Green Management – ökologische Nachhaltigkeit als Managementprinzip ... 19
1.2 Green Finance – der Umweltfokus im Sustainable Finance ... 22
1.3 Green HR – für die Green Company die Mitarbeitenden mitnehmen ... 29
1.4 Green Leadership – ökologische Nachhaltigkeit als Führungsprinzip ... 31
1.5 Green Passion – ökologische Nachhaltigkeit aus Leidenschaft ... 34

**2 Der »Super-KAU«: Klimakatastrophe, Artensterben und Umweltverschmutzung ... 37**
*Arne Prieß*

2.1 Die Klimakatastrophe ... 40
2.2 Das Artensterben ... 43
2.3 Die Umweltverschmutzung ... 45
2.4 Fake News – Der einfache Weg, sich aus der Verantwortung zu stehlen ... 47
2.5 Prämissen für die Green Company Transformation ... 51

**3 Der Green Deal: Die Klimakatastrophe im Fokus ... 53**
*Oliver Messner*

3.1 1 × 1 des Klimawandels und warum eigentlich das 1,5- bis 2-Grad-Klimaziel? ... 54
3.2 Klima-System-Dynamik und die Einwirkung einzelner Entitäten ... 59
3.3 Multisolving und Systemdenken als integrativer Bestandteil des Unternehmensmanagements ... 70
3.4 European Green Deal, Nachhaltigkeitsbericht und die Sustainable Development Goals ... 77

**4 Aus der Wissenschaft – Welt im Wandel ... 89**
*Maria Hörhold*

4.1 Beobachtungen aus dem (nicht ganz so) ewigen Eis ... 90
4.2 Risiko Zukunft – Versicherung schon abgeschlossen? ... 95

**5 Ökologische Nachhaltigkeit für eine Green New Work ..... 99**
*Arne Prieß*
5.1 Sustainability – Drei Aspekte der Nachhaltigkeit ..... 99
5.2 Ökologie zuerst – Der sinnvolle Einstieg in die Nachhaltigkeit ..... 101
5.3 Green New Work – New Work als Nebeneingang zur Green Company ..... 104

**6 Das Green Company Transformationskonzept ..... 109**
*Arne Prieß*
6.1 HRMgreen – warum Human Resources Management der Motor der Transformation ist ..... 110
6.2 HRMgreen Wheel: Das Transformationsrad stetig weiterdrehen ..... 113
6.3 Die 4 Ausbaustufen im Überblick ..... 115
6.4 Die 4 Bewertungsstufen ..... 118
6.5 Die 4 Zertifizierungsstufen und das Green Company Zertifikat ..... 120
6.6 Das Green Company Audit: Vorgehensweise und Tool ..... 125
6.7 Green House of Choice: Zielfoto für echte Green Companies ..... 132

**7 Konkrete Lösungsideen für das Green House of Choice ..... 139**
*Arne Prieß*
7.1 Der REM-Filter: 3 Hebel und 12 Schrauben gegen den Super-KAU ..... 139
7.2 Von der Pyramide zum Diamanten – ökologisch sinnvoller Ressourceneinsatz ..... 143
7.3 Beispiele für Maßnahmen und Lösungen in den 4 Ausbaustufen ..... 146

**8 Möglichkeiten und Nutzen der Digitalisierung im Green House of Choice ..... 169**
*Martin Grentzer und Ulrich Jänicke*
8.1 Digitalisierung als ökologischer Nachhaltigkeitsmotor ..... 170
8.2 Ökologische Bilanz am Beispiel digitalisierter HR-Prozesse ..... 175
8.3 Das Digitalisierungsprojekt und sein Business Case am Beispiel der digitalen Personalakte ..... 181
8.4 Grenzen und Gefahren der Digitalisierung ..... 186

**9 Zertifizierungen, Umsetzungsmethodik und -praxis sowie Fördermöglichkeiten für erfolgreiches Umweltmanagement ..... 191**
*Stefan Müssig*
9.1 Historie, Regelwerke und Zertifizierungsstandards zum Umweltmanagement ..... 191
9.2 Ausgangssituation und Rahmenbedingungen ..... 195
9.3 Keine Angst vor Umweltmanagement – pragmatische Wege der Einführung ..... 196
9.4 Der Weg zur Zertifizierung ..... 198

9.5 Fördermöglichkeiten und Privilegierungen für zertifizierte Umweltmanagementsysteme ..... 205
9.6 Zusammenfassung und Fazit: Nutzen und Vorteile zertifizierter Umweltmanagementsysteme ..... 207

**10 Green Company als Erfolgsfaktor im Employer Branding** ..... 209
*Arne Prieß*
10.1 Was die Generationen und Zielgruppen anspricht ..... 210
10.2 Tipps und Beispiele für Green Company im Employer Branding ..... 213
10.3 Storytelling als Instrument im Employer Branding ..... 219
10.4 Erfolgreiches Employer Branding braucht nachhaltige Veränderung beim Menschen ..... 221

**11 Verhandlungssache Normalität: Wie Arbeitsklima und Führungskräfte das Sozial- und Umweltverhalten von Mitarbeitenden prägen** ..... 223
*Hans Jaich*
11.1 Normalität im Wandel ..... 223
11.2 Die Macht sozialer Normen ..... 226
11.3 Unternehmen als Treiber des sozialökologischen Wandels ..... 228

**12 Neuro-Wissen für eine erfolgreiche Green Company Transformation** ..... 235
*Sebastian Spörer*
12.1 Grundlagen der Neurowissenschaft – Das Spielfeld zwischen Stress und Begeisterung ..... 235
12.2 Warum sich Menschen nicht gerne verändern, auch wenn das Wasser bis zum Halse steht ..... 240
12.3 Tipps und Tricks, wie man Menschen für Veränderungen gewinnt ..... 244
12.4 Spielen für den Klimaschutz ..... 249

**13 Die HRMgreen Community – Allianz mit grüner Leidenschaft** ..... 253
*Tjalf Nienaber*
13.1 Von der Vision zur HRMgreen Community ..... 253
13.2 Mitmacher in der HRMgreen Community! ..... 254

**14 Schlusswort und Appell** ..... 259
*Arne Prieß*

Anhang ..... 260
Literatur ..... 275
Die Autorinnen und Autoren ..... 281
Stichwortverzeichnis ..... 295

# Widmung

Dieses Buch ist meinem dritten Sohn Marc Tiberius Eliah gewidmet.

Lieber Marc,

als jüngster meiner drei Söhne wirst Du noch viele Jahre auf diesem Planeten ein hoffentlich schönes und erfülltes Leben genießen dürfen. Damit Dein Leben und das all der anderen, die Du liebst und noch lieben wirst, nicht durch sich abwechselnde und verschlimmernde Naturkatastrophen getrübt wird, habe ich mich engagiert im Kampf gegen die Umweltzerstörung.

Wenn meine Leidenschaft und meine Ideen Mitstreiter entzünden konnten und daraus eine kleine Welle der ökologischen Nachhaltigkeit entstand, dann habe ich meinen kleinen Beitrag geleistet, damit Dein Leben auch in Zukunft lebenswert möglich sein kann.

Sei auch Du vorbildlich im respektvollen Umgang mit der Umwelt. Deine Kinder werden es Dir danken, wie Du hoffentlich dankbar bist, dass Dein Vater nicht ganz untätig war.

In Liebe, Dein Vater
Arne Prieß

# Hinweise zu diesem Buch

Bevor wir gemeinsam einsteigen und uns auf den Weg zu Green Companies machen, die mit all den bei ihnen ökologisch nachhaltig agierenden Menschen die Kurve kriegen, bevor alles zu spät ist, möchte ich Ihnen ein paar Informationen zu diesem Buch geben.

Mein Buchprojekt besteht aus zwei Bausteinen:

1. Dieses Buch ist ein ökologisch nachhaltig produziertes Buch, das die Why- und How-Story ökologischer Nachhaltigkeit kompakt beschreibt. Darin alle von mir entwickelten Konzepte für eine erfolgreiche Green Company Transformation. Weitere Expertenimpulse und -empfehlungen liefern meine kompetenten Koautoren, sodass dieses Werk als Starthilfe und Motor für den Weg von Unternehmen zu einem »Green House of Choice« dient. Natürlich ist dieser erste Baustein auch als E-Book beim Verlag und im Buchhandel erhältlich.
2. Ein später fortgeführtes »Open Book«, das als digitales Buch stetig fortgeschrieben wird. Darin werden wir kontinuierlich Best-Practice-Beiträge einsammeln und der ökologisch interessierten Community zur Verfügung stellen. Fühlen Sie sich eingeladen, eigene Beiträge anzubieten, um andere zu inspirieren. Im Kampf um die Rettung der Menschheit dürfen wir unsere Ideen nicht für uns behalten. Priorität muss für uns alle der erfolgreiche Kampf gegen den Super-KAU (dazu mehr im Kapitel 2.1) haben. Bei diesem dürfen Sie aber gerne die Nase vorn haben und dürfen die Vorteile als »Green Employer of Choice« im Kampf um die besten Talente nutzen, das ist völlig legitim!

Die Inhalte dieses Buches dienen auch als Begleitwerk zu den HRMgreen Experten-Ausbildungen[1], in denen wir diejenigen zu Green Company Transformatoren befähigen, die mehr wollen als nur mitlaufen, die mitgestalten und vorantreiben wollen.

Das Buch ist in seiner Struktur thematisch so aufgebaut, dass es ein rundes Gesamtpaket liefert zum Verstehen und Handeln:

- **Leidenschaft** zum Weiterlesen und Mitmachen (Vorwort und Kapitel 1)
- Das **Problem** und die daraus abgeleiteten **Pflichten und Chancen** für nachhaltiges und insbesondere ökologisches Wirtschaften in Unternehmen verstehen (Kapitel 2, 3, 4, 5), dazu auch ein spannender wissenschaftlicher Bericht aus der Feldforschung aus dem »nicht mehr so ewigen Eis«
- **Konzepte, Lösungen, Methoden** für den Weg zur Green Company und **Nutzen im Employer Branding** (Kapitel 6, 7, 8, 9, 10)

1 Mehr Infos dazu auf der Website von HRMgreen: https://hrmgreen.com/academy/

- **Soziologische und neurowissenschaftliche** Hintergrundinfos für eine erfolgreiche Transformation von Menschen und Organisationen (Kapitel 11 und 12)
- **Aufruf zum Mitmachen und Appell** an die Green Community (Kapitel 13)

Das notwendige **Know-how für Projekt- und Change-Management** für die erfolgreiche Transformation vermitteln wir in unserer Academy. Diese Methodenkompetenz ist zu umfangreich, als dass sie in diesem Buch beschrieben werden kann.

Um die Hintergrundinfos über die unzähligen Herausforderungen dosiert einzuflechten, sind kleine inhaltliche »Ausflüge« in Kästen eingefügt. Dies unterbricht eventuell den inhaltlichen Faden etwas, deshalb sollte man diese Ausflüge ggf. im Anschluss an ein Kapitel lesen.

HINTERGRUNDINFO

Hier erfolgen weitere Hinweise auf Hintergrundinfos zu den Herausforderungen der ökologischen Nachhaltigkeit.

Entlang der Ausführungen werden immer wieder hervorgehobene Tipps stehen, die in einem Kasten das Erklärte kurz und knackig zusammenfassen. Dies soll den Transfer in die Praxis erleichtern und um besonders wichtige Handlungsempfehlungen und -erfahrungen ergänzen.

! **Green Company Tipp**

Hier erfolgen kompakte Tipps basierend auf den vorherigen Ausführungen. Diese geben kompakte Impulse, um den Praxistransfer zu erleichtern.

Ich habe für dieses Buch ausgesprochene Expertinnen und Experten auf ihrem Gebiet gewinnen können. Diese bringen jeweils einen wichtigen Baustein mit Hintergrundwissen oder mit konkreten Lösungsvorschlägen zu der Gesamtstory der Green Company Transformation ein.

Damit alle Kapitel meiner geschätzten Koautoren »in sich geschlossen« und für sich verständlich sind, kann es gelegentlich zu Redundanzen kommen. Aber ich gehe davon aus, dass ein so dickes Buch nicht in einem Stück gelesen wird und es sich für die geneigten Leserinnen und Leser hilfreicher anfühlt, wenn der jeweilige Autor bzw. die jeweilige Autorin eines Kapitels nicht zu viele Informationen aus vorherigen Kapiteln voraussetzt.

**Hinweise zur Anrede:**

- Im Buch verwenden wir das **Du**, das sich in der Green Community bewährt hat. Wer sich gemeinsam mit anderen aufmacht, die ökologische Nachhaltigkeit zur Rettung der Menschheit voranzutreiben, der sollte sich als »Freund der Umwelt« verstehen, da ist ein kollegiales Du das beste Verbindungszeichen. Ab jetzt und gerne auch später in persönlichem Austausch also per Du!

**Und noch ein Hinweis zum Gendern in diesem Buch:**

- Bei Personenbezeichnungen und personenbezogenen Hauptwörtern in diesem Buch wird versucht, entweder neutrale Formulierungen oder sowohl die weibliche als auch die männliche Form gleichverteilt zu verwenden. Entsprechende Begriffe gelten im Sinne der Gleichbehandlung grundsätzlich für alle Geschlechter. Die ggf. verkürzte Sprachform hat nur redaktionelle Gründe und beinhaltet keinerlei Wertung.

Aber nun genug der Vorrede! Den Vorhang auf, die Bühne frei für einen systematischen und erfolgreichen Weg zu Green Companies in einer grünen und lebenswerten Welt!

Beste Grüße

Arne Prieß,
Herausgeber und Hauptautor

# Nachhaltiges Wirtschaften als bestes aller Zukunftsmodelle – ein Vorwort

Yvonne Zwick

Der Herausgeber Arne Prieß widmet dieses Buch seinem Sohn Marc. Und damit nimmt er die Antwort auf eine Frage vorweg, die da lautet: Wofür das alles? Was ist eigentlich wesentlich, wenn es um Zukunftsfähigkeit und um nachhaltiges Wirtschaften geht? Seit Erscheinen der »Grenzen des Wachstums« des Club of Rome vor nunmehr 50 Jahren sind wir in der Lösung des Grundproblems leider noch nicht weit gekommen. Das ist: dass wir über unsere Verhältnisse leben, Naturkapital verbrauchen, das sich nicht in einem angemessenen Zeitraum wieder aufbaut. Dass wir zulasten anderer leben, die nicht annähernd so gut leben wie die Menschen in entwickelten Industrieländern.

Vor 35 Jahren hat die UN-Kommission für Umwelt und Entwicklung unter dem Vorsitz von Gro Harlem Brundtland den Bericht »Our common future« veröffentlicht. Sie definiert: »Unter dauerhafter Entwicklung verstehen wir eine Entwicklung, die den Bedürfnissen der heutigen Generation entspricht, ohne die Möglichkeiten künftiger Generationen zu gefährden, ihre eigenen Bedürfnisse zu befriedigen und ihren Lebensstil zu wählen. Die Forderung, diese Entwicklung dauerhaft zu gestalten, gilt für alle Länder und Menschen. Die Möglichkeit kommender Generationen, ihre eigenen Bedürfnisse zu befriedigen, ist durch Umweltzerstörung ebenso gefährdet wie durch die Unterentwicklung in der Dritten Welt.«[2]

Um unsere global gedachte, gemeinsame Zukunft geht es, wenn wir über ein gutes oder sogar das beste Zukunftsmodell sprechen. Sie wurden 2015 in die globalen Nachhaltigkeitsziele, die *UN Sustainable Development Goals* der Agenda 2030 gegossen. Schaffen wir den Wandel bis dahin? Der Weltklimarat empfiehlt den Höhepunkt der Treibhausgasemissionen für 2025 aufs Dringlichste in seinem Update Anfang April 2022. Dann muss es heißen: »flatten the curve«, und zwar schnell. Zur Erinnerung: Auch ein 1,5-Grad-Szenario wird teuer, nur hält man die Risiken für handhabbar. Derzeit steuern die Emissionsentwicklungen auf ein 3,2-Grad-Szenario zu. Der Gesamtverband der Versicherungswirtschaft schrieb 2021 alarmierend, dass eine 4-Grad-Welt nicht versicherbar sei. Das müsste auch dem konservativsten Menschen Motivation genug sein.

---

2 Quelle abrufbar unter https://www.are.admin.ch/are/de/home/medien-und-publikationen/publikationen/nachhaltige-entwicklung/brundtland-report.html; Übersetzung ins Deutsche durch die Verfasserin.

Es ist wichtig anzuerkennen, dass es bei nachhaltiger Entwicklung nicht nur um die Bedürfnisbefriedigung derer geht, die am lautesten rufen, sondern auch um die Bedürfnisse der stillen Stakeholder: Marc, der heute durch den Garten tobt, und Amera, die erst noch geboren wird, die Menschen, die in entlegenen Gegenden leben und keinen Zugang zu den digitalen Stammtischen haben, um über steigende Rohstoffpreise zu klagen, jene, die in Stille leiden – ja, auch die Natur und die Tierwelt. Unsere Art zu wirtschaften ist dann nachhaltig, wenn sie an jeden Ort der Erde übertragbar ist, wenn sie die ökologischen, ökonomischen und gesellschaftlichen Belastungsgrenzen an den jeweiligen regionalen wirtschaftlichen Ökosystemen einhält. Es ist der Imperativ unserer Zeit, den Wohlstand vom Ressourcenverbrauch zu entkoppeln, nicht nur angesichts despotischer Regime, deren Wertschöpfungsmodelle im Wesentlichen auf fossilen Energieträgern beruhen und die eine Modernisierung ihrer Wirtschaft versäumt haben und genau deswegen kein Interesse an einer nachhaltigen Entwicklung, dem Ausbau erneuerbarer Energien und Ressourceneffizienz haben.

Die Wirtschaft ist herausgefordert, nicht nur Klimaneutralität, sondern Umweltpositivität zu erreichen und Wirtschaftsweisen zu finden, die mehr Nutzen stiften als Schaden zu verursachen. Unternehmerinnen und Unternehmer, die das schaffen, sind auch wirtschaftlich erfolgreicher. Diesen Zusammenhang erkennen insbesondere nachhaltigkeitsorientierte Unternehmen, die aus eigener Überzeugung heraus bereitwillig und freiwillig externe Effekte internalisieren und im Kerngeschäft Tragfähigkeit integrieren.

B.A.U.M. e.V. bündelt als Netzwerk unternehmerisch erfolgreiche Beispiele für nachhaltiges Wirtschaften. Sie sind ein wichtiger Ausschnitt der deutschen Wirtschaft, die ohne zu fragen Lösungen für die Zukunft bereitstellt, die Klimaschutzmaßnahmen, Klimaanpassung betreibt und tragfähige Lösungen entwickelt, die den gesellschaftlichen Zusammenhalt und damit auch volkswirtschaftliche Stabilität stärkt.

Nachhaltig wirtschaften ist das Beste aller Zukunftsmodelle. Es sichert das Überleben der Menschheit und schafft Spielräume. Ob sich das rechnet? Oh ja! Wenn Mitarbeitende gerne in einem Betrieb arbeiten und dort lange bleiben, ist das ein Zeichen nachhaltigen Wirtschaftens, das Transaktionskosten senkt, Identifikation schafft und Produktivität steigert. Findet Nachhaltigkeit Eingang ins Kerngeschäft, in die strategische Planung und Entwicklung, wirkt das auf die Produktgestaltung und Dienstleistungsangebote. Es schlägt sich in betrieblichen Prozessen nieder und erweitert Geschäftsbereiche. Und nicht zuletzt werden durch die weitgehende Regulierung der EU-Kommission mit dem *Sustainable Finance Action Plan* Unternehmen zukünftig in den Genuss geringerer Kapitalkosten und Transformationsfinanzierung kommen. Damit das gelingen kann, müssen Unternehmen relevante, belastbare Daten erheben, die in die Analyse eingehen können und die real messbare Wirkungen im Sinne von

Return on Invest belegen. Die Abteilungen in den Unternehmen müssen raus aus den Silos, rein in die Kooperation.

Sie werden sehen: Der reine Blick auf die Finanzkennzahlen ist von gestern. Es geht um Input, Geschäft, Output und Ergebnis. Es geht um einen Multikapitalansatz, der Finanzkapital als Proxy für wirtschaftliche Souveränität, Produktionskapital und Betriebsvermögen ergänzt um die Perspektiven sozialen und Netzwerkkapitals, das geistige Kapital im Unternehmen, das heißt das vorhandene Wissen und das Naturkapital, die Beiträge zu intakten Ökosystemen und Biodiversität an Standorten mit wesentlicher Geschäftstätigkeit. Auch hier ist wieder wichtig, nicht in Silos zu denken, sondern die Bezüge herzustellen, zum Beispiel indem die Gesamtinvestitionen in Forschung und Innovation nachhaltiger Wirtschaftsaktivitäten in Geldeinheiten bemessen wird – zum Beispiel in % des Umsatzes. Die Bilanz wird nicht zuletzt durch die fortschreitende EU-Regulierung und die vorgesehene Verankerung von Nachhaltigkeitsinformationen im Lagebericht interessanter und vielschichtiger.

Der Zusammenhang von finanzieller Performance und Nachhaltigkeitsperformance gründet im Ambitionsniveau von Unternehmen: Sind sie nur darauf aus, gesetzliche Anforderungen zu erfüllen, oder gehen sie schon einen Schritt weiter und reagieren auf Anforderungen ihrer Anspruchsgruppen? Wünschenswert wäre es! Es fängt an, sich zu rentieren, wenn Unternehmen Nachhaltigkeit als pragmatischen Ansatz kostensparend und gewinnsteigernd weiterentwickeln.

Mein Rat ist: Gehe Nachhaltigkeit von Anfang an strategisch an, miss Nachhaltigkeitsleistungen und den Grad der Zielerreichung regelmäßig und setze sie in Beziehung zu investierten Ressourcen in Vollzeitäquivalenten und Budgets. Unterlege deine Bemühungen qualitativ mit Transformations- und Investitionsplänen und Fortschrittsmessung.

Um das Heft des Handelns als Unternehmerin und Unternehmer selbst in die Hand zu nehmen, ist es unerlässlich, dass du schnellstmöglich den Status quo bzgl. der Nachhaltigkeit deines Unternehmens erhebst und entsprechende Datenerhebungsprozesse aufbaust, die auf wissenschaftlichen Erkenntnissen gründen bzw. sich auf diese beziehen. Wenn du dem kritischen Referenzpunkt eines Pariser Klimaschutzabkommens und den Fragen deiner Mitarbeitenden sowie deiner Geschäftspartner standhältst, dann klappt es auch mit der Glaubwürdigkeit und Überzeugungskraft. Finde deinen Weg hin zu deinem nachhaltigen Wirtschaftsmodell!

Dieses Buch unterstützt dich darin und eröffnet einen ganzen Werkzeugkasten für deinen eigenen Transformationsprozess. Ich wünsche dir eine anregende Lektüre und alles Gute auf deiner Reise zu einer Green Company!

# 1 Mit Leidenschaft auf allen Ebenen zur echten Green Company!

Anabel Ternès von Hattburg

Wer angesagt sein möchte, ist grün! Selten waren die Begriffe Grün und Nachhaltigkeit so sehr in aller Munde. Aber was bedeutet es, ein grünes Unternehmen zu sein? Ist das nicht bei vielen Unternehmen reines Marketing oder mehr noch Greenwashing?

Um etwas Licht ins Dunkel(grün) zu bringen, möchte ich nachfolgend fünf Begriffe erklären, mit denen Unternehmen zu echten Green Companies werden können:

1. Green Management
2. Green Finance
3. Green HR
4. Green Leadership
5. Green Passion

## 1.1 Green Management – ökologische Nachhaltigkeit als Managementprinzip

Grünes Management ist deutlich mehr als nur Marketing. Wenn wir es ernst nehmen. Gerade durch bedrohliche Entwicklungen wie den Klimawandel und Ressourcenknappheit wird es für uns immer wichtiger, dass wir uns zu grünem Management bekennen.

Letztendlich wirken sich alle menschlichen Handlungen auf das Ökosystem aus. Die zentralen Umweltprobleme sind konkret: der Treibhauseffekt, die Zerstörung der Ozonschicht, die Übersäuerung ebenso wie die Überdüngung von Ackerböden und Gewässern, der Schwund hinsichtlich Biodiversität, der fotochemische Smog, öko- und humantoxikologische Belastungen, Abfälle, Abwasser, insgesamt eine zu hohe Umweltbelastung, zum Beispiel durch $CO_2$-Emissionen (Klimaproblematik) oder Flächenversiegelung (Verlust an Lebensraum).[3] Angesichts der dramatischen Entwicklungen, was die Umweltzerstörung betrifft und die Vernichtung von Ressourcen und Artenvielfalt, ist das unabdingbar. Die einzige Lösung, eine lebenswerte Welt für uns Menschen zu erhalten, ist, das Ausmaß der Umwelteinwirkungen von Produktionsprozessen, Produkten, Dienstleistungen, Investitionen usw. weiter zu reduzieren.[4]

3 2 BMU (2007). https://www.sustainament.de/wp-content/uploads/nachhaltigkeitsmanagement_unternehmen.pdf

4 Vgl. dazu hpm – Hellmann Process ManagementGmbH & Co. KG (o. J.). https://www.umweltmanager.net/unternehmen/umweltlexikon/eintrag/green-management.html

Ein solches Bekenntnis muss allerdings mehr als ein Lippenbekenntnis sein. Ein reines Marketing wird schnell entlarvt. Und: Kundinnen und Kunden von heute sind kritischer geworden. Sie strafen Unternehmen, die nicht authentisch agieren, ab. Früher oder später.

Unternehmen müssen nicht nur Möglichkeiten finden und implementieren, wie sie Ressourcen und die Umwelt schonen, aber dennoch profitabel wirtschaften. Sie müssen auch schauen, wie sie ihre Mitarbeitenden motiviert einsetzen, individuell unterstützen und weiterbilden. Alle Mitarbeitenden einer Green Company sollten Botschafterinnen für ebenfalls diese Green Company sein. Das heißt, sie müssen auch verstehen, was Green Company heißt, müssen es unterstützen und authentisch leben können. Das heißt auch: Green Company bedeutet Bottom-up-Entscheidungen werden von Grund auf mit den Mitarbeitenden besprochen, die dabei so weit, wie es möglich und sinnvoll ist, Mitspracherecht haben. Wesentliche Entscheidungen sollten von der Basis aller Mitarbeitenden mitgetragen werden. Und das geht nur, wenn man sie von Beginn an beteiligt.

Es gibt dafür ganz einfache Formate, die ernst genommen und ebenso in ein Unternehmen implementiert werden müssen, um den ökologisch nachhaltigen Erfolg eines Unternehmens mitzutragen. Das können zum einen Strategiegruppen sein, in denen eine Vertreterin oder ein Vertreter jeder Statusgruppe sitzt, von der Geschäftsleitung bis hin zum Produktionsarbeitenden. Auch Umfragen zählen zu diesen Formaten, die unter allen Mitarbeitenden regelmäßig stattfinden, um deren Meinungen einzuholen und in die Strategie des Unternehmens miteinzubinden. Eine solche Einbeziehung macht erfolgreiche Green Companies aus.

Eine Green Company trägt dabei die Verantwortung, Prozesse, Produkte und die Werte dahinter für die Mitarbeitenden verständlich, erfahrbar und erlebbar zu machen. Denn Mitarbeitende in einer Green Company sind gleichzeitig Botschafter ihres Unternehmens und der Art zu wirtschaften.

Green Management und Innovation gehören untrennbar zusammen, um Unternehmen fit für die Zukunft zu machen. Ein langfristiges Denken kombiniert mit Innovationen hilft Unternehmen, umweltfreundlicher zu agieren und durch optimierte Prozesse vielleicht noch bessere Produkte herzustellen bzw. auch deren Fertigung besser zu gestalten.

Green Management hängt durch die Überlappungen zwischen den folgenden potenziell relevanten Themenfeldern, die auch als die drei Säulen von Nachhaltigkeit bekannt sind, eng zusammen mit Sustainability Management.

HINTERGRUNDINFO

**Die drei Säulen der Nachhaltigkeit**[5]

**Umweltaspekte** spielen für den Erhalt des Planeten als Lebensraum eine große Rolle. Unser Planet wird dabei als komplexes natürliches System verstanden. Sein Gleichgewicht hängt von der Berücksichtigung verschiedener Faktoren ab, die schon seit Jahren beeinträchtigt sind. Der schwedische Resilienzforscher Johan Rockström hat für die Berücksichtigung von Umweltaspekten mit seinem Team zusammen einen konzeptionellen Rahmen entwickelt, das Konzept der planetaren Belastbarkeitsgrenzen mit insgesamt neun natürlichen Systemen, deren Zerstörung schwere Folgen für das Leben der Menschen hätte. Es sind Klimawandel, Intaktheit der Biosphäre, Landnutzungswandel, Süßwassernutzung, biogeochemische Flüsse, Versauerung der Meere, neue Substanzen und modifizierte Lebensformen, Ozonverlust in der Stratosphäre, Aerosolgehalt in der Atmosphäre. Für sechs dieser Systeme werden konkrete Belastbarkeitsgrenzen definiert. Den Wissenschaftlern zufolge sollten diese berücksichtigt werden, um die Stabilität der Systeme nicht zu gefährden.[6]

**Soziale Aspekte** sind alles, was die Gesellschaft bzw. die Menschen in ihr angeht. Sie beziehen sich auf Rechte, Wohlergehen und Interessen von Menschen und ihren Gemeinschaften. Dazu gehören Menschenrechte und Arbeitsschutz genauso wie Gesundheitsfragen, Sicherheitsthemen und Verbraucherschutzthemen.

**Governance oder ökonomische Aspekte** beziehen sich vor allem auf die Führung und Organisation der Mitarbeitenden und das Management von Investitions- bzw. Finanzierungsobjekten. Hier geht es unter anderem um Geschäftsethik, Arbeitsschutz, Bestechung und Korruption, Offenlegung von Informationen, interne Kontrollen und Risikomanagement, Vorstands- und Organisationsstruktur, Datenschutz, Vielfalt sowie Interaktion mit Interessengruppen.[7]

Allen drei Aspekten ist gemein, dass sie synergetisch sind. Als Green Company können sich Unternehmen bezeichnen, die vor allem den ersten Aspekt fest implementiert haben und durch alle Ebenen, Statusgruppen und Stakeholderverbindungen hinweg leben.

Als ein Querschnittsbereich stellt sich Green Finance dar, ein Bereich, der für alle gleich transparent zeigt, wie sehr die drei Aspekte ineinandergreifen müssen.

5 Mehr zu den drei Aspekten der Nachhaltigkeit im Kapitel 5.
6 Siehe dazu BMUV (2021). https://www.bmuv.de/themen/nachhaltigkeit-digitalisierung/nachhaltigkeit/integriertes-umweltprogramm-2030/planetare-belastbarkeitsgrenzen
7 Burret/Kirchner/Kreidelmeyer et al. (2021) https://www.kfw.de/PDF/Download-Center/Konzernthemen/Research/PDF-Dokumente-Studien-und-Materialien/Green-Finance-und-Klimaneutralitaet.pdf

## 1.2 Green Finance – der Umweltfokus im Sustainable Finance

Green Finance wird unterschiedlich verstanden. Und das nicht nur, weil es viele mit Sustainable Finance oder Climate Finance gleichsetzen, sondern auch, weil die Akteure in dem Bereich sehr unterschiedlich sind.

**HINTERGRUNDINFO**

Zu den Akteuren im Green-Finance-, Sustainable-Finance- und Climate-Finance-Bereich gehören Banken- und Finanzdienstleister, akademische Institutionen, Vertreter der Zivilgesellschaft, nationale Regierungen und Initiativen auf nationaler und internationaler Ebene bis hin zu den Finanzabteilungen im Unternehmen. Hier haben sich verschiedene Verwendungen der Begriffe geprägt, der Fokus ist ebenfalls unterschiedlich: private gegenüber öffentlichen Akteuren, die Einbeziehung oder Nichteinbeziehung bestimmter Nachhaltigkeitskategorien und Nachhaltigkeitskriterien.
Generell bezeichnet Green Finance ein Spektrum an finanzwirtschaftlichen Ansätzen und Instrumenten, die dazu beitragen sollen, dass die Umwelt bzw. das Klima geschützt wird. Im Weiteren versteht man darunter auch Ansätze und Instrumente zur Anpassung an Umwelt- und Klimaschäden oder auch Kompensation für diese. Green Finance meint auch Aktivitäten, mit denen Umwelt- und Klimarisiken durch Unternehmen und ihre Investoren identifiziert und gemanagt werden, um die Stabilität von Finanzsystemen zu stärken.[8]

Die Kreditanstalt für Wiederaufbau (KfW) verwendet folgende Definition und Unterscheidung zwischen den drei Finance-Bereichen, wie es auch Abbildung 1.1 zeigt:

»Sustainable Finance beschreibt die Ausrichtung von Kapitalströmen unter Berücksichtigung von Umwelt-, sozialen und Governance-Aspekten, wohingegen Green Finance ausschließlich Umweltaspekte betrachtet. Climate Finance bezieht sich wiederum ausschließlich auf Klimafragestellungen und ist damit eine Teilmenge von Green Finance.«[9]

---

8 Remer (o. J.). https://www.gabler-banklexikon.de/definition/green-finance-99713

9 Burret/Kirchner/Kreidelmeyer et al. (2021). https://www.kfw.de/PDF/Download-Center/Konzernthemen/Research/PDF-Dokumente-Studien-und-Materialien/Green-Finance-und-Klimaneutralitaet.pdf

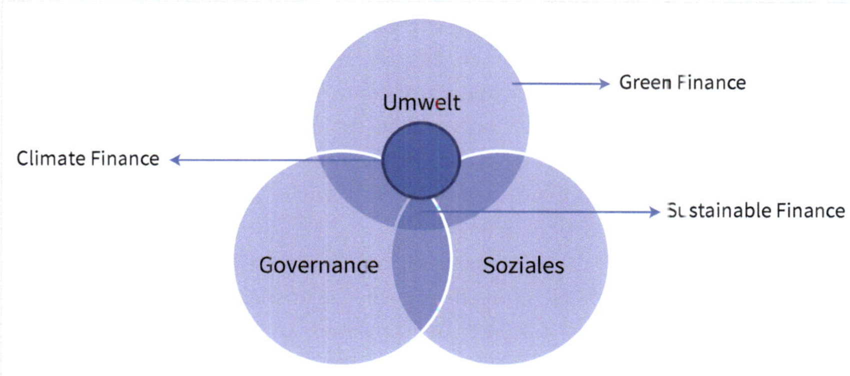


**Abb. 1.1:** Abgrenzung von Sustainable, Green und Climate Finance (eigene Darstellung)

Während einige Unternehmen ihre Finanzabteilung schon als Green Finance betrachten, wenn sie konventionelle Finanzinstrumente und -mechanismen verwenden, die mit einem Fokus auf Umwelt- bzw. Klimabelange zum Einsatz kommen, betrachten andere Organisationen das sehr viel weiter gefasst. Die Ansätze und Instrumente, die hier zum Einsatz kommen, sind zudem unterschiedlich: von konventionellen Finanzinstrumenten und -mechanismen, die mit einem Fokus auf Umwelt- bzw. Klimabelange zum Einsatz kommen, bis hin zu neu entwickelten Instrumenten und Mechanismen.

HINTERGRUNDINFO

Als »grüne Produkte« im Zusammenhang mit Green Finance gelten »grüne Anleihen«, im Englischen die sogenannten »Green Bonds«, (Kredit-)Verbriefungen von Umweltressourcen, »Debt for Nature Swaps«, strukturierte »grüne Fonds« oder »Wald-Investments«.
Mechanismen, die auch unter Green Finance laufen, sind die gezielte Nichtfinanzierung oder auch der Entzug von Finanzmitteln, im Englischen »divestment«, für als umwelt- oder klimaschädlich eingestufte Projekte, Unternehmen oder Sektoren.
Gesetze und freiwillige Standards schließlich spielen bei Green Finance eine große Rolle. Unter diesen sind die Sustainable Development Goals, kurz SDGs, die Global Reporting Initiative, der Deutsche Nachhaltigkeitskodex, das europäische Umweltmanagementsystem EMAS (Eco-Management and Audit Scheme), die Internationale Arbeitsorganisation ILO (International Labour Organization) und ISO (International Organization for Standardization) besonders hervorzuheben.

Förderinstrumente spielen für Unternehmen eine immer größere Rolle. Doch nicht jedes Unternehmen ist fördermittelerfahren. Die für die oftmals sehr attraktiven Summen nötigen Planungen, Controllinginstrumente und Evaluationstools sind für viele

Unternehmen, vor allem kleinere, häufig ungewohnt und nicht ohne Risiken. Wie verbucht man die Mittel, wie benennt man sie, welche Freiheitsgrade sind erlaubt? Angesichts dieser Fragen lassen es viele Unternehmen eher bleiben und nehmen diese Mittel nicht in Anspruch. Typisch ist das vor allem für kleinere Unternehmen. Und das, obwohl es gerade für diese attraktive Fördermittel für nachhaltige Investitionen und Projekte gibt, die ihnen helfen, sich zukunftsfähig aufzustellen, zum Beispiel für Energieeffizienz oder erneuerbare Energien.[10]

### Beispiel

Für viele kleinere Unternehmen stellvertretend steht in einem kleinen Beispiel Herr Ganzer, Geschäftsführer eines mittelständischen Familienunternehmens, das Maschinenteile herstellt. Er hat davon gehört, dass es Fördermittel für nachhaltige Produktion in Millionenhöhe gibt. Gibt es auch. Sogar passend für sein Unternehmen. Allerdings hat er so etwas noch nie beantragt. In seinem Unternehmen hat auch keiner der Mitarbeitenden Kenntnis davon, wie man so etwas beantragt, während der Umsetzungsphase begleitet, leitet und verbucht. Während größere Unternehmen eigene Fördermittelmanager einstellen, um attraktive Fördermittel in Anspruch zu nehmen, nimmt Herr Ganzer Abstand von der Idee, Fördermittel für sein Unternehmen zu bekommen.

Fördermittelmanagement ist weder trivial noch schnell gemacht. Nicht umsonst gibt es mittlerweile eigene Studiengänge, in denen gezeigt wird, wie man die passenden Fördermittel beantragt, findet und dann verwaltet, wenn eine Zusage gekommen ist.

Die Finanzierungen selbst stellen sich dabei unterschiedlich dar: Der Green-Finance-Markt teilt sich in zwei unterschiedliche Produktgruppen:

- Instrumente, mit denen einzelne und konkrete nachhaltige Projekte finanziert werden
- Finanzierungen, die an die Nachhaltigkeitsstrategie des Unternehmens insgesamt gekoppelt sind[11]

Green Finance ist bei vielen Unternehmen noch nicht angekommen. Zu sehr ist man traditionellen Planungs- und Analysetools verhaftet, die weiterhin gängig sind. Beispielsweise die Planung in Jahreszyklen, wie es auch Gewinn & Verlust entspricht. Nachhaltige Planung braucht entsprechende Tools, Vorlagen und Formate, um das Unternehmen zum Umdenken zu bringen. Wo als Argumente für eine Jahresplanung

10 Vgl. dazu Finance-magazin.de (Hrsg) (o. J.). https://www.finance-magazin.de/themen/green-finance/
11 Grunow/Zender (2020).

Übersichtlichkeit, Flexibilität und die Planung entsprechend der Finanzanalyseinstrumente der Finanzverwaltung genannt wird, spricht für die Mehrjahresplanung eindeutig eine Planung, die langfristiger denkt, dadurch einfacher Synergien schaffen kann und sich flexibler aufstellt, um vorzusorgen. In der Konsequenz wird weit mehr so geplant werden, wenn es von öffentlicher Seite aus eingefordert wird. Intrinsische Motivation wäre hier besser und letztendlich profitiert jedes Unternehmen von einer langfristigeren Planung – einer Planung, die vielleicht auch weiterdenkt als die Laufzeit des Vorstandsvertrags.

Green Finance ist ein noch neuer Bereich, wenn es um grundsätzlich akzeptierte Bewertungen geht.

HINTERGRUNDINFO

Für ein Green Finance mit einem international akzeptierten Bewertungsrahmen braucht es folgende Handlungsfelder:

- **Regulatorischer Rahmen:** Die breite Kapitalreallokation, also der erneute Kapitalumschichtungsprozess im Rahmen der Innenfinanzierung, muss zugunsten grüner und zulasten brauner Investments und Finanzierungen möglich sein und unbedingt förderfähig sein.
- **Rollen und Verantwortlichkeiten aller Beteiligten:** Es muss ein gemeinsames Verständnis darüber geben, nachvollziehbar und festgelegt.
- **Transparenz:** Es bedarf auch eines gemeinsamen Verständnisses über relevante Standards, die verpflichtend sind und transparent nachvollzogen werden können. Zudem sollte die ökologische Nachhaltigkeit von Unternehmensaktivitäten der Empfänger von Finanzen deutlich transparenter werden.
- **Forschung:** Es braucht mehr Forschung zu den Belastbarkeitsgrenzen unseres Planeten und den Wechselwirkungen zwischen den einzelnen beteiligten Systemen, ebenso zu grünen technologischen Innovationen, die für die Praxis anwendbar sind.
- **Finanzierungsformen:** Unter Green Finance fasst man vor allem alle Möglichkeiten zur Beschaffung von Eigen- und Fremdkapital zur Finanzierung grüner Zwecke zusammen. Das sind im Bereich der Fremdkapitalfinanzierung zum Beispiel die Finanzierung klima- und umweltbezogener Projekte über den Kredit- oder den Kapitalmarkt, wie zweckgebundene Finanzierungen von Projekten über die Aufnahme von Green Loans oder die Emission von Green Bonds. Green Finance umfasst darüber hinaus auch alle finanzierten Unternehmensaktivitäten und Unternehmenstransaktionen bzw. Finanztransaktionen, die auf der Basis von grünen Finanzierungen ablaufen, das heißt Finanzierungen, bei denen die ökonomische, ökologische und soziale Nachhaltigkeit eingehalten werden.

- **Green Bonds:** Bonds werden schon seit mehreren Jahren systematisch analysiert. Denn Kundinnen und Kunden fragen vermehrt diese Produkte nach. Auch hier gibt es noch Ungenauigkeiten in der Abgrenzung, so kann zum Beispiel jeder Emittent seine Anleihenemission zum Green Bond erklären. Eine zentrale Erfassung der Emissionsdaten findet nur in Ansätzen statt, wie durch die Climate Bond Initiative. Teilweise werden auch nur grüne Schuldscheine zu Green Bonds gerechnet, obwohl es sich dabei nicht um ein börsennotiertes Wertpapier handelt, sondern um eine Kreditform. Das führt dazu, dass sich die Anfragen von verschiedenen Quellen zum Emissionsvolumen sowie zur Verwendung der Mittel unterscheiden und hier keine Klarheit und Übersichtlichkeit besteht.
- **Sustainability und ESG-linked Bonds:** Die Mittel der Sustainability Bonds finanzieren oder refinanzieren Projekte mit einer sozialen und einer ökologischen Dimension. Hierfür gibt es keine festen Quoten. Auch besteht keine übergreifende Transparenz über den Anteil der grünen bzw. klimabezogenen Finanzierungsbestandteile. In Deutschland sind diese wenig bekannt, nur Nordrhein-Westfalen gibt seit 2015 Landesschatzanweisungen als Nachhaltigkeitsanleihen aus und hat mit mittlerweile sieben Nachhaltigkeitsanleihen fast zehn Milliarden Euro Emissionserlöse erzielt. Das Bundesland gilt auch global als einer der bedeutendsten Emittenten von Sustainability Bonds. In den Finanzabteilungen von Unternehmen sind diese Instrumente häufig nicht bekannt.

**Warum also sollten sich Unternehmen für Green Finance begeistern?**
Es gibt mindestens acht gute Gründe dafür:

1. Wer sich auf grüne Finanzierungen einlässt, stößt damit einen Prozess an, der über die Umstellung von Instrumenten oder den Einkauf anderer Produkte weit hinausgeht. Und zwar in der Geschäftsführung ebenso wie in allen anderen Abteilungen. Denn die Bedeutung von Schnittstellen bekommt ausgehend von Green Finance eine andere Dimension. Wer Green Finance ernst nimmt, setzt es in allen Abteilungen um – mit einem übergreifenden Konzept. Wer Green vom Finanzressort ausgehend angeht, denkt gesamtsystemisch, spart damit langfristig Kosten und verbindet die Abteilungen stärker miteinander. Strategische Green-Finance-Entscheidungen sind erfolgreich, wenn sie abteilungsübergreifend entschieden werden. Aber nicht nur das. Green Finance heißt: Finance neu denken und das verlangt übergreifend einen Umdenkprozess. Die Geschäftsstrategie, die aus diesem Denken resultiert, ist nachhaltiger, risikoärmer, langfristig ebenfalls erfolgreich. Das bedeutet ruhigere, konzentriertere Geschäftsabläufe und verändert damit oftmals auch die Unternehmenskultur.
   **Ein Beispiel:** Das Unternehmen Juno, das Green Finance seit Jahren nutzt. Als Firma der Veranstaltungsbranche hatte Juno während der Corona-Pandemie einige Durststrecken durch fehlende neue und gestrichene bestehende Aufträge. Auf die

Firma und auf die Mitarbeitenden hat sich das allerdings weit weniger ausgewirkt als bei vielen anderen Unternehmen der Branche. Denn die nachhaltigen Finanzprodukte waren in der Krise weniger anfällig und das Bewusstsein, dass das Unternehmen finanziell solide dasteht und von langfristigen Planungen profitiert, hat den Mitarbeitenden Sicherheit gegeben, dass ihr Arbeitgeber wieder profitabel wird, wenn sich die Umstände gelegt haben.

2. Klimawandel, unsichere Regionen und immer knappere Ressourcen werden über kurz oder lang ohnehin modifizierte Geschäftsmodelle und Unternehmensstrategien verlangen. Green Finance ist ein guter Start, um direkt unternehmensübergreifende Lösungen zu entwickeln, die zukunftsweisend das gesamte Unternehmen in den Blick nehmen.
3. In der Europäischen Union gibt es konkrete Planungen über weitergehende verpflichtende Regelungen, Auflagen und Regulierungen. Das Gleiche gilt für weitere wichtige Wirtschaftsräume. Auch hier ist zu erwarten, dass die Regelungen zunehmen, die für ein nachhaltiges Wirtschaften notwendig sind. Green Finance bildet dabei eine der grundlegenden Fundamente für ein zukunftsfähiges Unternehmen.
4. Die Platzierung grüner Finanzierungen ist mit der Ansprache von zusätzlichen Investoren und Investorentöpfen verbunden. Das verbreitert die Finanzierungsbasis von Unternehmen, eventuell auch mit neuen Instrumenten.
5. Wenn grüne Finanzierungen eingeführt werden, steht das im Gleichklang mit mehr Transparenz hinsichtlich der Geschäftstätigkeit eines Unternehmens – auch außerhalb der zu finanzierenden Projekte und Vorhaben. Denn echte Green Finance wirkt nachhaltig, indem es gesamtsystemisch verstanden und umgesetzt wird.
6. Grüne Finanzierungen stehen in der Außenwahrnehmung für Werte wie Verlässlichkeit, Verantwortung, langfristige Planungssicherheit, Klarheit, Transparenz. Das sind Werte, die für Mitarbeitende ebenso wichtig sind wie für externe Stakeholder. Von Bewerbern bis hin zu Geschäftspartnern gewinnt ein Unternehmen zunehmend durch die bewusste Umsetzung von Green Finance.
7. Green Finance sollte nie als Greenwashing verwendet werden. Aber in der externen Kommunikation schafft Green Finance Vertrauen und Attraktivität für das Unternehmen, sodass der Verdacht etwaigen Greenwashings gar nicht erst aufkommt.
8. Ebenso profitiert von einer gelebten authentischen Green Finance die Unternehmenskultur, wenn die Instrumente und Tools für die Mitarbeitenden erfahrbar werden. Eine starke interne Kommunikation bildet hier einen wichtigen Schlüssel.

**Welche Verwendungszwecke gibt es, um Green Finance im Unternehmen erfolgreich umzusetzen?**

An erster Stelle sollte ein Unternehmen definieren, welche Art von Fremdfinanzierung über den Kredit- oder Kapitalmarkt umgesetzt werden soll. Es gibt zwei Optionen – die zweckgebundenen Finanzierungen, wie Green Bonds oder Green Loans, und die nicht zweckgebundenen Finanzierungen, wie Betriebsmittelkredite. Bei zweckgebundenen Finanzierungen gilt die Verwendung für Projekte zum Umwelt- und Klimaschutz. Hier müssen dann geeignete grüne Sektoren, Technologien oder Aktivitäten definiert werden. Bei nicht zweckgebundenen Aktivitäten entscheiden sich die nächsten Schritte danach, ob es sich um »grüne« oder konventionelle Unternehmen handelt.

HINTERGRUNDINFO

Grüne Unternehmen stellen ausschließlich oder zum überwiegenden Teil Produkte und Leistungen her, die einen Beitrag zum Umwelt- und Klimaschutz leisten. Diese Definition ist in der Praxis nicht immer eindeutig. Klassifizierungen, wie das dreistufige Branchen-Klassifizierungssystem »GICS« (Global Industry Classification Standard), bieten nur eingeschränkte Möglichkeiten zur Identifikation von grünen Unternehmen.
Als konventionelle Unternehmen werden demgegenüber solche bezeichnet, die ein konventionelles Produktangebot haben, zu dem zu einem gewissen Anteil auch Produkte und Leistungen zählen, die einen Beitrag zum Umwelt- und Klimaschutz leisten.

Bei grünen Unternehmen werden ebenso wie für die Projekte zum Umwelt- und Klimaschutz geeignete grüne Sektoren, Technologien oder Aktivitäten definiert.

Handelt es sich um konventionelle Unternehmen, deren aufgenommenes Fremdkapital zumindest teilweise zum Green-Finance-Marktvolumen gezählt werden kann, werden die Mindestanforderungen oder Referenzwerte definiert (siehe Abb. 1.2).[12]

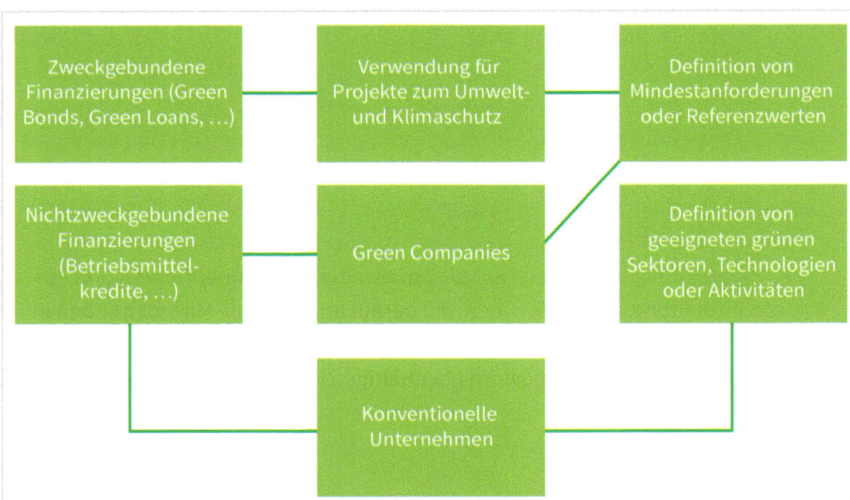


**Abb. 1.2:** Systematisierung der Verwendungszwecke von Green Finance im Bereich der Fremdfinanzierung bei Unternehmen (eigene Darstellung, 2022)

12 Vgl. dazu European Commission (2017).

**Hat die Corona-Krise Unternehmen in Bezug auf Green Finance zum Umdenken veranlasst?**
An den Ergebnissen einer Studie der Management- und Technologieberatung BearingPoint unter mehr als 30 Branchenexpertinnen und -experten erkennt man, dass die Corona-Krise die Sustainable-Finance-Bestrebungen von Unternehmen vorübergehend eingedämmt haben. Der Wunsch und die Einsicht in die Notwendigkeit, gerade auch Green Finance einzuführen und im Unternehmen zu etablieren, haben sich allerdings verstärkt. Bestehende Probleme sind in der Corona-Krise sichtbarer geworden und viele Unternehmen sehen nun deutlicher die Notwendigkeit, in nachhaltige Finanzprodukte zu investieren, die nachweislich weniger anfällig waren als konventionelle Produkte.[13]

## 1.3 Green HR – für die Green Company die Mitarbeitenden mitnehmen

HR heißt Human Resources, und dies meint im modernen Sinne die Mitarbeitenden, die in einer Green Company viel mehr sein sollten als nur Ressourcen. In einer Green Company sind bestenfalls alle Mitarbeitenden Botschafter für Green: motiviert, engagiert, die ihr »grünes« Verhalten in gesamtsystemisches Denken und kollaboratives Handeln einbringen.

**HINTERGRUNDINFO**

Green HR ist, wenn sich der Bereich HR, also die Personalabteilung, darauf konzentriert, ihre Rolle so zu erweitern, dass sie das Unternehmen beim Streben nach ökologischer Nachhaltigkeit, auf dem Weg zur Green Company und als solche unterstützt. In Green HR werden HRM-Richtlinien entwickelt und umgesetzt, um die nachhaltige Nutzung von ökologischen Ressourcen anzuregen und zu unterstützen und die natürliche Umwelt zu erhalten (mehr dazu in den Kapiteln 6 und 8).
Green HR konzentriert sich auf die Entwicklung, Implementierung und Aufrechterhaltung aller Aktivitäten, die darauf abzielen, die Mitarbeitenden in ihrem Wissen über Green HR, »grüne« Planungen und Handlungen zu unterstützen und sich für ökologisch nachhaltige Ziele zu engagieren. Initiativen umfassen HR-Prozesse für Personalbesetzung, Leistungsmanagement und -beurteilung, Schulung und Entwicklung sowie Arbeitsbeziehungen, die auf die ökologischen Nachhaltigkeitsziele des Unternehmens ausgerichtet sind.[14]

13 Vgl. Bock (2020).
14 Vgl. O'Donohue/Torugsa (2016).

Für Unternehmen bedeutet das, den Wissensstand ihrer Mitarbeitenden zu kennen, zu nutzen und eine gemeinsame Wissensbasis zu schaffen. Nicht alle Mitarbeitenden müssen das gleiche »grüne« Fachwissen haben. Aber nur mit einer soliden Wissensbasis über das, was die Green Company, für die man arbeitet, eigentlich »Green« macht, können Mitarbeitende echte Botschafterinnen einer Green Company sein und ggf. ökologisch passende Produktinnovationen entwickeln.

Green hört nicht auf bei beruflichen Aufgaben. Es umfasst bestenfalls auch das Verhalten der Mitarbeitenden im Alltag. Nun ist »grünes« Handeln je nach Tätigkeitsbereich, Wohnsituation etc. unterschiedlich ausgeprägt möglich, wichtig ist aber, das Verständnis dafür zu stärken und Möglichkeiten zu kennen, wie jeder »grünes« Handeln in seinen Alltag integrieren kann.

So hat beispielsweise das Unternehmen Grenca die »TaskForce Green« gegründet. Ein Team unter Leitung der HR-Abteilung, bestehend aus Mitarbeitenden aus allen Abteilungen und Hierarchiestufen, von Verwaltungsmitarbeitenden bis hin zu Mitgliedern der Geschäftsführung, hat die Bereiche definiert, die man angehen möchte. Daraus wurden jeweils Gruppen gegründet: Essen und Getränke – Angebot und Anbieter, Verbrauchsprodukte Einkauf, Müll und Recycling, Mobilität der Mitarbeitenden. So hat die Gruppe Mobilität angeregt, Fahrräder zu kaufen, mit denen die Mitarbeitenden kleinere Erledigungen im Umfeld des Unternehmens ohne Taxi und ohne Auto erledigen können.

Green HR kann unterschiedlich umgesetzt werden. Eine grundlegende Regel aber sollte sein, Green HR möglichst unter Einbeziehung aller Mitarbeitenden und deren Know-how-Ressourcen umzusetzen. Das kann zum Beispiel heißen:

- **Grüne Weiterbildung:** Grünes Wissen den Mitarbeitenden so anbieten, dass alle Mitarbeitenden eine Wissensbasis bekommen und dann je nach Wunsch, Tätigkeit und Entwicklungsbedarfen weitere Weiterbildungsangebote wahrnehmen können. Dies verlangt eine Weiterbildung, die Chancengleichheit bedeutet, barrierefrei bzw. niedrigschwellig, um für alle Mitarbeitenden erreichbar zu sein und von allen verstanden zu werden. Weiterbildung sollte analog wie digital genutzt werden, um möglichst einfach zugänglich zu sein. Auch die interne Ausbildung von Mitarbeitenden ist eine gute Möglichkeit, Chancen zur Weiterentwicklung zu geben, etwa zu Themen wie Nachhaltigkeitsstandards, Energieeffizienzmaßnahmen oder Umwelttechnologien für den Kompetenzaufbau zu ökologischer Nachhaltigkeit in allen Bereichen des Unternehmens.[15]
- **Grüne Wissensvermittler einsetzen und grüne Wissensorte schaffen:** Viele Mitarbeitende haben aufgrund ihrer Fachexpertise grünes Wissen, welches sie wei-

15 Vgl. Pastore/Massacesi et al. (2020)

tergeben können an ihre Kolleg:innen – als Best Practice bzw. Storytelling, als Wiki im Intranet, als Webinar oder Seminar oder auch in Form einer Beratung. Mit der Aufzeichnung in Form von Wiki oder Webinaren stellt man sicher, dass möglichst viel Wissen nicht verloren geht.

- **Grüner Wissenstransfer:** Mitarbeitende sollten ihr Wissen über Abteilungen hinweg teilen, nicht nur zu grünem Verhalten im Alltag, sondern auch zu ihrer Fachexpertise. Neben der Nutzung interner Expertise sollte ein Unternehmen aber auch nach Bedarf auf externe Wissensvermittler zurückgreifen.
- **Grüne Technik:** Die Tools, die verwendet werden, sollten auf der Grundlage und unter der Berücksichtigung grüner Maßstäbe beschafft und genutzt werden, zum Beispiel auch in Form eines papierlosen Büros.[16]

**Green Company Tipp** !

Grüne HR-Initiativen reichen von der Förderung doppelseitiger Fotokopien bis hin zur Anwendung ethischer und fairer Praktiken (siehe dazu auch Kapitel 7).

Grüne Arbeitgeber können als Ergebnis aus der Implementierung einer grünen HR mehrere Vorteile ziehen, einschließlich mehr Mitarbeitendenmotivation, -engagement und -vertrauen. Die Mitarbeitenden zeigen wahrscheinlich nicht nur eine gesteigerte Produktivität, sondern werden auch loyaler gegenüber dem Unternehmen. Dies führt zu weniger Personalfluktuation.

Der Wert grüner Programme zur Förderung der sozialen Verantwortung ist weithin anerkannt und der Einsatz grüner HR kann hochqualifizierte Mitarbeitende anziehen, da ein grünes Unternehmen bei vielen Jobsuchenden als attraktiver angesehen wird. Effizientere Geschäftsprozesse und eine verbesserte Produkt- oder Servicequalität gehen ebenfalls aus Green HR hervor.

## 1.4 Green Leadership – ökologische Nachhaltigkeit als Führungsprinzip

Ohne die Menschen im Unternehmen, die »Grün« verstehen und insbesondere sichtbar vorleben, kann ein Unternehmen nicht langfristig Green Company sein. Deshalb braucht es insbesondere Führungskräfte, die Mitarbeitende von Beginn an involvieren, die ihre Potenziale fördern, ihnen Raum und Verantwortung sowie ein klares und wertschätzendes Feedback geben. Es braucht die Führungskräfte, die neben ihrer Rolle als Führungskraft als Role Model im Unternehmen »Green« leben.

16 Vgl. Benker GmbH & Co. KG (Hrsg.) (2022).

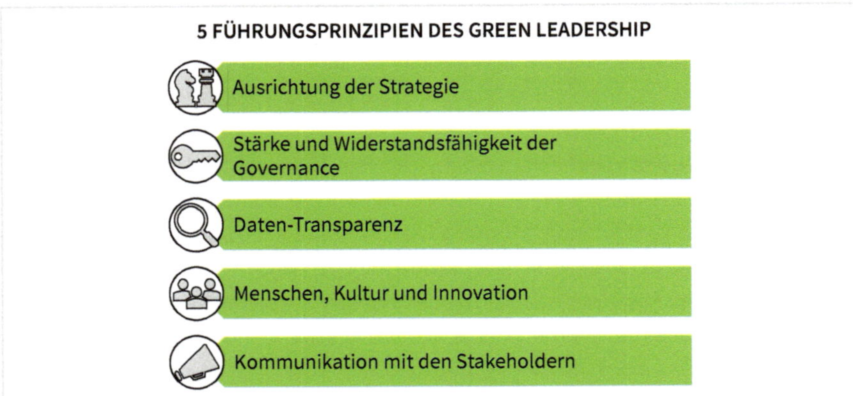


**Abb. 1.3:** Führungsprinzipien des Green Leadership (eigene Darstellung, 2022)

Insofern geht es für ein grünes Leadership um mehr als grüne Tools. Als Erstes ist die eigene Einstellung zu ökologischer Nachhaltigkeit gefragt, das Integrieren von ökologischer Nachhaltigkeit in den eigenen Alltag, privat wie beruflich. Auch soziale, ökologische, ökonomische und persönliche Kompetenzen spielen eine Rolle. Und letztendlich ist Verantwortung wichtig, die Transformation zu einem nachhaltigen Unternehmen, zu einer Green Company fördert und weiterentwickelt.[17]

Das Ziel eines Green Leadership sollte es sein, die Anforderungen immer auch mit dem Blick auf eine enkeltaugliche Zukunft zu erfüllen. Dazu müssen Entscheidungen und jedes Handeln im Unternehmen darauf ausgerichtet sein, die langfristige Balance aus wirtschaftlicher Leistungsfähigkeit, sozialer Gerechtigkeit und ökologischer Verantwortung zu gewährleisten. Green Leadership steht für Führungskräfte, die aus eigener Überzeugung heraus ethisch und moralisch handeln und vor allem die ökologische Nachhaltigkeit vorantreiben wollen.[18]

Wie schon angesprochen, sind es vier Kompetenzbereiche, die für ein Green Leadership grundlegend sind:

**1. Persönliches Green Leadership**

Persönliche Nachhaltigkeit beginnt im Alltag – mit der Haltung, den Werten und Überzeugungen in Bezug auf ökologische Nachhaltigkeit, den achtsamen Umgang mit Ressourcen, Anpassungsfähigkeit, Flexibilität, ethische Einstellung und die Weiterbildung in ökologischer Nachhaltigkeit. Nach außen sind grüne Führungskräfte Vorbild – sie denken und handeln beruflich und privat ökologisch nachhaltig, setzen sich für an-

17 Vgl. Schwehm/Kentsch (2021).
18 Vgl. Englert/Ternès (2019).

dere ein und tragen damit zum Gemeinwohl bei. Sie denken gesamtsystemisch und agieren kollaborativ, um nachhaltige Lösungen gemeinsam zu finden und neue Impulse zu setzen.

**2. Soziales Green Leadership**
Soziales Green Leadership hat viel mit der Förderung individueller Potenziale und Gesundheitserhaltung am Arbeitsplatz zu tun. Es geht darum, Mitarbeitende zu stärken, sich auf Augenhöhe zu begegnen, Respekt, Wertschätzung und konstruktive Kritik zu geben. Förderungsprogramme für alle Mitarbeitenden und ein lebenslanges Lernen stärken die Mitarbeitendenzufriedenheit.

**3. Ökonomisches Green Leadership**
Ökologische Nachhaltigkeit ist für Green Leader ein fester Bestandteil ihres beruflichen Tuns, ein Managementziel. Sie bildet die Grundlage ihres wirtschaftlichen Handelns. Green Leadership fördert das Verständnis für ökologisch nachhaltiges, also langfristiges Wirtschaften und sichert damit die Zukunftsfähigkeit eines Unternehmens. Führungskräfte sollten Synergien nutzen, Innovationskraft stärken und mit Veränderungen antizyklisch umgehen.

**4. Ökologisches Green Leadership**
Abfallvermeidung, Mülltrennung und das Schonen von Ressourcen neben dem Reduzieren von $CO_2$-Emissionen sind wichtige Aspekte der ökologischen Nachhaltigkeit – auch im Unternehmensalltag. Aber das ist nur ein kleiner Teil.

Ökologisches Green Leadership – und mir ist die Doppelung im Begriff durchaus bewusst – heißt auch: Führungskräfte treiben mit ihren Mitarbeitenden Projekte voran, mit denen das Unternehmen die ökologische Nachhaltigkeit verbessern kann. Es geht dabei auch darum, Rahmenbedingungen zu verändern, die von der Geschäftsleitung ausgehend dafür sorgen, dass ein Unternehmen nicht nur nach außen, sondern auch nach innen ökologische Nachhaltigkeit lebt. Und zwar intrinsisch überzeugend vorgelebt, aber auch getrieben von Green Leadern.

Fassen wir mal zusammen: Green Leadership bedeutet einen ganz klaren Paradigmenwechsel, der von Führungskräften ein komplett anderes Setting erwartet als von Führungskräften alter Schule. Die Steigerung von Umsatz und Effizienz ist definitiv weiterhin ein wichtiger Bestandteil, aber es geht mehr und mehr um das persönliche Engagement, um kooperatives Handeln und um ein gesamtsystemisches Denken. Damit Führungskräfte dies selbst leben und weitergeben können, ist es wichtig, Weiterbildung anzubieten und Kompetenzen zu stärken (siehe Abb. 1.5).[19]

19 Vgl. dazu auch BMU (200). https://proergo.de/stellen/broschuere_fuehrungskompetenz_nachhaltigkeit.pdf

Green Leadership setzt auch dort an, wo neue Mitarbeitende für ein Unternehmen rekrutiert werden. Auch in der Personalabteilung braucht es Verantwortliche, die bereichsübergreifende Zusammenhänge verstehen, Neuem gegenüber aufgeschlossen sind und selbst eine Fachexpertise zu ökologischer Nachhaltigkeit haben.

Green Leadership stellt hohe Anforderungen an jede Führungskraft. Denn wo bisher die Managementkompetenz an erster Stelle gefragt war, steht neben der ökonomischen Kompetenz immer mehr die soziale und die ökologische.

**Abb. 1.4:** Der Green-Leadership-Rahmen (eigene Darstellung, 2022)

## 1.5 Green Passion – ökologische Nachhaltigkeit aus Leidenschaft

Und zu allem anderen gelingt eine langfristig erfolgreiche Green Company nur, wenn Leidenschaft im Spiel ist. Und deshalb komme ich zu meinem fünften Baustein: Green Passion.

Nachhaltig handelnde Führungskräfte sind in ihrer Einstellung zur ökologischen Nachhaltigkeit als Vorbild gefragt, das wurde sicher in meinem vorherigen Baustein deutlich.

Eine Green Company verlangt allerdings von *allen Mitarbeitenden* Engagement und Passion für die Sache, echte Leidenschaft für ökologische Nachhaltigkeit ist also nötig. Und das ist eine echte »Herzenssache«, es geht dabei um die Übernahme von Verantwortung und sichtbare Zeichen für das eigene Umfeld der Mitarbeitenden, Kollegen, Geschäftspartner, die eigene Familie und den Freundeskreis. Green Passion umfasst den privaten wie den beruflichen Bereich. Green Passion heißt, dass wir Klartext reden und manchmal auch diplomatisch sind, wo uns Green Passion zusammenbringt und verbindet.

Green Passion heißt, dass wir uns klar positionieren, auch wenn Personen von ökologischer Nachhaltigkeit überzeugt werden müssen und Unverständnis zeigen. Es ist unsere Aufgabe, sie mitzunehmen auf die Transformation in eine nachhaltige Zukunft.

Ich wünsche mir von allen, die meine Texte lesen, dass sie nicht nur Hintergrundwissen und sinnvolle Tipps mitnehmen, sondern dass sie ökologisch nachhaltig leben, mit jeder Faser, vom Verpackungssparen im Alltag und dem bewusst reduzierten Energieverbrauch bis hin zu grünen Finanzprodukten: Green Passion ist kraftvoll, inklusiv, vielfältig, kreativ, voller Lust am Leben und voller Hoffnung, dass wir durch unser Handeln einen Unterschied machen.

Als ich als Sechsjährige das erste Mal am Strand von Norddeich-Mole stand, war ich im ersten Moment beeindruckt von der Schönheit der Natur: die Wellen, der Wind, der weite Blick auf das nicht enden wollende Wasser. Im nächsten Moment war ich entsetzt und wütend über den an den Strand gespülten Plastikmüll, in dem Möwen nach essbaren Resten stocherten. Wie konnte jemand so gedankenlos sein und seinen Müll einfach ins Wasser werfen? Ich beschloss, mich von nun an für eine nachhaltige Welt einzusetzen. Ich gründe seitdem Initiativen, in denen ich versuche, in verschiedenen Bereichen mit meinen Ideen die Welt nachhaltiger zu machen. Ressourcenorientierung und Respekt vor unserer Umwelt, Tierwelt und vor unseren Mitmenschen sind seitdem die Grundlage meines Handelns. Dazu spreche, schreibe, berate, coache, gründe und führe ich – mit Leidenschaft.

Ich wünsche mir, dass du mindestens ebenso leidenschaftlich wie ich bist – mit Green Passion für eine lebenswerte Welt.

Jeder und jede kann diese Leidenschaft in sich wecken. Alle, die wissen, dass es Zeit ist, mehr denn je, für den Schutz unserer Umwelt einzutreten, für eine enkeltaugliche Zukunft. Alle, die sich eine lebenswerte Welt wünschen. Und wenn du es nicht schon gemacht hast: Fange jetzt an mit Green Passion – sei leidenschaftlich, engagiert, begeistert für eine grüne Zukunft für uns alle!

# 2 Der »Super-KAU«: Klimakatastrophe, Artensterben und Umweltverschmutzung

Arne Prieß

Als mich mein langjähriger Weggefährte Tjalf Nienaber im Sommer 2020 gefragt hat, ob wir unsere Fachkompetenzen und unsere berufliche Leidenschaft zusammenschmeißen und wenigstens einen kleinen Beitrag zur »Rettung des Klimas« leisten wollen, habe ich nicht lange gezögert, auch wenn mir klar war, dass es angesichts der Größe der Herausforderung wirklich nur ein klitzekleiner Beitrag sein wird.

Als Vater von drei Söhnen hatte ich schon länger das Gefühl, dass unsere Generation X das Feld für die nachfolgenden Generationen wirtschaftlich zwar gut bestellt, ökologisch allerdings auf Raubbau und Kurzfristigkeit ausgelegt hatte.

Im September 2020 haben wir dann die HRMgreen GmbH zusammen mit Andreas Prager gegründet. Das ging flott und ist nur ein formaler Akt. Aber mit Leidenschaft und dem Gefühl allein, man müsste endlich auch einen Beitrag leisten, war wenig geholfen. Jetzt musste erst mal Wissen her. Was sind eigentlich unsere Probleme, worum geht es genau? Denn wenn man Lösungen entwickeln will, dann muss man die Probleme vorher zumindest im Grundsatz verstehen.

Und ab dem Zeitpunkt hatte ich ein richtig großes Problem. In unserer gewählten Arbeitsteilung sollte ich das »Konzept-Brain« werden, sollte die Lösungen entwickeln, mit denen Unternehmen ihre Reise zu Green Companies erfolgreich antreten sollten. Aber ich bin kein Klimaforscher und kein Umweltaktivist. Also ging sie los, die wilde Fahrt durch die wissenschaftlichen Quellen zur Umweltzerstörung. Und je mehr ich nach Informationen suchte, desto klarer wurde mir, wir reden nicht nur über Klimawandel, das Problem ist noch viel, viel größer.

Am Ende meiner ersten Rechercheреisen durch das Internet standen viele neue Erkenntnisse, die man wohl als Fundament wissen muss, bevor man sich im Unternehmen aufrafft, Management und Mitarbeitende für den Aufbruch in eine ökologische Nachhaltigkeit zu gewinnen.

Nachfolgend erhaltet ihr nun einen kompakten Einblick in die wichtigsten Hintergrundinformationen. Natürlich kann man noch viel mehr lernen über die Zusammenhänge auf unserem Planeten, aber auch ihr wollt keine Klimaforscher werden, denn dann hättet ihr euch andere Bücher gekauft oder ein Studium begonnen. Also anschnallen für einen schnellen Ritt durch eine komplexe Materie, aber in starker Vereinfachung dargestellt.

Starten wir mal mit etwas Ironie: Findet ihr es nicht auch sehr beruhigend, dass wir »nur« einen Klimawandel haben? Man hört und liest das überall. Jeder redet drüber, muss also wohl was dran sein. Da wandelt sich etwas, ist ja dauernd so, hat man sich langsam dran gewöhnt. Dieses Mal eben das Klima. Ein bisschen wärmer soll es werden, wenn wir so weitermachen wie bisher. Aber bitte, wen juckt's, bin ich ein Eisbär, oder was?

Kennt ihr den Cartoon: Eine Menschenmenge steht vor einem Rednerpult und der Redner ruft: **Wer will Wandel?** Alle heben die Arme. Warum auch nicht, wenn etwas Gutes für mich drin ist, hebe ich die Hand. Dann ruft er: **Wer will sich wandeln?** Alle schauen sich betreten an. Was jetzt, ich persönlich? Ich mich ändern, na, so weit kommt es noch! Da sollen doch bitte erst mal die anderen ... Dann traut er sich zu rufen: **Wer will den Wandel anführen, wer geht voran?** Alle weg, das ganze Plenum hat sich verdrückt, ein leerer Platz vor einem frustrierten Redner.

Gut, Wandel ist schon eine doofe Sache, da muss man sich ändern, aber eigentlich könnten es doch wirklich erst mal alle anderen tun und dann fängt man vielleicht auch an, sich etwas zu verändern. Natürlich alles in Maßen, wir wollen ja nicht übertreiben. Schließlich liest man auch dauernd, dass erst mal die Inder, Chinesen und sonstige Umweltverschmutzer handeln sollten. Wir und vor allem ich bin mit meinem Beitrag zum Klimawandel doch eine »Schneeflocke im Hochofen«. Also bitte, dann wandelt eben, aber haltet mich da bitte raus.

Warum es so schwer ist, sich selbst zu verändern und Veränderungen in Unternehmen anzustoßen, wird in den Kapiteln 11 und 12 ausführlicher behandelt. Lasst mich an dieser Stelle erst mal ein sehr treffendes Zitat von Barack Obama einbringen: »Wir sind nicht die letzte Generation, die den Klimawandel erleben wird, aber wir sind die letzte Generation, die etwas gegen den Klimawandel tun kann. Im Interesse des Planeten muss sich etwas ändern.«[20]

Der Hinweis an unsere Generation ist meines Erachtens kristallklar, wir sind die Letzten, die noch etwas retten können. Ich hoffe, dass dies bald alle begreifen. Was mich an diesem Zitat aber total stört, ist, dass wir

- erstens gar keinen Klimawandel haben und
- zweitens, dass dies nur eines unser Probleme ist.

20 Quelle siehe unter https://www.tagesspiegel.de/politik/barack-obama-wir-sind-die-letzte-generation-die-etwas-gegen-den-klimawandel-tun-kann/12141618.html; Abrufdatum 26.04.2022.

Wenn man sich mit den ökologischen Problemen tiefer beschäftigt, dann wird einem sehr schnell klar, dass wir drei riesengroße, fette Superprobleme haben:

- Klimakatastrophe
- Artensterben
- Umweltverschmutzung

Und wenn man das mal realisiert hat, wird einem sehr schnell klar, dass wir aufhören müssen, niedliche Worte für etwas zu benutzen, was uns das menschliche Leben auf diesem (für uns Menschen noch) wunderschönen Planeten unmöglich machen wird.

Um dieser erschütternden Erkenntnis Rechnung zu tragen, habe ich einen neuen Begriff erfunden, den ich in Anlehnung an den *absolut größten anzunehmenden Unfall* in Atomkraftwerken (kurz: Super-GAU) den »Super-KAU« nenne.

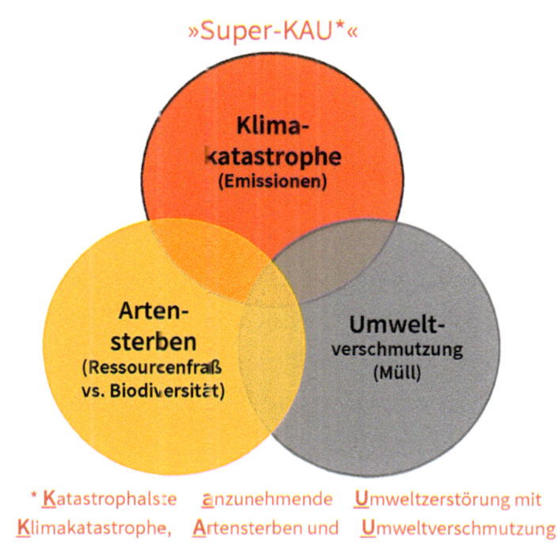


**Abb. 2.1:** Super-KAU – Synonym für die Katastrophe

HINTERGRUNDINFO

Wem meine Wortschöpfung nicht gefällt, der könnte die drei darin abgedeckten Probleme auch mit »Katastrophale Umweltzerstörung« zusammenfassen:

- Wir zerstören die Umwelt, in der wir leben, indem wir mit Emissionen das Klima in eine Katastrophe führen, in der nichts so sein wird, wie wir es für unsere gewohnte Lebensweise benötigen.
- Wir treiben unseren Ressourcenfraß so unbändig voran, dass die Artenvielfalt bzw. Biodiversität in einer dramatischen Weise vernichtet wird.
- Und wir produzieren so viel Müll, dass der Planet und damit irgendwann wir selbst daran ersticken werden.

> Dummerweise begreifen wir offenbar nicht, dass in der Umwelt alles mit allem zusammenhängt. Jede Zerstörung hat eine andere Auswirkung und am Ende kommt alles zu uns zurück, wie ein brennender Bumerang, der uns unweigerlich wieder um die Ohren fliegen wird.
> Lasst uns also zukünftig mit klaren Worten sprechen, um andere darauf aufmerksam zu machen, dass wir keine Zeit mehr für einen sanften Wandel haben. Wir müssen handeln, und zwar pronto!

Wie komme ich aber auf diese drei dramatischen Problemfelder? Lasst mich ein paar kurze Auszüge aus meinen Recherchen heranziehen[21], und während ich das hier schreibe, finden Forscher bestimmt heraus, dass alles noch viel schlimmer ist. Der letzte IPCC-Bericht des Weltklimarats hat es gerade wieder dramatisch aufgezeigt: Alles ist viel schlimmer, die Zeit ist viel kürzer, als wir dachten.[22]

## 2.1 Die Klimakatastrophe

Die katastrophalste Nachricht zuerst: Die fortschreitende Klimakatastrophe besitzt zahlreiche »Kipp-Punkte« (oft auch mit dem Anglizismus »Tipping Point« bezeichnet).[23] Ab diesen Ereignissen kippen ganze klimabeeinflussende Systeme des Planeten um und die Katastrophe ist durch unsere Maßnahmen nicht mehr aufzuhalten. Das bedeutet dann »Feierabend für alle«, eine letzte Party und dann ist uns der Planet endlich los. In einem Hintergrundpapier des Bundesumweltamts wird der Klimaforscher Professor Stefan Rahmstorf vom Potsdam-Institut für Klimafolgenforschung im Hinblick auf Kipp-Punkte so zitiert: »Das Klimasystem ist kein träges und gutmütiges Faultier, sondern es kann sehr abrupt und heftig reagieren«[24]. Wir sollten also nicht glauben, dass wir dem vermeintlich langsamen Wandel noch etwas zuschauen können, bis wir endlich entscheiden, ihm entgegenzutreten. Wenn das Erdklima erst mal kippt, halten wir diesen Vorgang und seine Folgen nicht mehr auf!

Bereits eingetreten durch unsere menschliche Lebensweise ist eine 1,1-Grad-Erderwärmung. 1,5 Grad wird wohl trotz der bisher angedachten Maßnahmen unvermeidlich sein. Dabei wird der Meeresspiegel bereits um bis zu 0,75 Meter ansteigen und zunehmende Dürren sowie schwankende Mais- und Weizenernten für weitere, schlimmere Hungersnöte in der Welt sorgen. Bei 2,0 Grad Erderwärmung kann man noch von einem »sicheren Bereich« im Klima sprechen. Aber nur im weit- und im

21 Ausführlicher erklärt in meinen Trainings zum HRMgreen Consultant.
22 Siehe z. B. unter: https://www.watson.de/nachhaltigkeit/analyse/918780675-ipcc-klimabericht-2022-folgen-des-klimawandels-aufschieben-bedeutet-den-tod
23 Umweltbundesamt (2008), S. 5. https://www.umweltbundesamt.de/sites/default/files/medien/publikation/long/3283.pdf
24 Ebd.

hochgelegenen Inland, denn wenn man in Küstenstädten wohnt, in denen kniehohe Überflutungen normal werden, oder man in einem Häuschen an einem kleinen romantischen Flüsschen wohnt, das durch zunehmende Starkregen regelmäßig Flutkatastrophen verursacht und Mensch und Tier sowie Hab und Gut wegspült, wird man regelmäßig verdammt miese Tage haben.

Bei 4,0 Grad ereignen sich voraussichtlich verschiedene Kipp-Punkte mit weiteren und dramatischen Auswirkungen. Die Übersäuerung und der Anstieg der Meere nehmen zu und die um 30 % zunehmenden Wirbelstürme walzen alles platt und hinterlassen nur noch zerstörte Orte.[25] Ab hier ist dann das ganze System umgekippt und es geht mit der Erderwärmung munter weiter. Wer jetzt noch Reden schwingt, der kann es sich sparen. Norwegische Forscher behaupten gar, dass wir den Tipping Point bereits überschritten haben. Die Berechnungen von Jørgen Randers und Ulrich Goluke von der BI Norwegian Business School haben ergeben, dass es egal ist, ob das (hypothetische) Ziel von null Emissionen schon in diesem Jahr oder Ende des Jahrhunderts erreicht würde, die mittlere Temperatur würde trotzdem noch lange weiter ansteigen.[26] Diese Studien werden wissenschaftlich noch angezweifelt, was uns aber nicht in Sicherheit wiegen sollte.

Ab 5,0 bis 6,0 Grad sorgt der dramatische Rückgang des arktischen Eisschilds für das weitere Katastrophenszenario, an dem dann auch der größte materielle Einsatz nichts mehr retten kann. Ende Gelände! Planet Erde wird sich einmal schütteln und die Natur holt sich alles zurück, was ihr der Mensch genommen hat.

Wer nun glaubt, dass dies alles nur weit entfernte Zukunftsszenarien sind, sollte sich vor Augen führen, dass 2020 und 2021 bereits die wärmsten Jahre in Europa seit Beginn der Aufzeichnungen waren, in Deutschland war 2020 das zweitwärmste Jahr.[27] In Italien wurde 2021 zeitweise mit 48,8 Grad die höchste je in Europa gemessene Temperatur erreicht. Und wärmer heißt nicht nur »ab ins Freibad und Spaß haben«: »Die Deutschen bekommen die Folgen des Klimawandels immer deutlicher zu spüren – bei der Gesundheit, beim Wetter und in der Wirtschaft. Zu diesem Ergebnis kommt der aktuelle Monitoring-Bericht, den das Umweltbundesamt in Zusammenarbeit mit rund 30 Bundes- und Landesbehörden sowie mit Universitäten und Fachverbänden erarbeitet hat.«[28] Und weiter heißt es da: »Mehr Todesfälle durch Hitze: Die Folgen wir-

25 IPPC Sixth Assessment-Report. Climate Change 2021, mehr dazu unter: https://www.ipcc.ch/assessment-report/ar6/

26 Vgl. Randers/Goluke (2020). Mehr dazu unter: https://www.mdr.de/wissen/klima-klimakrise-drei-grad-erwaermung-unvermeidbar-kipppunkt-100.html

27 Mehr Infos unter: https://www.tagesschau.de/ausland/waermstes-jahr-europa-101.html und z. B. https://www.t-online.de/nachhaltigkeit/id_92056098/klimakrise-sommer-2021-war-waermster-in-europa-tag-der-erde-2022.html

28 Folgen des Klimawandels, »Größte Naturkatastrophe in Deutschland«, Stand: 29.11.2019, 16:30 Uhr, https://www.tagesschau.de/ausland/un-unep-klima-103.html

ken sich auf die Gesundheit der Bevölkerung aus. So nimmt bei hohen Temperaturen etwa der Pollenflug zu, was Allergikern und Asthmatikern schadet. Drastischer jedoch ist die Schlussfolgerung der Studie, dass mehr Hitzetage die Sterblichkeitsrate ansteigen lassen: Demnach sind im Jahr 2003 rund 7.500 Menschen mehr gestorben als ohne Hitzeperiode zu erwarten gewesen wäre. In den Jahren 2006 und 2015 gab es jeweils 6.000 zusätzliche Todesfälle.«

> **HINTERGRUNDINFO**
>
> Hitze tötet, so leicht lässt es sich zusammenfassen, die Anzahl der Toten durch Hitzetage steigt kontinuierlich in Korrelation mit dem demografischen Wandel. Wir werden älter und die zunehmenden Hitzetage lassen die Hitzetotenzahlen damit weiter ansteigen.

Der European Green Deal will diese Horrorszenarien noch abwenden und es wird denjenigen, die die Kosten als Gegenargument heranziehen, vorgerechnet, was mangelndes Handeln kosten würde. »Die Kosten des Übergangs sind hoch, sie werden jedoch viel höher sein, wenn wir nicht tätig werden.«[29] Die angeführten Zahlen sind in der Tat so horrend hoch, dass jeder Mensch mit voller geistiger Kapazität sich dem volkswirtschaftlichen Nutzen rechtzeitigen Handelns nicht verschließen dürfte. Und doch gab es bereits Präsidenten, die in die Welt twitterten, dass der Klimawandel eine Erfindung der Chinesen sei, um die amerikanische Wirtschaft zu schwächen.[30] Wie gesagt, Menschen mit voller geistiger Kapazität werden sich hoffentlich wissenschaftlichen Fakten nicht verschließen.

Der Zusammenhang zwischen dem Anstieg der $CO_2$-Konzentration in der Atmosphäre und dem menschlichen Handeln, zum Beispiel der Industrialisierung, wurde ausreichend belegt. So konnten Wissenschaftler nachweisen, dass die $CO_2$-Konzentration seit Beginn der Industrialisierung um 45 % angestiegen ist, damit ist die $CO_2$-Konzentration bereits höher als seit mehreren Millionen Jahren. Und die »zusätzlichen 125 ppm $CO_2$ haben eine Heizwirkung von 2 Watt pro Quadratmeter Erdoberfläche durch den bekannten Treibhauseffekt«.[31]

Aber was nützen schon wissenschaftliche Beweise, wenn man nicht handeln will, weil dies Kosten und Arbeit sowie Veränderungen der eigenen lieb gewonnenen Gewohnheiten bedeuten (mehr dazu in Kapitel 12.2). Spätestens aber, wenn die Versicherungen die zu erwartenden Schäden an der Infrastruktur und dem Hab und Gut der Unterneh-

29 Ursula von der Leyen, Präsidentin der Europäischen Kommission, siehe Flyer unter: https://ec.europa.eu/commission/presscorner/detail/de/fs_19_6715

30 Donald Trump am 06.11.2012 via Twitter: »The Concept of global warming was created by and for the Chinese in order to make U.S. manufacturing non-competetive.«

31 Gut nachvollziehbare Fakten findet man z. B. unter: https://scilogs.spektrum.de/klimalounge/der-globale-co2-anstieg-die-fakten-und-die-bauernfaengertricks/

men und Menschen nicht mehr werden versichern können, dann vernichten die obigen Szenarien nicht nur vorübergehend bis zur Wiederherstellung, sondern endgültig den hart erarbeiteten Wohlstand. Die Folgen zum Beispiel der Flutkatastrophe im Juli 2021 im Westen Deutschlands werden durch harte Arbeit und Milliarden Euros durch Versicherungen und staatliche Hilfe wieder ausgeglichen werden, aber wenn Versicherungen und der Staat irgendwann nicht mehr zahlen können, weil die Katastrophen zu schnell hintereinander eintreten, dann werden die Unwetterkatastrophen ganze Existenzen für immer zerstören, und zwar ohne Aussicht auf Rückkehr zu einem Vorkatastrophenstatus. Wir werden dann Heerscharen von verarmten Katastrophenopfern im Land haben. Was dies für den gesellschaftlichen Wohlstand, viel mehr aber noch für den gesellschaftlichen Frieden bedeuten wird, ist kaum vorstellbar.

Das liest sich alles wie ein Science-Fiction-Drama mit schlechtem Ausgang, ich weiß. Nur, dass dies keine Fiktion ist, sondern der Weg, den wir gerade beschreiten. Es sei denn, wir werden verdammt schnell aktiv. Aber wie angedeutet, ist dies nur eines unserer Probleme, zwei kommen noch, also weiter geht die wilde Fahrt.

## 2.2 Das Artensterben

Kennt ihr den sogenannten »Earth Overshoot Day«? Das ist der Tag im Jahr, an dem wir der Erde die Ressourcen genommen haben, die sie innerhalb eines Jahres regenerieren kann. Im Jahr 2021 war dies in Deutschland der 5. Mai, ab diesem Tag haben wir auf Kosten unserer Enkel gelebt. Weltweit war dieser Tag der 29. Juli. Aber wir Deutschen stehen in der Ressourcenfraß-Liste noch nicht einmal ganz oben, da stehen die USA mit 5,0 Erden, die im Jahr gebraucht werden, Australien mit 4,1, Russland mit 3,2 und dann folgt Deutschland mit 3,0. China (2,2) und Indien (0,7) verbrauchen im Vergleich weniger Erden. Aber was nützt dieser Vergleich schon, letztendlich bedeutet unser unbändiger Ressourcenfraß, dass wir unsere Erde ausquetschen, bis nichts mehr drin ist. Und manche mahnen schon, dass wir uns endlich von »ökologischen Wachstumsfantasien« verabschieden müssen. Denn Wachstum heißt immer mehr Ressourcenfraß, der auch ökologisch »aufgehübscht« unbändiger Fraß bleibt.

Aber was bedeutet dieser Ressourcenfraß eigentlich? Wir verbrauchen unsere Erde so schnell, dass die Biodiversität[32] vernichtet wird und mit ihr ein ungebremstes Artensterben[33] voranschreitet. Und dies hat dramatische Folgen für uns Menschen. Die men-

32 Dies bedeutet die biologische Vielfalt von Lebensräumen, Genen und Arten. Mehr dazu z. B. unter: https://www.careelite.de/artensterben/

33 Dies ist das Aussterben von Tier- und Pflanzenarten, das in der aktuellen Debatte mit der menschengemachten Umweltzerstörung verbunden wird. Mehr dazu z. B. unter: https://www.careelite.de/artensterben/

schengemachte Vernichtung unzähliger Arten hat ungeahnte und nicht vorhersagbare Auswirkungen auf die komplexen Zusammenhänge der Natur. Das Artensterben hat aber auch direkt spürbare Kettenreaktionen, die uns Menschen bereits bekannt sind und ziemlich bald schmerzhafte Einschnitte in unsere Lebensart bedeuten werden. Ob und wie viele Fische in den nächsten Jahrzehnten noch als Nahrungsmittel auf dem Tisch landen werden, wenn die Überfischung nicht besser reguliert wird, ist eine ganz naheliegende Frage.

! **Green Company Tipp**

An den Auswirkungen zum Beispiel der Überfischung auf die Fischerei und diejenigen, die damit ihren Lebensunterhalt verdienen, kann man das Verzichtsparadoxon gut erkennen. Würde die globale und regionale Fischerei-Industrie konsequent Fangquoten einhalten, so würden sich die Bestände immer wieder erholen und wieder neuen Fang ermöglichen. Ein Verzicht bedeutet also die Ermöglichung eines späteren stetigen Gewinns.
Verzichtet die Fischerei-Industrie aber nicht, vernichtet sie ihre eigene Wirtschaftsgrundlage. Das Problem dabei ist, dass jeder denkt, der andere halte sich nicht an die Vorgaben und wenn man selbst es tun würde, hätte man einen Nachteil gegenüber dem Wettbewerb. So fischt man lieber mehr als erlaubt und hofft, nicht erwischt zu werden. Am Ende fischen dann alle in leeren Meeren mit leeren Netzen und alle gehen pleite, so paradox es auch klingt. Das Problem ist also nicht die Logik des Einzelnen, sondern die Angst vor der Unlogik aller anderen, die alle in den Untergang führt.
Dieses Verzichtsparadoxon wird auch im betriebswirtschaftlichen Kontext wichtig werden, wenn ich im Kapitel 7 Einsparungen als Hebel für langfristigen Unternehmenserfolg vorschlage. Erinnert euch dann an dieses Paradoxon und handelt aus Eigenantrieb, losgelöst von dem vermuteten Verhalten anderer.

Während mancher sich freut, dass bei einer Autofahrt im Sommer die Frontscheibe nicht mit unzähligen Insektenleichen gepflastert ist, haben andere schon begonnen, die Obstpflanzen künstlich zu befruchten, damit sie noch Früchte tragen.

Die ökologische Kettenreaktion des Artensterbens ist so vielfältig und komplex, aber am Ende stehen letztlich meist wir Menschen, denn wir repräsentieren das Ende der Nahrungskette. Aber es geht nicht nur um Nahrung für Milliarden Menschen, es geht auch um andere dramatische ökonomische Folgen des Artensterbens, die vielleicht manch monetär Getriebener leichter versteht. Hier mal zwei einfache Beispiele:

Unsere Nahrungsmittelindustrie geht durch Ernteausfälle der Kulturpflanzen aufgrund wegfallender natürlicher Bestäubung den Bach runter und damit verlieren Millionen Menschen ihren Broterwerb. Die restlichen Nahrungsmittel werden viel teurer und wir Menschen hungern irgendwann, weil wir uns Essen nicht mehr täglich leisten können. Diese Kettenreaktion können wir bereits in Ländern mit Dürrekatastrophen beobachten, wobei da die Hitze und nicht die mangelnden Insekten das Hauptproblem darstellt.

Unsere Quellen für Arzneimittel in der Biosphäre gehen der Pharmaindustrie verloren, dadurch erschwert und verteuert sich die Medikamentenherstellung, sodass die Menschheit durch schwindende und zu teure medizinische Versorgung an Krankheiten leiden und sterben wird.

Das Artensterben wird also extreme Folgen für unsere Wirtschaft und das menschliche Leben haben und diese lassen sich bereits heute feststellen. »Wir erodieren global die eigentliche Basis unserer Volkswirtschaften, Lebensgrundlagen, Nahrungsmittelsicherheit und Lebensqualität«, so der Vorsitzende des Weltbiodiversitätsrates (IPBES), Robert Watson. »Die Weltgemeinschaft müsse sich dringend abwenden von wirtschaftlichem Wachstum als zentralem Ziel, hin zu nachhaltigeren Systemen.«[34]

Einem erschütternden Bericht der Vereinten Nationen zufolge sind rund eine Million Tier- und Pflanzenarten vom Aussterben bedroht. »Viele drohten bereits› in den kommenden Jahrzehnten zu verschwinden«, heißt es in dem Bericht zur weltweiten Artenvielfalt, den der Weltrat für Biodiversität (IPBES) im Mai 2019[35] veröffentlichte. Dass die Wissenschaftler in dem Bericht tiefgreifende Änderungen zum Naturschutz fordern, wird hoffentlich nicht ungehört bleiben. Denn die Menschheit lässt die Natur in rasendem Tempo von der Erde verschwinden, warnte Watson.

## 2.3 Die Umweltverschmutzung

Für alle diejenigen, die Umweltverschmutzung nur als dreckiges Ärgernis betrachten und deshalb diesen Baustein des Super-KAUs nicht so ernst nehmen wollen, sei gesagt: »Jeder 4. Mensch stirbt an Umweltverschmutzung«[36]. Im Bericht »Towards a pollution-free planet«[37] ist nachzulesen, dass laut UN-Umweltagentur 12,6 Millionen Menschen pro Jahr an den Folgen von Umweltverschmutzung sterben, das ist fast jeder vierte Todesfall. Laut WHO waren mit 3,8 Millionen Menschen Südostasien und mit 3,5 Millionen die Region Westlicher Pazifik besonders betroffen. Nach Afrika mit 2,2 Millionen folgt dann schon Europa mit 1,4 Millionen Menschen.

Neben dem unvorstellbaren Leid der betroffenen Menschen und Angehörigen sind der damit verbundene Wohlstandsverlust und die immensen Kosten, die auf über 4.600 Milliarden Dollar pro Jahr geschätzt werden, sicher Grund genug, diesen dritten Aspekt der Umweltzerstörung in die Suche nach Lösungen einzubeziehen.

34 Siehe https://kurier.at/chronik/welt/eine-millionen-arten-sind-vom-aussterben-bedroht/400485274
35 Siehe dazu https://www.br.de/nachrichten/wissen/biodiversitaet-bericht-weltartenschutzrat-ipbes,RPgAGdm
36 Siehe https://www.dw.com/de/luftverschmutzung-t%C3%B6tet-diesel-plastik-meer-pestizid-glyphosat-wasserverschmutzung-kenia/a-41645743
37 Siehe https://www.unep.org/environmentassembly/

»Laut UN-Bericht ist die Luftverschmutzung eine besonders große Gefahr für unsere Gesundheit. Nach Angaben der Weltgesundheitsorganisation (WHO) leiden 92% aller Menschen auf der Erde unter der Luftverschmutzung. Jährlich sterben daran rund 6,5 Millionen Menschen, davon 3 Millionen an verschmutzter Außenluft – vor allem durch die verkehrsbedingte Luftverschmutzung in den Städten – und etwa 3,5 Millionen Menschen durch verschmutzte Innenluft, die vor allem durchs Kochen auf offenen Feuern entsteht.«[38]

Verschmutzung von Böden und Gewässern folgt als Hauptgefahr für die menschliche Gesundheit. Im besonderen Maße trägt die industrielle Landwirtschaft durch Pestizide und synthetische Dünger zu einer Belastung von Böden und Grundwasser bei, was am Ende der Kette natürlich auch die Küsten belastet. Die unsachgemäße Entsorgung von Hausmüll und besonders giftigen Abfällen aus Industrie, Atomanlagen und Hinterlassenschaften des Militärs stehen ebenfalls auf der Liste der Verursacher.

Greenpeace weist immer wieder auf das große Problem des horrenden Eintrags von Plastik in die Meere hin, das dort Hunderte Jahre bis zur endgültigen Zersetzung braucht. Laut UN landen jährlich rund acht Millionen Tonnen Plastikmüll im Meer, das sind rund 2% der weltweit produzierten Kunststoffe.

Verpackungsmüll macht den größten Teil dieses riesigen Müllberges aus, aber auch Mikroplastik, das beim Waschen von synthetischen Textilien freigesetzt wird, oder der Reifenabrieb spielen eine große Rolle. Da die Konsequenzen von Plastik für das Ökosystem und die menschliche Gesundheit noch nicht genau erforscht sind, steht zu befürchten, dass es noch ein schlimmes Erwachen zu diesem Problem geben wird. Wie viel Plastik in unsere Körper über die Nahrung gelangt und was es dort an Krankheiten verursacht, werden wohl erst Langzeitstudien nachweisen können. Bis zum Vorliegen der Ergebnisse werden die Konsequenzen aber bei den betroffenen Menschen bereits ihre Spuren hinterlassen haben.

Auch wenn die IUCN 2017 Europa und Zentralasien sowie Nordamerika als »geringste« Verursacher des Plastikmülls in den Weltmeeren ausgewiesen hat, stehen wir doch mit dem Mikroplastik an vorderer Stelle.[39] Und es ist zu befürchten, dass unser florierender Müllhandel in die anderen Regionen der Welt unser Problem nur aus den Augen schafft, durch die Verschmutzung der Weltmeere und den ökologischen Müllzyklus am Ende aber wieder zu unserem Problem wird. Laut Greenpeace landet der deutsche Plastikmüll besonders in Malaysia, in den Niederlanden und in der Türkei.[40]

38 Siehe dazu https://www.dw.com/de/luftverschmutzung-t%C3%B6tet-diesel-plastik-meer-pestizid-glyphosat-wasserverschmutzung-kenia/a-41645743

39 Siehe dazu https://portals.iucn.org/library/sites/library/files/documents/2017-002-En.pdf, S. 10.

40 Siehe dazu https://www.instagram.com/p/CJ6LRLqCQnn/?igshid=131wtxmqe3xry, beruft sich auf BDE-Report, nach den Daten des statistischen Bundesamts Januar bis September, bis Jahresende 2020 hochgerechnet.

Wie viel Emissionen der Transport verursacht hat und was mit unserem Müll dann vor Ort geschieht, liegt außerhalb unseres Einflussbereichs. Die Zementindustrie hat das Verbrennen von Müll mittlerweile als lukratives Millionengeschäft erkannt. Wie viele Risiken dabei entstehen, zeigt ein Beispiel in Österreich. »Dort wurde Blaukalk, belastet mit giftigem Hexachlorbenzol, in den Ofen geschoben. Die Prozesstemperatur aber war zu niedrig, der Schadstoff wurde nicht zerstört, sondern freigesetzt und entwich über den Schornstein in die Nachbarschaft. Ein fahrlässiger Umgang mit gefährlichen Abfällen ist kein Einzelfall, sondern kommt weltweit immer wieder vor, etwa in Brasilien, wo die lokale Bevölkerung rund um ein Holcim-Werk an verunreinigter Luft durch Schadstoffe erkrankte.«[41]

**Green Company Tipp** !

Müllvermeidung ist also das Gebot der Stunde! Natürlich müssen alle Länder durch Gesetze und politische Vorgaben dem Super-KAU Einhalt gebieten, aber auch jedes Unternehmen und jeder einzelne Mensch kann etwas tun. Müll wird zu unser aller Problem, denn die Folgen sind ein dreckiger Bumerang, er kommt zu uns zurück, wie weit wir ihn auch wegwerfen. Also lieber weniger Müll produzieren, als ihn für viel Geld aus den Augen zu schaffen. Wie das geht? Dazu gebe ich in Kapitel 7.1 Tipps.

## 2.4 Fake News – Der einfache Weg, sich aus der Verantwortung zu stehlen

Den Fake News möchte ich in diesem Buch keinen Raum geben, wir wollen uns an wissenschaftliche Fakten halten. Aber ich möchte alle Leser sensibilisieren, dass Fake News reichlich vorhanden sind und Menschen mit zweifelhaften Motiven immer wieder versuchen, den ernst gemeinten und dringend notwendigen Aufrufen zum Handeln mit Fake News den Wind aus den Segeln zu nehmen.

Solcherlei vermeintlich glaubhaft klingende »Klimawandel – alles Quatsch«-Parolen werden jedem begegnen, der in Unternehmen und privat Veränderungen anstoßen will, deshalb sollte man die Gefahr von Fake News richtig einschätzen und deren Entstehen nachvollziehen können.

Warum gibt es so viele Fake News? Ich habe mal drei Erklärungsversuche zusammengestellt.

41 Siehe dazu https://www.businessinsider.de/wirtschaft/das-schmutzige-millionen-geschaeft-so-lukrativ-ist-das-verbrennen-von-muell-fuer-die-zementindustrie-und-darum-wird-so-ein-geheimnis-daraus-gemacht-c/

**Reichtum erhalten auf Kosten der Umwelt**

Menschen und Unternehmen, die sich heute mit unökologischem Handeln eine goldene Nase verdienen, werden immer versuchen, denjenigen, die ihre menschenverachtenden Geschäftsmodelle stören wollen, Gegenargumente entgegenzuschleudern. Wer nur seinen eigenen Reichtum und sein eigenes begrenztes Leben vor Augen hat, dem ist es doch völlig wumpe, ob Millionen Menschen sterben oder leiden aufgrund der daraus entstehenden Folgen für die Umwelt. Erkläre zum Beispiel einem russischen Oligarchen, der sich mit Gaslieferungen zum Multimilliardär und Megajachtenbesitzer aufgeschwungen hat, dass er damit doch bitte zugunsten der Umwelt aufhören soll. Weil er so viel Geld hat, muss er dich nicht nur auslachen, er kann mal schnell mit »Prof. Dr. Dosenkohl«[42] irgendeinen Pseudowissenschaftler beauftragen, »alternative Fakten« aufzubereiten. Diese beweisen dann natürlich, dass der Klimawandel und die anderen Probleme nicht von Menschen gemacht sind.

Ein »schönes Beispiel« für ein solches Vorgehen sind Singer und Avery mit ihrem unsäglichen Machwerk »Unstoppable Global Warming: Every 1,500 Years«, in dem sie eine Liste mit 500 Wissenschaftlern anführen, deren wissenschaftliche Arbeit sie so geschickt zusammenfügen, dass man daran glauben möchte, dass Klimawandel ganz natürlich ist und der Mensch an der Katastrophe keinen Anteil hat. Dann kann man sich ja zurücklehnen, weitermachen wie bisher und sich seines Lebens erfreuen.

Kanadische Journalisten kontaktierten rund ein Viertel der aufgeführten Wissenschaftler, von denen etliche sich nicht nur distanzierten, sondern auch bei Avery protestierten, dass ihre Forschungsergebnisse in einem völlig falschen Erklärungskontext verwendet wurden. Avery beharrte in einer Erklärung darauf, die Relevanz der Forschungsergebnisse für seine These eines 1500-jährigen Klimazyklus besser beurteilen zu können als die Forscher selbst.[43]

**Zu großer Einfluss der Hauptverursacher**

Unternehmen, die von der Fortführung unserer heutigen Umweltzerstörung profitieren, haben mächtige Lobbys. Und die Unternehmen sind gar nicht so viele, wie man meinen würde, denn wir reden hier nicht über unzählige kleine Mittelständler, die zahlenmäßig schwer zu erfassen sind. Wir reden über 90 Unternehmen, die den Hauptanteil der globalen Erwärmung durch die Förderung der fossilen Ressourcen verursachen, davon gut zwei Drittel im Besitz von Staaten bzw. Nationen und ein Drittel von Privatinvestoren: »All but seven of the 90 companies found to have caused the climate crisis deal in oil, gas and coal – and half of the estimated emissions were pro-

42 Mein Pseudonym für gekaufte Wissenschaftler; ich hoffe, ich verletze keinen lebenden und ernsthaft forschenden Akademiker gleichen Namens damit.

43 Siehe dazu https://www.klimafakten.de/behauptungen/behauptung-schon-ueber-500-forscher-bezweifeln-den-menschengemachten-klimawandel

duced just in the past 25 years. Some of the top companies are also funding climate change denial campaigns.«[44]

Wer so großen Anteil an etwas hat, der hat eben auch genügend Ressourcen, um sich gegen Veränderungen zu schützen und damit auch die Multimilliarden Gewinne in Zukunft einstreichen zu können. Diese Unternehmen haben Heerscharen von Lobbyisten und finanzieren die Wahlkämpfe von Politikern in allerhöchsten Ämtern. Und sie können Geld investieren in Meinungsmacher, die mit viel Aufwand und professionellem Auftritt den Klimaschutz diskreditieren und die Leser und Wähler unter dem Deckmantel des Kampfes für die Freiheit aufstacheln gegen alles, was gegen die Klimakatastrophe nützen würde. Auf der Website vom The Heartland Institute[45] zum Beispiel werden die amerikanischen Wähler auf die gewünschte Spur eingeschworen. Interessant wäre sicher, wer die Gehälter der Betreiber zahlt.

Diese Macht und das Interesse weniger Unternehmen ist sicher eines der Probleme für echte Veränderungen: »By highlighting the way in which a relatively small number of large companies are at the heart of the current carbon-intensive growth model, this report highlights that fundamental challenge.«[46]

**Fake News bringen mehr Aufmerksamkeit**

Wer liest schon gerne wissenschaftliche Reports, um sich den Fakten zu stellen? Das ist anstrengend und ermüdend und bisweilen schwer verdaulich und noch schwerer verständlich. Natürlich gilt dies nicht für die nächsten beiden Kapitel (wehe, du überblätterst diese) von Oliver Messner und Dr. Maria Hörhold, die als Glaziologin und Mitglied bei Scientists for Future die Problematik spannend mit wissenschaftlichen Fakten belegt.

Ja, Fake News lesen sich viel unterhaltsamer und leichter zugänglich, denn das ist ja genau der Zweck der gefälschten Fakten: Sie sind die Alternative zu den wissenschaftlich belegten, manchmal dröge daherkommenden Fakten und sollen zur Kenntnis genommen werden. Ob es bei den News nun um eine Pandemie oder den Klimawandel geht, beides würde von allen Leserinnen und Lesern fordern, sich persönlich mit einem komplexen Problem auseinanderzusetzen. Ob es Impfungen und Einschränkung der persönlichen Freiheit oder persönliches ökologisches Handeln bedeutet, beides wäre bei ernsthafter Berücksichtigung mehr Aufwand für einen selbst, als die Fake News einem versprechen. Denn die sagen: Tue nichts, denn es ist alles nicht wahr! Lebe wei-

44 Siehe dazu https://www.theguardian.com/environment/2013/nov/20/90-companies-man-made-global-warming-emissions-climate-change, siehe auch: https://link.springer.com/article/10.1007/s10584-013-0986-y

45 Siehe dazu https://www.heartland.org/

46 Siehe dazu https://www.theguardian.com/environment/2013/nov/20/90-companies-man-made-global-warming-emissions-climate-change

ter wie bisher, denn du bist ein toller Rebell und alle anderen sind nur Sklaven der staatlich verordneten Lügenpresse!

**HINTERGRUNDINFO**

»21 Millionen Klicks für Leugner des Klimawandels« war im Tagesspiegel im Januar 2020 zu lesen. Demnach tut YouTube zu wenig gegen Fake News und die Empfehlungsalgorithmen verbreiten die Fake News sogar noch kräftig weiter, wie die Ergebnisse einer Studie der Kampagnenorganisation Avaaz zeigen.[47] Und dieses Problem ist sicher in den meisten sozialen Medien vorhanden, denn was geklickt wird, bringt Geld und häufig gelesene Informationen sind ein wunderbarer Platz für gut platzierte und deshalb teure Werbung. Also unterstützen die Algorithmen die Verbreitung von viel gelesenen Fake News noch weiter. Man müsste die Betreiber der sozialen Medien schon staatlich mit gesetzlichen Daumenschrauben zwingen, sich den eigenen Umsatzast abzusägen, auf dem sie profitabel wachsen. Die gesetzlichen Ansätze dazu bestehen, sind aber sicher zu zarte Pflänzchen, um dem Problem Herr zu werden.

Noch ein persönliches Schlusswort zu diesem Unterkapitel:

Nachdem ich die obigen Erklärungsversuche für Fake News selbst noch einmal gelesen hatte, war ich mir sicher, dass man beim Lesen das Gefühl bekommen wird, dass da ein Umweltextremist die Feder führte. Auf der oben erwähnten amerikanischen Website würde ich wohl als »Climate Alarmist« und »Socialist« und damit Gegner der Freiheit beschimpft werden[48], aber glaubt mir, dem ist nicht so. Als Vertreter der Generation X und dreifacher Unternehmensgründer, der im Leben viel Erfolg und auch Wohlstand ohne Gedanken an die endlichen Ressourcen unseres Planeten angehäuft hat, würde ich auch gerne an die alternativen Fakten glauben. Einfach weiter Party machen und es so richtig schön und ohne Rücksicht auf die Konsequenzen krachen lassen. Aber mein GMV (Gesunder Menschenverstand) sagt mir, dass die Wissenschaft keine weltumspannende Verschwörung gestartet hat und die Ergebnisse so vieler unabhängig voneinander forschenden Fachleute keinem globalen konspirativen Plan folgen, der den Menschen den Spaß im Leben verderben soll.

Wenn ich also heute Fake News lese, dann schwillt mir angesichts der Unvernunft der Autoren nicht nur der Kamm, ich kriege regelrecht einen Hass auf die Hintermänner, die von all dem Blödsinn profitieren und sich die Taschen vollstopfen, während sie den Millionen leidenden und sterbenden Menschen kalt ins Gesicht lächeln. Und meine Rücksichtnahme auf die Meinungen der Fake-News-Gläubigen hält sich auch in Gren-

47 Siehe dazu https://www.tagesspiegel.de/politik/fake-news-bei-youtube-21-millionen-klicks-fuer-leugner-des-klimawandels/25440754.html

48 Siehe dazu https://www.heartland.org/Center-Climate-Environment/index.html

zen. Ich hoffe, dass all den bewusst lügenden Fake-News-Verbreitern eine lange Nase wächst wie einst Pinocchio, dann würde man sie leichter erkennen können. Und vielleicht würde dann manch einem Leichtgläubigen doch noch auffallen, dass da etwas nicht stimmen kann.

In diesem Buch werde ich zwar um Professionalität und Geduld bei der Überzeugung und Mitnahme der Menschen in Unternehmen werben, mein Plädoyer wird aber auch sein, dass man den meisten Aufwand lieber mit denen treibt, die klaren Verstands sind, als mit denen, die sich lieber an die leichter verdaulichen »Das ist doch alles erfunden«-Parolen dranhängen.

## 2.5 Prämissen für die Green Company Transformation

Nach den »brutalen Fakten« des Super-KAUs und der Auseinandersetzung mit den Fake News will ich noch einmal innehalten und zu den mehr konzeptionellen Kapiteln eine Brücke bauen. Dazu möchte ich gerne einige Prämissen formulieren, auf die ich mich im Nachfolgenden und auch in meiner täglichen Arbeit in Unternehmen berufen möchte.

**Green Company Tipp** !

Die Mission gegen den Super-KAU sollte auf dem Weg zu einer Green Company **rein lösungsorientiert** sein. Um wertvolle Energie und Zeit nicht in politischen, ideologischen oder populistischen Diskussionen zu verschwenden, sollten wir als Ausgangsbasis unseres Handelns folgende fünf Annahmen bzw. Prämissen treffen:

1. Der Super-KAU ist maßgeblich von der Menschheit verursacht! (Wer das immer noch nicht ganz glaubt, sollte gleich die nächsten beiden Kapitel lesen.)
2. Die Berücksichtigung wissenschaftlicher Erkenntnisse sollte uns leiten!
3. Wir Menschen haben (noch) die Möglichkeit, durch Gegenmaßnahmen einen Beitrag zur Abmilderung der Katastrophe zu leisten!
4. Alle Menschen und Organisationen/Unternehmen können einen Beitrag dazu leisten!
5. Politisch entschiedene Maßnahmen und Konzepte sind Ausdruck des demokratischen Meinungsbildungsprozesses. Zeit und Kraft sollten in Lösungen fließen, die gesetzlich und politisch abgedeckt sind. Für eine Rebellion haben wir nicht mehr die Zeit, deshalb lasst uns lieber eigeninitiativ über ggf. zu niedrig gesteckte Ziele hinausschießen.

Unser Motto sollte in Anlehnung an ein Kennedy-Zitat[49] lauten:

»Frag nicht, was andere zum Umweltschutz beitragen sollten! Frag dich, was du selbst und dein Unternehmen beitragen können!«

49 »Frage nicht, was dein Land für dich tun kann. Frage, was du für dein Land tun kannst.« John F. Kennedy

# 3 Der Green Deal: Die Klimakatastrophe im Fokus

Oliver Messner

Bis hierher haben wir schon viel über Klimawandel, Wetterkrisen, Umweltzerstörung, Verlust der Biodiversität usw. gelesen. Leider mussten wir aber bis hierher auch feststellen, dass wir Menschen uns auf einem absoluten Scheideweg befinden und jetzt – und ich meine wirklich genau jetzt zu diesem Zeitpunkt, in dem du diese Zeilen liest – entscheiden, welche Zukunft uns bevorsteht und wie wir diese gestalten. Der Begriff Super-KAU von Arne Prieß (siehe Kapitel 2) ist deshalb sicher gut gewählt.

**Aber von Beginn an**

Am 12. Februar 1979 fand die erste Weltklimakonferenz in Genf statt. Schon damals warnten einige besorgte Forscher vor den klimatischen Veränderungen durch den menschlichen Einfluss. Zu Beginn aber wollten einige Nationen nicht einmal Delegierte zur Konferenz entsenden, da die Vorstellung, dass der Mensch für die Veränderungen des Klimas verantwortlich sein könnte, in den Ohren vieler absurd klang. Dementsprechend waren auch die Ergebnisse von überschaubarer Natur. Immerhin konnte man sich auf die Schaffung eines Weltklimaprogrammes einigen. Und genau dieses Weltklimaprogramm stellt heute das Fundament erfolgreicher Klimaforschung dar.[50]

Nichtsdestotrotz ist es uns Menschen nicht gelungen, die jahrzehntelangen Warnungen ernst zu nehmen, wodurch die $CO_2$-Emissionen weiterhin dramatisch angestiegen sind.

Richtig Fahrt hat das Thema mit dem Erdgipfel von 1992 in Rio de Janeiro aufgenommen, wo 100.000 Vertreterinnen aus 178 Nationen Problemlösungen gegen Hunger, Armut und Umweltzerstörung sowie die soziale Kluft zwischen Industrie- und Entwicklungsländern diskutierten – und dies zum Teil mit weichenstellenden Ergebnissen.

Seit 1995 findet der UN-Klimagipfel jährlich statt, wodurch weitere wichtige und bekannte Meilensteine, zum Beispiel das Kyoto-Protokoll von 1997, Kyoto II aus 2012 sowie das Paris-Abkommen von 2015, erarbeitet wurden.

50 Siehe https://www.deutschlandfunk.de/vor-40-jahren-erste-weltklimakonferenz-in-genf-100.html

Aufgrund all der Erkenntnisse aus vielen Klimakonferenzen und der darauf aufbauenden Forschungen hat die Europäische Union den sogenannten European Green Deal mit seinen durchaus ambitionierten Zielen im Dezember 2019 vorgestellt.[51]

Eines sei an dieser Stelle vorweggenommen – für Europa ist es unglaublich wichtig, diese ambitionierten Ziele mit Hochdruck und Nachhaltigkeit zu verfolgen. Sicherlich muss dem klimatischen Wandel und der Zerstörung der Umwelt mit aller Kraft entgegengewirkt werden, sichert dies doch letztendlich unseren weiteren Verbleib auf diesem Planeten, wie wir ihn kennen und wie wir uns diesen wünschen. Vergessen dürfen wir hierbei aber auf keinen Fall, dass genau dieser Wandel nicht nur aus ökologischer Perspektive betrachtet eine unfassbare Chance bietet, sondern dieser auch ein Weichensteller für eine gerechte ökonomische und soziale Zukunft werden kann und Europa im Sinne einer ganzheitlichen Nachhaltigkeit zum weltweiten Vorreiter wird. Dahingehend werden die Anstrengungen zum erfolgreichen Wandel nicht nur auf der einzelnen menschlichen Ebene betrachtet, wodurch Unternehmen als Organisationen verstärkt in den Fokus rücken.

## 3.1 1 × 1 des Klimawandels und warum eigentlich das 1,5- bis 2-Grad-Klimaziel?

Bevor wir uns nun näher mit dem European Green Deal und den Herausforderungen auf Unternehmens- und Organisationsebene beschäftigen, ist es wichtig, ein gewisses Grundverständnis für die im Zusammenhang mit Klima und dem Klimawandel stehenden Begrifflichkeiten zu klären. Dies ist für mich insofern wichtig, da mir bei einem meiner letzten Vorträge eine engagierte Teilnehmerin mitgeteilt hat, dass sie sich aufgrund der unglaublich vielen und verschiedenen Begriffe und Diskussionen rund um dieses Thema mittlerweile erschlagen und fast ohnmächtig fühle. Und ich bin davon überzeugt, dass es meiner damaligen Teilnehmerin nicht allein so ergeht. Diese Aussage hat mich dazu bewegt, mich noch intensiver mit den Systemdynamiken des Klimawandels auseinanderzusetzen, aber dazu mehr im nächsten Abschnitt.

In diesem Abschnitt wollen wir uns mit einem kleinen 1 × 1 dem Thema Klimawandel annähern und dieses in kompakter Form aufbereiten.

Wenn wir also vom Klimawandel reden, müssen wir verstehen, dass hier nicht automatisch und ausschließlich von einer aktuellen Wettersituation gesprochen wird. Klima und Wetter sind zwei verschiedene Dinge, und dennoch hängen sie eng miteinander zusammen.

51 Siehe https://ec.europa.eu/info/strategy/priorities-2019-2024/european-green-deal_en

- Der Begriff **Wetter** beschreibt den physikalischen Zustand der Atmosphäre an einem bestimmten Ort oder in einem bestimmten Gebiet über einen Zeitraum von wenigen Stunden bis wenigen Tagen.
- **Witterung** hingegen ist die durchschnittliche Charakterisierung des Wetterverhältnisses an einem bestimmten Ort oder Gebiet über einen Zeitraum von mehreren Tagen oder Wochen.
- Als **Klima** wird der durchschnittliche atmosphärische Zustand an einem bestimmten Ort oder Gebiet über einen längeren Zeitraum (i. d. R. 30 Jahre) bezeichnet.

Um die räumlichen Dimensionen des Klimas greifbar zu machen, werden diese zusätzlich noch in Stufen wie Mikro-, Meso- und Makroklima unterteilt, mit denen wir uns in diesem Buch aber nicht näher beschäftigen werden.

Klimawandel beschreibt also eine langfristige Veränderung des Klimas durch Abkühlung oder Erwärmung, welcher die Wahrscheinlichkeit für das Auftreten bestimmter Wetterlagen erhöht oder vermindert. Dahingehend kann auch besser verstanden werden, warum wir Wetter eher schlechter vorhersagen können, den globalen Klimawandel aber schon. Während auf das Wetter unzählige kurzfristige Faktoren Einfluss haben können, ist der Klimawandel durch den langfristigen Messzeitraum besser einschätzbar – am besten im Bereich der Temperaturentwicklung.

Es ist unumstritten, dass sich das Klima auf unserem Planeten im Laufe der Geschichte und über viele Millionen Jahre immer wieder verändert hat. Mal gab es Kaltzeiten, mal gab es Warmzeiten. Mal war die Erde von Eis und Schnee bedeckt, mal herrschten tropische Bedingungen. Dies bedingt auch die Annahme einiger Menschen, dass wir nichts mit dem aktuellen Klimawandel zu tun hätten und der Mensch keinen Einfluss darauf hätte. Diese Annahme ist leider falsch!

Arne Prieß wird dies in seinem Schlusswort als eine Art Fazit treffend formulieren – durch unsere Anstrengungen retten wir nicht den Planeten per se, sondern allen voran das Fortbestehen unserer Spezies.

Betrachten wir das Ganze doch aus einer anderen Perspektive und denken positiv. Letztendlich müssen wir froh sein, dass wir als Menschen Einfluss auf den vorherrschenden Klimawandel haben. Wäre dem nicht so, dann wären unsere Tage auf diesem schönen Planeten bereits jetzt gezählt und wir wären sozusagen ein Auslaufmodell.

Doch wie beeinflusst der Mensch jetzt eigentlich das Klima und warum entsteht dadurch eine Erwärmung?

Die Entwicklung des Menschen ist prinzipiell eine Erfolgsgeschichte. Im Jahr 10.000 v. Chr. lebten schätzungsweise 4 Millionen Menschen auf der Erde. Im Jahr 0 waren es schon ca. 230 Millionen und bis ins Jahr 1950 stieg die Anzahl der Weltbevölkerung auf ca. 2,55 Milliarden Menschen an.[52] Von 1950 bis ins Jahr 2020 haben wir einen Sprung auf ca. 7,80 Milliarden Menschen gemacht. Das bedeutet, dass wir ca. 11.950 Jahre benötigt haben, um von 2 Millionen auf knapp 2,55 Milliarden Menschen anzuwachsen, aber nur weitere 70 Jahre, um diese Zahl mehr als zu verdreifachen.[53] Dadurch und durch die technischen Fortschritte der einzelnen industriellen Revolutionen und die damit verbundene menschliche Entwicklung ist unser Bedarf an Ressourcen und Rohstoffen in unglaubliche Dimensionen angestiegen. In weniger als 200 Jahren haben wir einen enormen Anteil an fossilen Energieträger wie zum Beispiel Kohle, Erdöl und Gas gefördert, welche zuvor bis zu mehreren Hundert Millionen Jahre zur Entstehung benötigten.

Durch die Verbrennung dieser Energieträger wurde der über Jahrmillionen gespeicherte Kohlenstoff in sehr kurzer Zeit als $CO_2$ freigesetzt, wodurch der natürliche Treibhauseffekt massiv beeinflusst wurde. Den sogenannten »Treibhauseffekt« gibt es schon sehr viel länger, als Menschen auf diesem Planeten existieren. Im Grunde hat er Leben auf der Erde überhaupt erst ermöglicht. Und ohne ihn wäre es ungefähr 32 Grad kälter als jetzt. Das Problem mit den massiven zusätzlichen Mengen von Treibhausgasen wie Kohlendioxid ($CO_2$) oder Methan ($CH_4$) besteht allerdings darin, dass sie vereinfacht gesagt eine immer stärkere Barriere in unserer Atmosphäre bilden. Die kurzwellige Strahlung der Sonne kann weiterhin durch die Atmosphäre auf unsere Erdoberfläche dringen. Von der auftreffenden Sonnenstrahlung auf unserer Erdoberfläche wird ein Teil reflektiert und ein Teil absorbiert. Aber von diesen absorbierten Strahlen wird ebenfalls wiederum ein Teil reflektiert als langwellige Infrarotstrahlung, also Wärmestrahlung. Treibhausgase wie Kohlendioxid und Methan greifen dahingehend in die Strahlungsbilanz ein, da sie die von der Erdoberfläche abgestrahlte langwellige Wärmestrahlung nicht wieder passieren lassen. Dadurch kommt es zu einer Art »Wärmestau« und es entsteht eine höhere Durchschnittstemperatur auf unserem Planeten. Die dadurch entstehenden Klimakatastrophen wie Abschmelzen der Eisflächen, Meeresspiegelanstieg, längere Hitzeperioden und damit verbundene Dürren, zunehmende Verwüstungen durch Hurrikans, Verlust der Biodiversität u. v. a. m. sind in den Medien omnipräsent.

Aufgrund der oben genannten Klimamechanismen ist es notwendig, die Verbrennung fossiler Energieträger schnellstens und drastisch zu reduzieren, damit der Temperaturanstieg auf maximal 1,5 bis 2,0 Grad begrenzt werden kann. Denn je mehr Treibhausgase in die Atmosphäre gelangen, desto stärker wird auch der »Barrieren-Effekt«.

52 Siehe dazu https://www.planet-n.de/module/bevoelkerungsentwicklung-in-der-geschichte-der-menschheit/

53 Siehe dazu https://www.bib.bund.de/DE/Fakten/Fakt/W03-Bevoelkerungszahl-Wachstum-Welt-ab-1950.html

**Warum nun das 1,5- bis 2,0-Grad-Klimaziel?**

Genau wie zum Klimawandel gibt es auch zu den 1,5- bis 2,0-Grad-Grenzwerten unzählige Studien und jede Menge Forschungsmaterial. Mir ist es an dieser Stelle wichtig, diese Daten in kurzer und vereinfachter Form wiederzugeben. Letztlich wollen wir kein zusätzliches Ohnmachtsgefühl erzeugen, sondern einen guten Überblick über das Thema geben.

Wie im vorangegangenen Abschnitt beschrieben, sind Treibhausgase für unser Klima prinzipiell gesehen nicht schlecht. Wie in einem bekannten Sprichwort, das besagt, dass die Dosis das Gift mache, verhält es sich auch mit den Treibhausgasen. Neben Wasserdampf ist das Treibhausgas Kohlendioxid ($CO_2$) das wichtigste Klimagas. Seit Beginn der Industrialisierung ist die globale Konzentration allerdings um 44 % gestiegen.[54] Im Kyoto-Protokoll werden weitere fünf essenzielle Treibhausgase beschrieben. Diese sind Methan ($CH_4$), Distickstoffoxid ($N_2O$) – auch als Lachgas bekannt –, halogenierte Fluorkohlenwasserstoffe (H-FKW), Fluorkohlenwasserstoffe (FKW) und Schwefelhexafluorid ($SF_6$).[55] Zusammengefasst werden diese in sogenannten $CO_2$-Äquivalenten berechnet.

Wenn wir also zumindest das 2-Grad-Klimaziel zum Ende dieses Jahrhunderts erreichen wollen, dann darf laut Weltklimarat die Grenze von 450 ppm $CO_2$-Äquivalenten nicht dauerhaft überschritten werden. Im Jahr 2019 lag die gesamte Treibhausgaskonzentration allerdings bei 500 ppm $CO_2$-Äquivalenten.[56] Wenn es also so weitergeht wie bisher, werden wir unser Ziel ganz klar verfehlen und da reden wir noch gar nicht von einem viel ambitionierten 1,5-Grad-Ziel.

> HINTERGRUNDINFO
>
> Es hat große Bedeutung, dass wir an diesem Punkt verstehen, dass ein Temperaturanstieg nicht bedeutet, dass wir im Winter weniger frieren. Die 2-Grad-Erwärmung wird oft so verstanden, dass es »nur« ein bisschen wärmer wird. Und was ist schon der Unterschied, ob es an einem Tag nun 17 oder 19 Grad hat?
>
> Ganz so einfach und harmlos ist es leider nicht. Da wir von einer globalen Durchschnittstemperatur ausgehen, müssen wir zum Beispiel miteinberechnen, dass sich das Wasser langsamer erhitzt. Außerdem bildet dieser Durchschnitt auch die Temperaturentwicklungen aller Weltregionen ab sowie die Temperaturunterschiede der einzelnen Jahreszeiten.

54 Siehe https://www.umweltbundesamt.de/daten/klima/atmosphaerische-treibhausgas-konzentrationen

55 Siehe https://www.umweltbundesamt.de/themen/klima-energie/internationale-eu-klimapolitik/kyoto-protokoll#entstehungsgeschichte-und-erste-verpflichtungsperiode

56 Siehe https://www.umweltbundesamt.de/daten/klima/atmosphaerische-treibhausgas-konzentrationen#obergrenze-fur-die-treibhausgas-konzentration

> So kommt es, dass die globale Mitteltemperatur derzeit 15 Grad beträgt. Wenn sich die Durchschnittstemperatur also um 2 Grad erwärmt, bedeutet das, dass die Landflächen sich tatsächlich weit stärker erwärmen.
> Doch was wären die Folgen, wenn wir unsere Ziele tatsächlich verfehlen? Ab einer Erhitzung um 2 Grad befürchten Expertinnen und Experten katastrophale Folgen für unseren Planeten und seine Ökosysteme – von denen wir Menschen ein Teil sind. Aber bereits mit einem Anstieg der Durchschnittstemperatur um 1,5 Grad wären die Folgen für unseren Planeten gravierend und irreversibel. Jedes Zehntel Grad Temperaturanstieg macht einen großen Unterschied für die Erde und hat schwerwiegende Konsequenzen für die Umwelt. Wissenschaftliche Prognosemodelle sind so exakt wie noch nie und können inzwischen die Konsequenzen zwischen einer Erhitzung von 1,5 oder 2,0 Grad für unseren Planeten so genau wie noch nie berechnen.[57]

Gelänge es uns nicht, den Temperaturanstieg noch einzugrenzen, würden wir viele Risiken eingehen:

- Ein Anstieg der Durchschnittstemperaturen um mehr als 2 Grad würde uns vor eine Flüchtlingskatastrophe unvorstellbaren Ausmaßes stellen, da durch Meeresspiegelanstieg und anhaltende Dürren viele Gebiete nicht mehr bewohnbar wären.
- Dadurch würden Armut und Hungersnöte in der Welt enorm steigen.
- Die Süßwasserknappheit würde dramatisch zunehmen.
- Durch das völlige Absterben der Korallenriffe würde ein weiterer wichtiger Teil unseres Ökosystems verschwinden.

Ganze Vegetationszonen würden verschoben werden, was den Verlust des größten Teils der Biodiversität zur Folge hätte. Der Großteil aller Lebewesen wäre vom Aussterben bedroht oder würde gänzlich aussterben.

Das Risiko eines Massensterbens bei vielen Tier- und Pflanzenarten kann aber verringert werden. Bei einer Temperaturzunahme von 1,5 Grad droht ein Massensterben von mehr als 50 % der Population, und zwar bei 6 % der Insektenarten, 8 % der Pflanzenarten und 4 % der Wirbeltierarten. Ist es aber um 2 Grad heißer, dann droht ein derartiges Massensterben bei 18 % der Insektenarten, 16 % der Pflanzenarten und 8 % der Wirbeltierarten.

Bei einem Temperaturanstieg von 1,5 Grad wäre die Arktis über 100 Jahre hinweg einmal komplett eisfrei, bei 2 Grad einmal in zehn Jahren und bei 3 Grad in zwei von drei Sommern.

57 Siehe https://www.global2000.at/themen/klimawandel

## 3.2 Klima-System-Dynamik und die Einwirkung einzelner Entitäten

Im vorangegangenen Abschnitt 3.1 habe ich die Differenzierungsmerkmale zwischen Wetter, Witterung und Klima beschrieben sowie die Auswirkungen klimaschädlicher Treibhausgase erörtert. In diesem Zusammenhang liegt es mir sehr am Herzen, nochmals zu erwähnen, dass es de facto ganz wesentlich ist, ob es durchschnittlich 1, 2 oder 3 Grad wärmer auf unserem Planeten wird. Für eine eingehende Verinnerlichung und als Einleitung zu diesem Kapitel möchte ich euch etwas zum Nachdenken mitgeben und es dadurch vielleicht noch begreifbarer machen.

Wenn wir von unserer Erde als Lebensraum sprechen, reden wir auch öfter vom sogenannten »Ökosystem« – was allgemein als Überbegriff für unsere Welt verwendet wird. Jetzt ist auch schon zum ersten Mal das Wort »System« gefallen. Doch warum sprechen wir generell so oft von Systemen und was verbirgt sich dahinter? Ist dies nur ein weiterer »Business-Modeausdruck« oder ergeben eben diese Systeme gemeinsam sogar ein großes Ganzes? Hier sei vorweg erwähnt – ja, es gibt dahinter ein großes Ganzes und Systeme sind äußerst wichtig. Dazu aber später noch mehr.

Nun, ich möchte jetzt auf oben genanntes Beispiel zurückkommen und einen Vergleich anstellen. Wenn wir uns morgens im Spiegel betrachten, sehen wir uns als eine Person, also als Ganzes bzw. als eine Einheit. Bei näherer Betrachtung erkennen wir im »System Mensch« (biologisches System) viele Teile, welche allesamt miteinander funktionieren und aufeinander abgestimmt sein müssen, damit wir ein entsprechendes Wohlbefinden fühlen. Vereinfacht gesagt: Der menschliche Körper kann ebenfalls als System betrachtet werden. Und genau das ist auch der springende Punkt. Stellt euch vor, wie es euch bei eurer letzten Grippe ergangen ist und wie ihr euch gefühlt habt, als ihr das letzte Mal Fieber hattet – es also eine vorübergehende Beeinflussung in eurem System gab. Gehen wir davon aus, dass die durchschnittliche menschliche Körperkerntemperatur ca. 37 Grad beträgt. Jetzt versuchen wir uns in die Situation zu versetzen, wie wir uns bei 38,5, 39 oder gar 40 Grad gefühlt haben. Sicher, nicht jeder von euch wird dies gleich einordnen und es wird unterschiedliche Empfindungen und Assoziationen zu den jeweiligen Temperaturen geben. Ich denke aber, dass uns Fieber generell keine große Freude bereitet. Nun, ich glaube, ihr wisst, worauf ich hinauswill – unser Planet hat Fieber bzw. im besten Fall momentan noch erhöhte Temperatur. Wir wollen aber auf keinen Fall, dass es hohes oder sogar sehr hohes Fieber wird! Auch wenn der Planet Erde für uns so robust und teilweise unverwüstlich erscheinen mag, so ist er als »Ökosystem« doch sehr verwundbar und fragil.

Aus diesem Grund ist es unumgänglich, dass wir im Zuge des Klimawandels auch die Dynamiken von Systemen – im Speziellen die des Erdsystems – näher betrachten und verstehen.

**Was ist also ein System?**
Dies ist gar nicht so einfach zu beantworten. Da je nach Fachgebiet viele unterschiedliche Zuweisungen und Bedeutungen für den Begriff System verwendet werden, gibt es keine einheitliche Definition dafür. Zusammengefasst können wir aber festhalten, dass ein System aus vielen verschiedenen Komponenten mit unterschiedlichen Eigenschaften besteht, welche aufgrund einer bestimmten geordneten Beziehung untereinander als gemeinsames Ganzes betrachtet werden können.[58] In unserem täglichen Leben sind wir ständig von Systemen umgeben und beanspruchen bzw. verwenden diese als Anwender. Wenn wir reden, schreiben oder Zahlen verwenden, bedienen wir uns der sogenannten »logischen Systeme«. Viele Menschen nehmen zum Beispiel am »Wirtschaftssystem« teil. Öfter hören wir in den Medien auch vom »Sozialsystem«, besonders oft, wenn Politiker vor Wahlen stehen. Dahingehend gibt es unter anderem auch mehrere »Politiksysteme« mit unterschiedlichen Ausrichtungen. Jeden Tag, wenn wir die Kaffeemaschine benutzen, bedienen wir uns eines Systems. Wenn wir zur Arbeit gehen oder fahren, sind wir Teilnehmende des Systems der öffentlichen Infrastruktur, indem wir Straßen, Gehwege oder öffentliche Verkehrsmittel nutzen. Am Arbeitsplatz schalten wir den Computer ein und nutzen das IT-System usw. – die Liste könnte noch lange fortgesetzt werden.

Wichtig ist für uns an dieser Stelle, dass wir uns auf das »Erdsystem« konzentrieren und darauf fokussieren, mit welchem Einfluss andere Systeme auf dieses einwirken.

Weiter oben sind wir bereits auf das menschliche System eingegangen und durch die weitere Beschreibung verschiedener Systeme erkennen wir, dass grob genommen (fast) kein System für sich allein bestehen kann. Auch wenn wir uns als einzelnen Menschen auf den ersten Blick als abgeschlossenes (ganzes) System betrachten, sind wir dennoch Teil eines anderen Systems – so wie der Planet Erde wiederum Teil des Sonnensystems ist, unser Sonnensystem Teil unserer Galaxie und diese wiederum Teil des Universums.

Oberflächlich betrachtet wirken wir also als »Komponenten« mit unseren Fähigkeiten, Eigenschaften und Handlungsweisen auf unterschiedliche Systeme ein und wir

58 Siehe https://de.wikipedia.org/wiki/System (Abrufdatum: 25.04.2022).

beeinflussen diese dahingehend auch maßgebend. Wie nachhaltig wir die Systeme beeinflussen, entscheiden wir wiederum durch die Art und Weise unseres Handelns und Tuns.

**Was sind die wichtigsten Elemente in unserem Erdsystem?**
Im Erdsystem gibt es mit den Eiskörpern, den Strömungssystemen sowie den Ökosystemen drei wesentliche Elemente, wie in Abbildung 3.1 dargestellt ist. Diese Elemente werden auch als Kipp-Elemente bezeichnet.

Alle der drei Kipp-Elemente haben eine überregionale Größe bzw. Bedeutung in unserem System Erde. Somit kann man auch leicht verstehen, dass sie global auf unser Klima einwirken und somit von absoluter Relevanz für uns sein müssen.

Alle weisen ein sogenanntes Schwellenverhalten auf, wodurch bereits kleine externe Störungen die Elemente in neue Zustände versetzen können. Maßgeblich dafür ist, dass das Hintergrundklima bereits an einem Grenzwert der Schwelle angekommen ist – und genau das ist momentan der Fall. Problematisch ist hierbei allerdings, dass ein Überschreiten der Schwellenwerte der Elemente bedeuten könnte, dass die gewohnten Funktionsweisen drastisch verändert oder sogar gänzlich eingestellt werden – zumindest werden diese in einen neuen Zustand versetzt. Als Vergleich können wir zur Veranschaulichung wieder das »System Mensch« heranziehen. Hier würden beispielsweise die Organe als Kipp-Elemente fungieren, welche ihre Verhaltensweisen ebenfalls dramatisch und sehr schnell verändern, wenn gewisse Voraussetzungen nicht mehr erfüllt sind. So arbeitet zum Beispiel die Lunge nicht mehr ausreichend, wenn diese nicht das notwendige Maß an Sauerstoffzufuhr bekommt. Oder die Leber stellt ihre Funktion ein, wenn sie durch gewisse Einflussfaktoren nicht mehr imstande ist zu entgiften. Durch die Umstellung der Lebensweise sowie durch medizinische Versorgung und die Einnahme von Medikamenten kann die Funktionsfähigkeit wieder (teilweise) hergestellt werden. Aber bei Überschreiten eines gewissen Punktes, dem Kipp-Punkt, ist die Schädigung so weit vorangeschritten, dass keine vollständige »Heilung« mehr eintreten kann oder die Organe gänzlich ihre Funktion einstellen. Gleichermaßen verhält es sich mit den Elementen des Erdsystems. Zusätzlich besteht das Risiko, dass durch die dauerhafte Veränderung eines Elementes eine Kettenreaktion entsteht, wodurch eine »Kipp-Kaskade« eintritt und diese uns in eine Heißzeit katapultiert.

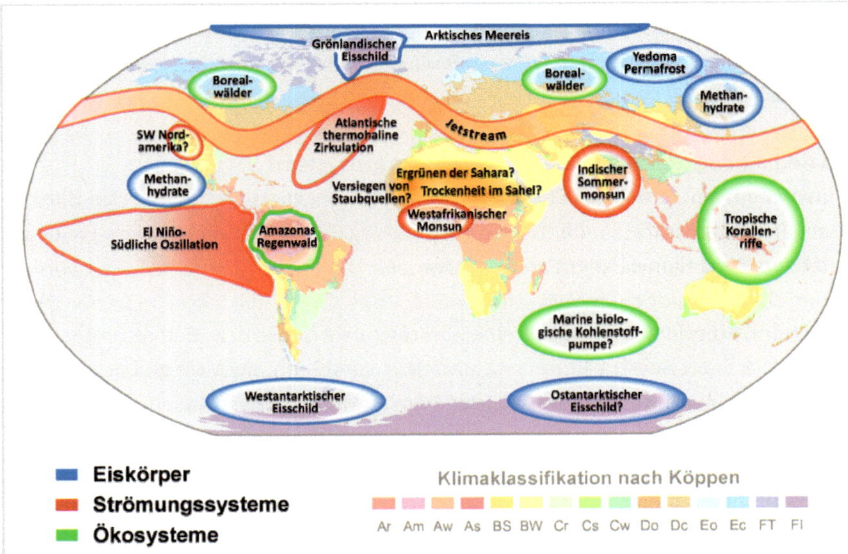


**Abb. 3.1:** Karte der Kipp-Elemente im Erdsystem mit Angabe der Klimazonen nach Köppen[59]

Für eine Beschreibung der Elemente des Erdsystems und deren Veränderungen möchte ich Auszüge aus der Auflistung des Potsdam-Instituts für Klimafolgenforschung (PIK) heranziehen.[60]

### 3.2.1 Eiskörper

Durch das Schwinden des hellen Eises kommt ein dunklerer Untergrund zum Vorschein. Da dunkle Oberflächen mehr ankommende Sonnenstrahlung absorbieren als helle Flächen, wird das Abschmelzen der umliegenden Eisflächen beschleunigt und ein selbstverstärkender Prozess nimmt seinen Lauf.

Einige Beispiele von Mechanismen, welche die Eismassen zu Kipp-Elementen machen können:

- **Schmelzen des arktischen Meereises**
  Das arktische Meereis schwindet seit einigen Jahrzehnten beispiellos schnell. In kalten Jahren baut sich zwar wieder eine Eisschicht auf, nur ist diese durch ihre

59 Abbildung unverändert übernommen: lizenziert unter https://creativecommons.org/licenses/by-nd/3.0/de/ (freie Nutzung); Beschreibung siehe https://www.pik-potsdam.de/de/produkte/infothek/kippelemente/kippelemente#klimaklassifikation-nach-k-ppen

60 Detailbeschreibung siehe PIK: https://www.pik-potsdam.de/de/produkte/infothek/kippelemente/kippelemente#r2

geringe Dicke sehr empfindlich gegenüber warmen Sommern. Deshalb muss damit gerechnet werden, dass bis zum Ende des Jahrhunderts die Arktis im Sommer eisfrei sein wird und die Erderwärmung in den hohen nördlichen Breiten doppelt so schnell voranschreitet wie im globalen Durchschnitt.

- **Verlust des Grönland-Eispanzers**
  In den letzten Jahren hat der Eisverlust in Grönland durch ins Meer fließende Gletscher und verstärktes Abschmelzen im Sommer stark zugenommen. Das Grönlandeis ist stellenweise bis zu drei Kilometer dick. In den letzten Jahren verliert der Eisschild jedoch immer schneller an Höhe. Durch die Absenkung der Oberfläche wird das Eis wärmeren Temperaturen ausgesetzt, was den »Abschmelzprozess« weiter verstärkt. Untersuchungen deuten darauf hin, dass bereits eine länger andauernde Klimaerwärmung von 2 Grad den vollständigen Verlust des Eises zur Folge hätte, was wiederum einen massiven Anstieg des Meeresspiegels verursachen würde.
- **Kollaps des westantarktischen Eisschildes**
  Da große Teile der Sohle des westantarktischen Eisschildes auf dem kontinentalen Rücken liegen, könnte durch diese spezielle Situation der Eisschild aufgrund bestimmter Fließprozesse instabil werden und zerfallen. Dies hätte einen Anstieg des Meeresspiegels von über drei Meter zur Folge.
- **Teilkollaps in der Ostantarktis**
  Die Ostantarktis ist deshalb von großer Bedeutung, da sie den größten Teil der in Eis gebundenen Süßwasserreserven der Welt beinhaltet. Auch wenn sie zurzeit stabil erscheint, könnte durch eine Erwärmung um 2 bis 3 Grad auch hier eine Instabilität wie in der Westantarktis entstehen.
- **Auftauen der arktischen Permafrostböden**
  Die arktischen Permafrostböden sind seit Jahrhunderten bis Jahrtausenden gefroren. Bei einem Auftauen muss damit gerechnet werden, dass riesige Mengen an Kohlenstoffdioxid und Methan freigesetzt werden. Allein in den obersten drei Metern befinden sich schätzungsweise rund tausend Milliarden Tonnen Kohlenstoff. Durch diese und weitere Mechanismen entstehen selbstverstärkende Zerstörungsprozesse, welche für die Arktis eine zweieinhalbmal schnellere Erwärmung im Vergleich zum globalen Mittel bedeuten würden. Diese Prozesse wären in Zeitskalen von Jahrhunderten nicht wieder umkehrbar, da die ursprüngliche Einlagerung bis zu Jahrtausenden gedauert hat.

### 3.2.2 Strömungssysteme

Luft- und Meeresströmungen können saisonal oder ganzjährig auftreten und unterliegen natürlichen Schwankungen. Die Klimageschichte zeigt, dass es bereits Umbrüche und Phasen der Neuorganisation der Strömungssysteme gegeben hat.

Nachfolgend nenne ich Beispiele von möglichen (abrupten) Strömungsveränderungen, mit welchen zukünftig zu rechnen ist:

- **Abschwächung der atlantischen thermohalinen Zirkulation**
  Durch die Umwälzströmungen des Atlantiks entsteht ein Energieförderband riesigen Ausmaßes. Dabei wird warmes Wasser an der Oberfläche in den Norden transportiert und nach dem dortigen Abkühlen und Absinken in die Tiefe gelangt es wieder zurück in den Süden. Teil dieses Strömungssystems ist der Golfstrom, welcher für das milde Klima in Nordwesteuropa verantwortlich ist. Motor des Golfstroms ist das kalte, dichte (und somit schwere) Salzwasser, welches vor Grönland und Labrador in die Tiefe sinkt. Gelangt durch das dortige Abschmelzen des Eises mehr Süßwasser in den Strom – wodurch sich die Dichte des Wassers verringert –, könnte sich die Tiefenwasserbildung abschwächen und der Antrieb des Energieförderbandes würde erlahmen. Die Auswirkungen auf marine Ökosysteme könnten gravierend sein. Eine Abschwächung des Golfstroms um etwa 15 % wurde bereits nachgewiesen.
- **El-Niño-Phänomen**
  Passatwinde im Pazifik vor Südamerika treiben normalerweise kaltes Tiefenwasser an die Oberfläche, wo es sich erwärmt. Dieses warme Oberflächenwasser strömt dann nach Südostasien. Das Wetterphänomen El Niño tritt in unregelmäßigen Abständen von zwei bis sieben Jahren auf. Bei einem Auftreten werden die Passatwinde abgeschwächt und es entsteht eine entgegengesetzte Strömung, wodurch sich folglich der südöstliche Pazifik vor Südamerika erwärmt. Durch den Klimawandel könnte dieses Phänomen häufiger werden und die Auswirkungen wären um den gesamten Globus spürbar, zum Beispiel in Form von Dürren in Australien und Südostasien sowie durch verstärkten Niederschlag an den westlichen Küsten Amerikas.
- **Veränderung der Wellen des Jetstreams**
  Der Jetstream (Strahlstrom) schlängelt sich in sieben bis zwölf Kilometern Höhe in wellenförmigen Linien über den mittleren Breiten um die Nordhalbkugel. Dabei bewegt er die Luftmassen von West nach Ost und als zonales Starkwindband trennt er die kalten Luftmassen der Arktis von den gemäßigteren im Süden. Aktuell hat es den Anschein, dass sich die Luftmassenbewegung verlangsamt, da sich die Wellenspitzen des Jetstreams in vertikaler Richtung »ausdehnen«. Dies hat zur Folge, dass Hoch- und Tiefdruckgebiete länger an einzelnen Orten verweilen können und sich Großwetterlagen über viele Wochen nicht auflösen. Daraus wiederum können verschiedene anhaltende Extremwetter wie Kälte- und Hitzewellen, Überflutungen und Dürren resultieren. Warme Luftmassen dringen näher an die Eisschilde im Norden heran, wodurch das Abschmelzen beschleunigt wird.
- **Austrocknen des nordamerikanischen Südwestens**
  Schon heute verringern sich die Niederschlagsmengen durch die Ausdehnung der subtropischen Trockenzone im Südwesten Nordamerikas nach Norden. Die für den Niederschlag in der Region verantwortlichen Strömungsmuster des Ozeans

und der Atmosphäre weisen große Ähnlichkeiten mit einem Monsunsystem auf. Entsprechend könnte ein Kipp-Punkt existieren, bei dessen Überschreiten der Südwesten der USA schlagartig mit noch größerer Trockenheit zu kämpfen hätte.

### 3.2.3 Ökosysteme

Wird es in einem Gebiet beispielsweise zu warm oder zu trocken, werden die dort ansässigen Pflanzen- und Tierarten aufgrund der klimatischen Veränderungen nicht bestehen können. Auch wenn einige Arten eventuell gut dafür gerüstet sind, in größere und damit kühlere Höhenlagen auszuweichen, gilt dies für viele andere Arten eben nicht. Zusätzlich sind diese Lebensräume durch die Beanspruchung des Menschen ohnehin schon stark begrenzt.

Beispiele, wie der Klimawandel ganze Landstriche sowie Ökosystem-Gemeinschaften verändern könnte:

- **Veränderung des Amazonasregenwaldes**
  Die Niederschläge im Amazonasbecken entstehen überwiegend aus verdunstetem Wasser über dem Wald. Durch die Erwärmung des Erdklimas und den damit verbundenen Rückgang der Niederschläge könnte dies in Verbindung mit Abholzung und Brandrodungen den Wald an eine kritische Grenze bringen. Wissen sollte man aber, dass im Amazonasregenwald etwa ein Viertel des weltweiten Kohlenstoffaustausches zwischen Atmosphäre und Biosphäre stattfindet. Die Veränderungen des Waldes hätten demzufolge weitreichende Auswirkungen auf das gesamte Erdklima und zusätzlich würde dies einen immensen Verlust von Biodiversität bedeuten.
- **Verdrängung der Borealwälder (nordische Nadelwälder)**
  Pflanzenschädlinge, Feuer und Stürme, welche durch den Klimawandel verstärkt auftreten, erhöhen die Stresswirkung auf diese Wälder. Gleichzeitig können sich die Borealwälder durch Wassermangel, erhöhte Verdunstung und menschliche Nutzung nicht ausreichend regenerieren. Durch eine Überschreitung charakteristischer Schwellenwerte könnten diese Wälder von Busch- und Graslandschaften verdrängt werden. Da sie fast ein Drittel der weltweiten Waldfläche einnehmen, würde ihr Verschwinden nicht nur den Verlust des Lebensraums vieler Tiere und Pflanzen bedeuten, sondern auch eine massive Freisetzung von Kohlendioxid verursachen, und dies beschleunigt wiederum die Erderwärmung.
- **Abschwächung der marinen Kohlenstoffpumpe**
  Rund 40 % der bisherigen – vom Menschen verursachten – $CO_2$-Emissionen wurden von den Weltmeeren aufgenommen und so der Atmosphäre wieder entzogen. Meere nehmen also unglaubliche Mengen an Kohlenstoff auf. Hinsichtlich der Erwärmung sowie Versauerung der Meere und durch häufiger auftretende Sauerstoffarmut könnte die Funktion dieser sogenannten marinen biologischen Kohlenstoffpumpe eingeschränkt werden.

Ich denke, diese Auflistung verdeutlicht nochmals, wie umfänglich unser Erdsystem eigentlich ist und mit welchen Folgen wir bei einer Missachtung dessen mit hoher Wahrscheinlichkeit zu rechnen haben. Alle der oben erwähnten Systeme sind auf ihre Weise besonders und einzigartig, und dennoch sind sie miteinander verbunden. Wenn wir also von durch den Menschen verursachten Klimawandel reden, müssen wir gleichzeitig auch die Zusammenhänge einzelner Entitäten bzw. Sektoren unter die Lupe nehmen.

### 3.2.4 Einzelne Entitäten zum Thema Klimawandel

Im Weiteren möchte ich hierzu kurz die Sektoren Energieversorgung, Energieeffizienz, Landnutzung sowie $CO_2$-Abbau näher betrachten. Auch hier werden wir sehen, dass die einzelnen Entitäten untereinander zusammenhängen und sogar eine Wechselwirkung aufweisen. Bei meinen Vorträgen und Workshops zu Klima-System-Dynamik wende ich zur vollumfänglichen Veranschaulichung moderne wissenschaftliche Tools und Simulationen an, um den Teilnehmenden die Tragweite von Systemen zu visualisieren. Immer wieder sagen mir die Teilnehmenden, wie verwundert sie über die Zusammenhänge sind und dass sie sich dieser Komplexität im Detail nicht bewusst gewesen waren. Ich möchte mich auch weniger auf mögliche Lösungsansätze fokussieren, da wir dies noch ausführlich im weiterführenden Open Book (s. »Hinweise« am Buchanfang) tun werden.

**Energieversorgung**
Klar: Erdöl, Gas und Kohle tragen maßgeblich zum Klimawandel bei und sind vergleichsweise *die* $CO_2$-Verursacher schlechthin. Doch warum können wir (leider) nicht von heute auf morgen auf fossile Energieträger einfach verzichten? Nun, einerseits haben wir noch nicht das benötigte Ausmaß an erneuerbaren Energiequellen, um unseren Bedarf zu decken, und andererseits benötigen wir momentan noch fossile Energiequellen, um Windräder, Solarzellen, Wasserkraftwerke etc. zu produzieren.

Ein weiteres Phänomen ist, dass durch den verstärkten Ausbau, die Forschung und Subventionierung der erneuerbaren Energiequellen diese immer günstiger werden. Im ersten Moment liest sich dies durchwegs positiv. Gleichzeitig trägt dieser Umstand dazu bei, dass die Nachfrage an günstigem Strom durch übermäßige Nutzung ohne Energieeinsparungsmaßnahmen massiv ansteigt und somit selbstverständlich auch die Energieerzeugung wieder zunehmen muss. Dahingehend ist es unumgänglich, dass wir einen regulierten Strom- und Energiemarkt haben, denn wie sagt man so schön: »Was nichts kostet, hat auch keinen Wert!«

Gleichzeitig muss die $CO_2$-Bepreisung sukzessive erhöht werden, da sonst wiederum der Ausbau an erneuerbaren Energiequellen nicht vorangetrieben wird. Hinsichtlich des Ausbaus von erneuerbaren Energien gibt es gleichzeitig die Herausforderung, dass beispielsweise neue Wasserkraftwerke oftmals nur noch in sehr kritischen Gebieten gebaut werden können, was einen massiven Eingriff sowie Veränderung der dortigen Natur und Biodiversität zur Folge hätte.

Zusätzlich stehen wir vor der großen Herausforderung, dass die Forschung für »Energiespeichertechnologie« viel umfänglicher gefördert werden muss, damit wir Energie aus natürlichen Ressourcen immer dann zur Verfügung haben, wenn wir diese auch benötigen. Ebenso messe ich dem Recycling von Batterien für Elektrofahrzeuge eine enorme Wichtigkeit bei, da der Abbau von zum Beispiel Lithium und Kobalt aktuell keineswegs als umweltfreundlich bezeichnet werden kann. Trotzdem muss dem Thema nachhaltiger Transport und Verkehr eine große Bedeutung zugemessen werden, damit Waren auf den letzten Kilometern von der Schiene in die Geschäfte oder zur Käuferin klima- und umweltfreundlich befördert werden können.

Ich möchte mich keineswegs als Befürworter von Verbrennungsmotoren oder fossilen Energieträgern betätigen, aber ihr seht, dass diese Systemthematiken komplex und dynamisch sind und wir noch viele Anstrengungen vor uns haben. Was ich zum Ausdruck bringen möchte, ist, dass wir aufgrund der oben erwähnten Umstände genau jetzt beginnen müssen, unser Handeln zu verändern und endlich neue Wege zu denken bzw. zu gehen.

Auf das Thema Kernkraft gehe ich deshalb nicht ein, da dieses einer noch höheren und dynamischeren Komplexität unterliegt. Persönlich sehe ich es aber als eine Art Farce an, wenn von der Europäischen Union der Vorschlag gemacht wird, diese Energiequelle als »grün« einzustufen.

**Energieeffizienz**

Da wir bis zum Ende des Jahrhunderts mit großer Wahrscheinlichkeit nicht gänzlich auf fossile Energieträger verzichten können, ist es umso wichtiger, vernünftig mit diesen Ressourcen zu haushalten und so wenig wie möglich davon zu beanspruchen. Diesbezüglich müssen wir verstärkt Maßnahmen vorantreiben, welche energieeffiziente Technologien (unter anderem Motoren, Beleuchtung, Geräte, Server, HKL-Systeme[61]) in der Industrie begünstigen. Zusätzlich helfen Effizienzmaßnahmen an Gebäuden, Energien nicht unnötig zu verschwenden; darüber hinaus tragen sie zur Kostensenkung von Haushalten, Gemeinden und Unternehmen bei. Wichtig ist hier, dass es eine gerechte Verteilung von Förderungen geben muss, da Haushalte mit niedrigerem Einkommen sowie manche Unternehmen die anfänglichen höheren Investitionen eventuell nicht aufbringen können. Ebenso muss im Zusammenhang mit Energieeffizienz

61 HKL steht für Heizung, Lüftung und Klimatechnik.

auch unser eigenes Verhalten beachtet werden, zum Beispiel hinsichtlich des Umgangs mit Videostreaming. Dies verursacht laut einer Studie des französischen Thinktanks »Shift Project« bis zu 300 Millionen Tonnen an $CO_2$-Äquivalenten. Allein die Nutzung von Video-on-Demand-Services verursachten über 100 Millionen Tonnen $CO_2$-Äquivalente – also so viel, wie ganz Griechenland im Jahr 2017 ausgestoßen hat.[62] Des Weiteren könnte die eine oder andere Fahrt mit dem Auto durch die Nutzung von Fahrrad oder Fußweg ersetzt werden. Auch das Thema Transport und Verkehr kann durch den Ausbau des öffentlichen Nahverkehrs energieeffizienter aufgestellt werden.[63]

Da wir in einer global vernetzten Welt leben, werden wir auch zukünftig nicht auf das Flugzeug oder die Schifffahrt verzichten können. Dahingehend müssen auch effizientere Kraftstoffquellen für diese Transportmittel zur Marktreife gebracht werden.

**Landnutzung**

Bei dem Thema Landnutzung denken viele sofort an die konventionelle Landwirtschaft. Und dies nicht ganz zu Unrecht, steuert sie doch einen erheblichen Anteil zum Klimawandel und zur Umweltschädigung bei. Durch die Konzentration auf bestimmte Pflanzen und Tiere entstehen Monokulturen. Mittels des Einsatzes von chemischen Dünge- und Schädlingsbekämpfungsmitteln werden Luft und Wasser verseucht und Böden zerstört. Doch auch hier muss ehrlicherweise gesagt werden, dass am Markt immer die Nachfrage das Angebot bestimmt. Wir müssen als Konsumentinnen also umdenken und unser Kaufverhalten hinterfragen. Aber auch hier gibt es Dynamiken und Zusammenhänge, welche nicht so einfach umgangen werden können. In der Landwirtschaft werden besonders Methan, Lachgase und fluorierte Treibhausgase (F-Gase) freigesetzt. Methan entsteht überwiegend in der Massen- und Nutztierhaltung, wodurch im Speziellen die Rinderhaltung stark kritisiert wird. Selbstverständlich scheidet auch eine Kuh aus biologischer Tierhaltung Methan aus, jedoch gibt es sehr wohl Hinweise, dass durch den vermehrten Einsatz von Kraftfutter der Methanausstoß der Kühe um ein Vielfaches ansteigt.

Da wir Wiederkäuer im Allgemeinen nicht von unserem Planeten verbannen wollen – Wiederkäuer haben eine große Bedeutung bei der Grün- und Weidelandbewirtschaftung –, muss ein Umdenken bei unseren Essgewohnheiten stattfinden. Es geht auch gar nicht darum, dass wir alle Vegetarier oder Veganerinnen werden sollen oder müssen, aber ein vernünftigerer Umgang mit Fleisch bzw. generell mit Nahrungsmitteln ist in diesem Sinne mehr als angebracht.

62 Quelle siehe https://utopia.de/ratgeber/streaming-dienste-klima-netflix-co2/

63 Siehe dazu auch https://utopia.de/ratgeber/streaming-dienste-klima-netflix-co2/ und https://taz.de/Stromverbrauch-von-Streamingdiensten/!5645979/

Richten wir nun den Blick auf einen $CO_2$-Emittenten, welchen viele unter uns im ersten Moment vielleicht nicht unbedingt auf der Rechnung haben – *Reis*! Ja, ihr lest richtig, Reis ist für ca. 10–17 % des weltweiten Methanausstoßes verantwortlich. Dies kommt daher, dass sich beim Nassreisanbau in den gefluteten Feldern methanerzeugende Bakterien so rasant vermehren können. Was können wir also tun? Etwa den Reisanbau verbieten? Nein! Für mehr als zwei Milliarden Menschen stellt der Reis das wichtigste Grundnahrungsmittel zur Kalorienaufnahme dar. Trockenreisanbau kann zwar eine bessere Klimabilanz vorweisen, jedoch ist der Anbau aufwendiger, dadurch teurer und der Ertrag dazu noch geringer. Andererseits kann Trockenreis auch dort angebaut werden, wo weniger Wasser zur Verfügung steht.

Ihr seht, dass jede Medaille zwei Seiten hat und wir nicht alle Klimagase gänzlich vermeiden können. Wichtig ist, dass wir an Stellen, wo es möglich ist, so viele Klimagase reduzieren, dass wir insgesamt weltweit eine klimafreundliche und lebenswerte Umgebung schaffen.

Einen weiteren wichtigen Aspekt beim Thema Landnutzung stellt die Flächenversiegelung dar, deshalb dürfen wir diese nicht außer Acht lassen. In Österreich wird zum Beispiel jeden Tag Landfläche in der Größe von ca. 24 Fußballfeldern verbaut, was mein Heimatland zum Europameister in diesem Bereich macht. Neben den Schäden für Flora und Fauna fehlen uns diese Flächen auch zur Betreibung einer nachhaltigen Landwirtschaft. Zusätzlich steigt die Hochwassergefahr, da wichtige Versickerungsflächen fehlen, und der Schadstoffgehalt im Grundwasser nimmt zu.

**$CO_2$-Abbau**

Wenn es um die Reduzierung oder den Abbau von $CO_2$ geht, sieht man sofort Bäume und Wälder vor dem inneren Auge. Doch so einfach ist es nicht. Fakt ist, dass Bäume zum Abbau und zur Speicherung von $CO_2$ beitragen, und das in einem nicht unerheblichen Ausmaß. Trotzdem kann weder das Stoppen der Entwaldung noch eine zusätzliche Aufforstung den Klimawandel vermeiden. Da der Einfluss der $CO_2$-Emissionen aus der Energieerzeugung so dominant ist, wirkt sich eine Vermeidung der Abholzung nur relativ gering auf das Klima aus. Im umgekehrten Sinn muss man bei der Aufforstung bedenken, dass diese zwar große Mengen an $CO_2$ binden kann, jedoch dafür unglaublich große Mengen an Landflächen benötigt würden. Bäume benötigen darüber hinaus eine gewisse Zeit, um ihr volles Potenzial entfalten zu können. Nicht zuletzt entstehen bei Aufforstungsmaßnahmen oftmals Monokulturen, welche weniger resolut gegenüber Schädlingsbefall sind als Mischkulturen.

Nichtsdestotrotz ist es absolut sinnvoll, die bestehenden Wälder zu schützen und Aufforstung zu betreiben. Neben dem Erhalt der Biodiversität bieten Wälder vielen Lebewesen ihre Lebensgrundlage und sind somit der Garant für die Erhaltung der Artenvielfalt. Darüber hinaus schützen sie die Böden vor Erosion, reinigen die Luft und durch die Blattverdunstung kühlen sie einerseits ihre Umgebung ab und sorgen andererseits auch für den notwendigen Regen in vielen Regionen. Aus diesen Gründen – und es gäbe noch weit mehr – ist es für uns Menschen von immenser Bedeutung, die Wälder zu schützen und Brandrodungen zu stoppen.

Aber: Bäume allein können den menschlich verursachten Klimawandel definitiv nicht stoppen. Trotzdem sind sie ein nicht wegzudenkender Baustein im Ökosystem, wenn es um dessen Bekämpfung geht.

Neben dem Erhalt und der zusätzlichen Schaffung neuer Wälder wird im Zusammenhang mit dem $CO_2$-Abbau auch die Technik ins Spiel gebracht. Die meisten dieser Technologien befinden sich aktuell noch in der Pilotphase und werden, wenn überhaupt, noch mehrere Jahre bis Jahrzehnte für die Markt- und Einsatzreife benötigen. Manche dieser Technologien könnten wirklich ein »Game-Changer« hinsichtlich der Eindämmung des Klimawandels werden, weshalb die Entwicklungen vorangetrieben werden müssen. Jedoch allein auf die Technik dürfen wir uns nicht verlassen und abwarten, was in 10, 20 oder 30 Jahren passiert. Diese Zeit steht uns zur Vermeidung des Klimawandels nicht mehr zur Verfügung!

Zum Abschluss dieses Kapitels möchte ich nochmals kurz festhalten, dass Systeme komplex sind und selbst bei Veränderung eines vermeintlich kleinen Teilbereichs andere Bereiche eventuell ebenfalls davon betroffen sind und in Mitleidenschaft gezogen werden können. Aus diesem Grund müssen wir auf unser Verhalten und unsere Denkweise ein besonderes Augenmerk richten. Welcher Ansatz uns dabei eventuell unterstützen kann, lest ihr im nächsten Kapitel.

## 3.3 Multisolving und Systemdenken als integrativer Bestandteil des Unternehmensmanagements

Im vorangegangenen Kapitel haben wir viel über unterschiedliche Systeme, deren Zusammenhänge sowie die Einwirkung verschiedener Einflüsse erfahren. Wir haben gelernt, dass unser Erdsystem sehr komplex ist und es bestimmt nicht die eine heilbringende Lösung zur Bekämpfung des Klimawandels gibt. Auch haben wir gesehen, dass wir nicht alle Treibhausgasverursacher einfach abstellen oder beseitigen können und dass wir verschiedene Ansätze zur Lösung der Klima- und Umweltkrise benötigen. Deshalb ist es umso wichtiger, dass eine Verhaltens- bzw. Denkänderung in unseren Köpfen stattfindet.

In euren Köpfen hat sich möglicherweise schon diese notwendige Änderung eingestellt. Schließlich seid ihr gerade dabei, dieses Buch zu lesen, und habt danach die Möglichkeit, euch auf einen ökologisch nachhaltigeren Weg zu machen!

Wenn wir uns permanent in irgendeinem System befinden, bewegen oder dieses beanspruchen, dann müssen wir auch lernen, systematischer und in »Mehrfachlösungsansätzen« zu denken und zu handeln. Wir müssen ein tiefgreifenderes Verständnis dafür aufbringen, dass jede Aktion auch irgendwo anders eine Reaktion auslöst und eventuell ein Problem verursacht. Auch wenn wir selbst im ersten Moment von dieser Reaktion nicht unmittelbar betroffen sind, könnte es sein, dass diese zu einem späteren Zeitpunkt wie ein Bumerang zu uns zurückkommt.

Multisolving und Systemdenken sind beide sehr praxisorientierte Ansätze. Aus diesem Grund werden wir uns in diesem Teil des Buches eher mit den Hard Facts beschäftigen und vertiefen diese dann in weiterführenden Webinaren und Workshops. Trotzdem ist es mir wichtig, dass ihr hier schon einen kurzen Überblick erhaltet, damit ihr euch hierzu erste Gedanken machen könnt.

Eines möchte ich vorweg gleich verraten: Sowohl Multisolving als auch Systemdenken sind nicht ausschließlich dazu da, zur Eindämmung des Klimawandels beizutragen. Diese Ansätze beinhalten viel mehr Potenzial und können breit gefächert in allen privaten, aber vor allem für alle Unternehmensbereiche eingesetzt werden. Sie können das Denken und Handeln von Organisationen, Gesellschaften, Wirtschaft und Politik verändern. Aber eines hat dabei oberste Priorität, nämlich die Notwendigkeit, dass wir groß denken und das »Big Picture« nicht aus den Augen verlieren. Wir müssen akzeptieren, dass wir unser Handeln und Tun für das große Ganze – das gemeinsame Wohl aller – einsetzen müssen. Nein, wir müssen es nicht nur akzeptieren, vielmehr müssen wir es aus tiefster Überzeugung wollen!

### 3.3.1 Multisolving

Die Idee des Multisolvings wurde von Dr. Elizabeth Sawin entwickelt[64] und bedeutet, dass eine Investition von Zeit oder Geld mehrere Probleme gleichzeitig löst. Punkt!

Eigentlich könnten wir diesen Satz für sich allein stehen lassen, sagt er doch schon alles aus. Wie ihr aber bereits gelesen habt, ist die Welt mit ihren Systemen und deren Verflechtungen untereinander dann doch etwas komplizierter. Der Multisolving-Ansatz sollte jedenfalls so angelegt und gedacht werden, dass dabei ein kurzfristiges Ziel gelöst und gleichzeitig eine langfristige »Krise« vermieden oder zumindest reduziert werden kann.

Bei meinen Beratungen erlebe ich immer wieder, dass Führungskräfte, Manager oder Unternehmerinnen den Fokus speziell auf die kurzfristigen Ziele legen und dabei die

64 Siehe https://www.multisolving.org/about-us/

langfristigen Folgen erstmals nicht beachten oder diese teilweise sogar bewusst verdrängen. Zum Teil kann man dies auch nachvollziehen. Warum soll ich mich in unserer schnelllebigen Zeit bzw. im hektischen Tagesgeschäft mit einem Problem auseinandersetzen, was eventuell erst zukünftig auftritt. Lösen wir zuerst das kleine aktuelle Problem und dann sehen wir weiter. Vielleicht verschwindet das langfristige Problem auch von selbst wieder oder ist im besten Fall zum Zeitpunkt des Auftretens gar nicht mehr meines.

Ein weiterer Aspekt, der hier zum Tragen kommt, ist, dass wir uns dem aktuellen kurzfristigen Problem deshalb mehr widmen, da wir der Meinung sind, dieses besser kontrollieren zu können – und Kontrolle spielt in der menschlichen Psyche nun mal eine wesentliche Rolle. Langfristige und eventuell noch nicht vorhandene Probleme scheinen uns daher abstrakt und wir können den Umfang nicht zur Gänze erfassen. Fakt ist aber, dass der Bumerang nicht gelöster Probleme unweigerlich zurückkommt. Die dramatische Folge kann dabei sein, dass sich das zukünftige (langfristige) Problem durch die kurzfristige Denkweise aufsummiert und uns doppelt oder dreifach so hart trifft. Multisolving bietet jedenfalls die Möglichkeit, dass es Menschen zusammenbringt, um Win-Win-Wins zu finden. Auch kann es dazu beitragen, dass mit dem gleichen Budgeteinsatz viel mehr erreicht werden kann, da Spätfolgen schon frühzeitig behandelt werden. Wichtig ist dabei, dass der ausgleichende Gerechtigkeitsaspekt immer berücksichtigt werden muss.

Ich möchte euch gerne drei Beispiele mit auf den Weg geben, was Multisolving wirklich bedeutet. Vielleicht könnt ihr dann im Weiteren erste Ansätze für euch privat oder auf Unternehmens- und Organisationsebene entwickeln.

- Konzentrieren wir uns nochmals auf den Klimawandel und den $CO_2$-Ausstoß. Wenn wir heute beginnen, fossile Energieträger wie zum Beispiel Kohle und Öl drastisch zu reduzieren, begrenzen wir auf langfristige Sicht den Klimawandel und erreichen unser angestrebtes 1,5- bis 2-Grad-Ziel. Damit hätten wir heute den Grundstein gelegt, damit auch zum Jahrhundertende unsere Nachkommen noch einen lebenswerten Planeten vorfinden. Das langfristige Problem hätten wir somit im Griff, doch was haben wir alle kurzfristig davon? Unter anderem eine weitaus bessere Luftqualität! Dieser Zustand würde relativ kurzfristig eintreten und uns dabei helfen, dass Kinder weniger Asthma bekommen, Menschen im Allgemeinen sauberere Luft atmen und dadurch gesünder leben können. Ein weiterer Co-Benefit wäre für Staaten (und wir alle sind ja letztlich der Staat) die Kostenreduzierung im Gesundheitssystem.
- Auf Unternehmensebene möchte ich auf ein Beispiel aus Forschungs- und Entwicklungsabteilungen sowie dem Innovationsmanagement zurückgreifen. Oftmals sind diese Organisationseinheiten von anderen Abteilungen, wie beispielsweise Sales, After Sales und Service, isoliert und agieren eigenständig. Meistens verfügen sie aber über einen eingeschränkteren Zugang zum Markt und damit zu den Kundinnen und Kunden. Dadurch werden teilweise Produkte (wei-

ter)entwickelt, welche wenig Zuspruch bei den Abnehmerinnen und Abnehmern finden. Bei einer frühzeitigen und regelmäßigen Vernetzung von Forschungs- und Entwicklungsabteilungen sowie dem Innovationsmanagement mit anderen Abteilungen mit erhöhtem Marktzugang könnte die Produktentwicklung erheblich effizienter gestaltet werden. Die kurzfristige Problemlösung wäre die schnellere Entwicklung von Produkten mit höherem Marktzuspruch in Verbindung mit einer Kosteneinsparung. Langfristig hilft dies wiederum, dass Unternehmen auch zukünftig erfolgreich am Markt partizipieren können, da sie schneller die »Probleme« der Kundinnen und Kunden erkennen und handlungsfähiger sind.
- Hinsichtlich des Nachhaltigkeitsmanagements könnte dieses engmaschiger mit den HR-Abteilungen verknüpft werden. Unternehmen beschränken Nachhaltigkeitsmanagement oftmals auf die Produktionsebene und deren effizientere Gestaltung. Das Augenmerk liegt dabei auf der Anschaffung technisch moderner und $CO_2$-freundlicher Maschinen und Ausrüstungen, was prinzipiell sehr zu begrüßen ist. Umgesetzt werden solche Maßnahmen meistens ausschließlich deshalb, weil die Benefits leicht messbar sind und sich mittels Zahlen darlegen lassen. Es wäre aber auch möglich, nachhaltige Maßnahmen auf Mitarbeitenden-Ebene umzusetzen. So könnten beispielsweise Unternehmen Elektrofahrräder anschaffen. Diese könnten den Mitarbeitenden zur freien Nutzung angeboten werden, damit diese umweltfreundlicher vom Wohn- zum Arbeitsort und umgekehrt gelangen. Zusätzlich könnte es ein Verleihmodell geben, damit Mitarbeitende die Elektrofahrräder mit ihren Familien am Wochenende gemeinsam nutzen können. Kurzfristig würde nicht nur die Motivation der Mitarbeitenden steigen, sondern es würden auch die Familienmitglieder näher an das Unternehmen gebunden werden. Es reduziert sich so kurzfristig auch der indirekte $CO_2$-Anteil des Unternehmens. Langfristig haben Unternehmen fittere und gesündere Mitarbeitende, was wiederum zur Minimierung der Krankenstandstage und somit zur Kostensenkung des Unternehmens im Gesamten beitragen kann. Last but not least, trägt dies übergeordnet auch zur Entlastung des Gesundheitssystems bei. Echtes Multisolving also!

Wie ihr am letzten Beispiel sowie in nachstehender Gliederung seht, kann die einfache Anschaffung von Elektrofahrrädern den gesamten Umfang von Nachhaltigkeit, sowohl kurzfristig als auch langfristig, abdecken und gleichzeitig eine große Auswirkung auf viele Systeme haben:

- Ökologisch = Reduzierung des $CO_2$-Anteils
- Ökonomisch = Kostenminimierung durch gesündere und motivierte Mitarbeitende
- Sozial = Beitrag zur Kostensenkung im Gesundheitssystem

Aber auch die Medaille des Multisolvings hat zwei Seiten. Vielen Entscheidungsträger fehlt das Vertrauen in kollaborative und ganzheitliche Systemansätze. Deshalb werden zur Problemlösung keine Partner herangezogen. Damit wir zukünftige Herausforderungen wie Klima-, Wirtschafts- oder Gesellschaftskrisen bewältigen oder sogar vermeiden können, müssen wir uns aber umfänglicher der sogenannten Open-Innovation-Netzwerke bzw. -Plattformen bedienen und uns hier einbringen. Und so kommen wir zum zweiten Thema:

### 3.3.2 Systemdenken

Unsere Welt war niemals vernetzter als heute. Aus der Geschichte haben wir gelernt, dass die gegenseitige Beeinflussung der »Systeme« Kultur, Politik (inkl. Macht) und Wirtschaft unsere Welt weitreichend geprägt hat.

Diese Komplexität können und wollen wir weder ändern, noch können wir ihr entfliehen. Sie ist Teil dessen, was unser Leben und unseren Planeten schön, abwechslungsreich und interessant macht. Auch wenn wir diese Komplexität nicht ändern können, so können wir doch zumindest mit ihr arbeiten.

**Definitionen von Systemdenken**
*»Systemdenken ist eine Denkweise und eine Sprache zum Beschreiben und Verstehen der Kräfte und Wechselbeziehungen, die das Verhalten von Systemen prägen. Diese Disziplin hilft uns zu sehen, wie wir Systeme effektiver verändern und besser im Einklang mit den größeren Prozessen der natürlichen und wirtschaftlichen Welt handeln können.«*[65]

!

**Green Company Tipp**

Systemdenken kann uns also eine Sichtweise bieten, wie die Welt funktioniert. Dabei unterscheidet sich das Systemdenken deutlich von der traditionellen reduktionistischen und überwiegend analytischen Sichtweise. Durch die global eng verwobene Welt und das zunehmende Tempo des Wandels wird heute davon ausgegangen, dass Systemdenken zu den wichtigsten Managementkompetenzen des 21. Jahrhunderts gehört. Der Grund dafür ist, dass wir dadurch ein Verständnis erhalten, welche Rolle wir in Systemen spielen. Die analytische Denkweise konzentriert sich in perfektionistischer Form auf kurzfristige vergangene oder gegenwärtige Lösungsansätze innerhalb eines Systems. Die systemische Perspektive ist somit ein aufbauender Baustein zur analytischen Denkweise, welche uns effektiver, proaktiver und vor allem systemübergreifend arbeiten lässt. Je mehr wir die systemische Verhaltensweise verstehen, desto besser können wir mit Systemen arbeiten, anstatt von ihnen kontrolliert zu werden.[66]

Ökonomiestudierende werden zuallererst mit dem Diagramm der Angebots- und Nachfragekurven des Marktes vertraut gemacht. Diese überholten Vorstellungen fußen auf einem mechanischen Gleichgewicht, welches noch aus dem 19. Jahrhundert stammt. Systemisches Denken wäre heute aber wesentlich hilfreicher, um ein

65 Siehe https://www.systemsfieldbook.org/foundational-ideas
66 Siehe https://thesystemsthinker.com/introduction-to-systems-thinking/

Bewusstsein für die Dynamiken der Wirtschaft zu schaffen. Dadurch würden sich viele neue Einblicke in Konjunktur- und Krisenzyklen bis hin zu den Kipp-Punkten des Klimawandels eröffnen. Es ist wichtig, dass wir damit beginnen, die Wirtschaft als ein komplexes System aufzufassen, welches sich permanent in stetiger Weiterentwicklung befindet.[67]

Damit Systemdenken in Unternehmen erfolgreich etabliert werden kann, muss dem Lernen im und vom Team mehr Aufmerksamkeit beigemessen werden, um die »lernende Organisation« in den Mittelpunkt zu rücken. Aus meinen praktischen Erfahrungen ist mir bewusst, dass sich dies leichter schreiben als umsetzen lässt und die meisten Menschen ihre antrainierten und gelernten Verhaltensmuster nur schwer ablegen können. Nichtsdestotrotz werden wir an einer Veränderung oder Anpassung unseres Mindsets nicht vorbeikommen, gleich ob wir den Klimawandel begrenzen oder zukünftig wirtschaftlich und sozial erfolgreich sein möchten.

Eine Veranschaulichung des Systemdenkens bietet uns der dreibeinige Hocker der systemischen Veränderungsfähigkeiten. Fehlt bei diesem auch nur ein Bein oder wird diesem nicht dieselbe Beachtung wie den anderen geschenkt, kann die lernende Organisation nicht mehr sinnhaft umgesetzt werden.

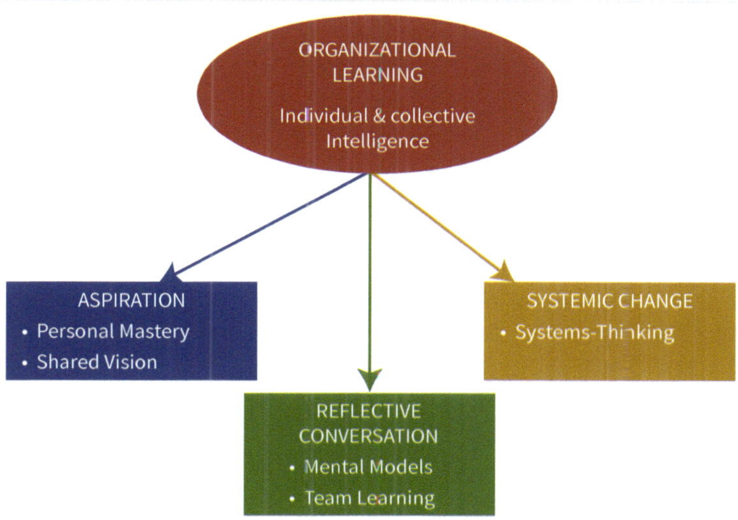


**Abb. 3.2:** Der dreibeinige Hocker systemischer Veränderungsfähigkeiten[68]

67 Raworth (2018), S. 44.

68 Abbildung unverändert übernommen: lizenziert unter: https://creativecommons.org/licenses/by-nc-sa/4.0/ (freie Nutzung); Beschreibung siehe https://www.systemsfieldbook.org/foundational-ideas

**Was ist eine lernende Organisation und wie lernt diese?**
Der Begriff der lernenden Organisation wurde vom Autor Peter M. Senge geprägt. In seinem Buch »Die fünfte Disziplin – Kunst und Praxis der Lernenden Organisation«[69] beschreibt er eingehend, wie wichtig eine solche für die Überlebensfähigkeit von Unternehmen ist.

Der Schlüssel zum Erfolg eines Unternehmens bzw. einer Organisation liegt dabei in der Veränderungsfähigkeit. Verfügt man über eine hohe Anpassungsfähigkeit, ist man in der Lage, schneller und gezielter auf den Wandel der Zeit reagieren zu können. Die kontinuierliche Weiterentwicklung kann wiederum nur dann stattfinden, wenn alle Organisationsbeteiligten über die nötigen Kompetenzen verfügen. Wesentlich ist hierbei, dass die Mitglieder auch dementsprechend motiviert sind, ihre Fähigkeiten und Kompetenzen in der Organisation einzusetzen und damit dem Gesamten dienen zu wollen. Eine lernende Organisation lebt aber nicht allein von den Kompetenzen und individuellen Fähigkeiten der Mitarbeitenden. Grundlegende Absicht muss die Schaffung einer Struktur für eine lernfreundliche Umgebung sein, damit die Kompetenzen auch aktiv eingebracht werden können. Allgemein übliche Führungs- und Planungsmethoden verursachen dabei meist Lernhemmnisse.[70]

Ebenso wie bei Multisolving müssen wir auch beim Systemdenken neben den kurzfristigen »Problemen« den Fokus auf die langfristigen Auswirkungen unserer Handlung richten. In den meisten Unternehmen beruht das Belohnungsmodell darauf, dass die Mitarbeitenden kurzfristige Ziele innerhalb ihrer Organisationseinheit erreichen. Diese Gruppendynamik kann dazu beitragen, dass die gesamte Organisation negativ beeinflusst wird, wenn Mitarbeitende nicht die Bedürfnisse des größeren Systems, des gemeinsamen Ganzen erkennen. Somit wird der Erfolg des großen Ganzen langfristig untergraben. Damit also eine funktionierende und lernende Organisation aufgebaut werden kann, müssen vor allem Führungskräfte das Bewusstsein bei ihren Mitarbeitenden schaffen, dass jede von ihnen gesetzte Handlung eventuell eine Nebenwirkung in einem anderen Bereich des Systems erzeugen kann. Am besten gelingt dies, wenn Führungskräfte angehalten sind, mit einer Vorbildwirkung zu agieren. Nicht zuletzt deshalb spricht man auch von einer systemischen Führerschaft.

69 Senge (2017).
70 Siehe https://www.meta-five.com/kunden/meta-five-newsletter-32011/

Mittels systematischer Denkansätze wie Multisolving und Systemdenken stehen uns zwei mächtige Werkzeuge zur Verfügung. Mit diesen Werkzeugen kann es gelingen, Prozesse und Strukturen zu entwickeln, welche die gesamte Nachhaltigkeit einbeziehen. Systemdenken kann die Grenzen innerhalb eines Unternehmens oder einer Organisation überwinden und in Verbindung mit Multisolving ist es machbar, übergeordnet und außerhalb seines Systems zu denken und vorausschauende Lösungen umzusetzen. Voraussetzung dafür ist die Veränderung der Art und Weise, wie Menschen den Umfang ihrer Arbeit sehen und wie sie mit anderen über Team-, Geschäftsbereichs- und Organisationsgrenzen hinweg zusammenarbeiten.

Auch im nächsten Kapitel werdet ihr sehen, dass selbst die Europäische Union beim Grünen Deal den systemischen Wandel als Grundlage voraussetzt, damit die ehrgeizigen Ziele erreicht werden können.

## 3.4 European Green Deal, Nachhaltigkeitsbericht und die Sustainable Development Goals

Noch vor ein paar Jahren erschien einem die Vorstellung eines europäischen Klimagesetzes als reine Utopie. Doch im Juni 2021 war es dann so weit und das Europäische Klimagesetz trat in Kraft – das Fundament für den European Green Deal war gelegt. Im Juli 2021 legte die Kommission das Paket »Fit für 55« zur Umgestaltung unserer Wirtschaft vor, damit die ausgegebenen Klimaziele bis zum Jahr 2030 erreicht werden können. Dieses Legislativpaket wurde vom Europäischen Parlament sowie den Mitgliedsstaaten angenommen. Das Gesetz beinhaltet unter anderem, dass die Treibhausgase bis zum Jahr 2030 um (mindestens) 55 % gegenüber dem Jahr 1990 gesenkt werden. Abbildung 3.3 zeigt die Faktoren, welche dabei vermehrt berücksichtigt werden sollen.

Darüber hinaus hat man sich zum Ziel gesetzt, dass die Europäische Union bis ins Jahr 2050 klimaneutral ist. Wir werden zu einem späteren Zeitpunkt noch darauf eingehen, wie die Klimaziele 2030 und 2050 sowie der Green Deal bzw. das Klimagesetz im Allgemeinen Unternehmen betreffen wird.

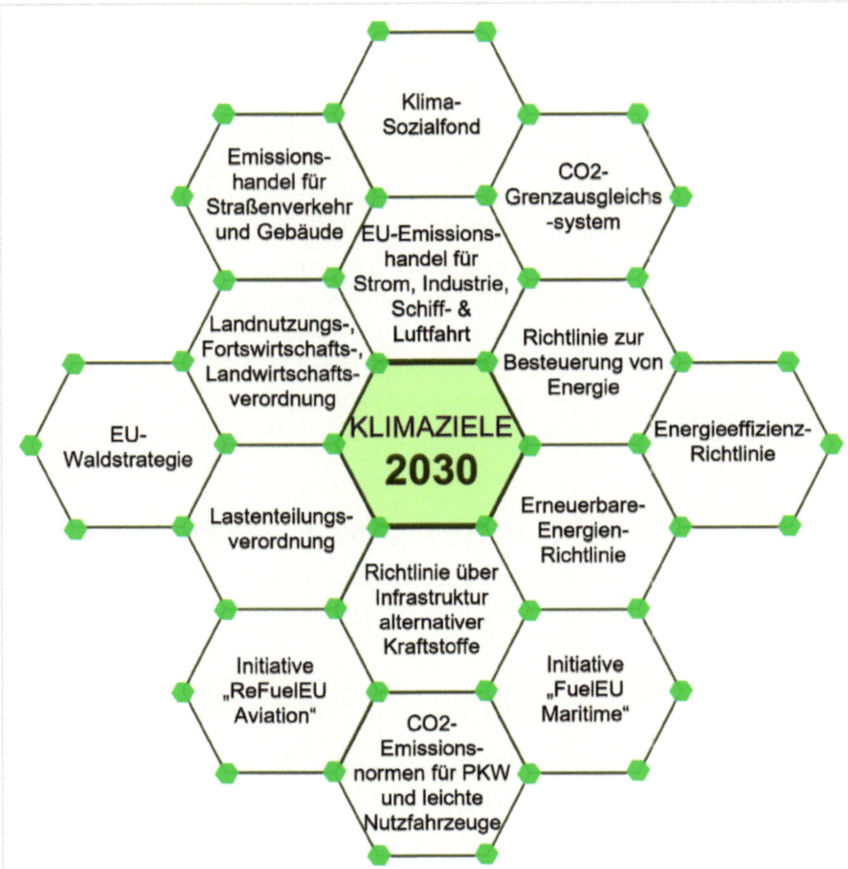


**Abb. 3.3:** Architecture Factsheet des Europäischen Grünen Deals[71]

### 3.4.1 Was beinhaltet der Europäische Grüne Deal?

Da die Mitteilung der Europäischen Kommission zum Europäischen Grünen Deal umfangreich ist, will ich nachstehend versuchen, euch einen Auszug wichtiger Inhalte in kompakter Form darzulegen.[72]

Primär bekräftigt der Green Deal die Bewältigung klima- und umweltbedingter Herausforderungen. Er wurde erstmals 2019 als Mitteilung an das Europäische Parla-

71 Abbildung unverändert übernommen: lizenziert unter »Creative Commons Attribution 4.0 International« (freie Nutzung); Beschreibung siehe https://ec.europa.eu/commission/presscorner/detail/de/fs_21_3671

72 Das gesamte Dokument mit allen Punkten zum Europäischen Grünen Deal findet ihr hier: https://ec.europa.eu/info/sites/default/files/european-green-deal-communication_de.pdf

ment, den Europäischen Rat und den Europäischen Wirtschafts- und Sozialausschuss übergeben. Durch eine neue Wachstumsstrategie soll die Gesellschaft fair und wohlhabend und die Wirtschaft modern, ressourceneffizient und wettbewerbsfähig sein. Darüber hinaus soll das Naturkapital geschützt sowie die Gesundheit und das Wohlergehen der Menschen vor umweltbedingten Risiken und Auswirkungen geschützt werden. Da der Green Deal integraler Bestandteil zur Umsetzung der Agenda 2030 der Vereinten Nationen ist, beinhaltet dieser auch Ziele für eine nachhaltige Entwicklung. Das bedeutet, dass sich der Green Deal nicht ausschließlich auf die Reduzierung von Treibhausgasen sowie den Klima- und Umweltschutz konzentriert, sondern ein Gesamtkonzept zur Nachhaltigkeit darstellt.

**Abb. 3.4:** Elemente des Europäischen Grünen Deals (2019)[73]

Folglich müssen im Zusammenhang mit dem Green Deal auch immer die 17 Sustainable Development Goals (SDGs) der Vereinten Nationen (UN) beachtet und wo möglich herangezogen werden. Eine kurze Einführung zu den SDGs sowie der Agenda 2030 der UN nehme ich in diesem Kapitel am Ende noch vor.

Die Umsetzung des Green Deal soll unter anderem durch Maßnahmen[74] gelingen wie:

- Umweltfreundliche Technologien fördern
- Innovationen unterstützen
- Entwicklung saubererer Transportmittel

73 Abbildung unverändert übernommen; Quelle: https://ec.europa.eu/info/sites/default/files/european-green-deal-communication_de.pdf
74 Siehe https://www.consilium.europa.eu/en/5-facts-eu-climate-neutrality/

- Dekarbonisierung des Energiesektors
- Energieeffizientere Gebäude
- Verbesserung von Standards auf der ganzen Welt durch internationale Zusammenarbeit

An diesem Punkt soll nochmals verdeutlicht werden, dass der Europäische Grüne Deal (EU-Klimagesetz) respektive das 2021 verabschiedete Aufbaupaket »Fit für 55« keine bloße Richtlinie darstellt, an der man sich ungefähr orientieren oder entlanghangeln kann. Er ist eine rechtliche Verbindlichkeit, wodurch die gesamte Europäische Union ihre Volkswirtschaften (zumindest große Teile davon) und deren wirtschaftliche Sektoren – von Industrie, Handel und Energie bis hin zu Verkehr und Landwirtschaft – de facto $CO_2$-frei (netto klimaneutral) aufstellen muss. Zur Überwachung des Gesetzes wurde ein europäischer Klimarat – der European Climate Change Council – einberufen. In dem vom Klimarat vorgegebenen Treibhausgasbudget wird definiert, wie viele Millionen Tonnen an Emissionen bis zu den Jahren 2030 und 2050 maximal noch in die Atmosphäre ausgestoßen werden dürfen.

Mit dem »Fit für 55«-Paket wurde das Ziel gesetzt, dass die geltenden höheren Emissionsreduktionen im Interesse aller Europäerinnen und Europäer Möglichkeiten schaffen, den Übergang mitzugestalten. Auch soll denjenigen geholfen werden, die es am meisten benötigen. Zusätzlich soll das Paket die Bekämpfung der Corona-Pandemie unterstützen. Dies soll durch Umweltstandards umgesetzt werden, welche über die Grenzen der Europäischen Union hinaus verbreitet werden. Auch im »Fit für 55«-Paket hat die Bekämpfung von Ungleichheit durch Förderung der sozialen Gerechtigkeit einen hohen Stellenwert. Letztendlich sieht die Europäische Union den Übergang zur Klimaneutralität als eine einzigartige Chance an, dass zum Beispiel durch die $CO_2$-Bepreisung die systemische Ungleichheit verringert wird. Aus diesem Grund ist Solidarität ein wesentlicher Grundsatz des Europäischen Grünen Deals. Dies setzt aber voraus, dass die gesamte Wirtschaft bereit für einen systemischen Wandel ist. Nur so kann die ökologische, ökonomische und soziale Transformation gelingen.[75]

Dabei trifft es aber nicht jedes EU-Mitglied gleichermaßen. Mit der Effort Sharing Regulation[76] wurde ein Gleichgewicht bei der Reduzierung der Treibhausgasemissionen zwischen den EU-Mitgliedsstaaten geschaffen. Diese verpflichtet die EU-Mitgliedsstaaten dazu, dass sie die Treibhausgasemissionen außerhalb des EU-Emissionshandels beschränken. Orientiert wird sich dabei am relativen Wohlstand anhand des Bruttoinlandsprodukts (BIP) und die EU-Kommission teilt daraufhin die Minderungsziele den jeweiligen Ländern zu. Das bedeutet, dass Staaten mit hoher Wirtschafts-

75 Siehe https://ec.europa.eu/info/strategy/priorities-2019-2024/european-green-deal/delivering-european-green-deal_de

76 Siehe https://eur-lex.europa.eu/legal-content/EN/TXT/?uri=celex:32018R0842

kraft größere Einsparungen erzielen müssen als andere. Für Deutschland würde dies eine Emissionssenkung von 38 % gegenüber dem Jahr 2005 bedeuten.[77]

Für Österreich sieht die derzeitige Effort Sharing Regulation bis zum Jahr 2030 eine Reduktion der Treibhausgasemissionen (außerhalb des Emissionshandels) um 36 % gegenüber dem Jahr 2005 vor. Beide Ziele (Deutschland -38 %, Österreich -36 %) sind allerdings nicht mit dem aktualisierten 2030-Ziel von einer EU-weiten Treibhausgasminderung um netto mindestens 55 % vereinbar. Für Österreich würde der aktuelle Vorschlag eine Minderung von -48 % vorsehen und für Deutschland würde sich ebenfalls eine deutliche Steigerung der Minderung ergeben.

#### HINTERGRUNDINFO

Deutschland würde mit den aktuellen Maßnahmen seine Klimaschutzziele verfehlen. Ein durch das Deutsche Umweltbundesamt in Auftrag gegebenes Gutachten zeigte, dass mit den festgelegten Maßnahmen und Instrumenten des nationalen Klimaschutzprogramms 2030 das Gesamtminderungsziel 2030 von mindestens 55 % verfehlt werden würde.[78]

Dass Klimagesetze rechtlich verbindlich sind, verdeutlicht ein Urteil[79] des Deutschen Bundesverfassungsgerichtes, welches sogleich auch zur ersten Änderung des Bundes-Klimaschutzgesetzes führte. Der neue striktere Zielpfad zur Minderung der Treibhausgase (THG) gegenüber dem Jahr 1990 wurde dort wie folgt festgelegt:

- Senkung der THG bis 2030 um mindestens 65 % statt bisher 55 %,
- bis 2040 Verminderung der THG um mindestens 88 %,
- bis 2045 Erreichung von Netto-Treibhausgasneutralität, bislang 2050,
- nach 2050 Erzielung von negativen THG.

Nach einem aktuellen Projektbericht würde Deutschland diese Vorgaben mit den derzeitig beschlossenen Klimaschutzmaßnahmen abermals deutlich verfehlen. Die Minderung der Treibhausgasemissionen wird dort für die folgenden Zeiträume wie folgt abgebildet:

- Minderung um 49 % von 1990 bis 2030 statt den rechtlich verbindlichen 65 %
- Minderung um 67 % bis 2040 statt den rechtlich verbindlichen 88 %

Hinsichtlich aller EU-Klimagesetze, -projekte, -maßnahmen sowie durch die nationalen Verfehlungen kann die logische Konsequenz nur eine sein, nämlich dass die Anstren-

77 Siehe https://www.net4energy.com/wiki/effort-sharing#:~:text=Durch%20die%20Effort%20Sharing%20Regulation,von%20der%20EU%2DKommission%20zugeteilt.

78 Siehe https://www.umweltbundesamt.de/publikationen/abschaetzung-der-treibhausgasminderungswirkung-des

79 Siehe https://www.bgbl.de/xaver/bgbl/start.xav?startbk=Bundesanzeiger_BGBl&start=//*%5b@attr_id=%27bgbl121s3905.pdf%27%5d#__bgbl__%2F%2F*%5B%40attr_id%3D%27bgbl121s3905.pdf%27%5D__1645458863682

gungen zur Erfüllung des EU-Klimagesetzes deutlich erhöht und vorangetrieben werden. Über das »Ob« gibt es keine Debatten mehr, sondern nur noch über das »Wie«. Somit müssen und werden die betroffenen EU-Mitgliedsstaaten kompromisslosere Instrumente zur Zielerreichung etablieren und umsetzen. Selbstredend muss die gesamte Wirtschaft einen großen Teil dazu beitragen und Unternehmen müssen dadurch noch stärker in die Pflicht genommen werden. Ich bin davon überzeugt, dass wir uns an diesem Punkt alle bewusst sind, welchen Kraftakt der Umbau zu einer klimaneutralen Wirtschaft für Unternehmer und Gesellschaft bedeutet. Diesbezüglich kann ich mich an dieser Stelle nur nochmals in meiner Aussage wiederholen: Wir müssen genau jetzt anfangen, die notwendigen Maßnahmen umzusetzen, da eine Transformation dieses Ausmaßes nicht von heute auf morgen gelingen kann und uns folglich die Zeit davonläuft.

Die gute Nachricht ist, dass bereits knapp 61 % der Unternehmen die Emissionsvermeidung und Dekarbonisierung als eines der wesentlichsten Themen ansehen. Die weniger gute Nachricht ist, dass die meisten die Umsetzung zur Minderung der Treibhausgasemissionen erst für die nächsten Jahre geplant haben. In vielen unterschiedlichen Studien geben die Unternehmerinnen, Führungskräfte oder Manager an, dass ihnen schlichtweg die benötigten Ressourcen und das entsprechende Know-how zur sofortigen Maßnahmenentwicklung, -etablierung und -umsetzung im Unternehmen fehlen. Speziell die sogenannten Klein- und Mittelbetriebe (KMU) sehen sich hier teilweise überfordert und alleingelassen. Unsicherheiten werden auch bei der Umsetzung des Lieferkettengesetzes bzw. in der Kreislaufwirtschaft oder in der (aktuell) nicht vorhandenen Standardisierung der Nachhaltigkeitsmessung signalisiert.

### 3.4.2 Auswirkung des Green Deal auf Unternehmen durch die CSR-Richtlinie

Bislang müssen nur vergleichsweise wenige Unternehmen regelmäßig über Umweltthemen berichten. Im Jahr 2014 wurde auf europäischer Ebene die Non-Financial Reporting Directive (NFRD) bzw. CSR-Richtlinie (Corporate Sustainability Reporting) verabschiedet, welche seit dem Jahr 2017 auch im deutschen Recht verankert ist. Die Idee dahinter war, dass die CSR-Richtlinie die Nachhaltigkeitsberichterstattung großer europäischer Unternehmen vorantreibt. Hinsichtlich des Europäischen Grünen Deals sowie der Sustainable-Finance-Strategie wird die CSR-Richtlinie überarbeitet und in Corporate Sustainability Reporting Directive (CSRD)[80] umbenannt. Die Notwendigkeit liegt darin, dass die gewünschte Wirkung der CSR-Richtlinie niemals wirklich eingetreten ist. Die CSRD soll von allen Unternehmen angewandt werden, welche unter deren Geltungsbereich fallen. Und dabei ist jetzt schon klar, dass der Geltungs-

80 Siehe https://ec.europa.eu/info/business-economy-euro/company-reporting-and-auditing/company-reporting/corporate-sustainability-reporting_de

bereich ausgeweitet wird und zukünftig mehr Unternehmen davon betroffen sein werden. Damit dies gelingen kann, sollen bei der Überarbeitung einheitliche europäische Nachhaltigkeitsberichtsstandards umgesetzt werden.

Da es auf europäischer Ebene aktuell noch keinen einheitlichen Standard gibt, wollen wir uns auf das Green House Gas Protocol (GHG-Protokoll) und seine Emissionskategorien konzentrieren, da dieses international eines der meistgenutzten Standards zur Berechnung unternehmensbezogener Treibhausgasemissionen ist (vgl. Abb. 3.5):

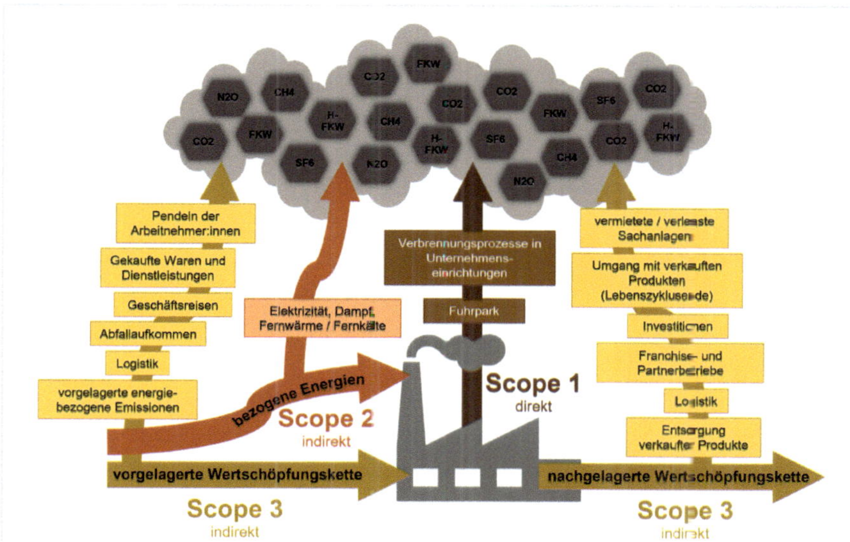


**Abb. 3.5:** Emissionskategorien (Scopes) nach dem Green House Gas Protocol[81]

- **Scope 1 Kategorien (direkte Quellen):**
  Beinhaltet alle Emissionsquellen, die sich im Unternehmen oder in dessen Besitz befinden → unter anderem Heizkessel, Kühlsysteme, Fuhrpark etc.
- **Scope 2 Kategorien (indirekte Quellen):**
  Betrifft die entstandenen Emissionen aus der Nutzung der eingekauften Energie → unter anderem Strom, Fernwärme und -kälte, Dampf etc.
- **Scope 3 Kategorien (indirekte/aktivitätsbezogene Quellen):**
  Sind Emissionen aus vor- und nachgelagerten Wertschöpfungsketten, die nicht direkt zum Unternehmen gehören, aber aus dessen Aktivitäten resultieren → unter anderem Geschäftsreisen, zugekaufte Waren und Dienstleistungen, Transport, Berufsverkehr der Mitarbeitenden, Partnerbetriebe etc.

81 Abbildung unverändert übernommen: Ursprung: EnergieAgentur.NRW; Beschreibung siehe https://allianz-entwicklung-klima.de/toolbox/was-sind-scopes-geltungsbereiche-bei-der-berechnung-der-unternehmensbezogenen-treibhausgasemissionen/

Wie ihr an den Beispielen seht, wird die verpflichtende Berichterstattung einen riesigen Umfang haben. Von Bedeutung ist vorerst auch gar nicht, welches Berichtssystem in welchem Umfang innerhalb der Europäischen Union eingeführt wird. Eventuell wird es eine Mischung aus den Standards GRI (Global Reporting Initiative), EMAS und GHG Protocol (Greenhouse Gas Protocol, dt. Treibhausgasprotokoll) sein. Wichtig zu wissen ist nur, dass ein Standard zur Nachhaltigkeitsberichterstattung eingeführt wird und sich dieser nicht drastisch von den aktuellen unterscheiden wird.

!

**Green Company Tipp**

Achtung: Unabhängig davon, ob Unternehmen in den Geltungsbereich fallen oder nicht, wird mittelfristig jedes Unternehmen von den Auswirkungen des Green Deal auf irgendeine Weise betroffen sein.
Auch wenn KMU vielleicht keine offizielle Nachhaltigkeitsberichterstattung umsetzen müssen, werden diese zumindest teilweise über indirektem Wege damit konfrontiert werden. Wenn einige große Unternehmen bestimmten Transparenzpflichten unterliegen, werden diese Standards auch innerhalb der Wertschöpfungskette weitergereicht.

### 3.4.3 Auswirkung auf Unternehmen durch das Lieferkettengesetz

Durch die auf europäischer Ebene diskutierte Verschärfung des Lieferkettengesetzes »haften« größere Unternehmen für ihre gesamten Lieferketten. Bisher war in Deutschland vorgesehen, dass Unternehmen die Einhaltung von Menschenrechts- und Umweltstandards auf Basis einer freiwilligen Selbstverpflichtung in deren Lieferketten prüfen und erfüllen. Da sich laut einer Befragung[82] weniger als 50 % der Unternehmen an die freiwillige Selbstverpflichtung halten, hat die deutsche Bundesregierung einen Gesetzesentwurf zur Verpflichtung eingebracht, welcher am 11.06.2021 vom Bundestag angenommen wurde. Das Lieferkettensorgfaltspflichtengesetz (LkSG) tritt mit 01.01.2023 in Kraft.

Folgende Maßnahmen müssen nach dem LkSG umgesetzt werden:

1. Risikoanalyse (§ 5 LkSG)
2. Grundsatzerklärung (§ 6 Abs. 2 LkSG)
3. Präventionsmaßnahmen (§ 6 Abs. 1, 3, 4 LkSG)
4. Beschwerdeverfahren (§ 8 LkSG)
5. Überprüfungen
6. Abhilfemaßnahmen (§ 7 LkSG)
7. Fortlaufende Dokumentation (§ 10 LkSG)

82 Siehe https://bankenverband.de/blog/lieferkettengesetz/

Ursprünglich wollte die EU-Kommission alle in der EU ansässigen Unternehmen in das Lieferkettengesetz einbeziehen. Aus heutiger Sicht soll dies für Unternehmen mit folgenden Voraussetzungen gelten:

- Jahresumsatz >150 Millionen Euro und >500 Mitarbeitende
- Oder Jahresumsatz >40 Millionen Euro und >250 Mitarbeitende, wenn >50 % des Umsatzes in bestimmten (problematischen) Branchen, wie zum Beispiel Textilien, Lebensmittel/Landwirtschaft, Rohmaterialhandel, Mineralien (einschließlich Öl, Gas) sowie Metalle und Chemikalien, gemacht wird
- Finanzbranche

Dabei spielt es keine Rolle, ob die Unternehmen Personen- oder Kapitalgesellschaften sind. Vorstellbar ist darüber hinaus, dass für die Berichterstattung die Unternehmensgrößen sukzessive und nach bestimmten Zeiträumen herabgesetzt werden. Und wie zuvor bereits prägnant hervorgehoben, wird jedes Unternehmen zukünftig vom EU Green Deal und den darauf aufbauenden Gesetzen betroffen sein. Sei es über die vor- und/oder nachgelagerte Wertschöpfungskette oder weil es Finanzierungen über ihr Kreditinstitut benötigt. Gerade Banken wird im LkSG eine erhöhte Sorgfaltspflicht zugeschrieben. Verdeutlicht wird dies in einer Rede des Vorstandschefs der Deutschen Bank, Christian Sewing, beim #Neuland-Kongress 2021. Sewing geht davon aus, dass Nachhaltigkeitsratings für Unternehmen künftig eine immer größere Rolle spielen und so wichtig werden wie die Bonitätseinstufungen.[83] Generell ist davon auszugehen, dass in absehbarer Zeit bei Ausschreibungen oder Auftragsvergabe zuvor ein lieferantenspezifisches Nachhaltigkeitsrating eingefordert wird.

### 3.4.4 Auswirkung auf Unternehmen durch mediale Aufmerksamkeit

Einen wesentlichen Aspekt, vielleicht sogar einen der wesentlichsten, dürfen wir nicht vergessen: die Gesellschaft! Durch die mediale Aufmerksamkeit zum Thema Klima- und Umweltschutz erhöht sich auch die öffentliche Wahrnehmung hierzu und der Druck auf Unternehmen steigt kontinuierlich. Bewerber sowie Kundinnen haben heute eine gesteigerte Erwartungshaltung an Unternehmen hinsichtlich der »grünen Transformation« und sie fordern diese auch zurecht ein. Sie möchten über die Nachhaltigkeit ihrer zukünftigen Arbeitgeber und Händler genau Bescheid wissen. Ich erlebe immer öfter, dass Bewerberinnen eine Anstellung ablehnen bzw. Mitarbeitende ihre Arbeitgeber in den Social-Media-Kanälen sogar verleugnen, sofern das Unternehmen nicht glaubhafte Nachweise erbringt oder im schlimmsten Fall sogar eine Form von »Greenwashing« betreibt. Und bitte glaubt nicht, dass dies ausschließlich nur von

83 Siehe https://www.db.com/news/detail/20210915-christian-sewing-zur-finanzierung-der-nachhaltigen-transformation-der-wirtschaft-rede-auf-dem-neuland-kongress-2021?language_id=3

jüngeren Generationen gefordert wird. Der Wunsch, für ein (wirklich) nachhaltiges Unternehmen zu arbeiten oder von diesem Produkte zu kaufen, ist breit in der Gesellschaft angekommen und präsenter denn je.

Allein schon deshalb ist es für Unternehmen aller Branchen und Größen ungemein wichtig, sich des Themas Nachhaltigkeit anzunehmen und mit vollem Engagement zu betreiben. Der Change zur Green New Work bzw. Green Company wird nicht zukünftig über den Erfolg eines Unternehmens entscheiden, sondern *heute*!

### 3.4.5 Die Agenda 2030 und die SDGs im Kurzüberblick!

Wie zu Beginn des Kapitels erwähnt, erhaltet ihr nachstehend einen kurzen Überblick zur Agenda 2030 sowie zu den Sustainable Development Goals (SDGs).

Die Agenda 2030, die im Jahr 2015 von allen Mitgliedsstaaten der Vereinten Nationen angenommen wurde, bietet einen gemeinsamen Entwurf für Frieden und Wohlstand für die Menschen und den Planeten, jetzt und in Zukunft. Mit ihrem Leitziel, weltweit menschenwürdiges Leben zu schaffen, umfasst sie ökonomische, ökologische und soziale Entwicklungsaspekte für Industrie-, Schwellen- und Entwicklungsländer gleichermaßen. Alle sind aufgefordert, ihr Tun und Handeln danach auszurichten. Darüber hinaus ist die Agenda ein Ausdruck einer neuen Qualität der Politik, wobei alles mit Bedacht auf eine nachhaltige Entwicklung überlegt und angegangen werden soll.[84]

Im Mittelpunkt stehen die 17 Ziele für nachhaltige Entwicklung (SDGs), die ein dringender Aufruf zum Handeln aller Länder in einer globalen Partnerschaft sind.

Zur einfacheren Übersicht findet ihr nachstehend noch eine Auflistung der 17 globalen Ziele[85]:

1. Armut in jeder Form und überall beenden
2. Ernährung weltweit sichern
3. Gesundheit und Wohlergehen
4. Hochwertige Bildung weltweit
5. Gleichstellung von Frauen und Männern
6. Ausreichend Wasser in bester Qualität
7. Bezahlbare und saubere Energie
8. Nachhaltig wirtschaften als Chance für alle
9. Industrie, Innovation und Infrastruktur

84 Siehe https://sdgs.un.org/goals
85 Ebd.

10. Weniger Ungleichheiten
11. Nachhaltige Städte und Gemeinden
12. Nachhaltig produzieren und konsumieren
13. Weltweit Klimaschutz umsetzen
14. Leben unter Wasser schützen
15. Leben an Land
16. Starke und transparente Institutionen fördern
17. Globale Partnerschaft

Aus all dem, was wir in diesem Kapitel gelesen und gelernt haben, möchte ich euch zum Abschluss noch eines meiner Lieblingszitate mit auf den Weg geben:

»Zukunft ist kein Schicksalsschlag, sondern die Folge der Entscheidungen, die wir heute treffen.« (Franz Alt)

# 4 Aus der Wissenschaft – Welt im Wandel

Maria Hörhold

»Every century man is increasing the carbon dioxide content of the atmosphere by 30% – that is, at the rate of 1.1°C in a century ...«, schrieb Waldemar Kaempfert in einem New-York-Times-Artikel 1956.[86] 70 Jahre später, die globale Erwärmung liegt bei 1 Grad Celsius über dem vorindustriellen Niveau[87], stehe ich in Grönland. Im Mai herrschen hier Temperaturen weit unter -10 Grad Celsius. Ein kalter Wind streicht über mein Gesicht und zwickt in der Nase. Der eigene Atem geht schwer und übertönt fast das Knirschen des pulvrigen Schnees unter den dicken Stiefeln. Um uns herum nur weiße Weite, denn wir sind viele Hundert Kilometer weg von der Küste, knapp 2.700 Meter über dem Meeresspiegel. Hier in der dünnen kalten Luft kostet jeder Schritt Anstrengung, nicht nur wegen der Höhe, sondern auch wegen der schweren Kleidung und des weichen Schnees. Wir schleppen Metallkisten, Schaufeln, Generator und Kabel. In einem einfachen Pop-up-Zelt, das als Windschutz dient, verstauen wir Proviant und Werkzeug.

**Abb. 4.1:** Bohrcamp auf dem grönländischen Eisschild mit der Polar 5
(Foto: Ole Zeising, Alfred-Wegener-Institut)

86 Kaempffert (1956).
87 https://www.klimafakten.de/meldung/was-wir-heute-uebers-klima-wissen-basisfakten-zum-klimawandel-die-der-wissenschaft

## 4.1 Beobachtungen aus dem (nicht ganz so) ewigen Eis

Als Folge der Erkenntnis, dass die $CO_2$-Emissionen einen Effekt auf das Weltklima haben, wurde 1988 das Intergovernmental Panel on Climate Change, kurz IPCC, gegründet. Viele Tausend Wissenschaftlerinnen und Wissenschaftler aus 195 Nationen fassen ehrenamtlich alle wissenschaftlichen Studien (das sind Tausende jedes Jahr) zu einem Bericht für die Weltgemeinschaft zusammen.[88]

Ein Ergebnis: Alpine Gletscher, der antarktische und der grönländische Eisschild tragen maßgeblich zum sich beschleunigenden Meeresspiegelanstieg von zuletzt mehr als 3,6 Millimeter pro Jahr bei[89], wobei für Grönland vor allem das Oberflächenschmelzen zugenommen hat[90]. Grund hierfür ist die steigende Temperatur in der Arktis, die sich schneller erwärmt als der Rest der Welt.[91] Diese Erkenntnisse sind die Motivation für uns, mitten auf dem Eisschild nach Indizien für den Klimawandel zu suchen, indem wir Eiskerne bohren.

Als Erstes heben wir einen Schneeschacht aus. Dafür markieren wir ein kleines Areal und schaufeln dicke Schneeblöcke an die Seite. Wenn man innehält und in die flirrende Luft über der endlosen, vom Wind in vielfältigster Weise geformten Schneelandschaft schaut, ist es kaum vorstellbar, dass erst vor ca. 150 Jahren der Beweis erbracht wurde, dass Grönland von einem durchgehenden Eispanzer bedeckt ist. Ermutigt durch die Expeditionen von Adolf Erik Nordenskjöld und Robert Peary, die jeweils von der Westküste Grönlands aus mehr als 100 Kilometer ins Landesinnere vorstießen, überquerte der norwegische Wissenschaftler Fridtjof Nansen 1888 zusammen mit fünf weiteren Männern den grönländischen Eisschild von Ost nach West.[92] Sie gingen zu Fuß und nutzen extra von Nansen für die Expedition entwickelte Ausrüstung, wie den Nansenschlitten, der bis heute in der Polarforschung zum Einsatz kommt, auch hier bei uns. Heutzutage vermessen Wissenschaftlerinnen den grönländischen Eisschild mit Satelliten, erfassen genau seine Ausdehnung, seine Masse und seine Dicke. Aber wenn man hier im Schnee steht, in die Stille lauscht, in der die Geräusche des Generators herüberwehen und die Stimmen der Kollegen an der Winde, sind solche Gedanken fern. Auch, dass Nansen, der die Polarforschung wie kaum ein anderer inspiriert und vorangebracht hat, sich mit großem Engagement und Empathie als Völkerbundkommissar für Flüchtlinge eingesetzt hat und ihm dafür 1922 der Friedensnobelpreis verliehen wurde.

Und während wir uns weiter in den Schnee graben, denke ich kaum an das kilometerdicke Eis unter den eigenen Füßen. An die aufeinandergestapelte Klimageschichte,

88 https://www.ipcc.ch/
89 Oppenheimer/Glavovic/Hinkel et al. (2019).
90 Sasgen/Wouters/Gardner et al. (2020).
91 Serreze/Barry (2011).
92 Bauer (1956).

zusammengepresst in Schneeschichten, die sich über Jahrtausende hier abgelagert haben. Jede Schneeschicht, die sich durch Niederschlag oder Drift bildet, bleibt liegen, da es in dieser Kälte kein Schmelzen gibt. Der Schnee unter meinen Stiefeln fiel erst in den letzten Wochen. Die Eisschichten am Boden des Eisschildes zwei bis drei Kilometer unter mir sind bis zu 120.000 Jahre alt. Dazwischen liegt Geschichte. Der dänische Wissenschaftler Willi Dansgaard hat in den 1960er-Jahren erkannt, dass die Zusammensetzung der Wassermoleküle im Schnee an einem Ort mit der dortigen Lufttemperatur verknüpft ist.[93]

Mit dieser Erkenntnis hat er ein Fenster in die Vergangenheit geöffnet. Denn das heißt, dass wir, wenn wir diese Zusammensetzung an tiefen Eisschichten messen, die Temperatur der Luft zu dem Zeitpunkt vor vielen Jahrtausenden, als der Schnee an der Eisoberfläche lag, herleiten können. Das Eis aus Grönland kann uns demnach eine Geschichte erzählen, und die handelt von langsamen Klimaschwankungen und von Temperaturveränderungen in mitunter sehr kurzer Zeit. Das ist aber nicht alles. Wenn der Schnee über Jahrzehnte von immer neuen Schneeschichten zugedeckt und zu Eis zusammengepresst wird, passiert ein unglaublich wundersamer Vorgang der Geschichtsarchivierung: Die Luft, erst im frischen Schnee, dann im verbundenen Porenraum im Austausch mit der Atmosphäre, wird im Eis in kleinen Luftbläschen eingeschlossen.

**Abb. 4.2:** Luftblasen im antarktischen Eiskern EDML (Foto: Sepp Kipfstuhl, Alfred-Wegener-Institut)

Während also der umliegende Schnee die Temperaturkurve notiert und archiviert, speichert das Eis die Zusammensetzung der Atmosphäre zum jeweiligen Zeitpunkt und somit auch die $CO_2$-Konzentration. Herausgefunden hat das der französische Wissenschaftler Claude Lorius. Die Erkenntnis, dass Eiskerne nicht nur Klimageschichte

93 Dansgaard (1964).

erzählen, sondern auch den anthropogenen Einfluss dokumentieren, hat ihn zu einem der ersten Mahner für den Klimaschutz gemacht.[94] Es sind Eiskerne aus der Antarktis, die uns die gleichzeitigen Variationen von der $CO_2$-Konzentration und der Temperatur über die letzten 800.000 Jahre gezeigt haben.[95]

Aber auch Staub aus den Wüsten der Welt landet auf dem grönländischen Eisschild und Asche von Vulkanausbrüchen. Kleine Partikel aus dem Meer, getragen von Winden über große Distanzen, rieseln auf den Eisschild, lagern sich im Schnee ab und werden gespeichert. Wenn wir Eiskerne analysieren, finden wir all diese Spuren von Ereignissen rund um den Globus.

Wir finden Vulkanablagerungen, wir finden Schichten mit hohem Staubanteil und weniger hohem, wir finden jahreszeitliche Schwankungen von Meersalzen. All diese Informationen ermöglichen es uns, eine Klimageschichte zu rekonstruieren. Und manchmal findet man eine Schicht von purem, blasenfreiem Eis. Eis, ohne Luftblasen, Eis, das nicht aus luftigem, porösem, zusammengepresstem Schnee gebildet wurde.

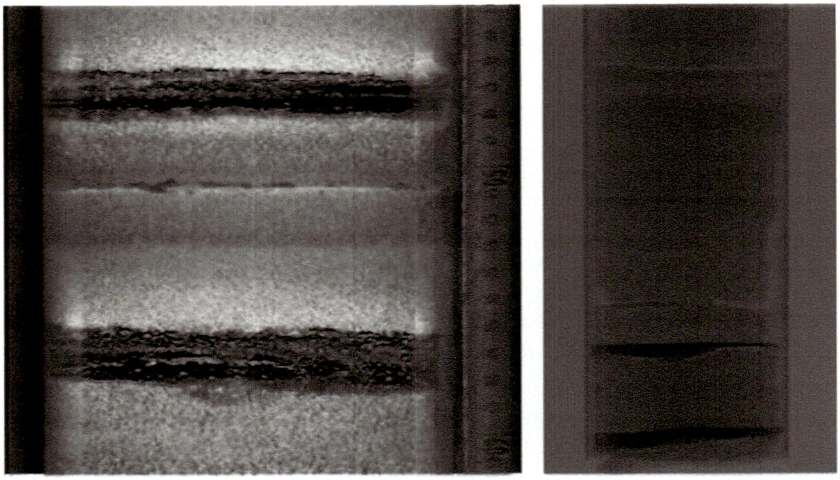

**Abb. 4.3:** Schmelzlagen in Grönland; links: Schmelzlagen aus blasenfreiem Eis in einem Firnkern von der grönländischen Ostküste; rechts: Röntgenbild eines Schneekernes von Grönland mit Schmelzlagen des 2012er Schmelzereignisses (Bilder: Johannes Freitag, Alfred-Wegener-Institut)

Diese Schichten sind Zeugnisse von sehr seltenen Ereignissen auf dem grönländischen Eisschild: Schneeschmelze. Der Schnee an der Oberfläche schmilzt, das Schmelzwasser perkoliert in den darunterliegenden Schnee und gefriert dort aus zu klaren Eisla-

94 Lorius/Jouzel/Raynaud et al. (1990).
95 EPICA Community Members (2004).

gen. An den Küsten Grönlands, in den niedriger gelegenen Bereichen des Eisschildes, ist das ein jährlich wiederkehrendes Ereignis: Schnee fällt zwar das ganze Jahr und in einigen Tagen oder Wochen im Sommer schmilzt ein Teil des Schnees, hier oben aber, in fast 3.000 Metern Höhe, wo die Temperaturen normalerweise ganzjährig unter dem Gefrierpunkt liegen, passiert so etwas extrem selten. In unseren Eiskernen sehen wir eine solche Eislage aus dem Jahr 1889, die weitverbreitet zu finden ist und auf ein Extremereignis von Temperaturen über dem Gefrierpunkt auf dem Eisschild zeugt. In den Jahrhunderten davor und den Jahrzehnten danach sind die Anzeichen für solche Ereignisse kaum zu finden.[96]

In der Schneegrube haben wir nun Stufen ausgehoben, sodass wir den Boden unseres Schneeschachtes in gut zwei Metern Tiefe erreichen können. An den glatten Wänden können wir mit dem Auge die einzelnen Schneeschichten erkennen. Und eine dicke Eisschicht mittendrin. Die stammt vom Sommer 2012 (Abb. 4.3). Das war das erste Mal, dass ein grönlandweites Schmelzereignis auch in so großen Höhen mit Instrumenten, mit Beobachtungen vor Ort und mit Satelliten dokumentiert wurde.[97] Die betroffene Fläche ist bis heute die größte bisher beobachtete Ausdehnung von Oberflächenschmelzen.[98] Es folgten die Sommer 2014, 2019 und zuletzt der Sommer 2021 mit der ersten direkten Beobachtung von Regen am höchsten Punkt des Eisschildes. Die Sommer, in denen tageweise die Temperaturen mitten auf dem Eisschild über dem Gefrierpunkt liegen, häufen sich. Zwischen 1981 und 2010 schmolz es im Juni und Juli an rund 15 % der grönländischen Eisoberfläche, im Juni und Juli 2020 bereits an rund 25 %. Es gibt Studien, die prognostizieren, dass bald jeden Sommer die Temperaturen über den Gefrierpunkt steigen und somit auch jedes Jahr Schnee schmelzen wird.[99] Dann sind solche blasenfreien Eislagen keine Seltenheit mehr, sondern ein jährlich wiederkehrendes Phänomen im ehemals ewigen grönländischen Eis.

Wir haben nun am Boden unserer Schneegrube eine kleine Fläche vorbereitet, auf die wir den Bohrkopf setzen können. Oben, am Rand der Schneegrube, steht der Nansenschlitten mit der Winde und dem Bohrer. Wir können nun anfangen zu bohren. Ich schaue zu, wie sich der Bohrkopf Meter für Meter durch den Schnee in die Tiefe fräst, während die Kälte durch die Jacke kriecht.

---

96 Westhoff/Sinnl/Svensson et al. (2021).
97 Nghiem/Hall/Mote et al. (2012).
98 Siehe dazu http://nsidc.org/greenland-today/
99 McGrath/Colgan/Bayou et al. (2013).

**Abb. 4.4:** Firnkernbohrer auf einem Nansenschlitten in Grönland (Foto: Ole Zeising, Alfred-Wegener-Institut)

Fern sind die Gedanken an die Tatsache, dass wir uns auf einem mehrere Kilometer breiten und knapp drei Kilometer tiefen Eisstrom befinden. Wir stehen hier auf einem Fluss aus Eis, der im Inneren des grönländischen Eisschildes beginnt, sich über 600 Kilometer nach Nordosten bewegt und Unmengen an Eis in Richtung Atlantik transportiert.[100] Für den grönländischen Eisschild macht der Massenverlust über die Eisströme ca. 30 % aus.[101] Dazu kommt das sommerliche Schmelzen. Auf der anderen Seite gewinnt der Eisschild durch neuen Schneefall an Masse. Die Summe aus beidem, Gewinn durch neuen Schnee und Verlust durch Schmelzen und Ausfluss, nennen wir Massenbilanz. Sie beschreibt, ob der Eisschild wächst oder schrumpft. Bei den großen Eisschilden Grönlands und der Antarktis ist die Massenbilanz ein nicht ganz unwichtiges Detail in den Prognosen für die Zukunft: Die Eisschilde speichern gut 70 % des Süßwassers unseres Planeten. Würden sie komplett schmelzen, entspräche das einem Meeresspiegelanstieg von etwa 60 Metern. Wächst der Eisschild, sinkt der Meeresspiegel und andersherum. Die vor den Küsten Grönlands und der Antarktis gebohrten Sedimentkerne erzählen von diesem seit Millionen von Jahren stattfindenden Wechsel von Meeresspiegelanstieg und Größe der Eisschilde. Vor dem Hintergrund der globalen Erwärmung ist die Abschätzung über das zukünftige Verhalten der Eisschilde und

100 Hvidberg/Grinsted/Dahl-Jensen et al. (2020).
101 Sasgen/Wouters/Gardner et al. (2020).

ihrer Massenbilanz eine wichtige Information, denn fast 11 % der Menschen auf der Welt leben in Küstengebieten unterhalb von 10 Metern über dem Meeresspiegel.[102]

Während die Bohrwinde Meter um Meter Eiskern an die Oberfläche bringt, vermessen wir die gebohrten Kernstücke. Mit diesem Eis wollen wir alte Eiskerne, die Mitte der 1990er-Jahre hier gebohrt wurden, in die heutige Zeit verlängern. Wir wollen beobachten, wie stark der Wandel hier oben auf dem Eisschild ist. Wir schneiden die Eiskerne in ein Meter lange Stücke und verpacken das Eis für die Heimreise. Im Labor wird uns das Eis die Klimageschichte der letzten Jahrzehnte erzählen und die Schmelzlagen, die mit dem bloßen Auge zu erkennen sind, werden uns ein Zeichen sein, dass der grönländische Eisschild im Wandel ist. Die Welt ist im Wandel.

## 4.2 Risiko Zukunft – Versicherung schon abgeschlossen?

Laut dem IPCC ist es »sehr wahrscheinlich«, dass der Mensch der Hauptverursacher für den weltweiten Rückgang von Gletschern ist und dass der Einfluss des Menschen zu der beobachteten Oberflächenschmelze des grönländischen Eisschildes in den letzten zwei Jahrzehnten beigetragen hat. Nicht selten werden die Ergebnisse der Wissenschaft infrage gestellt, da sie nicht als allgemeingültige Wahrheit beschrieben werden. Die Ergebnisse werden basierend auf den zugrunde liegenden Belegen und deren Übereinstimmung mit einem Vertrauensniveau versehen. So geben die Berichte des IPCC für die Ergebnisse eine Wahrscheinlichkeit an, in dem das »sehr wahrscheinlich« einer 90- bis 100-prozentigen Wahrscheinlichkeit entspricht. Der Mensch ist mit einer Wahrscheinlichkeit von 90–100 % Hauptverursacher für den Meeresspiegelanstieg seit 1971, sowie mit einer Wahrscheinlichkeit von 99–100 % (praktisch sicher) für die Ozeanversauerung des oberflächennahen offenen Ozeans.

Doch die Wissenschaft dokumentiert nicht nur die aktuellen Geschehnisse, sondern berechnet auch Prognosen für die Zukunft, mit den entsprechenden Wahrscheinlichkeiten. In Abhängigkeit von angenommenen $CO_2$-Emissionsszenarien werden Temperaturanstiege und damit verbundene Konsequenzen berechnet. So wird zum Beispiel deutlich, dass bei einem Szenario mit sehr niedrigen Treibhausgasemissionen sich die globale Oberflächentemperatur der Jahre 2081–2100 im Schnitt sehr wahrscheinlich um 1,0 Grad Celsius bis 1,8 Grad Celsius erhöhen wird, bei mittleren Emissionen um 2,1 bis 3,5 Grad Celsius und bei sehr hohen Treibhausgasemissionen um 3,3 bis 5,7 Grad Celsius.[103] Die Wahrscheinlichkeit ist auch hier mit 90–100 % angegeben.

102 Oppenheimer/Glavovic/Hinkel et al. (2019).
103 IPCC (2021).

Zum Vergleich: Die Wahrscheinlichkeit, dass man einen Autounfall hat, liegt bei 0,01 % im Jahr, der gefürchtete Flugzeugabsturz bei 0,0000004 %. So gibt es viele Beispiele, bei denen wir Menschen im Alltag Entscheidungen treffen, die auf Wahrscheinlichkeiten basieren. Wie groß (oder eher klein) ist die Wahrscheinlichkeit, dass unser Haus beschädigt wird? Wie groß (klein) die Wahrscheinlichkeit, dass wir berufsunfähig werden? Trotz der statistisch gesehen kleinen Zahl beurteilen wir das Risiko als real und wollen uns absichern. Wir handeln, um dem Risiko zu begegnen: Über 80 % der Deutschen haben eine Haftpflichtversicherung und gut 75 % eine Hausratversicherung.

In diesem Sinne ist es wichtig, die Wahrscheinlichkeiten der Klimawissenschaft als eine Risikoabschätzung wahrzunehmen.[104] Es herrscht wissenschaftlicher Konsens (über 90 % aller wissenschaftlichen Studien), dass der Klimawandel real ist und zu einer Bedrohung unserer Lebensgrundlagen führen wird. Das Risiko, dass ein Ort, seine Geschäfte, Schulen und öffentlichen Einrichtungen zu Schaden kommen, ist durch den Klimawandel deutlich gestiegen. Aufgrund der Risikoanalyse, welche Konsequenzen eine Erwärmung von 1,5, 2 oder mehr Grad Celsius im Vergleich zum vorindustriellen Niveau haben wird, ist das Ziel, die Erwärmung auf 1,5 Grad zu begrenzen, beschlossen worden. Gerade hinsichtlich der zu erwartenden Zunahme an Extremwetterereignissen wird deutlich, warum: Eine Sturmflut, wie sie bisher an der Nordseeküste bei Cuxhaven statistisch alle 500 Jahre auftritt, wird bei einer Erwärmung von 1,5 Grad Celsius einmal in 100 Jahren erwartet, bei 2 Grad Celsius Erwärmung alle 33 Jahre. In Mitteleuropa erwarten wir bei 1,5 Grad Erwärmung statistisch 2,6 Dürremonate pro Jahr, bei 2 Grad Erwärmung 2,8 Dürremonate pro Jahr.[105]

Es ist auch eine Frage der Klimagerechtigkeit: Die Vermeidung von Folgen des Klimawandels hinsichtlich Gerechtigkeit, Armutsbeseitigung und nachhaltiger Entwicklung wäre größer, wenn die globale Erwärmung auf 1,5 Grad begrenzt würde statt auf 2 Grad.[106]

Die Liste der Vergleiche ist lang, die Schäden an Ökosystemen und die Risiken für die Menschheit sind gravierend und sie werden viele Jahrhunderte andauern. Auch wenn der IPCC zeigt, dass das Einhalten des 1,5-Grad-Ziels durch drastische Reduktion der $CO_2$-Emissionen machbar ist, verfehlt die bisherige Politik das 1,5-Grad-Ziel deutlich.

Und hier kommen die anderen gesellschaftlichen Akteure ins Spiel. Denn auch das ist eine wissenschaftliche Erkenntnis: Es kommt mit 99- bis 100-prozentiger Wahrscheinlichkeit auf alle Bereiche der Gesellschaft an, auch den privatwirtschaftlichen Sektor.

104 Corner/Lewandowsky/Phillips/Roberts (2015).

105 Siehe dazu https://www.klimafakten.de/meldung/was-wir-heute-uebers-klima-wissen-basisfakten-zum-klimawandel-die-der-wissenschaft

106 IPCC (2018).

Gerade Letzterer kann die Kapazitäten stärken, die nötig sind, um die ehrgeizigen Maßnahmen umzusetzen, die für den Umgang mit dem Klimawandel und die Begrenzung der globalen Erwärmung auf 1,5 Grad erforderlich sind.[107] Es braucht die Zusammenarbeit zwischen Politik sowie nichtstaatlichen Akteuren, zwischen Industrie, Zivilgesellschaft und wissenschaftlichen Einrichtungen. Konkrete Ideen und Maßnahmen, wie der industrielle Sektor in Deutschland zum 1,5-Grad-Ziel beitragen kann, liegen vor[108] und reichen von Einsparung von Energie und Ressourcen über die Umstellung auf eine echte Kreislaufwirtschaft bis hin zur Ausbildung von Fachpersonal.

Uns auf den Klimawandel vorzubereiten, ihn aktiv einzudämmen, indem wir die $CO_2$-Emission drastisch reduzieren, ist unsere Versicherung gegen das extrem hohe Risiko, das die Erderwärmung mit sich bringen wird, über Jahrhunderte hinweg. Es gibt in den wissenschaftlichen Ergebnissen keine Zweifel und kein »vielleicht doch nicht so schlimm«. Sind die Risiken, die wir hier eingehen, wenn wir nichts gegen den Klimawandel unternehmen, nicht Argumente genug, um tätig zu werden? Alle Unternehmer können sich fragen, wann sie das letzte Mal eine Geschäftsentscheidung mit einem solchen Grad an Wahrscheinlichkeit getroffen haben?

**Schließe eine Versicherung auf unsere Zukunft ab und werde aktiv!**

107 IPCC (2022).
108 Handbuch Klimaschutz (2020).

# 5 Ökologische Nachhaltigkeit für eine Green New Work

Arne Prieß

Mit den bisherigen Ausführungen haben wir euch Hintergrundinformationen zu den zahlreichen Herausforderungen und den Möglichkeiten nachhaltigen und damit zukunftsweisenden Wirtschaftens gegeben. Mit diesem Kapitel möchte ich nun eine Brücke bauen zwischen Nachhaltigkeit, Ökologie und der viel beschriebenen New Work.

Wenn man die beiden Trends Nachhaltigkeit und New Work geschickt zusammenführt, wird daraus etwas Neues und wir können zwei Fliegen mit einer Klappe schlagen: die **Green New Work**!

## 5.1 Sustainability – Drei Aspekte der Nachhaltigkeit

Die seit einigen Jahren diskutierte und in Unternehmen bereits teilweise umgesetzte Sustainability bzw. Nachhaltigkeit hat viele Aspekte. Diese wurden von dem United Nations Development Program 2015 wie oben beschrieben in 17 Ziele unterteilt. Damit will die UN alle Länder dieser Welt aufrufen, Armut zu bekämpfen, den Planeten zu schützen und sicherzustellen, dass 2030 alle Menschen in Frieden und Wohlstand leben können.

Die 17 Ziele sind miteinander verbunden und Ergebnisse in Hinblick auf ein Ziel werden auch jeweils positive Wirkungen haben auf die anderen Ziele.[109]

Wenn man die Ziele clustern wollte, wären die drei nachfolgend dargestellten Bereiche eine gute Einteilung, die man sich mit dem Kürzel »3 P«[110] gut merken kann:

- Planet (ökologisch agierendes Unternehmen)
- People (sozial verantwortlich agierendes Unternehmen)
- Profit (ökonomisch erfolgreiches Unternehmen)

Teilt man die obigen UN-Ziele auf diese drei Bereiche auf, so würde nach meiner Zuordnung die in Tabelle 5.1 dargestellte Clusterung und Ableitung von erforderlichen Maßnahmen herauskommen, wobei wie angedeutet die Ziele miteinander vernetzt sind und deshalb durchaus auch eine andere Zuordnung denkbar wäre.

109 Siehe https://www.undp.org/sustainable-development-goals
110 Alternativ kann man sich auch SEE merken für: Social, Environment, Economic.

| Bereiche der Nachhaltigkeit | UN Sustainable Development Goals | Dies erfordert |
|---|---|---|
| Planet | • 11. Sustainable Cities and Communities<br>• 12. Responsible Consumption and Production<br>• 13. Climate Action<br>• 14. Life below Water<br>• 15. Life on Land | • Wertschöpfung nicht auf Kosten des Planeten<br>• REM: Ressourcenverbrauch, Emissionen und Müllreduzierung (siehe Kapitel 7.1)<br>• Echte Green Company mit nachweisbarem Beitrag zum Lösungs-KAU: Klima-, Arten- und Umweltschutz (not green-washed!)<br>• Attraktives und zertifiziertes Green House of Choice mit der 4×4×4-Formel (siehe Kapitel 6.3 ff.) |
| People | • 1. No Poverty<br>• 2. Zero Hunger<br>• 3. Good Health and Well-Being<br>• 4. Quality Education<br>• 5. Gender Equality<br>• 6. Clean Water and Sanitation<br>• 7. Affordable and Clean Energy<br>• 16. Peace, Justice and Strong Institutions | • Corporate Social Responsibilty (CSR) und Compliance-konformes Verhalten<br>• Chancengleichheit (AGG, Gender und Diversity)<br>• Ethik und Werte im Leitbild (zum Beispiel Transparenz, Fairness, Nachvollziehbarkeit und Rechtskonformität in Vertragsgestaltungen, und dies natürlich auch bei den Lieferketten)<br>• Familienfreundlichkeit<br>• Dem Nachwuchs den Start erleichtern<br>• Gesundheitsmanagement |
| Profit | • 8. Decent Work and Economic Growth<br>• 9. Reduced Inequalities<br>• 17. Partnerships for the Goals | • Langfristig ökonomisch gesundes Unternehmen mit starkem Marktimage<br>• Nachhaltig erfolgreiches Wirtschaften zum Beispiel nach der 3E-Formel[111]: Effektivität durch Ziele, effiziente Prozesse und Tools sowie erfolgreiches Handeln basierend auf den richtigen Kompetenzen<br>• Wirtschaftliche Kraft für Investitionen in Innovationen und Zukunftsfähigkeit<br>• Nutzen für alle Stakeholder (Kunden, Shareholder, Mitarbeitende, Partner und Gesellschaft) |

**Tab. 5.1:** UN Sustainable Development Goals, zugeordnet zu den Aspekten Planet, People und Profit

111 Das 3E-Modell ist eine Erfindung von mir und die grundsätzliche Vorgehensweise der HR CONTRAST GmbH; mehr dazu in Prieß (2016), S. 31 ff. oder siehe unter https://www.hr-contrast.com/

## 5.2 Ökologie zuerst – Der sinnvolle Einstieg in die Nachhaltigkeit

Wenn man die Reihenfolge der UN-Ziele und deren obige Zuordnung betrachtet, dann müsste die Reihenfolge der drei Bereiche wohl so lauten: People, Profit, Planet. Warum schlage ich also mit Planet, People und Profit eine andere Reihenfolge vor?

Die Antwort ist einfach: Irgendwo muss man anfangen, man sollte nicht auf drei Hochzeiten gleichzeitig tanzen und sich so verzetteln. Kraft und Ressourcen, die in Unternehmen üblicherweise begrenzt vorhanden sind, brauchen Prioritäten, damit ihr Einsatz wirklich spürbar etwas bewirken kann. Und wenn man die vorherigen Kapitel und die darin aufgezeigten dramatischen Konsequenzen des Super-KAUs aufmerksam gelesen hat, muss man sicher akzeptieren, dass uns ein sozial stabiles Miteinander und Wohlstand nichts nutzen werden, wenn uns Überschwemmungen ertränken, Tornados wegblasen, Dürrekatastrophen verhungern, verloren gegangene Medikamente erkranken und Umweltvergiftung sterben lassen. Deshalb wähle ich den Einstieg beim Planet, sammle dann alle Maßnahmen für People mit ein und erziele dann, unter anderem auch durch die positiven Auswirkungen der ersten beiden Bereiche, den notwendigen Profit, der unbenommen notwendig ist, wenn man die Maßnahmen für die ersten beiden Bereiche auf hohem Niveau betreiben will.

Manch einer würde sagen, dass Profitstreben alles richten wird. Kapitalismusgläubige schwören sicher auf die Kraft der Märkte, die auch Soziales und Ökologie mit sich ziehen werden. Wenn dem so wäre, säßen wir wohl nicht in dem ganzen Schlamassel. Greta Thunbergs Aussage zum Märchen des immerwährenden Wachstums hat dies gut auf den Punkt gebracht. Als 15-Jährige den Großkopferten dieser Welt die Leviten mit einem solchen Klartext zu lesen, das muss man sich erst mal trauen (hier in der deutschen Übersetzung):

*»Sie reden nur deswegen vom ewigen Wirtschaftswachstum, weil Sie Angst haben, unpopulär zu sein. Sie sprechen immer nur davon weiterzumachen, mit denselben schlechten Ideen, die uns in diese Misere gebracht haben. Dabei wäre es das einzig Sinnvolle, die Notbremse zu ziehen. Sie sind nicht erwachsen genug, um das so zu formulieren. Selbst diese Bürde überlassen Sie uns Kindern. Mir geht es nicht darum, bekannt zu sein. Mir geht es um Klimagerechtigkeit und um einen lebenswerten Planeten. Unsere Zivilisation wird für die Chancen einer kleinen Gruppe von Menschen geopfert, die immer mehr Geld verdienen wollen. Unsere Biosphäre wird geopfert, damit reiche Menschen in Ländern wie meinem in Luxus leben können. Es sind die Leiden der Vielen, die für den Luxus der Wenigen bezahlen.«*[112]

112 Siehe übersetzte Rede aus 12/2018 beim UN-Klimagipfel in Kattowitz: https://www.tagesspiegel.de/berlin/klimaaktivistin-greta-thunberg-15-mein-appell-an-die-welt/23779892.html

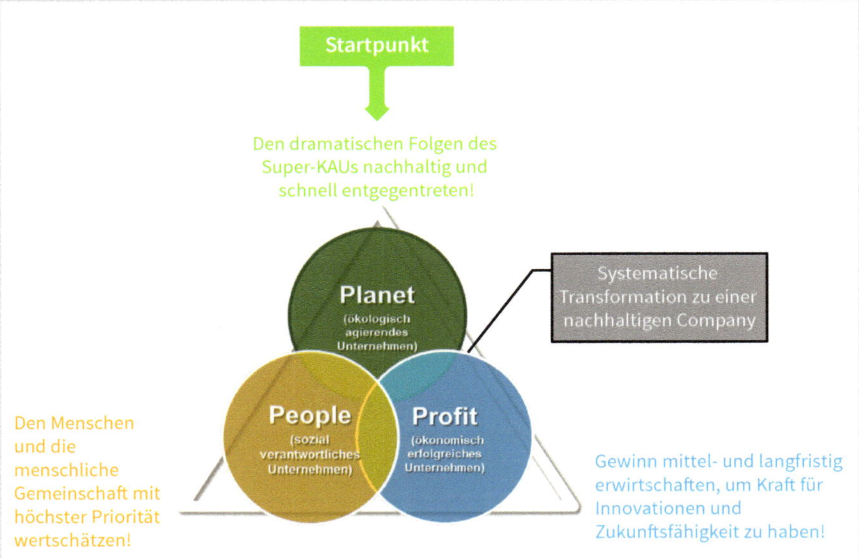


**Abb. 5.1:** Startpunkt für die drei Bereiche der Nachhaltigkeit »Planet – People – Profit«

Und weil die Politiker nach vielen Gipfeln und einem milden Lächeln gegenüber einer jugendlichen Klimaaktivistin weiterhin Profit vor Planet setzten, haute Greta ihnen 2019 auf dem Klimagipfel in New York ihre »How dare you«-Rede um die Ohren: »People are dying. Entire ecosystems are collapsing. We are in the beginning of a mass extinction, and all you can talk about is money and fairy tales of eternal economic growth. How dare you!«[113]

Aber es gibt eben auch Wirtschaftswissenschaftler wie Hans-Werner Sinn, der als Top-Ökonom und Ex-Präsident des Münchner Ifo-Instituts bei seiner »Weihnachtsvorlesung« 2019 vor einem begeisterten Publikum von Wirtschaftsvertretern vom grünen Paradoxon spricht. Er bezweifelt, dass die »grüne Politik des Verzichts, der Verbote und des Umbaus von Wirtschaft und Mobilität, die viele Länder praktizieren, zur Lösung der Krise beiträgt. Im Gegenteil: Diese Politik verschärfe das Problem noch, sagt der Wissenschaftler.«[114] Das Paradoxon erläuterte er so: »Je lauter über das Ende fossiler Brennstoffe debattiert werde, umso mehr Öl und Gas würden gefördert. Frei nach dem Motto: Alles muss jetzt noch schnell raus! ›Es wäre schade, wenn unser grüner Bewusstseinswandel dazu geführt hat, dass wir nun 30 Jahre lang schneller fossile Energieträger extrahieren, als das sonst der Fall gewesen wäre. Und dass wir die Erd-

113 Siehe https://asia.nikkei.com/Spotlight/Environment/How-dare-you-Transcript-of-Greta-Thunberg-s-UN-climate-speech

114 Siehe Hein (27.12.2019); https://www.focus.de/politik/deutschland/wirtschaft-klimaschutz-macht-jetzt-auch-sinn_id_11481856.html

erwärmung dadurch erzeugt haben‹, resümiert Sinn«[115] und argumentiert damit für die Fortführung des Kapitalismus als steuerndes Element. Er selbst will am Kapitalismus festhalten, »um die besten Lösungen zu finden, den Klimawandel zu stoppen. Dazu zähle ein weltweiter Handel mit $CO_2$-Verschmutzungsrechten sowie die Gründung eines ›Climate Club‹, wie ihn Nobelpreisträger William Nordhaus vorschlägt. Wer sich nicht an Standards zum Klimaschutz halte, müsse draufzahlen.«[116]

Vielleicht wäre es eine gute Mischung aus beiden, eine Art »Hans-Greta Sinnberg«, die unsere ökologische Reise am Ende zum Erfolg führt. Wichtig ist nur, dass die Reise Fahrt aufnimmt.

Zurück zur Sustainability: Alle Bereiche und Ziele sind miteinander verwoben, aber man muss einen Einstieg bzw. Schwerpunkt wählen. Profit kann es meines Erachtens nicht sein, wenn wir die Jugendlichen nicht schon zu Beginn der Reise verlieren wollen. Und der Bereich People hat mir persönlich eine zu indirekte Auswirkung auf den Planet.

**Green Company Tipp** !

Der »Business Case für Nachhaltigkeit« geht davon aus, dass Unternehmen, die ökologische und soziale Ziele verfolgen, auch ihre ökonomischen Ziele besser erreichen können, da Nachhaltigkeit letztlich oft Langfristökonomie ist.[117]
Leider sind viele Unternehmen zu sehr in ihren einjährigen Businessplan-Zyklen gefangen und denken zu wenig strategisch und schon gar nicht über drei bis fünf Jahre hinaus. Wenn die verantwortlichen Managerinnen Unternehmen noch für ihre eigene Nachkommenschaft bewahren wollten, würden sie sicher stärker in Dekaden denken als in Jahren. Deshalb bedarf es wohl strenger politischer Vorgaben und gesetzlicher Pflichten, um Manager zu zwingen, über den Tellerrand ihrer tantiemenwirksamen Ziele hinauszudenken. Vielleicht werden es nur die Inhaber geführten Unternehmen sein, die aus eigenem Antrieb heraus echte Langfristökonomie verstehen, damit ihre Kinder nicht nur einen lebenswürdigen Planeten bewohnen, sondern dabei auch die unternehmerischen Früchte der vorherigen Generation ernten können.
Im Sinne erfolgreicher Langfristökonomie sollten Gesellschafter ihrem Management deshalb auch langfristige Ziele setzen und ihre variable Vergütung auch an sogenannte Long-Term-Incentive-Programme knüpfen, die mindestens über drei oder eher mehr Jahre hinaus das Streben nach der Erreichung langfristig gesetzter Ziele belohnen.

Wie man die Transformation zur ökologischen Nachhaltigkeit in Unternehmen betreiben könnte, erkläre ich in den Kapiteln 6 und 7. Auch dort lege ich den Schwerpunkt auf den Planet-Aspekt der Nachhaltigkeit, aber es wäre sicher sinnvoll, auch

115 Ebd.
116 Ebd.
117 Siehe Schaltegger/Wagner (2006).

den People-Bereich einzuplanen. Der Profit kommt dann wie aufgezeigt schon ganz von selbst. Denn ökologisches Handeln bedeutet immer auch ressourcenschonendes Handeln. Und da Ressourcenverbrauch Kosten verursacht, die wiederum den Gewinn schmälern, bedeutet »Green« immer auch profitfördernd. Diese einfache Botschaft sollten alle verstehen, die die Green Company Transformation wegen der am Anfang erforderlichen Investitionen ausbremsen.

## 5.3 Green New Work – New Work als Nebeneingang zur Green Company

In der zurückliegenden Zeit musste ich in Gesprächen zu Green Company Transformationen feststellen, dass zwar alle gedanklich und mit Worten schon die Notwendigkeit des Handelns anerkennen, die allermeisten es aber bei Lippenbekenntnissen belassen. Da ich als Managementberater gelernt habe, dass am Ende nur die Taten und Ergebnisse zählen, habe ich es mir angewöhnt, trickreich zu sein. Wenn ich mit einem Thema (noch) nicht durch das Hauptportal des Managements kommen kann, dann suche ich mir eine Hintertür. Und diese kann aktuell die Diskussion um eine New Work sein. Hier ist die Aufgeschlossenheit durch jahrelange Diskussionen in den Medien höher und es ist für alle Entscheider leichter nachzuvollziehen, dass man beispielsweise die für ein geplantes Wachstum notwendigen Human Resources in einem oft heiß umkämpften Bewerbermarkt nicht gewinnen kann, wenn man als Unternehmen eine »Old-Work-Arbeitsumgebung« anbietet.

Wie bekommt man die Themen New Work und Green Company Transformation nun aber zusammen, wie argumentiert man die Notwendigkeit einer Green New Work?

Dazu habe ich eine einfache Argumentationskette entwickelt, die mit drei Argumenten einer tiefergehenden Diskussion standhält und für diejenigen überzeugend klang, bei denen ich sie vorbringen konnte.

Mein Appell lautet: Die New Work kann nur eine Green New Work sein!

**Wer also im Unternehmen eine New Work anbieten will, sollte sie gleich green gestalten. Wer eine Green Company will, sollte sie gleich mit einem New-Work-Design gestalten. Im Doppelpack lohnt sich der Aufwand bei der Umsetzung von geeigneten Maßnahmen zum Erreichen der Ziele in jedem Fall umso mehr!**

Das ist sicher ein schönes Beispiel von Multisolving aus Kapitel 3.3.1!

Hier nun meine drei Argumentationen – lasst euch überzeugen:

1. **New Work ist ein Synonym für die Arbeitswelt der Zukunft!**
   Wenn man aber die Zukunft gestalten will, dann muss man auch die wichtigsten Trends für die Zukunft berücksichtigen. Und Umwelt- bzw. Klimaschutz ist sicher aktuell der wichtigste und medial präsenteste Trend von allen. Denn eine Zukunft auf dem Planeten A muss ökologisch sein, sonst brauchen wir einen Planeten B, und den gibt es bekanntlich (noch) nicht.
2. **New Work ist, was Menschen wirklich wollen!**
   New Work ist nach dem Erfinder des Begriffs Frithjof Harold Bergmann[118] eine Arbeitswelt, in der Menschen tun können, was sie wirklich in ihrer Arbeit tun wollen! Es geht also darum, eine Arbeitswelt zu gestalten, in der Menschen genau die Themen mitgestalten können, die sie wirklich von ihrem Innersten interessieren. Zieht man in diesem Zusammenhang Studien zurate, in denen Menschen nach ihren Wünschen in Bezug auf ihren Arbeitgeber gefragt werden (mehr dazu im Kapitel 10), liest man zum Beispiel:
   In einer Studie aus 2019 sagen 77 % der weltweit Befragten, dass Klimawandel von Unternehmen priorisiert werden sollte.[119] Auf Platz 1 stand »Sicherheit am Arbeitsplatz« mit 81 %.
   Auch wenn Sicherheit am Arbeitsplatz ein verständliches Bedürfnis ist und vermutlich in Zeiten der Corona-Pandemie noch einmal an Bedeutung gewonnen hat, sollten wir nicht vergessen, wie viel Unsicherheit die Horrorszenarien des Super-KAUs auch am Arbeitsplatz verursachen können. Man stelle sich nur vor, wie unsicher sich die Mitarbeitenden bei der Serie von Tornados in den USA am späten Freitagabend des 10.12.2021 gefühlt haben. Der Gouverneur des Bundesstaates Kentucky Andy Beshear sagte auf einer Pressekonferenz: »Wir glauben, dass die Zahl der Toten 50 übertreffen und wahrscheinlich eher bei 70 bis 100 liegen wird.« Der Sturm sei einer der »schlimmsten Tornados in der Geschichte Kentuckys«.[120]

---

118 Frithjof Harold Bergmann (1930–2021) war ein österreichisch-US-amerikanischer Sozialphilosoph und Anthropologe sowie Begründer der »New Work«-Bewegung. In den 1970er-Jahren begann er durch die Erkenntnis, dass der Sozialismus keine Zukunft mehr habe, seine Auseinandersetzung mit dem Kapitalismus und mit der »Neuen Arbeit« (englisch New Work) entstand ein Gegenmodell. Anfang der 1980er-Jahre gründete er in der Automobilstadt Flint in Michigan das Center for New Work (deutsch: Zentrum für Neue Arbeit) und beriet dort General Motors. Im Kern steht dabei die Suche der arbeitenden Menschen nach dem, was sie wirklich wollen. Die Arbeit soll also zu den Menschen passen und nicht umgekehrt. Siehe auch https://de.wikipedia.org/wiki/Frithjof_Bergmann#New_Work.

119 Studie des amerikanischen Cloud-Anbieters Salesforce, siehe https://blog.wiwo.de/look-at-it/2020/11/17/arbeit-der-zukunft-deutsche-wuenschen-sich-mehr-home-office-digitale-zusammenarbeit/; https://presse.koenigsteiner.com/2020/06/05/studie-umweltbewusstsein-bei-deutschen-arbeitgebern/

120 Zitiert aus https://www.gmx.net/magazine/panorama/tote-tornados-dach-amazon-verteilerzentrum-stuerzt-36425866

In Illinois stürzte das Dach eines Verteilzentrums des Onlinehändlers Amazon teilweise ein. Man kann sich wohl nicht vorstellen, wie unsicher es sich anfühlt, wenn der Tornado das Dach des Lager- und Bürogebäudes einstürzen lässt, in dem man gerade seiner Arbeit nachgeht. Sicherheit am Arbeitsplatz muss also in Zeiten von Klimakatastrophen neu definiert werden.
In einer weiteren Studie, der sogenannten Königsteiner-Studie von 2020, gaben 62 % der Deutschen an, dass es ihnen wichtig ist, wie ihr Arbeitgeber zu Umweltfragen steht. Und für 52 % von ihnen gehört das Umweltbewusstsein zu den Top-3-Kriterien, wenn es um einen Jobwechsel geht.[121]
Unabhängig von vorliegenden Studien prognostiziere ich mal mutig, dass noch viel mehr Menschen mit klarem Verstand ein konsequentes Umweltbewusstsein auch in der Arbeitswelt fordern werden, wenn erst Hitze und Dürre spürbar werden oder der Wasserpegel bei Überflutungen regelmäßig »bis zum Hals steht«. Diese Menschen werden sich ihre New Work bei den Arbeitgebern suchen, die es richtig, weil ökologisch nachhaltig angehen.
3. **New Work wird eine digitalisierte Welt sein!**
   Der Megatrend der Digitalisierung verbindet sich hier mit dem Trend nach einer New Work und der ökologischen Nachhaltigkeit. Und das ist auch gut so, denn die Digitalisierung der Arbeitswelt macht diese nicht nur modern und damit »new«, sie kann auch viele ökologische Probleme lösen (mehr dazu in den nachfolgenden Kapiteln dieses Buches, insbesondere Kapitel 8)!

Aus diesem Grund schlage ich vor, diese drei Trends unter einem Dach voranzutreiben. Wenn ein Unternehmen also eine laufende Initiative zur Digitalisierung hat, dann sollte diese die Themen New Work und Green Company Transformation unter diesem Dach gleich systematisch mit angehen. So kommt am Ende eine sinnvolle Verschmelzung von ohnehin vernetzten Themen zustande. Wenn man solche Megatrends jeweils einzeln angeht, dann bekommen die Mitarbeitenden das Gefühl, dass man auf zu vielen Hochzeiten gleichzeitig tanzt und das Tagesgeschäft vor lauter Initiativen keinen Raum mehr findet.

121 Studie der Königsteiner Gruppe zu »Umweltbewusstsein bei deutschen Arbeitgebern«, siehe https://presse.koenigsteiner.com/2020/06/05/studie-umweltbewusstsein-bei-deutschen-arbeitgebern/

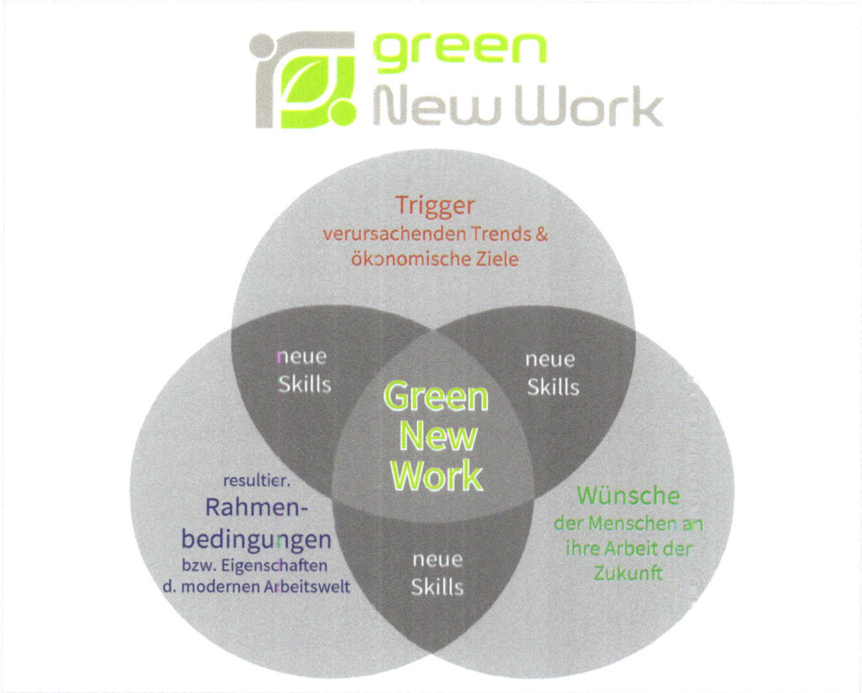


**Abb. 5.2:** Das Green New Work Design erarbeiten

Mit meinen drei verkürzt vorgetragenen Argumenten hoffe ich, euch dafür gewonnen zu haben, dass nur eine Green New Work wirklich *new* sein kann! Deshalb lasst uns mit dem Begriff **Green New Work** diese Erkenntnis auch begrifflich fest in den Köpfen aller etablieren, die über New Work nachdenken. Ich habe dazu sogar ein Logo entworfen, um den neuen Begriff auch visuell zu verankern.

Als kleine Hilfestellung für die Entwicklung eines Green-New-Work-Designs in Unternehmen möchte ich Leitfragen für einen Workshop vorschlagen, bei dem mit einer repräsentativen Gruppe aus dem Unternehmen folgende vier Fragen abgearbeitet und dann aus den erarbeiteten Erkenntnissen das zum Unternehmen passende Green New Work Design abgeleitet werden kann. Dieses kann dann Ausgangspunkt für eine Green-New-Work-Initiative sein.

Die vier Fragen für den Workshop sind in Tabelle 5.2 dargestellt.

| Fragenbereich | Fragen | Beispiele |
|---|---|---|
| Trigger | Welche Trigger (Trends und ökonomische Ziele) muss man wie managen (und welche sollte bzw. kann man abwehren)? | • *Trends* wie Umwelt-/Klimaschutz, Digitalisierung, Agilität, New Work, Robotik, Co-Working, soziale Medien, demografischer Wandel, Fachkräftemangel<br>• *Ökonomische Ziele,* wie sie durch Rationalisierung, Automatisierung, Outsourcing, $CO_2$-Bilanz-Kosten, »atmende Vertragskonstellationen« (Beschäftigte, Leiharbeitnehmer und Freelancer im Team) erreichbar wären |
| Wünsche der Mitarbeitenden | Welche Wünsche kann man wie erfüllen? | Work-Life-Blending, mobiles und Remote-Arbeiten, flexible Arbeitszeiten, Homeoffice, ökologischer Arbeitgeber, Berufsstatuswechsel. Wie kann man Vorteile und Risiken in den Griff bekommen? |
| Resultierende Rahmenbedingungen | Welche aus den Triggern und Wünschen resultierenden Rahmenbedingungen (zum Beispiel für Arbeitsort, -zeit, -methoden, -instrumente und Infrastruktur) muss/kann man wie managen? | VUCA (die Welt ist volatil, unsicher, komplex und mit Ambiguitäten, also Widersprüchlichkeiten, gespickt), transparentes verfügbares Wissen, 24/7-Erreichbarkeit, Klimaschutzauflagen, diverse Zusammenarbeit, Hybrid-Office-Modelle, cyber-physische Systeme, digitale Arbeitsmittel |
| New Work Skills | Wer muss sich welche Skills aneignen und wie kann die HR-Organisation dabei unterstützen? | Agiles (Projekt-)Management, Digital Overload Management – Zeitmanagement 4.0, ökologisches Arbeiten und Leben, technische Anwenderkompetenzen, Ambiguitätstoleranz |

**Tab. 5.2:** Leitfragen für die Erarbeitung des Green New Work Designs

# 6 Das Green Company Transformationskonzept

Arne Prieß

Nun wisst ihr, welche Herausforderungen wir zu stemmen haben. Zugegeben, keine leichten Brocken. Aber feste in die Hände gespuckt und clever angegangen, können wir uns noch retten.

Aber dazu benötigen wir Konzepte, Prozesse und Tools, mit denen man systematisch an die Sache rangehen kann. Mit guten Ideen und Leidenschaft allein sind die Friedhöfe guter Absichten gepflastert. Wir aber wollen wirklich etwas bewegen. Und dazu habe ich meine Lösungsideen nachfolgend hoffentlich so aufbereitet, dass ihr sie nachvollziehen und, was genau so wichtig ist, sie dann eurem verantwortlichen Management und Mitstreitern im Unternehmen vermitteln könnt.

**Green Company Tipp**

Nachfolgend beschreibe ich das Lösungskonzept, das ich für die HRMgreen GmbH entwickelt habe und das die Grundlage der Unterstützung für unsere Kunden darstellt. Jede Transformation braucht schließlich einen »konzeptionellen Kompass«, mit dem man seinen Mitstreitern im Unternehmen genau erklären kann, wie man an die Themen herangehen will.
Dieses Buch soll euch losgelöst von einer Zusammenarbeit mit ausgebildeten Expertinnen und Experten inspirieren, an eine Green Company Transformation systematisch heranzugehen.
Ob zu Beginn und unterwegs externe Unterstützung durch Berater oder Lösungsanbieter einzubinden und ggf. Zertifizierungen einzuholen sind, könnt ihr zu einem späteren Zeitpunkt dann immer noch entscheiden. Wichtig ist, dass gehandelt wird!

Green-Washing-Interessenten[122] allerdings werden schnell merken, dass man mit ein bisschen grüner Oberflächenpolitur weder eine Zertifizierung als »Green House of Choice« noch ökologisch sensible Talente gewinnen wird! Und doch ist der Versuch, sich mit etwas aufgesetztem »Green-Getue« ein nachhaltiges Image zuzulegen, verführerisch. »Der Grat zum Greenwashing ist schmal« heißt ein Artikel zum Thema von

122 Der Begriff Green Washing hat seinen Ursprung in den Versuchen der Hotellerie, ihre Waschkosten für die Handtücher zu reduzieren, in dem sie dem Hotelgast mittels eines kleinen Türklinken-Hängeschilds die Entscheidung anboten, auf das Waschen der Handtücher zu verzichten. Was als Kostenreduktionsprogramm gedacht war, vermittelte dem Hotelgast ein ökologisches Denken beim Hotel und gab ihm die Möglichkeit, seinen kleinen Beitrag zu leisten. Denn weniger Waschen bedeutet natürlich weniger Waschmittelverbrauch und Tenside in der Umwelt.

Prof. Müller-Carmen[123], der an der Wirtschaftsuniversität Wien zu dem Thema forscht. Im Fazit lese ich aus dem Artikel heraus, dass am Beispiel von Green HRM, also ökologisch nachhaltigem Personalmanagement, systematische Initiativen in Unternehmen noch in den Kinderschuhen stecken und systematische Herangehensweisen wie komplette Green Company Transformation noch Mangelware sind. Und genau hier kommen die HRMgreen Lösungskonzepte für systematisches ökologisches Handeln ins Spiel!

Die wichtigsten Bausteine unseres Green Company Transformationskonzeptes sind:

1. **HRMgreen Wheel** – das Transformationsrad
2. **HRMgreen 4×4×4-Formel**
   - 4 Ausbaustufen (HRMgreen intern, HRMgreen Concepts, Green Company, Green World)
   - 4 Bewertungsstufen (A bis D)
   - 4 Zertifizierungsstufen (4 Blätter bzw. Leaves, bestehend aus einem HRMgreen Siegel und einem Siegelbanner)
3. **HRMgreen »Green House of Choice«** – das Zielfoto der Green Company Transformation
4. **REM-Filter** – 3 Hebel und 12 Schrauben für mehr ökologische Nachhaltigkeit

In den nachfolgenden Abschnitten beschreibe ich die wichtigsten Konzepte, mit denen ihr mit den Menschen in eurem Unternehmen den Weg zur Green Company systematisch und kontinuierlich gehen könnt. Dass dieser Weg kein leichter sein wird, das verspreche ich euch schon jetzt. Aber wer hat gesagt, dass es leicht sein wird, aus dem Schlamassel rauszukommen? Es war nur leicht, in ihn hineinzugeraten.

## 6.1 HRMgreen – warum Human Resources Management der Motor der Transformation ist

Bevor ich unsere Konzepte ausführlich beschreibe, möchte ich erklären, warum diese Konzepte unter dem Begriff und dem gleichnamigen Unternehmensnamen **HRM**green entstanden sind. Warum steht HRM, also Human Resources Management, vor dem green, es geht doch schließlich um eine ganzheitliche Unternehmenstransformation?

Unsere Herangehensweise unterscheidet sich von anderen durch den von uns definierten Erfolgsfaktor: Wir stellen den Menschen in den Mittelpunkt unseres Konzeptes. Ohne diesen und seine Leidenschaft, etwas zum Positiven zu verändern, halten

123 Ungekürzte Fassung des Artikels in: Personalmagazin 02/2020, Freiburg: Haufe; gekürzte Fassung siehe https://www.haufe.de/personal/hr-management/green-hr-prof-mueller-camen-im-interview_80_508572.html

wir ökologische Nachhaltigkeitsinitiativen für »technische Scheingefechte«. Unsere Konzepte sollen Unternehmen zu einem Hafen für Menschen machen, die sich vor der großen Herausforderung nicht scheuen, das Unternehmen, die Prozesse, natürlich auch die Technik, aber vor allem sich selbst zu verändern. Deshalb ist es aus unserer Sicht absolut richtig, dass *HR* im Begriff vor green steht. Dabei steht HR für die Menschen, also die Human Resources, nicht für die Abteilung HR.

Mit diesem Fokus auf den Menschen im Konzeptkern ist es darüber hinaus absolut sinnvoll, zunächst auch in dem Funktionsbereich HR Management bzw. Personalmanagement zu starten. Hier werden Prozesse betrieben, die ohnehin zu einem guten Teil auf das Verhalten und das Denken der Mitarbeitenden, aber auch auf Menschen außerhalb des Unternehmens (zum Beispiel Kandidatinnen und Kandidaten) einwirken. Hier werden Prozesse betrieben, mit denen Menschen motiviert, entwickelt und incentiviert werden, die richtigen Ziele zu erreichen und Dinge zu tun. Deshalb steht HR*M* vor green.

Mit dem Start eines Funktionsbereiches, in unserem Konzept das HR-Management, schafft man sich einen Best-Practice-Fall im Unternehmen, an dem man alle nachfolgend genannten Konzepte ausprobieren und so später als bewährte Blaupausen auch für andere Unternehmensbereiche nutzbar machen kann. Und im gleichen Atemzug beeinflusst man mit den auf ökologische Nachhaltigkeit getrimmten HR-Prozessen alle Verhaltensweisen und Einstellungen der Mitarbeitenden, die man dann in den weiteren Ausbaustufen in den jeweiligen Abteilungen ohnehin als Mitgestaltende motivieren muss.

**Green Company Tipp** !

Im Kern jeder Green Company Transformation steht der Mensch, denn nur dieser kann der Treiber aller und natürlich auch notwendiger technischer Veränderungen zur Bewältigung der oben aufgezeigten dramatischen Herausforderungen sein. Ohne den Menschen und seine richtige Einstellung zur beruflichen und privaten ökologischen Nachhaltigkeit ist alles nichts.

Deshalb sollte eine Green Company Transformation mehr sein als ein Einsammeln technischer Zertifizierungen. Mitarbeitende sollen anhand der ganzheitlichen Herangehensweise erkennen, dass sie in einem Unternehmen arbeiten, das aus einer Gemeinschaft gleichgesinnter und gleichhandelnder Menschen arbeiten. Damit entsteht das von uns entwickelte »Green House of Choice«-Gefühl. Ich komme als Arbeitnehmerin zu einem Unternehmen und zu Menschen, die es ernst damit meinen, ihren Beitrag zum Umweltschutz zu leisten. und bleibe deshalb dort. Und mit diesem Bewusstsein bleibe ich loyal und motiviert und antworte auf die Frage nach meinem Arbeitgeber überzeugt und stolz mit dessen Namen.

Und dieser Stolz auf das eigene Unternehmen überträgt sich dann nach unserer Überzeugung auch auf den Privatmenschen, der auch außerhalb des beruflichen Kontextes sein Verhalten ändert und hoffentlich andere damit inspiriert, es ihm gleichzutun.

Natürlich könnte man auch in einem anderen Funktionsbereich starten, falls die Personalabteilung im Unternehmen noch von der reaktiven und abwartenden Sorte ist. Wichtig ist einfach, dass der Start in einem Funktionsbereich beginnt, das macht die Aufgabe am Anfang kleiner und lässt sich dadurch leichter durchsetzen. Wenn dann erst einmal ein Best-Practice-Beweis und die entsprechenden Erfahrungen vorliegen, dann können sich die anderen Bereiche nicht so leicht aus der Affäre ziehen und behaupten, dass so was im laufenden Geschäft ja alles gar nicht zu schaffen sei. Auf diese Ausrede kann man dann antworten: Doch, geht, man muss nur wollen, das hat die erste Abteilung bereits bewiesen.

Zusätzlich zu dem Argument, dass der Mensch als »Critical Success Factor« im Mittelpunkt unseres Transformationskonzeptes und -erfolges steht, gibt es noch zwei weitere gute Gründe, warum wir die HR-Abteilung als Piloten vorschlagen. Diese Gründe haben einen Community- und einen Kompetenz-Aspekt.

**Die Community-Antwort**

Dieser Grund mag profan klingen, aber unser Kernteam hat jahrelange Erfahrungen im HR-Management und einen breit und tief ausgebauten Zugang zur HR-Community. Deshalb war es naheliegend, sowohl die Fachexpertise als auch die vorhandenen Kommunikationskanäle zu nutzen, um Einstiegskonzepte und Mitstreiter zusammenzuführen. Wären wir so langjährig zum Beispiel im Sales unterwegs gewesen, hätten wir wohl diesen Einstieg gewählt, aber wir sind eben Managementberater mit Schwerpunkt HR-Management und leidenschaftliche und langjährige Netzwerker in der HR-Community.

Gar nicht so profan ist es aber, eine kritische Masse von Menschen in Schwung zu bringen, um das Richtige zu tun. Und dabei sind Netzwerke und eine Community der absolut notwendige Hebel für den Erfolg. Unser fester Glaube ist es, dass die HR-Community diese wertvolle Chance ergreift, sich an die Spitze einer lebensnotwendigen Veränderung zu stellen.

Fragt man Personaler, warum sie sich für diesen Funktionsbereich beruflich entschieden haben, so hört man oft als Antwort: Weil ich hier etwas für die Menschen und mit den Menschen machen kann. Wo und wann, wenn nicht an diesem Thema und jetzt wird es jemals wieder eine Chance geben, genau diesen Wunsch in die Tat in so existenziellem Umfang umzusetzen? Also ran ans Werk, liebe Personaler unter euch Leserinnen und Lesern!

Und solltet ihr in einem anderen Funktionsbereich oder einer Stabsstelle oder als Beraterin tätig sein, so gilt das oben Gesagte: Bei HR kann man, muss man aber nicht starten, Hauptsache, man startet!

**Die Kompetenz-Antwort**

Wenn die HR-Organisation in einem Unternehmen bereits modern aufgestellt und wertschöpfend tätig ist, dann besitzt sie üblicherweise einen Zugang zum Management, wird dort gehört und hat auch die richtigen und erfolgskritischen Kompetenzen, um eine Green Company Transformation federführend mitzugestalten. Dazu zählen unter anderem:

- Methodische Kompetenzen wie Beratung von Führungskräften Moderation von Workshops und Change Management in sensiblen Veränderungsprozessen
- Fachliche Kompetenzen in der Personalauswahl und -entwicklung und Vergütung sowie Organisationsentwicklung
- Persönliche und soziale Kompetenzen beim Erklären und Vorleben des zukünftigen ökologischen Verhaltens und Gewinnens von Kollegen, es ihnen gleichzutun

Und für die HR-Organisationen, die die obigen Kompetenzen noch nicht besitzen, sei gesagt: Kommt endlich aus dem Quark! Nutzt die Chance, an und mit einer Green Company Transformation zu wachsen und euch endlich die Positionierung im Unternehmen zu erarbeiten, die HR nach jahrelanger Diskussion über die strategische Wertschöpfung durch HR längst haben sollte. Setzt euch nicht an den Rand und schaut zu, sondern übernehmt strategische Verantwortung und gestaltet die Zukunft des Unternehmens mit![124]

## 6.2 HRMgreen Wheel: Das Transformationsrad stetig weiterdrehen

Eine Green Company Transformation braucht einen langen Atem. Mal eben schnell gemacht ist es nun mal nicht, ein Unternehmen auf ökologische Nachhaltigkeit zu trimmen. Aber wie heißt es so schön: Wie besteigt man einen Berg? Schritt für Schritt!

Um die Kontinuität eines systematischen Vorgehens leichter beschreiben zu können, habe ich das HRMgreen Wheel erfunden. Dieses beschreibt, in welchen Phasen man voranschreiten sollte und wie der Prozess stetig fortgeführt werden muss, um die Transformation phasenweise erfolgreich umsetzen zu können:

1. **Audit:** Das erste Audit ist die Startanalyse, ich nenne es gerne das »Initial-Audit«. Dabei hinterfragt man seinen Ausgangspunkt im Unternehmen, aber mit einem Schwerpunkt auf die HR-Abteilung, bei der wir wie oben vorgeschlagen starten. Dazu nutzt man das nachfolgend beschriebene Audit-Tool und -Vorgehen. Wenn sich das Rad entsprechend weitergedreht hat, dann folgen zertifizierungsfähige Audits.

124 Wie man dies hinbekommt, kann man lesen in: Prieß (Hrsg.) (2016).

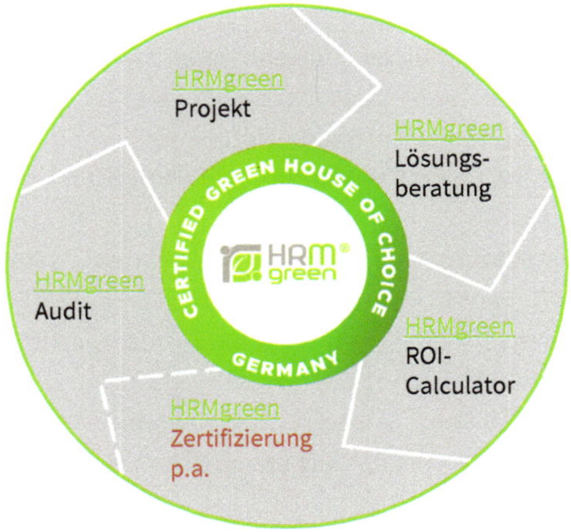


**Abb. 6.1:** HRMgreen Wheel

2. **HRMgreen Projekt:** Nach dem Audit plant man das systematische Vorgehen der Transformation idealerweise mit professionellem Projekt- und Change Management.[125] Idealerweise beinhaltet der Projektplan Meilensteine, an denen das Unternehmen sich Zertifikate erwirbt. Bei den im nächsten Abschnitt beschriebenen vier Ausbaustufen bietet es sich natürlich an, sich erste Zertifizierungsstufen als Green House of Choice zu erkämpfen. Das wären tolle Zwischenerfolge, die man feiern und nach innen und außen vermarkten kann.
3. **HRMgreen Lösungsberatung:** Durch interne oder externe Fachexperten holt man sich Rat und Tat ein, um die in der Projektplanung geplanten Maßnahmen der ökologischen Nachhaltigkeit fachgerecht umzusetzen.
4. **HRMgreen ROI-Calculator:** Um die Investitionen in Ressourcen, aber auch Budget für die Transformationsmaßnahmen zu rechtfertigen, muss man berechnen können, welchen positiven betriebswirtschaftlichen Effekt die Maßnahmen neben der Erfüllung gesetzlicher und moralischer Pflichten haben. Hierzu muss man beispielsweise Prozesskostenanalysen vornehmen, Business Cases berechnen oder Einsparungspotenziale quantifizieren. Solange dafür keine Softwarelösungen zur Verfügung stehen, muss ein kreativer Controller mit Excel die Zahlenwelt aufbereiten, um avisierte Return on Invests zu kalkulieren. Einen Controller ins Projektteam zu holen, ist also immer eine gute Entscheidung.
5. **HRMgreen Zertifizierung/Audit:** Wenn man seine Hausaufgaben bis zum nächsten Meilenstein abgearbeitet hat, dann kann man sich erneut, dieses Mal aber zertifizierungsfähig, auditieren lassen. Ist das Audit-Ergebnis entsprechend ausgefallen, reicht man es bei entsprechenden Zertifizierungsstellen ein und erwirbt sich

125 Dazu mehr im Kapitel 15 oder in den Trainings der HRMgreen Academy

einen Zertifizierungsgrad passend zu dem erreichten Status. Neben den spezialisierten am Markt verfügbaren Zertifizierungen kann man sich bei der HRMgreen GmbH ein Zertifikat als attraktiver ökologisch verantwortlich agierender Arbeitgeber einholen (siehe dazu auch Kapitel 6.5).

## 6.3 Die 4 Ausbaustufen im Überblick

Der Weg zur Green Company kann nicht in einem großen Sprung erfolgen. Ein solcher Sprung wäre derart groß, dass man sich nur übernehmen könnte und damit scheitern würde. Man muss schrittweise vorgehen, auf dem Weg lernen und die nächsten Schritte mit den Erfahrungen der vorher gemachten noch besser machen.

Um die Etappen des langen Weges zur Green Company zu unterteilen, habe ich folgende vier Ausbaustufen definiert (Details siehe Kapitel 7.3):

1. HRMgreen intern
2. HRMgreen Concepts
3. Green Company
4. Green World

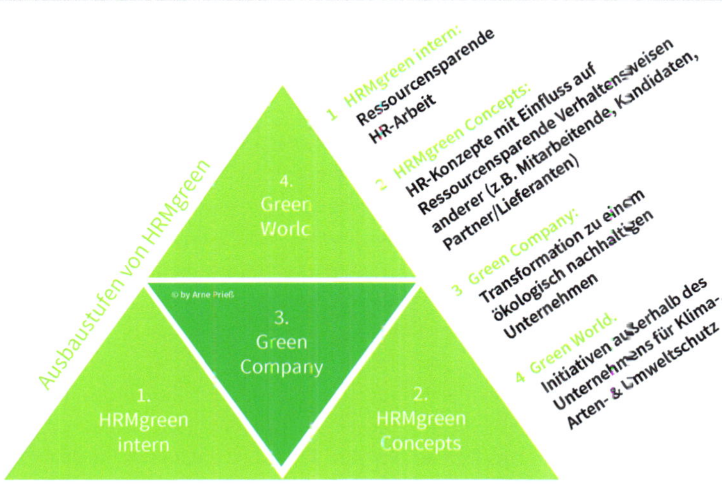


**Abb. 6.2:** Vier Ausbaustufen von HRMgreen

Die ersten beiden Ausbaustufen sind HR-spezifische, hier geht es erst mal nur um die von der Personalabteilung verantworteten Prozesse und Konzepte. Während

HRMgreen intern zunächst einmal die operativen und administrativen HR-Prozesse im Fokus hat, kann HR bereits auf der zweiten Stufe andere beeinflussen, sich ökologisch nachhaltiger zu verhalten. Denn HR betreibt ja zahlreiche Prozesse, bei denen Dritte wie Bewerber, Führungskräfte und Mitarbeitende sowie Managerinnen aktiv involviert sind. Als erste Beispiele seien hier genannt: Recruiting 4.0, digital dokumentierte Mitarbeitergespräche, Green Benefits, strategische Personalplanung und Personalentwicklung. Alle HR-Prozesse können so gestaltet werden, dass sie im Vergleich zur herkömmlichen Gestaltung ressourcenschonender ablaufen (dazu mehr im Kapitel 7).

Mit den Erfahrungen aus den ersten beiden Ausbaustufen kann HR dann mutig und als Vorbild den restlichen Abteilungen im Unternehmen die Vorgehensweise als Blaupause für alle anderen Abteilungen anbieten. Durch die eigenen Erfahrungen und Ergebnisse in den ersten beiden Ausbaustufen kann HR das Ausrollen auf alle Fachbereiche des Unternehmens authentisch und glaubhaft unterstützen und die Geschäftsführung zur Green Company vorantreiben. Und je mehr Abteilungen ihren ökologischen Beitrag leisten, desto grüner wird das Unternehmen, Schritt für Schritt.

Natürlich muss nicht so sequenziell vorgegangen werden. Wenn ein Unternehmen mit einem professionellen Projektmanagement die Komplexität einer unternehmensweiten Transformation sauber aufsetzt, kann man auch parallel starten. Aber immer daran denken: Wer zu viel auf einmal will, wird oft an Überforderung scheitern.

! **Green Company Tipp**

Auch wenn unser Konzept den Einstieg über die HR-Organisation vorsieht, kann es ja durchaus passieren, dass sich eine andere Abteilung früher anschickt, den Weg zur Green Company mutig zu starten und die ersten beiden Ausbaustufen zu durchlaufen. Dieser Weg ist möglich und meiner Meinung nach sollte man einen Schwung in die richtige Richtung nicht bremsen. Die Erfahrungen und das Vorgehen können dann ebenfalls als Blaupause dienen und HR kommt dann eben erst in der dritten Ausbaustufe an die Reihe.
Zu einem späteren Zeitpunkt, wenn Erfahrungen aus Einstiegen in anderen Fachbereichen vorliegen, könnten auch Zertifizierungen für die Ausbaustufen eins und zwei in anderen Fachbereichen durch die HRMgreen GmbH vorgenommen werden. Aktuell ist dies aber noch nicht verfügbar. Wählt ein Unternehmen heute einen solchen Weg, würde die Zertifizierung also erst, wenn auch die HR-Organisation sich grün aufgestellt hat, mit der Ausbaustufe drei beginnen.

Der Schritt von der zweiten zur dritten Ausbaustufe ist natürlich ein großer und dauert länger. Aber hier verteilt sich nun auch die Arbeit auf alle Abteilungen, und wenn man in jeder eine kleine Taskforce bilden würde, die unter Verwendung der Blaupausen und etwas Moderation durch HR und/oder externe Berater in ihren jeweiligen Abteilungen die ökologischen Nachhaltigkeitspotenziale hebt, kann hier parallel und damit zügig gearbeitet werden. Trotzdem empfehle ich nachdrücklich, die Komplexität einer unternehmensweiten Green Company Initiative im Rahmen eines Projektes professionell zu managen (dazu mehr im Kapitel 7.3.3).

In der vierten Ausbaustufe verlässt das Unternehmen seine eigenen Grenzen und initiiert ökologische Nachhaltigkeit losgelöst von den eigenen internen Prozessen. Die Möglichkeiten dazu sind vielfältig, ja fast unbegrenzt. Naheliegend ist es, den eigenen Mitarbeitenden die Fähigkeiten zu vermitteln, auch privat zusammen mit ihren Familien ein ökologisch verantwortlicheres Leben zu führen. Aber es gibt auch viele Möglichkeiten des Sponsorings von NGOs oder von konkreten Maßnahmen mit Beitrag zum Umweltschutz (zum Beispiel Blühwiesen anmieten für den Erhalt von Lebensraum für Insekten, dazu mehr im Kapitel 7.3.4).

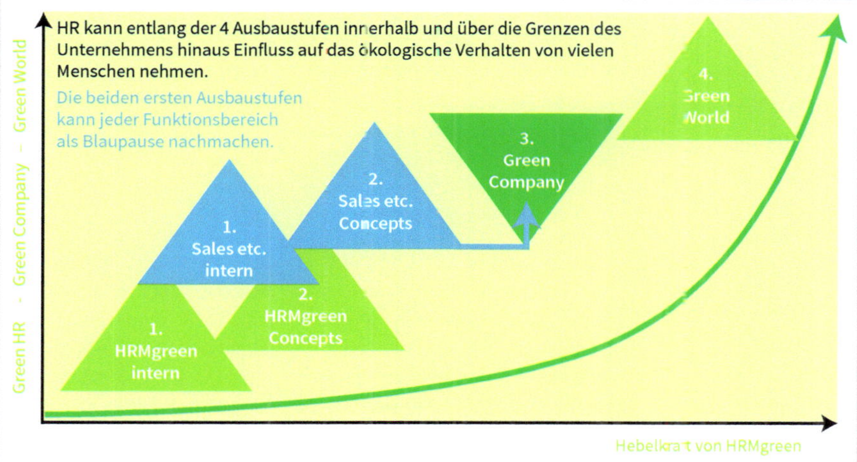


**Abb. 6.3:** Vier Ausbaustufen und die ansteigende Hebelkraft auf dem Weg zur Green Company. HR beginnt als Pilot, andere Abteilungen wie Sales etc. ziehen in der Ausbaustufe 3 nach und verwenden die vorherigen Erfahrungen und Vorgehensweisen als Blaupausen.

Nach jeder in einem ausreichenden Reifegrad erreichten Ausbaustufe kann das Unternehmen nach einem entsprechenden Audit eine Zertifizierung erlangen und sich von denjenigen Unternehmen im War for Resources im Rahmen seines Employer Brandings abgrenzen, die sich zurückhalten und lieber weitermachen wie bisher (dazu mehr in Kapitel 10).

## 6.4 Die 4 Bewertungsstufen

Am Anfang eines Weges steht immer die Frage, von wo man startet. In unserem Fall also: Wo steht dein Unternehmen bzgl. des Green Company Reifegrades?

Um eine einfache Skala zu haben, verwenden wir die Stufen A bis D, wobei A die beste Ausprägung ist.

In dem von mir entwickelten Audit würde ich entlang des Green-House-of-Choice-Modells (siehe Kapitel 6.6) vorhandene Prozesse, Konzepte und aktuelles Handeln mit den vorhandenen Möglichkeiten abgleichen, auf den Bewertungsstufen von A bis D in einem Initial-Audit zusammen einschätzen und mit den Ansprechpartnern im Unternehmen auf dieser Skala bewerten.

Damit diese Bewertungsstufen etwas griffiger werden, erläutere ich sie in Tabelle 6.1.

| Stufen | Bezeichnung | Erklärung für Gesamtbewertung | Erklärung für die Bewertung von Auditfragen |
|---|---|---|---|
| A | sustainable HRMgreen | Das Unternehmen setzt bereits viele der potenziell möglichen Maßnahmen um und betreibt diese nachweisbar stetig und damit nachhaltig. Der Ausbau ist systematisch geplant und wird mit Kraft vorangetrieben. | Das Unternehmen erfüllt den Sachverhalt der jeweiligen Fragen vollumfänglich, Maßnahmen sind nachhaltig wirksam. |
| B | on a good HRMgreen way | Das Unternehmen wendet bereits einige der potenziell möglichen Maßnahmen an. Diese wurden aufgesetzt und müssen sich nun in der Praxis bewähren. Es existiert noch kein robuster Gesamtplan, aber engagiertes Handeln ist erkennbar. | Das Unternehmen hat für den jeweiligen Sachverhalt der Frage Maßnahmen aufgesetzt und in weiten Teilen umgesetzt. Die erfolgreiche Umsetzung/Wirkung muss sich aber in der Praxis noch beweisen. |
| C | driven opportunistically | Das Unternehmen hat hier und da potenziell mögliche Maßnahmen aufgesetzt oder sie sind in glaubhafter Planung. Das Vorgehen folgt aber keinem systematischen Plan. Eine Nachhaltigkeit kann bisher noch nicht nachgewiesen werden. | Das Unternehmen hat den Sachverhalt der Frage thematisiert, ggf. erste Schritte unternommen. Eine Umsetzung und eine Wirkung sind aber noch nicht erkennbar. |
| D | not started to be HRMgreen | Das Unternehmen hat von den potenziell möglichen Maßnahmen (in dem jeweiligen Themenfeld) noch nichts umgesetzt. Ein Maßnahmenplan für die Zukunft liegt noch nicht vor. | Das Unternehmen hat bei dem Sachverhalt der Frage bisher nichts unternommen. |

**Tab. 6.1:** Bewertungsstufen im Rahmen des HRMgreen Audits

Wie bei allen Bewertungssystemen verbleibt immer ein Bereich der subjektiven Interpretation. Das lässt sich nicht verhindern. Es gibt schließlich immer drei Wahrheiten: meine, deine und die objektive Realität. An die dritte kommen wir überall da nicht wirklich heran, wo Menschen mit ihren Sinnen subjektiv die Welt betrachten und beurteilen. Und klassische Bewertungsfehler wie Tendenz zur Milde, Strenge und Mitte passieren hier natürlich auch, wie in jeder Form der Beurteilung. Deshalb ist es sicher hilfreich, wenn man die Bewertungen und das gesamte Audit mit einem geübten und dafür ausgebildeten Auditierer[126] zusammen vornimmt.

Gerade in einem Initial-Audit, bei dem es um eine gemeinsame ehrliche Einschätzung des Ist-Standes geht, macht es eigentlich keinen Sinn, sich die Dinge schönzureden. Denn spätestens bei dem Versuch, sich eine Zertifizierung für den bestehenden Status abzuholen, muss man sich mit dem Zertifizierer abstimmen, und der bringt natürlich seine kritische Sicht mit ein und kann mit anderen Unternehmen, aber auch mit einem Idealstatus vergleichen. Zertifizierungen werden ja nicht verkauft, sondern verliehen.

Ich empfehle deshalb, bei den eigenen Bewertungen selbstkritisch zu sein. Dies dient übrigens auch dem Freisetzen von Ressourcen und Budget für eine Transformation. Wenn man sich die Dinge zu sehr schönredet, dann kann es einem auch passieren, dass das Management entscheidet, nichts zu tun. Denn wenn man ja nach den eigenen (zu) positiven Bewertungen schon prächtig dasteht, warum sollte man dann Kraft und Budget einsetzen?

Durch Schönfärberei ist der Saft sozusagen schon zu Beginn einer Green Company Transformation abgedreht. Obendrein durchschaut jeder genauere und geübtere Betrachter dieses platte Manöver sofort und wird einen als das entlarven, was man ist: ein typischer Green Washer.

Mit einer Bewertungsstufen-Spinne kann man nach dem Audit aufzeigen, welche Bewertung man dem Unternehmen im Hinblick auf die vier Ausbaustufen geben kann. In dem Beispiel in Abbildung 6.4 könnte sich das betreffende Unternehmen guten Gewissens bereits eine Zertifizierung auf der zweiten Stufe abholen (dazu mehr in Abschnitt 6.5).

126 Ausgebildete und für Auditierungen nach HRMgreen Konzept befähigte und befugte Experten findet man unter: https://hrmgreen.com/cooperations/

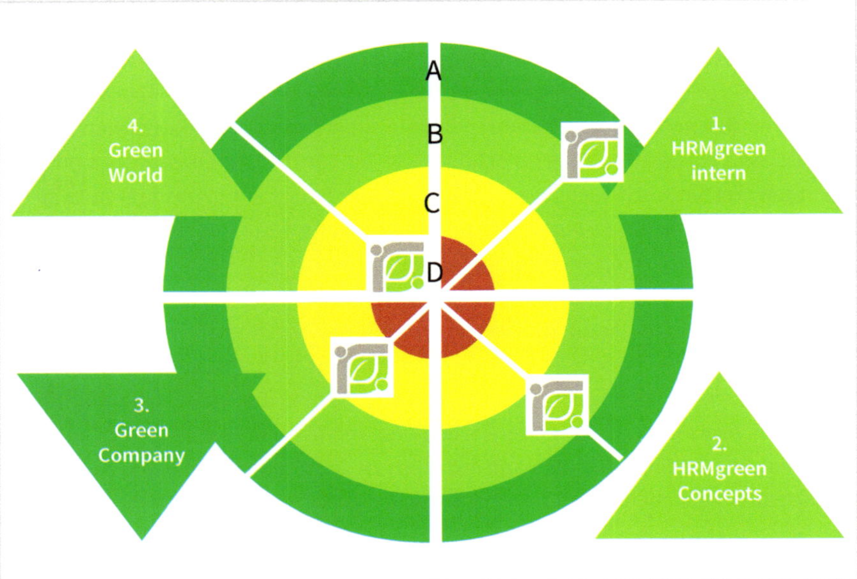


**Abb. 6.4:** Bewertungsstufen-Spinne mit einem Ergebnis von A, B, C und D auf den Ausbaustufen

## 6.5 Die 4 Zertifizierungsstufen und das Green Company Zertifikat

Eins vorab: Jeder Beitrag zum Umweltschutz ist ein guter Beitrag, auch wenn er nicht in einer offiziellen Zertifizierung mündet. Wir sollten alle im Job wie auch privat leisten, was immer möglich ist, um die Umweltzerstörung aufzuhalten.

Und doch ist es ein legitimer Vorgang, sich als Unternehmen für die getätigten Aufwände mit einer Zertifizierung zu »belohnen«. Als Unternehmen steht man nun mal im Wettbewerb mit anderen Unternehmen um tolle Mitarbeitende, und wenn diese sich, wie bereits oben im Kontext der Green New Work kurz erklärt, für Green Companies als zukünftige Arbeitgeber mehr interessieren, dann darf man sich nach erfolgter Arbeit auch mit den Erfolgen im Rahmen der ökologischen Transformation von anderen Unternehmen abgrenzen.

!

**Green Company Tipp**

Der Effekt auf die Arbeitgeberattraktivität (mehr dazu im Kapitel 10) ist durchaus eines der schlagenden Argumente beim Management für die Freigabe von Budget und Ressourcen für eine Green Company Transformation. Dies gilt insbesondere, wenn eine erfolgreiche Umsetzung der Unternehmensstrategie vom Gewinnen und Binden toller Mitarbeitenden abhängt.

Wenn man in seiner Argumentation nur über die moralische Verantwortung als Menschen und Unternehmen spricht, dann wird man ggf. zu wenige Zuhörer bei denjenigen überzeugen können, die für den Einsatz der im Unternehmen naturgemäß begrenzten Ressourcen einen ROI erwarten.

Wenn man im Unternehmen eine Zertifizierung anstrebt, dann sollte man nun weiterlesen. Wenn man die Transformation auch ohne einen sichtbaren Beleg für die eigenen Bemühungen vorantreiben möchte, dann kann man die nachfolgenden Ausführungen überspringen. Ganz um Zertifizierungen wird man aber in Zukunft nicht herumkommen, da diese zunehmend gesetzlich erzwungen oder von Stakeholdern eingefordert werden.

Es gibt mittlerweile eine Vielzahl an Zertifikaten, mit denen Unternehmen ihren ökologischen Beitrag zu unterschiedlichen Aspekten belegen können. Manche sind bereits langjährig etabliert, werden staatlich promoted (wie zum Beispiel das EMAS[127], dazu mehr im Kapitel 9) und haben dadurch einen höheren Bekanntheitsgrad, manch andere wirken frei erfunden und durch ein schickes Logo »aufgehübscht«. Wenn der Regenwald so stark gewachsen wäre wie der Siegelwald für ökologische Nachhaltigkeit, dann müsste uns wohl nicht bange sein um den Planeten.

Die verfügbaren Siegel betrachten die ökologische Nachhaltigkeit nach unterschiedlichen Aspekten wie zum Beispiel:

- nach Umweltmanagementprozessen (zum Beispiel ISO 14001 für Umweltmanagement, EMAS – Europäisches Umweltmanagementsystem),
- nach Branchen (zum Beispiel branchenspezifische Zertifikate für Textil, Tourismus, Handel, Transport),
- für Produkte (zum Beispiel Der Blaue Engel, eco INSTITUT, Bio-Zertifikate),
- für Marken (zum Beispiel Green Brand),
- nach $CO_2$-Neutralität (zum Beispiel Klimaneutralität von ClimatePartner, Climate Choice, South Pole Pinguinlabel), gemessen nach international anerkannten Standards wie:
  - PAS 2060 (Standard zur Berechnung des unternehmensbezogenen Carbon Footprint),
  - Greenhouse Gas Protocol (nur für Carbon-Footprint-Berechnung; für Produkte und Organisationen),
  - ISO 14064 (Standard zur Berechnung des unternehmensweiten Carbon Footprint).

127 Siehe Flyer der EU unter: https://ec.europa.eu/commission/presscorner/detail/de/fs_19_6714

**Das Zertifikat der HRMgreen GmbH, das »Green House of Choice«-Siegel, positioniert sich eher als ein »Dach-Zertifikat«**, also ein ganzheitlicher Beweis dafür, dass man nach dem Konzept von HRMgreen als Arbeitgeber alles erdenklich Mögliche tut, um sich als ökologisch ganzheitlich agierender Arbeitgeber positionieren zu dürfen. Dabei werden die obigen Zertifikate auch abgefragt und als wichtige Puzzleteile zu einem Gesamtbild zusammengefügt.

Bitte versteht die nachfolgende Erklärung nicht als Werbung für das Green-House-of-Choice-Siegel, aber es ist nun mal ein wichtiger Baustein in der Green Company Transformation, deshalb muss ich ihn der Vollständigkeit halber erklären. Entscheidet selbst, welche Zertifizierungen für eure Green Company Transformation die richtigen sind.

Um auch bei der Zertifizierung die Dinge einfach zu gestalten, habe ich vier Stufen definiert, die sich an den vier Ausbaustufen orientieren. Das bedeutet, dass ein Unternehmen sich in vier Schritten in seinem ökologischen Reifegrad entwickeln und jeweils zertifizieren lassen kann. Damit können Unternehmen sich auch auf dem langen Weg einer Transformation bei ersten Zwischenerfolgen bereits mit ersten Zertifikaten im Employer Branding sichtbar machen.

Für die Stufen habe ich das Blatt aus dem HRMgreen Logo, das von zwei Menschen schützend umrahmt wird, als Symbol herangezogen, deshalb sprechen wir bei den Stufen von einem bis vier Leaves. Die jeweiligen Reifegrade werden im Rahmen eines zertifizierungsfähigen Audits (siehe Abschnitt 6.6.2) festgestellt und dann durch Verleihung eines Zertifizierungsgrades bestätigt. Dabei gilt die folgende Anforderung: Das Audit muss ergeben, dass man auf der jeweiligen Ausbaustufe überwiegend die Bewertungsstufe B erreicht hat, man muss also im Durchschnitt bei B liegen. Natürlich wäre es anzustreben, so viele As einzusammeln wie möglich, aber die Möglichkeiten ökologischen Handelns sind so vielfältig, dass es unwahrscheinlich ist, dass man wirklich alle Möglichkeiten auf höchstem Niveau ausgeschöpft hat.

Deshalb ist B unser gewähltes Mindestmaß, das für eine Zertifizierung auf der jeweiligen Ausbaustufe erreicht werden muss. Wer also, wie im Kapitel 6.1 erklärt, mit der HR-Abteilung als Piloten für die Green Company Transformation gestartet ist und hier seine Hausaufgaben gemacht hat, der kann sich zunächst mit »1 Leaf« für die HR-internen Maßnahmen und dann nach ökologischer Optimierung auch der HR Concepts mit »2 Leaves« zertifizieren lassen usw.

Der Vorteil dieses stufenweisen Vorgehens liegt auf der Hand: Die Mitstreitenden erleben auf dem langen, sicher mehrjährigen anstrengenden Transformationsprozess an Meilensteinen immer wieder Erfolgserlebnisse. Das spornt an, den Weg weiterzugehen und nicht nachzulassen. Denn wenn man zum Beispiel das zweite Leaf erhalten hat, will man auch beweisen, dass man das dritte und vierte erhalten kann.

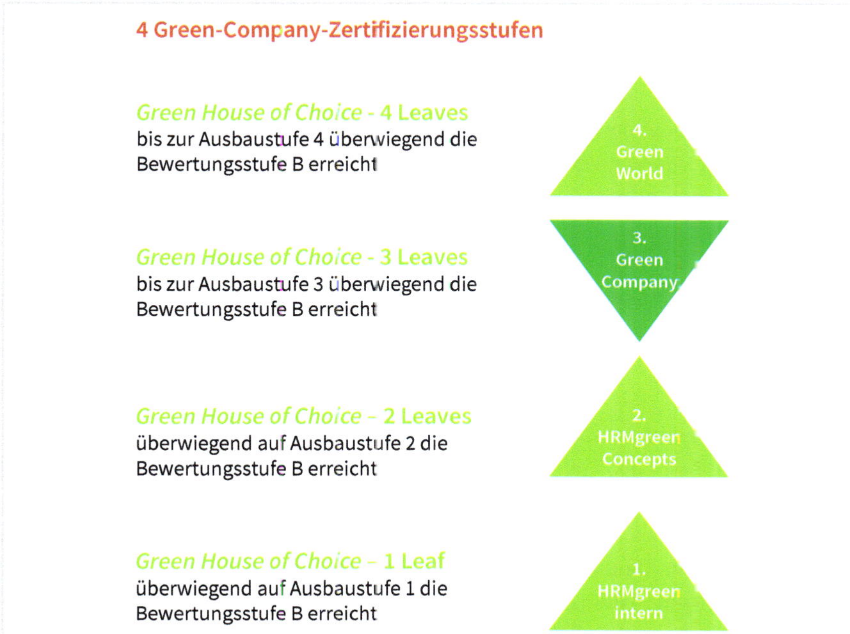


**Abb. 6.5:** 4 Zertifizierungsstufen entlang der vier Ausbaustufen

**Green Company Tipp** !

Den eigenen Mitarbeitenden kann und sollte man nach jedem erfolgreichen Zwischenschritt die Ernsthaftigkeit der eigenen ökologischen Ziele und Vorgehensweise nach jedem erfolgten Zertifizierungsschritt mit entsprechender Kommunikation natürlich in Erinnerung rufen. Aber auch nach außen wird man für die am Unternehmen interessierten Kandidatinnen und Kandidaten in seinem ökologischen Reifegrad erkennbar, da die verwendeten Siegel und Siegelbanner (siehe Abb. 6.6), die man im Employer Branding verwenden darf, auf der Website des Zertifizierers erklärt werden.
Auch kann sich das zertifizierte Unternehmen listen lassen, damit wird das zum Beispiel auf einer Stellenausschreibung verwendete Siegel offiziell als tatsächlich erteilt bestätigt. So unterscheiden sich die Unternehmen, die von sich behaupten, green zu sein, von denjenigen, die es auch bewiesen haben.

Nachdem sie von zertifizierten Consultants nach der 4×4×4-Formel auditiert worden sind und die HRMgreen GmbH das Auditergebnis bestätigt hat, erhalten die zertifizierten Unternehmen zum Beweis und zur Verwendung im Rahmen des Employer Brandings:

- **das offizielle Siegel »Certified Green House of Choice«:** Es beweist glaubhaft, dass das auditierte Unternehmen entlang der von HRMgreen entwickelten vier Ausbaustufen (HRMgreen intern, HRMgreen Concepts, Green Company und Green World) in dem jeweiligen Jahr gute Ergebnisse vorweisen konnte (wie oben erklärt mindestens überwiegend die Bewertungsstufe B auf einer vierstufigen Skala von A bis D).

- **das Siegelbanner** (eine Verbindung aus kleinerem Siegel und einem Banner): Es trägt den Unternehmensnamen und weist entsprechend der erreichten Ausbaustufen mit ein bis vier »Leaves« auf die jeweilige Zertifizierungsstufe und das Jahr der Zertifizierung hin. Es zeigt im Employer Branding nach innen und außen auf, dass das Unternehmen im Kampf gegen die Umweltzerstörung kontinuierlich handelt, statt nur zu reden!
- **eine Urkunde** mit Unterschriften des Zertifizierers.

Das Siegel »**Certified Green House of Choice**« versteht sich wie oben bereits erwähnt als ein »Dachsiegel«. Das bedeutet, dass im Rahmen des Audits andere spezialisierte Siegel und Zertifikate abgefragt und bei Vorhandensein positiv berücksichtigt werden.

**Fazit:** Das Green-House-of-Choice-Siegel belegt nach dessen Erhalt, dass ein Unternehmen auf ganzer Breite und Tiefe auf der jeweils zertifizierten Stufe ökologisch nachhaltig agiert und so für Mitarbeitende sowie Kandidatinnen und Kandidaten als *der* Arbeitgeber ihrer ganz persönlichen Wahl für ihre berufliche Gegenwart und Zukunft in die engere Wahl kommen kann. Da dieses Buch überall erhältlich ist, können engagierte Mitarbeitende durch die Lektüre des beschriebenen systematischen und ganzheitlichen Ansatzes vom Audit bis zur Umsetzung einer Green Company Transformation für ihre Arbeitgeberwahl ein glaubhaftes und verstärkendes Argument in dem offiziellen Siegel »Green House of Choice« erhalten. Ich würde auch empfehlen, Mitarbeitenden das Buch als Hilfestellung für ihr persönliches Engagement im Rahmen der Green Company Transformation zu schenken. Das vertieft und festigt die Loyalität zu ihrem grünen Arbeitgeber.

**Abb. 6.6:** Siegel und Siegelbanner »Green House of Choice« (hier mit »4 Leaves«)

## 6.6 Das Green Company Audit: Vorgehensweise und Tool

Wie bereits oben erwähnt, benötigt eine Transformation Klarheit über den aktuellen Ausgangspunkt. Bei diesem sollte man sich allgemein gesprochen fragen: Wo steht das Unternehmen bzgl. einer Green Company, was betreibt es bereits ökologisch nachhaltig und wo hat man noch nicht einmal eine Idee, was man tun sollte und kann?

Die meisten mir bekannten Audits fokussieren sich auf die Klimaneutralität des Unternehmens und erheben zumeist die $CO_2$-Emissionen. Ich würde empfehlen, einen breiteren und systemischen Ansatz zu wählen, um der Problematik des oben beschriebenen Super-KAUs entgegenzutreten.

### 6.6.1 Das Initial-Audit: Erste Standortanalyse

Im ersten Schritt beschreibe ich das Vorgehen für ein Initial-Audit, das noch nicht zu einer Zertifizierung führen soll. Die Philosophie und das Vorgehen schlage ich mit den nachfolgenden Punkten vor:

- **Moderiertes Selbst-Audit:** HR auditiert sich selbst (ggf. unter Einbindung eines internen oder externen HRMgreen Experten[128], der sowohl dazu ausgebildet wurde als auch Zugriff auf die jeweils aktuellste Audit-Liste besitzt), dadurch bleibt HR im Driverseat und ergreift die strategische Initiative; das Audit stärkt also die aktive und eigenständige Beschäftigung mit einem neuen Thema. Das Ergebnis kann dann auch bei (zu erwartendem) schlechtem Abschneiden diskret behandelt werden.
  Das Audit dauert i. d. R. zwischen einem halben und einem ganzen Tag[129] und wird meist **online** durchgeführt. Teilnehmende des Audits sollten interne HR-Vertreter sein, die einen guten Überblick und den Zugriff auf Informationen zu HR-Prozessen, aber auch ökologischen Maßnahmen im Unternehmen haben.
- **Gesamt-Audit-Liste (»Audit-Tool«):** Eine HRMgreen Expertin nutzt die standardisierte Audit-Liste und geht entlang des »Green House of Choice«-Modells mit den Teilnehmenden durch alle Themenbereiche. Die Fragen implizieren die potenziell möglichen Maßnahmen in dem jeweiligen Bereich. Als Leser dieses Buches erhaltet ihr eine kurze Version der Audit-Liste, um euren Einstieg in die Transformation zu strukturieren. Sie ist als Printversion im Anhang eingefügt, ist aber auch digital verfügbar.[130]

128 Diese wurden von HRMgreen in Trainings ausgebildet und sind zertifiziert für den Vorgang des Audits. Sie haben Zugriff auf die jeweils aktuelle ausführliche Audit-Liste, die man im HRMgreen Shop nur als zertifizierter HRMgreen Experte erhält. Sie enthält einen umfangreichen Katalog an Fragen und Empfehlungen.

129 Insgesamt liegt der zeitliche Aufwand bei Einbindung eines HRMgreen Experten mit Ergebnisprotokollerstellung und Ergebnisübergabe bei ca. 0,75 bis 1,5 Tagen Aufwand.

130 Siehe Link zum Download einer kurzen Version der Audit-Liste (auf dem Stand des Erscheinens des Buches) am Ende des Buches.

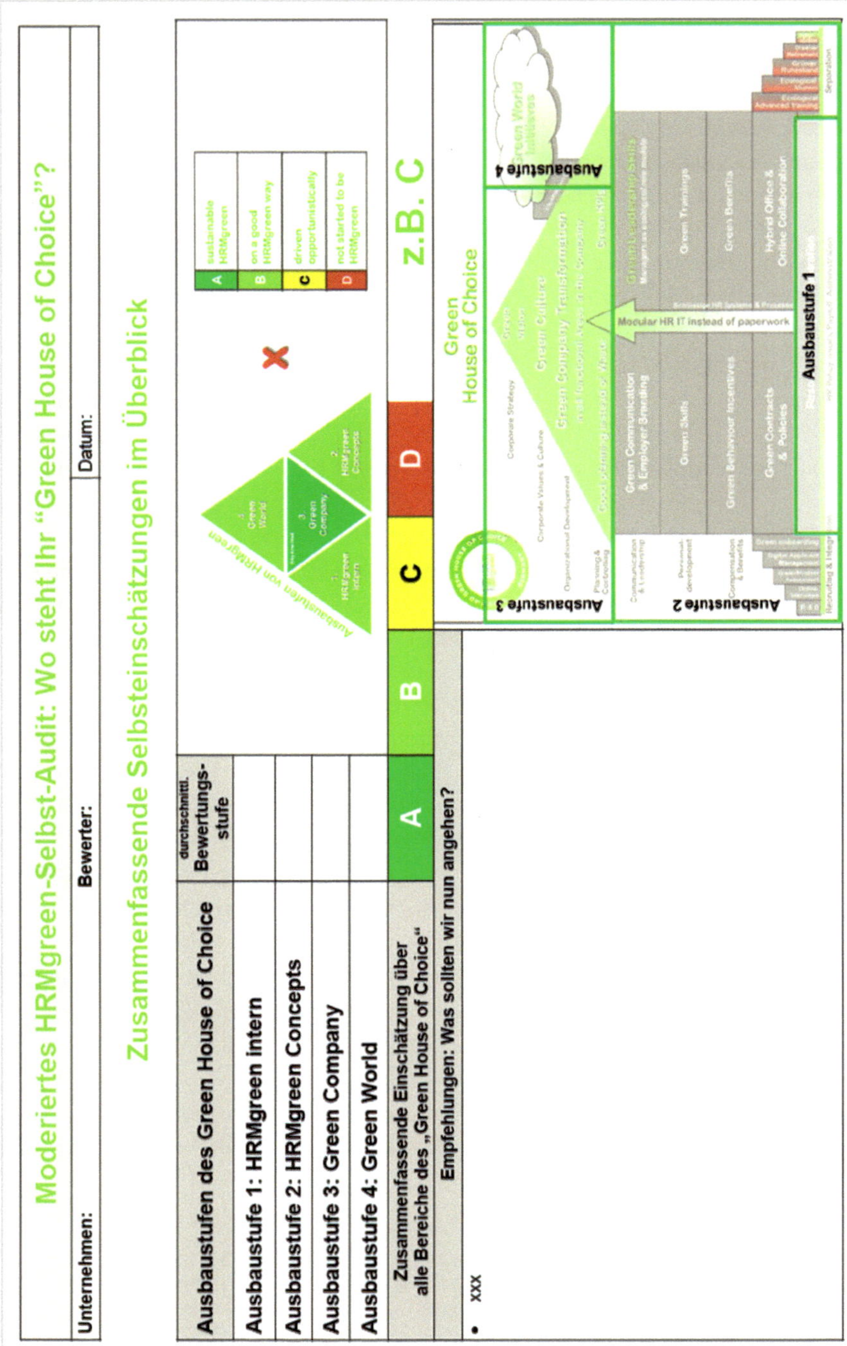


Abb. 6.7: Deckblatt des Audit-Tools mit der Möglichkeit der Bewertungen der Ausbaustufen, eine zusammenfassende Bewertung und Empfehlungen

Mithilfe des **HRMgreen Audit-Tools** wird das gesamte Green House of Choice durchgesprochen und der jeweilige Reifegrad des Unternehmens geprüft und selbstkritisch bewertet.
Das Tool besteht aus Deckblatt mit Zusammenfassung sowie der Audit-Liste mit zahlreichen Fragen, Bewertungs- und Dokumentationsbereichen. Aktuell ist es als Worddatei erstellt, um mit geringen Kosten möglichst schnell Nutzen zu generieren. Toolkosten sollen aktuell kein Unternehmen ausbremsen, die Green Company Transformation zu starten.[131]

- **Ist-Aufnahme:** Die Audit-Liste ist so gestaltet, dass sie eine Dokumentation für die Ergebnisse der Ist-Aufnahme und für die Einschätzung/Bewertung ermöglicht. Während des Auditgesprächs sollten zunächst nur die Antworten dokumentiert werden. Um die Glaubhaftigkeit der Aussagen zu prüfen, sollten Plausibilitätsfragen gestellt werden (zum Beispiel zu Nachweisen). Wo verfügbar, sollte kurz Einblick genommen werden in schriftliche Beschreibungen (Prozessbeschreibungen, Intranet, BVs etc.). Am Ende jeder Frage einigt man sich auf eine Bewertungsstufe (A bis D, ggf. mit – oder + zur Differenzierung).
  **Hinweis:** In einem zertifizierungsfähigen Audit muss das Unternehmen dem eingebundenen HRMgreen Experten Nachweise in einem digitalen Sammelordner liefern (dazu mehr in Kapitel 6.6.2).

131 Später wird ggf. eine Softwarelösung die Worddatei ersetzen.

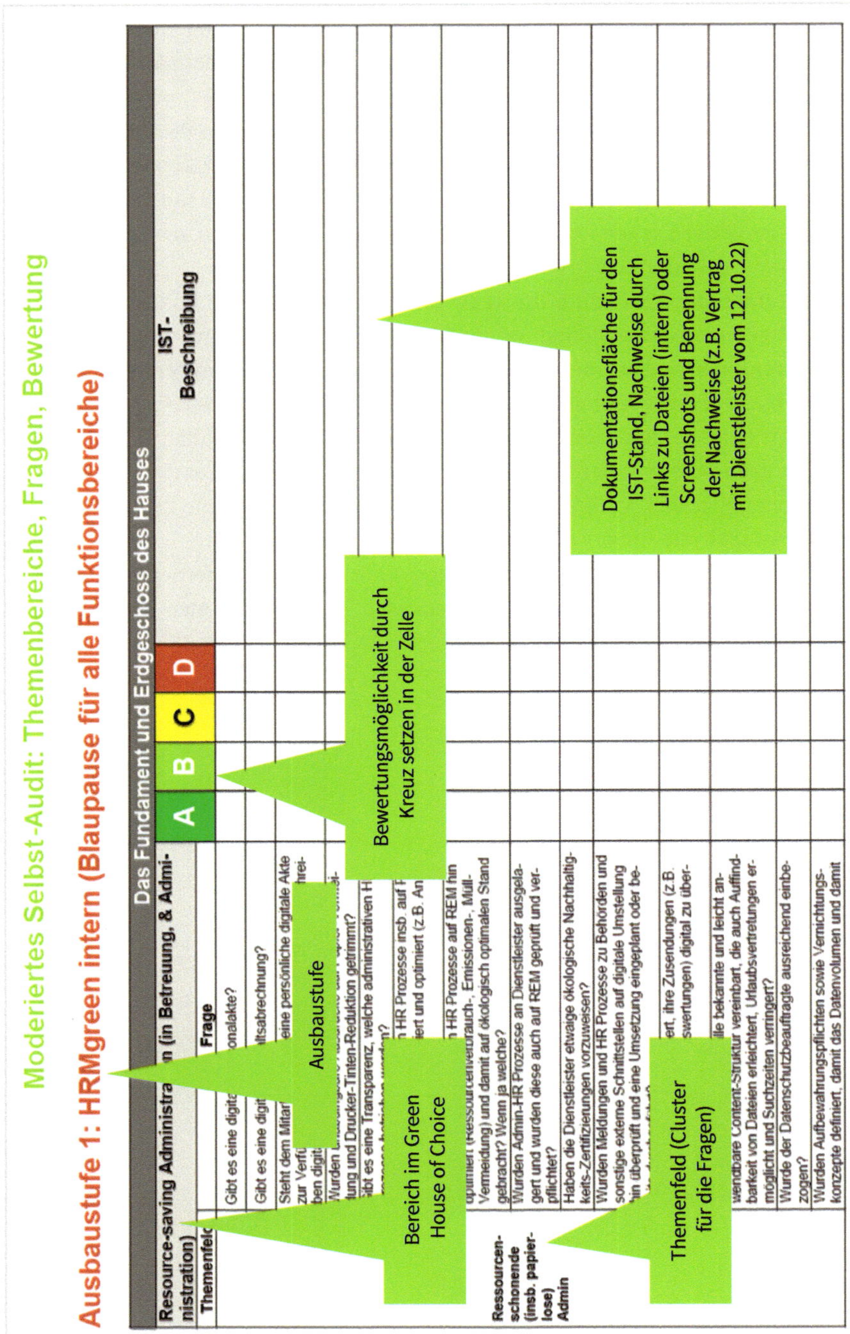


**Abb. 6.8:** Audit-Liste als Hilfsmittel für Gesprächsführung, Bewertung, Ist-Stand-Dokumentation

- **Audit-Ergebnis:** Nach dem Audit sollte der zuständige Ansprechpartner im Unternehmen durch den Auditierenden eine Zusammenfassung mit den gemeinsamen Einschätzungen zur Ist-Situation (zum Beispiel C+) erhalten. Ein eingebundener HRMgreen Experte würde zusätzlich Empfehlungen für strategische Ziele und allgemeine Handlungsmaßnahmen einbringen. Achtung: Hier sind noch keine konkreten Lösungen notwendig, diese entstehen dann auf dem Weg der Transformation.[132] Hat das Unternehmen keinen HRMgreen Experten eingebunden, muss der jeweils Auditierende selbst eine Zusammenfassung und Empfehlungserstellung erarbeiten.
- **Empfehlungen für Soll-Maßnahmen:** In dem für zertifizierte HRMgreen Experten verfügbaren Audit-Tool befinden sich zahlreiche Maßnahmenempfehlungen. Aus diesen schlägt der HRMgreen Experte diejenigen vor, die zum Reifegrad des Unternehmens passen und einen Weg in realistischen Evolutionsschritten darstellen, der in angemessener Zeit (zum Beispiel das Geschäftsjahr, 12 Monate) zu der nächstmöglichen Zertifizierung führt. Es gilt also nicht alles auf einmal anzugehen, sondern angemessene machbare und realistische Maßnahmen für einen definierten Zeitraum einzuplanen. Im Jahreszyklus sollte man das Audit wiederholen. Am besten also gleich per »Save the Date« einen Zeitpunkt dafür terminieren.
  Nach erfolgreichem Umsetzen der vorgeschlagenen Maßnahmen können dann nach dem zweiten Audit ggf. die ersten Zertifizierungen bei HRMgreen oder anderen Zertifizierern beantragt werden. Für den stetigen weiteren Weg zum Green House of Choice sollten weitere konkrete Empfehlungen ausgesprochen werden.

**Green Company Tipp** !

Die Gefahr des »Ganz oder gar nicht«-Dilemmas:
Das Fazit eines Audits sollte einen Ansporn liefern, sich auf den weiteren Weg zur Green Company zu begeben. Ich empfehle aufgrund der Erfahrungen aus der Praxis, nur die Maßnahmen vorzuschlagen, die für den weiteren Weg bis zum Erreichen der nächstmöglichen Zertifizierung notwendig sind. Wenn man nämlich gleich die gesamte Komplexität einer vollständigen vollumfänglichen Green Company Transformation beschreibt und vorschlägt, schreckt das meistens die Entscheider erst mal ab und der Entscheidungsvorgang für ein solch komplexes, langwieriges und ggf. auch anfänglich teures Unterfangen zieht sich in die Länge. Und solange er dies tut, tut sich meist erst mal gar nichts mit dem Verweis auf ein anhängiges Entscheidungsverfahren.
Man sollte für sich selbst und für diejenigen, die fragen, durchaus den weiteren Weg »im Hinterkopf« (auf einigen erklärenden Folien) haben, aber man muss ja nicht gleich alle damit konfrontieren.

132 Etwaige Unterstützung bei der Lösungsgestaltung durch den HRMgreen Experten oder ausgewählte Lösungsanbieter (siehe Listing bei HRMgreen) kann im Nachgang des Audits eingeholt werden.

- **Nebeneffekt:** Im Rahmen des Audits erhalten die Beteiligten Einblick in Effektivität und Effizienz der HR-Arbeit und können ggf. Anknüpfungspunkte für weitere Prozessoptimierungen und HR-Projekte entdecken. Dazu wäre es hilfreich, wenn unter den Teilnehmenden ein ausgewiesener HR-Profi wäre, dies ist aber keine unabdingbare Voraussetzung und kann durch Methoden- und Beratungskompetenz sowie interne oder hinzugezogene externe Expertise ausgeglichen werden. Gleiches gilt natürlich für alle anderen Abteilungen auch, wenn mit diesen gestartet oder in der dritten Ausbaustufe der Ist-Stand analysiert wird.
- **Weiterentwicklung der Audit-Liste:** Interessante und ökologisch wirksame Ideen, die beim Unternehmen bereits umgesetzt werden, sollen zukünftig anonymisiert Eingang finden in das Audit-Tool von HRMgreen. So ist jedes Audit auch eine Chance, das potenzielle Wissen über Green-Maßnahmen auszubauen.[133]

### 6.6.2 Das zertifizierungsfähige Audit: Standortanalyse mit Ziel der Zertifizierung

Sollte ein Unternehmen ein zertifizierungsfähiges Audit durchführen wollen, ändert sich der Prozess etwas in Bezug auf die Nachweiskraft für beschriebene ökologische Maßnahmen und Konzepte. Ein solches Audit kann für das Green-House-of-Choice-Siegel nur durch die HRMgreen GmbH selbst oder einen von HRMgreen zertifizierten Experten durchgeführt werden. Für andere Siegel muss man sich entsprechende Partner suchen, die befugt und befähigt sind für die Auditierung und Zertifizierung.

Im Vergleich zum Initial-Audit ändern sich im Fall von HRMgreen dabei folgende Arbeitsschritte:

- **Vorbereitung:** Das zu auditierende/zertifizierende Unternehmen wird gebeten, das Audit durch Zusammentragen entsprechender Nachweise vorzubereiten. Dazu erhält der Ansprechpartner eine Vorbereitungsmail durch die HRMgreen Expertin mit einer Dateiordnerstruktur (entsprechend der Audit-Struktur) und Beispielen für geeignete Nachweise (zum Beispiel erworbene Zertifikate, Prozessbeschreibungen, digitale Angebote, abgeschlossene Serviceverträge mit Dienstleistern, interne Richtlinien, Fotos), die vorbereitend abzulegen sind.
- **Nachweise:** Das Unternehmen liefert glaubhafte Nachweise für den beschriebenen Status während des Gesprächs oder verweist auf nachweisende Dokumente in dem vorbereiteten internen Dateiordner, die dem Auditierer während des Audits zur Einsichtnahme gezeigt werden (wie in einem Datenraum bei einer Due Dil-

133 Zum Dank für eingebrachte und im Audit-Tool verwendete Vorschläge erhalten die Lieferanten entweder Scoring-Punkte für ihr Listing auf der HRMgreen Website (gilt für HRMgreen Experten) oder einen kostenlosen Download der Audit-Liste im Shop.

ligence). Gegebenenfalls werden fehlende Nachweise nachgeliefert oder in einem Nachfolgetermin gezeigt.

- **Datenschutz:** Der HRMgreen Experte ist im Rahmen der Beauftragung zum Datenschutz und zur Vertraulichkeit zu verpflichten, interne Daten dürfen also nur zum Zweck der Auditierung und Zertifizierung eingesehen, aber nicht mitgenommen oder verwendet werden. Unternehmen können mit einem separaten NDA (non-disclosure agreement) die Vertraulichkeitsverpflichtung verstärken.
- **Antrag auf Zertifizierung:** Die auditierende HRMgreen Expertin dokumentiert die Antworten und die Nachweisquellen (zum Beispiel »verankert in einer Betriebsvereinbarung xyz«), führt einen obligatorischen Internetcheck auf relevante Posts zu ökologischen Aspekten, unter anderem bei kununu und glassdor, durch und bewertet den Status mittels HRMgreen Audit-Schema. Dann legt sie der HRMgreen GmbH das gesamte Auditergebnis als PDF vor und beantragt die Ausstellung des vorgeschlagenen Zertifikats auf der jeweils erreichten Zertifizierungsstufe.
- **Zertifizierung: Die** HRMgreen GmbH prüft den Antrag bzw. die Dokumentation und Bewertung und hält bei Fragen Rücksprache mit dem Berater.
- Bei Vorliegen der Voraussetzungen (entsprechendes Auditergebnis und durch das Unternehmen beauftragte Zertifizierung) erteilt die HRMgreen GmbH das entsprechende **Zertifikat** auf der erreichten Zertifizierungsstufe durch offizielle Übergabe an den Ansprechpartner des Unternehmens (inkl. gedruckter und elektronischer Fassung sowie inkl. Angebot der Listung auf der HRMgreen Website). Der auditierende HRMgreen Experte wird über die Zertifizierung informiert und der Vorgang ihm, soweit er offiziell gelistet ist, »gutgeschrieben« (in Form von Scoring-Punkten).

Als Hilfestellung für das Employer Branding des zertifizierten Unternehmens wird es in die Community der Green Companies eingeladen, auf den Verteiler für zukünftige Events und einen jährlichen Erinnerungsmail für die Auffrischung des Zertifikats nach zwölf Monaten genommen. Teilnahmen mit Best-Practice-Beiträgen an HRMgreen Events oder dem geplanten Open Book dieses Buches (s. »Hinweise« am Buchanfang) werden dem Unternehmen ermöglicht bzw. angeboten.

Nun ist die 4×4×4-Formel vollständig erklärt.

**Abb. 6.9:** 4×4×4-Formel von HRMgreen für die Green Company Transformation

Aus dieser einprägsamen Formel ergibt sich ein Schema für die Ist-Aufnahme, aber auch für die Planung des gesamten schrittweisen Vorgehens, das am Ende zu einer glaubhaften, weil auditierungs- und zertifizierungsfähigen Green Company führt.

## 6.7 Green House of Choice: Zielfoto für echte Green Companies

Jede Transformation benötigt Ziele, denn wenn man monatelang Arbeit in eine Veränderung stecken soll, dann braucht man klare Orientierung über die vereinbarte Richtung, um effektiv, aber auch motiviert arbeiten zu können!

In Worten ausgeführt, würde dies natürlich ein ausformuliertes Ziel sein, dass mindestens ökologische Nachhaltigkeit auf hohem Niveau und dadurch hohe Attraktivität als Arbeitgeber beinhaltet. Im Folgenden ein Beispiel für ein Green Company Projekt[134]:

**Hauptziele**
Bis 12/2024 wurde unter der Federführung der Personalabteilung eine erfolgreiche Green Company Transformation umgesetzt und eine Zertifizierung durch die HRMgreen GmbH als »Green House of Choice« erfolgreich absolviert.

Dadurch wurden die gesetzlichen Pflichten und die Forderungen unserer Stakeholder erfüllt sowie die Attraktivität als nachweisbar ökologisch agierender Green Employer signifikant gesteigert und die Suche nach bzw. die Bindung der ökologisch sensiblen Talente maßgeblich ausgebaut.

**Unterziele**
Bis 07/2022 wurde auf Basis eines Audits der Ist-Stand analysiert und ein Green Company Transformationsprojekt geplant und durch die Geschäftsführung als Auftraggeber freigegeben.

In Jahresschritten wurden folgende HRMgreen Ausbaustufen erfolgreich und zertifizierungsfähig optimiert:
- bis 12/2022 HRMgreen intern
- bis 12/2023 HRMgreen Concepts

134 Methodenkompetenzen in Projekt- und Change-Management kann man sich im HRMgreen Training zum HRMgreen Manager bzw. zur HRMgreen Managerin erwerben, mehr dazu auf der Academy-Seite von HRMgreen.

Bis 07/2025 wurde die unternehmensweite Green Company Initiative durch die erfolgreiche Leitung des Teilprojektes Communication & Change maßgeblich mit zum Erfolg geführt und damit die Change-Management-Kompetenz von HR im Unternehmen erfolgreich unter Beweis gestellt.

Bis 12/2024 wurden dem Auftraggeber mindestens fünf HRMgreen World-Initiativen vorgeschlagen und die beauftragten Initiativen bis 12/2025 erfolgreich umgesetzt bzw. ins Leben gerufen und für einen stetigen Betrieb in der Belegschaft erfolgreich etabliert.

Als Nebeneffekt wurde die Digitalisierung und Modernisierung der Organisation in den im Digitalisierungsprojekt definierten Zielen erfolgreich vorangetrieben.

Einsparungspotenziale durch die Verringerung des Ressourcenverbrauchs wurden im Rahmen einer ROI-Berechnung sichtbar gemacht und den Investitionen des Projektes gegenübergestellt. Dadurch konnten die Investitionen auf eine Laufzeit von fünf Jahren amortisiert, auf längere Sicht als Einsparerfolg verbucht werden.

Im Rahmen eines professionellen Projektmanagements wurden alle Maßnahmen systematisch geplant, gesteuert und in »Time and Budget« umgesetzt und so dem Management die Professionalität der HR-Organisation in komplexen strategisch relevanten Vorhaben bewiesen.

**Green Company Tipp** !

Bilder besitzen noch mehr Kraft zur Orientierung als Worte allein, weil sie sich wie ein echtes Zielfoto vor dem geistigen Auge manifestieren und noch besser erklären, was am Ende des Weges erreicht sein soll.
Ziele sollen Ergebniszustände in der Zukunft beschreiben. Das kann man wie am obigen Beispiel gesehen auch mit Worten tun. Aber wäre es nicht viel besser, Kandidatinnen und Kandidaten sowie Mitarbeitenden ein Bild zeigen zu können, auf dem der ökologisch nachhaltige Zustand eines Unternehmens grafisch aufbereitet zu sehen ist? Ein Bild, das das Unternehmen darstellt in einem Zustand, in dem alle Initiativen und Projekte erfolgreich geschafft worden sind? Das Bild würde praktisch einen kleinen mentalen Zeitsprung ermöglichen: Schau mal, so sieht unser Unternehmen aus, wenn unsere Green Company Transformation erfolgreich geschafft wurde!
Zwischenschritte und -ergebnisse könnten noch einmal in Ausbaustufen des Hausbildes aufgezeigt werden, damit zeitlich näher terminierte Zwischenerfolge noch greifbarer werden. So kann man die Reise starten und unterwegs immer wieder innehalten und Erfolge feiern. Mit Erfolgsgeschichten hält man die Aufmerksamkeit und den Schwung für den weiteren Weg hoch (mehr zu Storytelling im Rahmen des Employer Brandings in Kapitel 10.3; Storytelling ist aber auch ein Erfolgsfaktor für ein gelungenes Projektmarketing).

Auf der Suche nach einem geeigneten Zielbild habe ich mich entschieden, ein von mir seit einigen Jahren verwendetes Modell »ökologisch weiterzuentwickeln«, das »House of Choice«[135]. Dieses Modell bietet eine ganzheitliche Beschreibung für ein modernes Leistungsspektrum einer Personalabteilung, das gleichzeitig alles beinhaltet, was Kandidatinnen und Kandidaten sowie Mitarbeitende benötigen, um sich wohlzufühlen, motiviert und erfolgreich ihren Job machen zu können und lange engagiert im Unternehmen bleiben zu wollen. Das House of Choice, das Unternehmen der Wahl, ist also ein Bindeglied zwischen modernem HR-Management, Mitarbeiterbindung und hoher Performance.

In HR-Strategie-Workshops verwenden wir es als Struktur, um alle bestehenden und noch strategisch notwendigen neuen HR-Leistungen zuzuordnen. Das vollständige Bild ist dann das Zielfoto für eine HR-Transformation.

In HR-Transformationsprojekten wird aus dem allgemeinen Erklärungsbild des Hauses ein auf das jeweilige Unternehmen zugeschnittenes Bild. Darin werden alle HR-Leistungen benannt, die die Personalabteilung entweder schon leistet oder in Zukunft noch etablieren wird. Diese House-of-Choice-Bilder

- werden dann in der Personalgewinnung Kandidatinnen und Kandidaten erklärt (»Schau mal, was wir alles für unsere Mitarbeitenden tun«),
- dienen der Erinnerung von Führungskräften und Mitarbeitenden, was HR alles Tolles betreibt (»Von wegen, wir machen ja nichts außer Payroll, komm mal mit ans Poster, aber nimm dir einen Drink mit, die Reise durch unser HR-Haus dauert länger«), und
- helfen oft gegenüber dem Management zu rechtfertigen, warum HR sowohl personell als auch budgetär nicht zu dünn aufgestellt sein sollte (»Sehen Sie selbst, liebe Geschäftsführung, wenn wir diese ganzen tollen Beiträge zur erfolgreichen Umsetzung der Unternehmensstrategie weiter betreiben sollen, dann braucht es eben auch ein paar Hausangestellte und Haushaltsgeld«).

135 Prieß (Hrsg.) (2016, S. 83 ff.

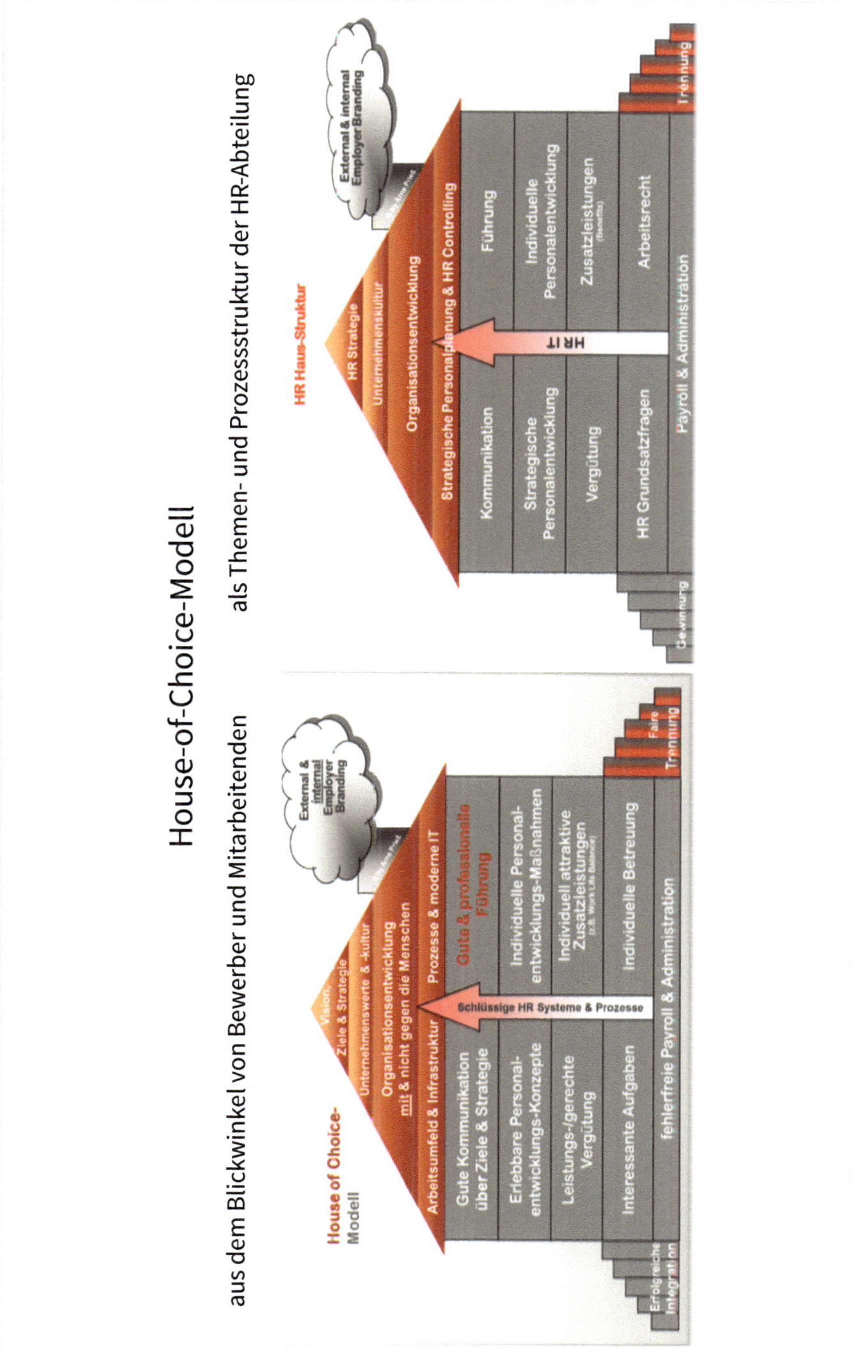


**Abb. 6.10:** House-of-Choice-Modell aus zwei Blickwinkeln dargestellt

Weil dieses Hausbild als Story für ein attraktives Unternehmen super funktioniert (wer will nicht in einem Unternehmen arbeiten, bei dem alles so gut bestellt ist, dass man sich nicht nur wohlfühlt, sondern auch richtig Bock zum Arbeiten hat und seinen beruflichen Weg erfolgreich gehen kann), war es naheliegend, darauf aufzusetzen, es aber natürlich für die Belange einer Green Company Transformation weiterzuentwickeln. Mit dem Green House of Choice will ich nun die ökologische Version eines attraktiven Unternehmensbildes anbieten. In diesem Haus müssen alle Themen und Prozesse einen Platz finden können, die es braucht, um ein attraktiver, weil ökologisch verantwortlich agierender Arbeitgeber zu sein.

Genau wie oben erklärt, gibt es auch vom Green House of Choice eine allgemeine Erklärungsversion (siehe Abb. 6.11). Und im Rahmen von Green Company Transformationsprojekten entstehen jeweils zugeschnittene Darstellungen, je nachdem, was das jeweilige Unternehmen plant zu entwickeln und zukünftig ökologisch nachhaltig zu betreiben.

Auch im Green-House-of-Choice-Modell finden sich die vier Ausbaustufen wieder (vgl. Tab. 6.2).

| | |
|---|---|
| **Ausbaustufe 1: HRMgreen intern** | Fundament (Resource-saving Administration) |
| **Ausbaustufe 2: HRMgreen Concepts** | Eingangstreppe (verschiedene Bausteine von Recruiting & Integration)<br>• Fahrstuhl (Modular HR IT)<br>• Erdgeschoss (Green Contracts & Policies, Hybrid Office & Online Cooperation)<br>• 1. Stockwerk (Green Behaviour Incentives, Green Benefits)<br>• 2. Stockwerk (Green Skills, Green Trainings)<br>• 3. Stockwerk (Green Communication & Employer Branding, Green Leadership Skills)<br>• Ausgangstreppe (verschiedene Bausteine von Separation) |
| **Ausbaustufe 3: Green Company** | Dach des Hauses (Good Planning instead of Waste, Green KPIs, Green Company Transformation in allen Funktionsbereichen, Green Culture und Green Vision) |
| **Ausbaustufe 4: Green World** | Grüne Wolke am Schornstein (Green World Initiatives) |

**Tab. 6.2:** Ausbaustufen und die dazugehörigen Bestandteile des Green-House-of-Choice-Modells

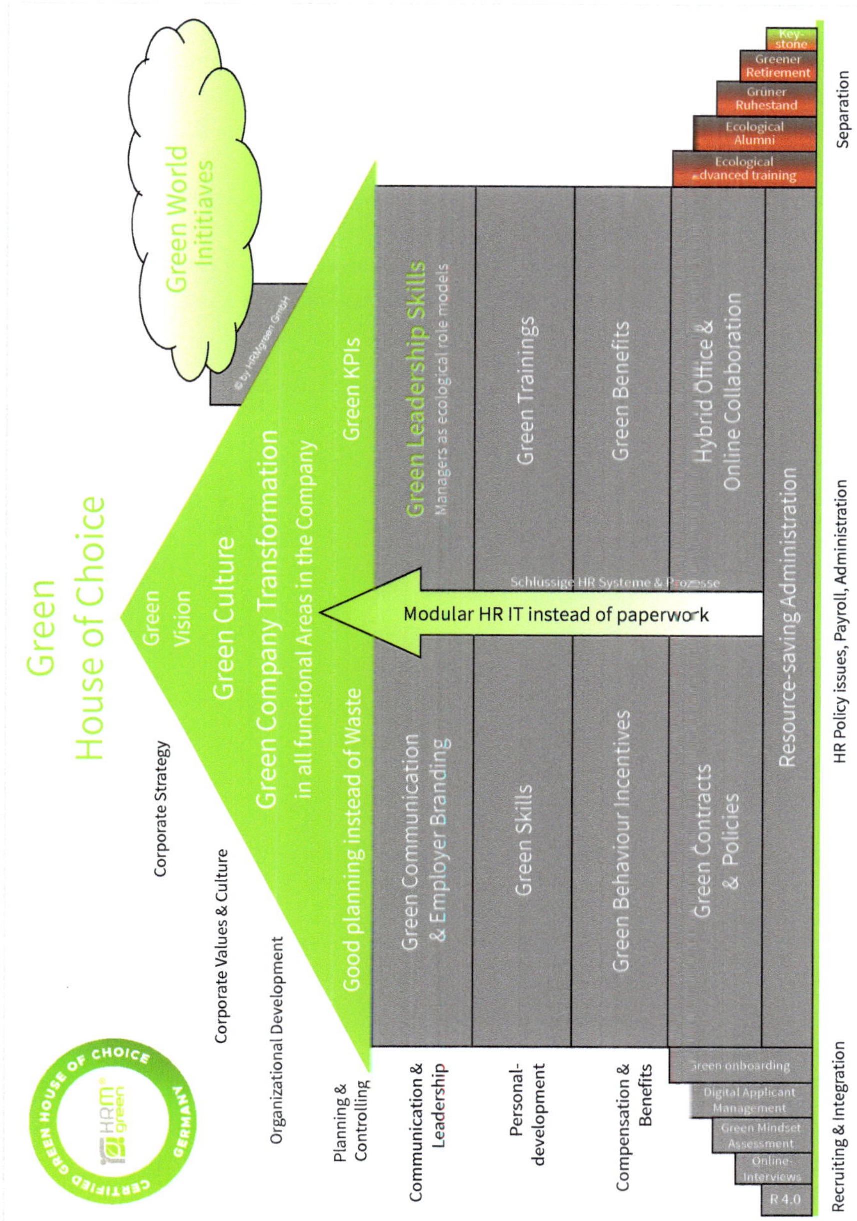


**Abb. 6.11:** The Green House of Choice[136]

136 Copyright by Arne Prieß, HRMgreen GmbH; die englischen Bezeichnungen dienen der breiteren Nutzbarkeit auch in international agierenden Personalabteilungen.

Die einzelnen Bestandteile des Green House of Choice finden sich auch im Audit-Tool wieder. Hier werden sowohl die Ausbaustufen als auch die Themenfelder des Hausbildes als Zuordnungskriterien verwendet. Insgesamt also eine durchgehende Story, die sich immer wieder auf einen konzeptionellen Pfad zurückführen lässt.

So, wie ein Hausbau ausgehend vom Fundament über die Räume als Rohbau, dem Dach oben drauf und dann mit Solaranlagen und insektenfreundlichem Garten drum herum gestaltet werden würde, so beginnt auch eine Green Company Transformation zunächst im Fundament und arbeitet sich dann langsam im Green House of Choice mit den vier Ausbaustufen nach »oben«.

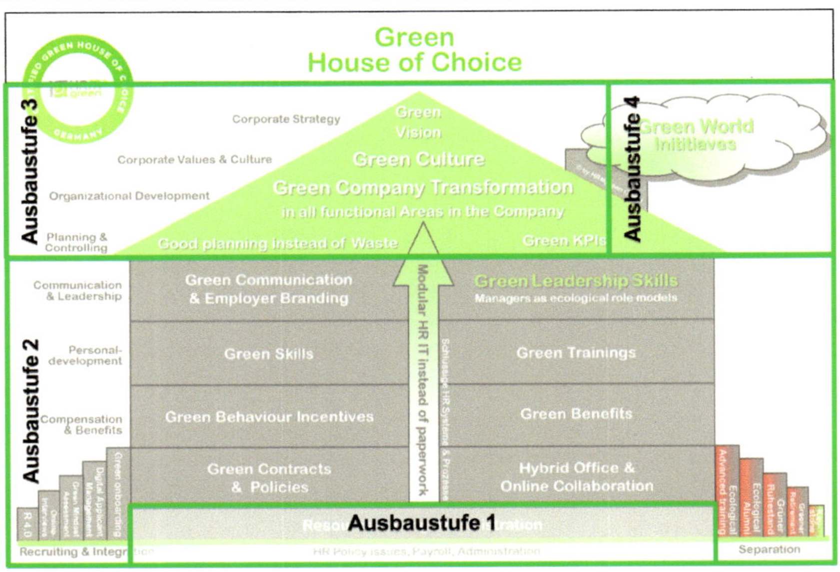


**Abb. 6.12:** Green House of Choice und die vier Ausbaustufen

# 7 Konkrete Lösungsideen für das Green House of Choice

Arne Prieß

Lasst uns nun auf die Reise gehen, ein Unternehmen schrittweise zu einem Green House of Choice zu trimmen. Welche konkreten Optimierungen in Prozessen und Verhalten der Mitarbeitenden könnte man vornehmen, welche ökologisch nachhaltigen Konzepte kann man aufsetzen und an welchen Hebeln und Stellschrauben sollte man ansetzen, um ein Unternehmen im Kampf gegen den Super-KAU besser zu wappnen? Das sind genau die Fragen, die wir nun beantworten wollen.

## 7.1 Der REM-Filter: 3 Hebel und 12 Schrauben gegen den Super-KAU

Beginnen wir mit den Hebeln und Stellschrauben. Im Kapitel 2 habe ich die dramatischen Herausforderungen mit dem Begriff Super-KAU zusammengefasst. Zugegeben, plakativ und vereinfacht angesichts der Komplexität der Probleme, aber man muss schwierige Themen einfach beschreiben, damit man sie bearbeiten und auch anderen erklären kann. In Kapitel 3 und 4 haben Oliver Messner und Maria Hörhold ja deutlich mehr Tiefgang in die Problematik gebracht.

Aber was könnte man gegen die drei Megaherausforderungen tun? Wo sollte man anfangen und wie bewahrt man sich davor, sich nicht in der Vielfalt der möglichen Maßnahmen zu verzetteln? Um auch hier die Antwort plakativ zu gestalten, habe ich drei große Gegenpole für die globalen Katastrophentreiber benannt, ich nenne sie den **»Lösungs-KAU«.** Dieser beinhaltet:

- Klimaschutz (Emissionen reduzieren)
- Artenschutz (Ressourcenverbrauch reduzieren)
- Umweltschutz (Müll reduzieren)

Der Kampf, den es zu gewinnen gilt, heißt also **»Lösungs-KAU vs. Super-KAU«**. Zugegeben, ist jetzt kein Titel für den nächsten Marvel-Film, der müsste dann wohl »End-Endgame«[137] heißen. Für diesen Endkampf, und so kann man angesichts der Tatsache, dass es bereits fünf Minuten nach zwölf ist, das Gefecht wohl nennen, brauchen wir Waffen. Schön wären nun natürlich irgendwelche Superkräfte, die den ganzen Schla-

137 Für die Nicht-Marvel-Gucker: »Avengers – Endgame« war der letzte Film einer langen Reihe, in der alle Marvel-Superhelden gemeinsam den Kampf gegen den Bösewicht angetreten und gewonnen haben. Kam 2019 in die deutschen Kinos.

massel mit einem Schwenk des Elderstabs[138] wieder in Ordnung bringen. Haben wir aber nicht! Deshalb müssen wir wohl mit kleinen, mittleren und großen Maßnahmen Schritt für Schritt, aber dennoch so zügig, wie es eben geht, alles, was wir heute tun, auf green umkrempeln.

Meine erste und am vielfältigsten einsetzbare Waffe für diesen Kampf heißt »REM«, genauer gesagt, REM-Filter. Dieser hat drei große Hebel und darunter jeweils vier, in Summe also zwölf Stellschrauben. Diese sind in Tabelle 7.1 aufgeführt.

| **1. Ressourcenverbrauch reduzieren** | **2. Emissionen reduzieren** | **3. Müll reduzieren** |
|---|---|---|
| 1. Papierverbrauch<br>2. Büromittelverbrauch<br>3. Energieverbrauch (Strom, Heizung etc.)<br>4. Wasserverbrauch | 1. Mobilitätsemissionen<br>2. Transportemissionen<br>3. Heizungsemissionen<br>4. Druckeremissionen | 1. Arbeitsmüll[139]<br>2. Plastikmüll<br>3. Elektroschrott<br>4. Datenmüll |

**Tab. 7.1:** Die drei Hebel des REM-Filters

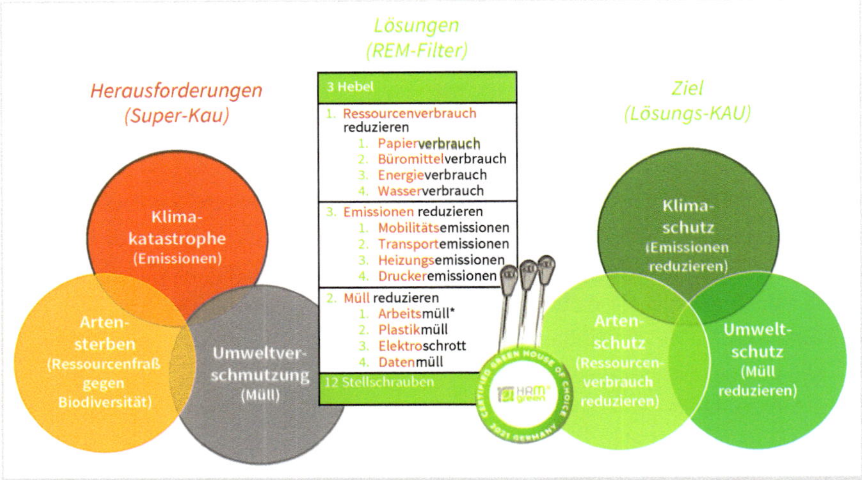


**Abb. 7.1:** Mit dem REM-Filter vom Super-KAU zum Lösungs-KAU

In unseren Green Company Transformationen bildet der REM-Filter den Kern der meisten Workshops. In diesen arbeiten wir mit repräsentativen Gruppen aus Abteilungen

138 Mächtigster Zauberstab aus den Harry-Potter-Büchern.
139 Unnötige (weil unbedachte, wegen schlechter Planung entstandene) Arbeit und der damit verbundene Ressourcenverbrauch.

an allen Leistungen und Prozessen. Dabei ist es egal, in welchem Funktionsbereich er eingesetzt wird.

Vereinfacht gesprochen, schieben wir einen alten Leistungsprozess oder Konzepte und Tools links in den REM-Filter rein und nutzen die Hebel und Stellschrauben, um Potenziale für eine ökologisch nachhaltige Arbeitsweise zu entdecken. Rechts kommt dann ein »grüner Prozess« bzw. ein »grünes Konzept/Tool« wieder raus. Mal gelingen mit den Teams, mit denen man den REM-Filter anwendet, ganz große Reduktionen, mal sind es kleinere. Das Ausmaß an ökologischer Optimierung kann dabei durch die Berücksichtigung folgender Tipps positiv beeinflusst werden. Die Gruppe, mit der man den REM-Filter anwendet, sollte:

- fachlich den jeweiligen Prozess bzw. das Leistungskonzept gut kennen;
- möglichst divers zusammengesetzt sein (zum Beispiel seniore und juniore sowie Mitarbeitende mit längerer und kürzerer Betriebszugehörigkeit, Kolleginnen aus anderen, ggf. prozessbenachbarten Abteilungen);
- einen guten Moderator mit Prozessmodulationserfahrung und RACI-Chart-[140] oder FlowChart-Anwendungskompetenz haben, der – wenn im Unternehmen vorhanden – mit Prozessmodulationssoftware umgehen kann;
- den Mut besitzen oder durch die Moderation ermutigt werden, die Hebel und Stellschrauben kräftig zu nutzen, um über die Grenzen von Gewohnheiten und Komfortzonen des bisherigen Verhaltens hinauszudenken.

**Green Company Tipp** !

REM-Workshops können

- allgemeiner gehalten werden (REM kreativ für die gesamte Abteilung genutzt) oder
- ganz spezifisch für ausgewählte Prozesse und Kernleistungen fokussiert aufgesetzt werden.

Ich möchte für die Workshopgestaltung kein Standardprozedere vorgeben, vielmehr empfehle ich, das Vorgehen der Unternehmenskultur, der vorliegenden Innovationskraft und dem jeweiligen Mandat durch das Management anzupassen.

Bei KVP-geübten[141] Mitarbeitenden kann man gleich ans »Eingemachte« gehen und sich die großen Schlüsselprozesse der Wertschöpfung einer Abteilung vornehmen bei ungeübteren Teilnehmenden sollte man am Anfang etwas allgemeiner die Optimierungsideen anregen und dann erst später in einzelne Themen tiefer einsteigen.

In jedem Fall lernen die Teilnehmenden solcher Workshops, dass bestehende Leistungen eigentlich immer Potenziale haben und die Mühe, daran zu arbeiten, immer einen Beitrag für den Lösungs-KAU liefern wird.

140 Ein Excel-gestütztes einfaches RACI-Tool ist im Shop bei HRMgreen erhältlich.
141 KVP = Kontinuierlicher Verbesserungsprozess.

**Abb. 7.2:** Prozessoptimierung durch den REM-Filter

Es ist anzunehmen, dass man regelmäßig auch bereits auf green getrimmte Prozesse erneut anschauen sollte, da technische Entwicklungen zusätzliche REM-Potenziale ermöglichen oder neue gesetzliche Vorgaben sie erzwingen werden.

Diese Regelmäßigkeit kann man etablieren, indem man allen Prozessen einen Verantwortlichen zuordnet und pro Abteilung einen REM-Beauftragten (»REM-Agent«) definiert. Dieser erhält die Aufgabe (und ggf. auch ein jährlich vereinbartes persönliches Ziel), in regelmäßigen Zyklen zusammen mit den Prozessverantwortlichen neue REM-Runden zu drehen und weitere Einsparpotenziale zu definieren.

!

**Green Company Tipp**

Als Anreiz für dieses kontinuierliche Streben nach noch mehr ökologischer Nachhaltigkeit könnte man den Abteilungen einen kleinen Teil des nachgewiesenen Einsparungspotenzials (am Jahreswert gemessen) als Budget für ein jährliches Teamevent zur Verfügung stellen. Bei diesem sollte neben dem Teambuilding und Socialising auch ein ökologisches Thema auf der Agenda stehen (siehe Beispiele in der 4. Ausbaustufe Green World, Abschnitt 7.3.4), damit der inhaltliche Zusammenhang zwischen dem »Partybudget« und Ökologie erhalten bleibt.

Bei einigen Themen sind sicher – je nach Arbeitsteilung im Unternehmen – zentrale Ansprechpartner einzubinden, beispielsweise

- bei Wasser- und Energieverbrauch sowie Umgang mit Müll das Facility Management (bzw. Verantwortliche für die Gebäudebewirtschaftung),
- bei Büromittelverbrauch etc. der Einkauf,
- bei Mobilitätsemissionen das Fuhrparkmanagement und die Verantwortlichen für Reisebuchungen.

Im nachfolgenden Kapitel schlage ich noch zahlreiche konkrete Lösungen und Beispiele vor, wie man in den vier Ausbaustufen ökologische Potenziale heben könnte. In Abbildung 7.3 habe ich mal eine erste kompakte Übersicht erstellt, was die drei Hebel und zwölf Stellschrauben konkret bedeuten könnten.

| Hebel | Beispiele, erste Ideen | |
|---|---|---|
| 1. Ressourcenverbrauch reduzieren<br>1. Papierverbrauch<br>2. Büromittelverbrauch<br>3. Energieverbrauch<br>4. Wasserverbrauch | • Effektivitäts- und Effizienzsteigerung sowie Digitalisierung der Prozesse und der eigenen Arbeitsweise und dadurch u.a.:<br>• weniger Arbeitskräfte und dadurch<br>• weniger Einsatz von Papier und Büromitteln<br>• weniger Arbeitsplätze, Bürofläche und Energie für IT/TK/Heizung/Klimaanlagen sowie Wasserverbrauch | Ökologisch nachhaltige Prozesse & Konzepte |
| 3. Emissionen reduzieren<br>1. Mobilitätsemissionen<br>2. Transportemissionen<br>3. Heizungsemissionen<br>4. Druckeremissionen | • Vermeidung von unnötigen Dienstreisen und Arbeitswegen durch virtuelles New-Work-Design<br>• Umdenken, dass emissionsarme Mobilitätwertvoller ist als Firmenfahrzeuge (als Benefit und Status symbol)<br>• Nutzung von regionalen Erzeugnissen bzw. eine Sensibilität für die Herkunft und die Bilanz eines gelieferten Produktes<br>• Kompetenzen im Umgang mit Heizen und Lüften<br>• Regeln und Sorgsamkeit bei Papierausdrucken | |
| 2. Müll reduzieren<br>1. Arbeitsmüll*<br>2. Plastikmüll<br>3. Elektroschrott<br>4. Datenmüll | • * Erkenntnis, dass unnötige Arbeit wegen mangelndem 3E (Effektivität, Effizienz und Erfolgreiches Handeln) den Anfang von mangelnder ökologischer Nachhaltigkeit bedeutet<br>• Verringerung von allen Einweg-oder kurzzeitig genutzten Plastikmaterialien, Umstellung auf nachhaltige Materialien und deren längere Verwendung<br>• Modernes, aber nachhaltiger genutztes digitales Equipment<br>• Bewusstsein, dass auch Datenverkehr, -management und -haltung Energie kostet und ein „digitaler Kehraus" Ressourcen schont | |
| Unternehmenskultur, ökologisches und betriebswirtschaftliches Bewusstsein bei Management und jedem/jeder einzelnen Mitarbeitenden | | |

**Abb. 7.3:** REM-Beispiele und erste Ideen

## 7.2 Von der Pyramide zum Diamanten – ökologisch sinnvoller Ressourceneinsatz

Das nachfolgend beschriebene Modell »Schleifen des Diamanten« in allen Fachbereichen eines Unternehmens beginnt mit einem echten Dilemma: Ein Großteil der Abteilungsressourcen wird für die operativen »Hausaufgaben« eingesetzt und mehr taktische oder gar strategische Aufgaben fallen meisten hinten runter. »Daily Work eats Strategy for Breakfast«[142], sage ich dazu gerne.

Ein Beispiel: Schon seit einigen Jahren kämpft die Personalabteilung darum, ihren Wertschöpfungsbeitrag zu erhöhen. Aber solange die Diskussion um den sogenannten HR Business Partner und andere mehr zur Wertschöpfung im Unternehmen beitragende Rollen und Aufgaben bei und durch HR bereits läuft, so lange tut sich HR

142 In Anlehnung an ein Zitat von Dr. Peter Drucker: »Culture eats Strategy for Breakfast«

auch schwer, die Vision von Dave Ulrich und Wayne Brockbank[143] erfolgreich umzusetzen. Das Problem war meist, dass man für andere, teils anspruchsvollere Aufgaben auch mehr und meist teureres Personal beanspruchen wollte. Aber hier ging die Schere von Erwartung des Managements und Bereitschaft für Budgeterhöhung dann auseinander. Nach dem Motto: »Mehr Wertschöpfung durch HR: unbedingt – mehr Budget für HR-Ressourcen: nö.« Weil HR dieses Problem nicht aktiv gelöst hatte, blieb es oft mit beiden Füßen im »Urschlamm operativer und administrativer Arbeit« stecken und konnte keine Ressourcen für strategisch wirksamere Beiträge einbringen.

Ersetzt das HR vor dem Business Partner zum Beispiel durch IT oder Financial, dann könnt ihr das Problem auf alle anderen Funktionsbereiche übertragen und seht das gleiche Dilemma. IT Business Partner »schrauben« den ganzen Tag an operativen IT-Problemen und haben keine Zeit, Unternehmensbereiche bzw. ihre Kundinnen und Kunden bei der vorausschauenden und strategisch effektiven Gestaltung ihrer IT-Konzepte zu beraten. Aber wie löst man dieses Dilemma und was hat das mit Green Company Transformation zu tun?

Beginnen wir mal mit der »klassischen« Verteilung des Ressourceneinsatzes in den meisten Abteilungen (von unten nach oben verteilt). Diese kommt einer Pyramide gleich (siehe Abb. 7.4), die aus den folgenden drei Bausteinen besteht:

- **Administration** (bei HR entspricht dies den Leistungen im Fundament des Green House of Choice)
- **Taktische Kernprozesse** (bei HR zum Beispiel das Recruiting, jährlich stattfindende und durch HR unterstützte Prozesse wie Mitarbeitergespräche, Nachfolgeplanung, Gehaltsrunden, Personalentwicklungsprogramme)
- **Strategische Beiträge** (bei HR zum Beispiel strategische Personalplanung und HR-Controlling, Beratung bei der Organisationsentwicklung und der Entwicklung einer strategisch geeigneten Unternehmenskultur, aber auch eine Modernisierung der Vergütungsstruktur oder strategische Personalentwicklungsprogramme für neue strategisch benötigte Kompetenzen fallen darunter)

Die Eigenart einer Pyramide erklärt, dass unten viel und oben wenig Volumen vorliegt, und genau das ist das Dilemma.

Die Lösung dieses Dilemmas ist: Indem man an dieser Pyramide im unteren Bereich schleift, entsteht durch das Schleifen und Anflanschen der nun zur Verfügung stehenden Ressourcen im mittleren und oberen Bereich die Form eines geschliffenen Diamanten. Alle Funktionsbereiche im Unternehmen müssen also ihre jeweiligen »HR-, IT-, Financial-, Sales-Diamanten« etc. schleifen. Und indem sie dies tun, verringern sie

143 Ulrich/Brockbank (2005); mehr dazu auch in Prieß (2016), S. 63 ff.

den Ressourcenaufwand in den administrativen operativen Prozessen. Die dadurch gewonnenen Ressourcen, seien es Stunden beim Personal oder Budget, können nun in andere taktische oder strategische Leistungen allokiert werden. Bildlich entsteht dadurch der **Funktionsdiamant**.

Der sinnbildliche Schleifprozess erfolgt durch Digitalisierung, Rationalisierung und Automatisierung. Aber auch Outsourcing und Outtasking können Lösungen sein, die eigenen Ressourcen von zu viel administrativer Arbeit zu entlasten. Danach verbrauchen die administrativen Prozesse weniger Ressourcen. Und Ressourcenverbrauch zu reduzieren, ist doch schließlich eines unserer Ziele bei einer Green Company Transformation.

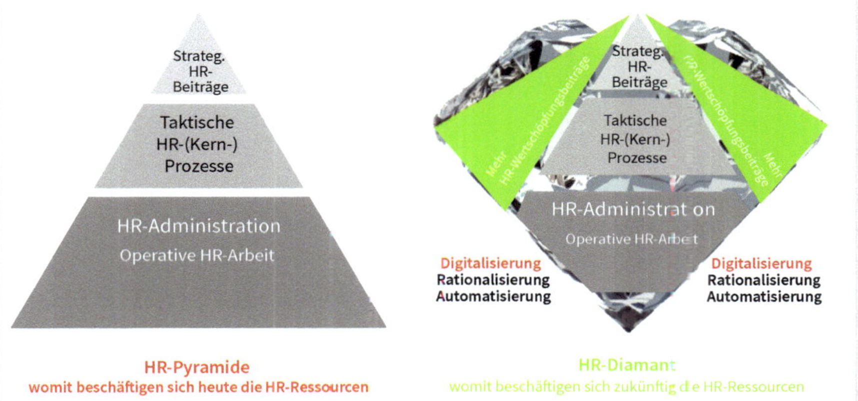


**Abb. 7.4:** Funktionsdiamant am Beispiel von HR (HR-Pyramide heute – HR-Diamant zukünftig)

**Green Company Tipp**

!

Rate mal, wem das im Unternehmen Angst macht. Genau, den Kollegen, die ihre Zeit im unteren Teil der Pyramide verbringen. Auch wenn sich die Story vom Diamantenschleifen erst mal ganz cool anhört, spätestens wenn in REM-Workshops die administrativen Prozesse optimiert wurden und in Zukunft weniger Aufwand beanspruchen werden, fragen sich die beteiligten Menschen, was sie zukünftig mit der gewonnenen Zeit anfangen sollen.
Wenn dadurch in einem ersten Schritt zum Beispiel zu viele anfallende Überstunden reduziert würden oder vernachlässigte operative Aufgaben (zum Beispiel die persönliche Betreuung der internen und externen Kundinnen und Kunden) mehr Raum und Aufmerksamkeit bekommen könnten, freunden sich die Betroffenen mit den Optimierungen durchaus an.
Wenn das Ausmaß der Ressourceneinsparung aber darüber hinausgeht, dann kommen existenzielle, von Angst getriebene Befürchtungen hoch. Und diese muss man sehr ernst nehmen, denn Veränderungen kann man nicht ohne die Menschen erfolgreich vorantreiben, die davon betroffen sind. »Betroffene zu Beteiligten machen« ist das Erfolgsprinzip.

## 7.3 Beispiele für Maßnahmen und Lösungen in den 4 Ausbaustufen

Mit der Digitalisierung, Rationalisierung und Automatisierung haben wir nun schon mal drei sehr konkrete Ansatzpunkte, um in den vier Ausbaustufen ökologische Nachhaltigkeit voranzutreiben. Outtasking und Outsourcing kämen dazu, wobei wir bei diesen Lösungen natürlich überprüfen müssen, wie grün der jeweilige Partner die Arbeit erledigt, um wirklich nachhaltig zu sein.

Zu diesen und zu weiteren Möglichkeiten folgen nun Beispiele, was man konkret tun könnte. Natürlich können die nachgenannten Beispiele keine abschließende Liste darstellen, dazu ist die Vielfalt der Möglichkeiten zu groß und sie wird sich durch neue technische und konzeptionelle Ideen und Angebote stetig weiterentwickeln. Aber den ersten Schwung möchte ich mit den nachfolgenden Abschnitten schon mal geben.

### 7.3.1 HRMgreen intern

Wenn man unserem Konzept folgend in der Personalabteilung mit der Green Company Transformation beginnen würde, dann fordert die Ausbaustufe 1 HRMgreen intern, dass HR als Erstes »vor seiner eigenen Tür kehren« muss, bevor es andere Abteilungen für ökologisch nachhaltiges Handeln beeinflussen darf/kann. Nur **Glaubhaftigkeit und positives Vorbild** für ökologische Nachhaltigkeit geben HR für die Mitgestaltung der weiteren Ausbaustufen, insbesondere der Stufen 3 und 4, den notwendigen Rückenwind und reduzieren Widerstand aus anderen Fachbereichen des Unternehmens. Das Argument »Sorgt erst mal selbst für grüne Prozesse« ist leider bei HR-Prozessen oft nicht von der Hand zu weisen. Zu viele Papieranträge und Arbeitsschritte zeichnen HR-Prozesse heute leider immer noch aus.

Wie bereits im Green-House-of-Choice-Schaubild (siehe Abb. 6.11) aufgezeigt, befinden sich HRMgreen-intern-Themen zumeist im **Fundament des Hauses** (Administration mit Sachbearbeitung und operativer Betreuung sowie verschiedene Grundsatzfragen). Hier startet aber auch der **Fahrstuhl**, denn die Stammdaten werden hier gepflegt und stehen dann (hoffentlich) über weitere Applikationen vom modularen HR-IT-System auch in anderen Stockwerken des Hauses, sprich HR-Prozessen, zur Verfügung.

Ein großer Teil der HRMgreen-intern-Maßnahmen hängt von einer erfolgreichen Digitalisierung ab. Sie ist eine robuste Vorbedingung für ökologisches Handeln im Personalmanagement, aber letztlich gilt dies in allen Fachbereichen. Denn Papiervermeidung ist wohl das offensichtlichste Ergebnis von HRMgreen-intern-Maßnahmen, bei HR, aber auch in allen anderen Abteilungen, und diese gelingt durch Digitalisierung der Prozesse nun mal am schnellsten.

Da die Digitalisierung von Prozessen ein komplexes Unterfangen ist, widmen wir diesem ein separates Kapitel, geschrieben durch zwei ausgewiesene Fachexperten des Themas (siehe Kapitel 8).

Aber vor der Digitalisierung setzen auch Rationalisierung und Effizienzsteigerung zahlreiche Potenziale für mehr ökologisches Handeln frei. An einem einfachen Beispiel möchte ich das anschaulich machen:

Wenn die Personalabteilung einer Klinik einer Ärztin, die in Teilzeit arbeitet, jeden Monat eine Gehaltsabrechnung mit 12 bis 15 Seiten, einseitig ausgedruckt und aufgrund der Papierstärke verteilt in zwei bis drei Umschlägen, zusendet, und dann etwaige Zusatzinformationsschreiben, die man gerne mal der Gehaltsabrechnung beilegt, pro Umschlag ebenfalls je einmal beilegt, also je nach Anzahl der Umschläge gleich mehrfach, dann fallen mir ad hoc einige einfache Verbesserungsvorschläge ein, um Papier zu sparen. Ich bekomme jedes Mal einen Lachanfall, wenn ich das sehe. Jedes Mal ist mir aber eigentlich zum Heulen, weil offensichtlich manche HR-Abteilungen noch mit beiden Händen Ressourcen verschwenden, als wenn es kein Morgen gäbe.

Beidseitiger Ausdruck auf dünnerem recycelten Papier in einem großen Umschlag würde bei 1.500 Mitarbeitenden schon mal eine beträchtliche Anzahl von Fichten jeden Monat sparen. Wenn man dann noch einen digitalen Zugang hätte, über den man die Gehaltsabrechnung den Mitarbeitenden jeden Monat zur Verfügung stellen könnte, wäre der gesamte Papierverbrauch für diesen Prozess auf null reduziert. Nun werdet ihr sicher sagen: »Das ist aber ein plattes Beispiel von einer rückständigen Personalabteilung«, ich aber sage, davon gibt es leider noch viel zu viele. Welcher Gedanke mir bei diesem zugegebenermaßen erschreckenden Beispiel aber viel wichtiger wäre, ist, dass man einer etwaigen noch geplanten digitalen Lösung vorab mit rationellerem Vorgehen schon eine erste ökologisch nachhaltigere Lösung vorwegschicken könnte.

Ein schlauer Manager hat mal gesagt: »Wenn Sie einen Scheißprozess digitalisieren, dann haben Sie einen scheiß digitalen Prozess.«[144] Deshalb solltet ihr euch vor jeder geplanten Digitalisierung immer Gedanken über eure Prozesse machen und diese optimieren im Sinne von rationellerem Ressourceneinsatz und erst dann über Digitalisierung nachdenken.

Benutzt dafür den oben erklärten REM-Filter in Workshops und stellt euch entlang der drei Hebel und zwölf Stellschrauben die Fragen, wo und in welcher Weise sich der jeweilige Prozess ökologisch nachhaltiger gestalten lassen würde. Dabei sei auch vorab

144 Thorsten Dirks, CEO von Telefónica Deutschland, machte 2015 auf dem Wirtschaftsgipfel der Süddeutschen Zeitung seinem Unmut über schlechte Digitalisierungsprojekte mit diesem Ausspruch Luft.

immer die Frage erlaubt: Welchen Nutzen stiftet der jeweilige Prozess überhaupt, ist dieser es wert, dass wir den Prozess betreiben? Gibt es gesetzliche Pflichten für den Betrieb des Prozesses oder hat sich der Prozess als eine liebgewonnene Gewohnheit eingeschlichen und wir haben nur vergessen zu hinterfragen, ob dem Ressourcenverbrauch ein entsprechender Nutzen gegenübersteht? So etwas bezeichne ich, wie im REM-Filter erwähnt, als Arbeitsmüll: unbedachte, schlecht geplante und unnötige Arbeit, die Zeit, Budget, Material und sonstige wertvolle Ressourcen verbraucht.

Menschen in Unternehmen und Abteilungen verstecken sich aber gerne hinter einer in den nächsten Jahren ohnehin geplanten Digitalisierung und belassen es dann bei unsinnigen Prozessen. Lohnt sich ja sozusagen gar nicht, dranzugehen, die Digitalisierung wird es dann später schon richten. Ich reagiere bei solchen »Ich verstecke mich hinter irgendwann geplanten Projekten, die alles richten werden«-Syndromen« gerne mit: Doch lohnt sich, anfangen!

Neben der Reduzierung des Verbrauchs von Papier und sonstigem Büromaterial sollte man für die übrig bleibenden unabdingbaren Mengen natürlich auch noch auf »grüne Produkte« Wert legen. Jeder Anbieter hat neben den normalen Produktlinien i. d. R. auch grüne Produkte im Angebot. Bei diesen wird auf Recycling von Papier, Kunstoffen und sonstigen Materialien (zum Beispiel wiederverwendbare Druckerpatronen) geachtet. Der etwas höhere Preis kann sicher durch einen sorgsameren Verbrauch ausgeglichen werden.

Für das Kapitel 8 wird eine Vision für digitale HR-Arbeit eine Rolle spielen: »HR-Prozesse: Frei von Ort und Zeit!«[145] Ohne dem Kapitel vorzugreifen, möchte ich diese Vision auch für die im Fundament des Green House of Choice angesiedelte Betreuung der externen und internen Kundinnen und Kunden ins Spiel bringen. Und damit stoße ich eine altbekannte Diskussion über die Frage an: Wie virtuell darf die Betreuung von internen oder externen Kundinnen und Kunden sein?

Natürlich ist eine persönliche und vor Ort stattfindende Betreuung vertrauensfördernd und aufgrund eines intensiveren Kommunikationsprozesses auch manchmal effektiver. Aber in Zeiten von digitalen Collaboration Tools, die gerade in der Corona-Pandemie einen kräftigen Schub erlebt haben, muss jede Abteilung abwägen, welche Betreuungsarbeit noch mit Dienstreisen und in geheizten und beleuchteten Räumlichkeiten stattfinden muss und welche online oder sogar durch Selfservices ausreichend professionell geleistet werden kann. Diese Gradwanderung muss man lernen und sich nicht die ökologische Optimierung durch Totschlagargumente wie »Das kann man so nicht machen, das ist nicht kundenorientiert« allzu schnell verbauen.

145 Vortrag von Ulrich Jänicke, CEO von aconso AG, in der HR FITNESS CLUB-Eventreihe im Juni 2019 im Rahmen des HR Digi-Tipps durch den Sponsor aconso AG.

Da gerade in der Administration auf skalierbare schnelle operative Arbeit Wert gelegt wird, ist bei den verantwortlichen Mitarbeitenden die Kraft der eintrainierten Gewohnheiten hoch. Unterschätzt also nie den Nachfolgeaufwand der Verhaltensänderung bei neuen digitalisierten Prozessen. So mancher druckt sich dann gewohnheitsgemäß doch noch vieles aus und legt sich Ordner an für einen gewohnten Griff hinter sich in seinen Schrank, um etwas nachzuschlagen. Deshalb muss ich an dieser Stelle ein hohes Maß an geduldiger und konsequenter Arbeit für das Erlernen und das Beibehalten neuer Prozesse und Verhaltensweisen anmahnen. Wer hier zu kurz springt, verbindet oft nur digitale Prozesse mit begleitendem (altem) analogem Verhalten. Durch die regelmäßige Messung von KPIs zu den geplanten Ressourceneinsparungen kann man dies erkennen und muss dann entsprechend geduldig, aber konsequent entgegenwirken!

Zum Abschluss dieses Kapitels liefere ich noch weitere Tipps für eine grüne Gestaltung des Fundaments des Green House of Choice.

**Ausbaustufe 1 – HRMgreen intern**[146]

**Fundament** (Administration und operative Betreuung):

- Begrenzte Budgets für Ausdrucke definieren (in der Art der $CO_2$-Zertifikate); wer mehr will, muss sich diese zusätzlich »einkaufen« bei anderen Abteilungen. Die Währung kann natürlich in Euro sein, sie könnte aber auch spielerischer in Credits sein, die zum Beispiel am Ende eines Jahres gespendet werden für Green-World-Initiativen (und anteilig in eine Green-World-Abteilungsparty fließen).
- Reminder im Druckmenü: »Bitte checke, ob der Ausdruck wirk ich nötig ist und ob du ggf. Papier vermeiden kannst durch beidseitigen oder 2-auf-1-Seite-Ausdrucke.«
- Begrenzte Ablageflächen und Ordnerschränke, mit der Absicht, mit diesem begrenzten Platz durch Vermeidung von Papierausdrucken haushalten zu müssen.
- Unterschriftenregelung »entschlacken«: Wer muss wirklich unterschreiben? Das beschleunigt Freigabeprozesse und verringert den damit oft verbundenen Ressourceneinsatz.
- Mindset bei Sachbearbeiterinnen und Sachbearbeitern für die Möglichkeiten und die Vorbildfunktion bei ökologischer Nachhaltigkeit schärfen: »Euer ökologisches Verhalten ist wichtig, weil ihr an den Kontaktflächen zu unseren internen Kunden arbeitet!«
- KPIs für ökologische Nachhaltigkeit in der Administration allen stetig transparent machen, sowohl den Sachbearbeiterinnen und Sachbearbeitern selbst als auch dem Management (als Vorbildbeweis).
- Einführung eines Sinnbilds, mit dem man ökologische Nachhaltigkeit in Erinnerung ruft und damit auch »kleine Unannehmlichkeiten« spielerisch abmildert. Bei-

146 Die Digitalisierung der Prozesse wird hier ausgespart, das wird in Kapitel 8 behandelt.

spielsweise »der kleine grüne Baum« als Figur mit Augen und einem erhobenen »Gut gemacht«-Daumen, die erscheint, wenn ein Selfserviceprozess durch Mitarbeitende genutzt werden soll, anstatt über ein Papierformular der HR-Abteilung etwas mitzuteilen oder zu beantragen. Ein solches Figürchen könnten kreative Mitarbeitende (zum Beispiel Azubis) entwerfen. In einem kleinen Wettbewerb kann man dann mit einer Jury seine Wahl treffen, der Figur einen Namen (zum Beispiel unser Greench[147]) geben und schon hat man seinen kleinen grünen Freund, der alle an das richtige Verhalten spielerisch erinnern darf.
- Regelmäßige Einbindung von externen Expertinnen und Experten für Rationalisierung und Effizienzsteigerung der HR-Administration.
- Onlinebetreuung (soweit sinnvoll) statt Standorttourismus mit Dienstreisen.

### 7.3.2 HRMgreen Concepts

Jede Abteilung in einem Unternehmen betreibt auch Prozesse, bei denen Dritte in ihrem ökologischen Verhalten beeinflusst werden könnten. Wenn man diese Prozesse in ihren zugrunde liegenden Konzepten ökologisch optimieren würde, könnte man damit direkten Einfluss nehmen auf viele Menschen im Unternehmen und außerhalb der Unternehmensgrenzen. Bei HR ist dies besonders der Fall, da viele Personalmanagement-Prozesse von Führungskräften und Mitarbeitenden umgesetzt werden. Außerhalb des Unternehmens würden zum Beispiel Kandidatinnen und Kandidaten und HR-Dienstleister beeinflusst. Auch deshalb ist der Start einer Green Company Initiative in der Personalabteilung äußerst sinnvoll.

Im Green House of Choice befinden sich HRMgreen-Concepts-Themen zumeist in der Ein- und Ausgangstreppe und den Räumen des Hauses. Sie sind die mittleren und oberen Bereiche des HR-Diamanten und bieten so die notwendigen taktischen und strategischen Wertschöpfungsbeiträge. Damit steigert HR in der Ausbaustufe 2 HRMgreen Concepts neben der ökologischen Nachhaltigkeit auch den Beitrag zum Unternehmenserfolg und somit den positiven Ruf der Abteilung. Dies gilt wie oben aufgezeigt für alle anderen Fachbereiche gleichermaßen.

Digitalisierte HR-Prozesse erleichtern auch in dieser Ausbaustufe den ressourcenschonenden Betrieb der Prozesse. Der Fahrstuhl des Green House of Choice, der im Fundament seinen Startpunkt hat, wird bei entsprechender Gestaltung sogar schon durch Daten, die im Recruiting gewonnen werden, bestückt. Und diese Informationen können dann in den verschiedenen Stockwerken des Hauses, sprich anderen takti-

147 In Anlehnung an die grüne Filmfigur, den Grinch, unter anderem in »Der Grinch« (2000) (How the Grinch stole Christmas), US-amerikanischer Spielfilm von Ron Howard.

schen und strategischen HR-Prozessen, genutzt und verarbeitet werden. So kann man zum Beispiel Vergütungstransparenz als Ausgangspunkt für Gehaltsförderungsprozesse sicherstellen, Nachfolgepläne mit Mitarbeitenden im Rahmen der strategischen Personalplanung mit Daten ausstatten oder Organigramme ableiten bei Organisationsentwicklungsmaßnahmen.

Im Bereich HRMgreen Concepts kommt zu den Möglichkeiten der Digitalisierung noch ein weiterer Aspekt hinzu, der bei der ökologischen Nachhaltigkeit beachtet werden muss: Oft sind Dienstleister als verlängerte Werkbänke eingebunden. So arbeitet man zum Beispiel im Recruiting mit Stellenbörsen, Personalvermittlern und Headhuntern sowie Personalmarketing-Agenturen zusammen. In der Personalentwicklung hat man üblicherweise externe Trainerinnen, Coaches oder Trainingsanbieter, in der Vergütung ggf. Anbieter von Benefits und in der Trennung Out-/New-Placement-Anbieter, um nur einige Beispiele zu nennen.

Auch diese Partner sind nach ökologischen Gesichtspunkten auszuwählen und auf die eigenen Ansprüche an ökologische Nachhaltigkeit zu »vergattern«. Wenn ich also in meinen eigenen Prozessen Ressourcenverschwendung vermeide, dann will ich nicht, dass meine externen Partner diese Einsparung wieder durch falsches Verhalten auffüllen. Ich muss beispielsweise meiner Personalvermittlung mitteilen, dass ich etwaige Kandidatenunterlagen nur noch digital in einer entsprechenden Form zugestellt haben möchte. Und ich muss meinem Trainingsanbieter mitteilen, dass ich Seminarunterlagen nur noch beidseitig und 2-auf-1-Seite sowie auf nachweisbar recyceltem Papier ausgedruckt haben möchte. Diese beiden Beispiele sollen zeigen, dass die ökologische Beeinflussung weit über das eigene Verhalten hinausgehen kann und muss.

Um ein konkretes Beispiel einmal durchzuspielen, benutzen wir doch mal den REM-Filter für Benefits im Unternehmen (vgl. Abb. 7.5). Schieben wir also links das bestehende Konzept bzw. Benefitangebot rein, gehen in einem kleinen Workshop mit dem REM-Filter drüber und rechts kommen Ideen für Green Benefits und idealerweise auch einen optimierten Prozess heraus.

Wichtig ist, dass es dabei nicht nur um die reinen Angebote gehen sollte, man sollte auch den ganzen Prozess der Informationen zu den angebotenen Benefits und auch den administrativen Aufwand der Bestellung und der Verwaltung der Benefits analysieren. Also nicht nur das »Was bieten wir an« bedenken, sondern auch das »Wie bieten wir es an« und »Wie kann man es bestellen und administrieren« muss durch den REM-Filter.

Ein kleines Praxisbeispiel:

Bei einem Softwareunternehmen wurde ich beauftragt, der HR-Abteilung in einem Workshop zu helfen, eine HR-Strategie für die nächsten Jahre zu entwickeln. Dazu nutzte ich ein bewährtes kompaktes Workshopdesign[148], mit dem man an einem Tag die Eckpfeiler der HR-Strategie und des zukünftigen HR-Leistungsspektrums (dargestellt im oben bereits erwähnten Modell des HR-Hauses) definieren kann. In der Lunchpause wurde ich eingeladen in das Mitarbeitenden-Restaurant, da gab es echt leckeres Essen, wahlweise auch vegan oder vegetarisch. Soweit alles gut.

Auf den Tischen lagen gut aufgemachte gedruckte und gebundene Informationsbroschüren in Hochglanzpapier zu den im Unternehmen angebotenen Benefits. Jobrad und weitere attraktive Zusatzleistungen wurden beschrieben. Auf meine Frage hin, wie Mitarbeitende bei Interesse nun an diese Zusatzleistungen herankämen, wurde mir der hauseigene administrative Prozess beschrieben. Hier arbeitete dieses Unternehmen, wie gesagt IT-Company, noch wie »anno dazumal«: Papierantrag mit mehreren Durchschlägen für zahlreiche Unterschriften verschiedener Führungskräfte, weitere ausführliche Informationen zu den jeweiligen Benefits in ausgedruckter Form usw., also ein richtig schöner Verwaltungsvorgang wie im feinsten »Bürokratenstadl«.

Neben diesen papierlastigen und aufwendigen Arbeitsschritten hatte sich die Personalabteilung aber auch die Pflicht aufgeladen, das steuerlich aktuelle Wissen zur Behandlung der Benefits im Rahmen der Payroll vorrätig zu halten. Insgesamt also ein tolles Angebot, aber mit einem völlig veralteten Bestell- und Administrationsprozess.

Nach dem Lunch ergänzten wir die HR-Strategie um einen weiteren Punkt: Digitalisierung des Benefits-Bestell- und Administrationsprozesses inkl. Informations- und Portallösung durch einen entsprechenden Anbieter[149].

REM-Filter für Benefits

Beispiele für Green Benefits:

- Digitale Portallösung für die Information über und Bestellung von Benefits
- Vegane/vegetarische Kantinengerichte
- $CO_2$-arme Mobilitätslösungen
- Jobrad und geschützter Rad-Parkplatz im Unternehmen
- Regionales Bioobst
- Gesprudeltes Wasser aus dem Wasserhahn
- Fairer und ökologischer Kaffee/Tee
- Second-hand-Bibliothek und Tauschbörsen
- Ökologisch geprüfter Wasch-& Bügelservice
- Weiterbildungen auch für die Familie zu ökologisch nachhaltigem Leben
- Erholungspauschalen geknüpft an $CO_2$-armes Reisen
- Mobiles Arbeiten mit Homeoffice

**Abb. 7.5:** REM-Filter angewandt am Beispiel Green Benefits

148 Siehe Prieß (Hrsg.) (2016), S. 42 ff.
149 Z. B. Multi Flex-Ben Portal von Bonago Incentive Marketing Group.

Auch in dieser Ausbaustufe 2 HRMgreen Concepts möchte ich in der nachfolgenden Auflistung noch weitere Ideen anbieten. Ideen für andere Fachbereiche sollten zusammen mit den jeweiligen Mitarbeitenden überlegt werden.

**Ausbaustufe 2 – HRMgreen Concepts**
**Eingangstreppe** (verschiedene Bausteine von Recruiting & Integration):

- Rein digitales Personalmarketing, »No Prints!-Gebot«
- Offline-Recruiting- und -Hochschulmessen grundsätzlich auf Sinnhaftigkeit überprüfen, ggf. auf Onlineformate wechseln
- Wenn überhaupt, nur nachhaltig produzierte Give-aways mit nachhaltigem Nutzen im Personalmarketing verwenden
- Papierlose Bewerbungsunterlagen von Kandidatinnen und Kandidaten sowie Personalvermittlern abfordern
- »Hello again«-Programme für Rückkehrer (siehe auch unten Alumni-Idee unter »Ausgangstreppe«) und Mitarbeitende-werben-Mitarbeitende-Programme aufsetzen, das spart reichlich Ressourcen im Personalmarketing
- Digitale Bewerberadministration in einem Bewerbermanagementsystem, das eine Schnittstelle zum Stammdatensystem hat
- Onlineinterviews in den ersten Auswahlschritten
- Assessment Center mit ökologischem Flair (ökologischer Bauernhof statt Gran Canaria)
- Green Behaviour & Green Skills bei der fachlichen und persönlichen Eignungsprüfung heranziehen
- Kostenerstattung bei Interviews im Unternehmen für Bewerberinnen nur für öffentliche Verkehrsmittel (Busse und Bahnen)
- Persönlichkeitsverfahren einsetzen zur besseren persönlichen Eignungsprüfung (zum Beispiel MBTI, Big Five, DISC), das spart stundenlange Offlineinterviews und liefert mehr Einblick in die Persönlichkeit, als viele Interviewfragen jemals zu Tage fördern würden
- $CO_2$-Neutralisierung für Bewerberreisen und Recruitingevents
- Vertragsangebote mit digitalen Informationen und Unterschriften, Prints nur, wo rechtlich notwendig
- Onboardingprozess »aufladen« mit allem Wissenswerten zum ökologischen Verhalten im Unternehmen

**Erdgeschoss** (Green Contracts & Policies, Hybrid Office & Online Cooperation):

- Digitales Vertragsmanagement mit digitaler Unterschrift
- Contracts, Policies, Betriebsvereinbarungen und Richtlinien unter ökologischen Gesichtspunkten aufsetzen oder nachjustieren, zum Beispiel bei Reiserichtlinien: Verkehrsmittelwahl unter Vorgaben, zum Beispiel Auto nur bis zu einer bestimmten Entfernung oder Fliegen erst ab entfernterem Ausland; Unterkunftswahl nur

in ökologisch zertifizierten Hotels, $CO_2$-Neutralisierung von Reisen (zum Beispiel durch Einsatz von Bonusmeilen)
- Betriebsrat/Personalrat und Wirtschaftsausschuss als Green-Partner und auch für entsprechende Regelungen in Betriebsvereinbarungen gewinnen
- Einführung von Homeoffice-Möglichkeiten in Verbindung mit Shared-Desk-Lösungen, damit die Büroinfrastruktur verringert werden kann (ist gleichzeitig eine gute Gegenfinanzierung für die Aufwände für Hybrid-Office-Lösungen)

**Fahrstuhl** (Modulare HR-IT):
- Grüner Strom und grüne Server
- Hardware-Recycling oder Spenden ausgedienter IT-Hardware
- Technikraum für Leihmöglichkeiten (Mikros etc.)
- Fairphones[150] statt I-Phones
- Regeln zum Ressourcenverbrauch definieren (zum Beispiel, kein Stand-by-Modus über Nacht und Wochenende, PC und Fax vom Netz trennen)
- Karriereseite $CO_2$-neutral stellen
- Optimierungsinitiative aller IT-getriebenen Prozesse, Reduzierung der Applikationen
- Datenspeicherung in Fristen und Mengen nachjustieren und konsequent umsetzen

**1. Stockwerk** (Green Behaviour Incentives, Green Benefits):
- Green Bonus Objectives (variable Vergütung auch für das Erreichen von ökologischen Nachhaltigkeitszielen)
- Zielkonflikte bei der variablen Vergütung vermeiden (zum Beispiel großes Umsatzwachstum vs. ökologische Nachhaltigkeit, dann besser auf Gewinnwachstum setzen unter anderem durch Ressourceneinsparung)
- Ökologische Aufgaben in Stellenprofilen bei Gehaltsfindung berücksichtigen (zum Beispiel mit zusätzlichen Punkten bei Funktionsgrading-Systemen, in denen Stellen für bestimmte Kriterien Punkte erhalten und die Gesamtstellenstruktur dann nach Punkten geordnet wird)
- Grüne Prämien (Extrazahlungen für besonderes umweltschutzwürdiges Engagement auch privat, REM-Prämien für Abteilungen abhängig von KPI-Erreichung und -Einhaltung)
- Green Benefiteria (ökologische Mobilität mit insbesondere E-Autos, Jobrädern[151], öffentliche Verkehrsangebote und Car Sharing[152], regionales Bioobst statt Papaya etc.)
- Sonderurlaub für Green-World-Initiativen

150 Siehe https://www.fairphone.com/de/story/; nicht als Produktwerbung verstehen, wichtig ist die nachhaltige Produktherstellung und Langlebigkeit, die ggf. zukünftig auch andere Anbieter als Produktphilosophie haben werden

151 Für Jobrad gibt es mittlerweile steuerliche Vorteile und zahlreiche Anbieter, lokale und überregionale wie z. B. Jobrad, eurorad, lease a bike, Business Bike, mein-Dienstrad.de

152 Siehe Übersicht der Anbieter unter: https://www.carsharing-news.de/carsharing-anbieter/

- Möglichkeit für Mitarbeitende, ihre Geburtstagsgeschenke in Spenden an NGOs umzuwandeln
- Kantinenessen mit ökologischem Lerneffekt (weniger Fleisch, mehr regionale Zutaten aus biologischer Landwirtschaft, regelmäßige Veggie Days nach dem Motto »Lecker & gesund ohne Fleisch«)

**2. Stockwerk** (Green Skills, Green Trainings):

- Green Skills als Schlüsselkompetenzen (zum Beispiel Digital Collaboration, Tool-Anwenderkompetenzen für Teams, Zoom, Skype, Slack, Miro etc., Onlinemeeting-Moderationen, Hybrid-Office-Kompetenzen wie Zeitmanagement 4.0 im Homeoffice und Führen von Hybrid-Office-Teams[153], ressourcensparendes Datenmanagement)
- Freiwillige und obligatorische Green-Weiterbildungen
- Impulsvorträge online über ökologische Nachhaltigkeit
- Wo sinnvoll: digitales Lernen zur Vermeidung von Reisen und Papier
- Rein digitales Trainingsmanagement, digitale Zertifikate und Contract Management mit Dienstleistern

**3. Stockwerk** (Green Communication & Employer Branding, Green Leadership Skills):

- Virtuelle Company Communication über Intranet, Webinare, Zoom-Meetings »Meet the president«, Grundsatz »Onlinemeetings, wo immer sinnvoll« etc.
- Papierlose Regelkommunikationprozesse
- Feedbacksysteme und Mitarbeiterbefragungen durch Nachhaltigkeitsfragen erweitern bzw. dafür eigene Umfragen durchführen, anschließend auch etwaige Verbesserungsvorschläge von den Mitarbeitenden aufnehmen und umsetzen
- Green Influencern (Mitarbeitende mit besonderer Leidenschaft und Kompetenz zum nachhaltigen Lebensstil) sowohl definierte feste Rollen als auch Bühnen geben
- Green Wiki etablieren: ökologische Nachhaltigkeitstipps zum schnellen Nachlesen und -machen
- Green Company als Employer-Branding-Baustein: »Green Employer to work«
- $CO_2$-neutrale Website, insbesondere die Karriereseite muss ein Siegel für $CO_2$-Neutralität aufweisen
- Green Success Stories in den Social-Media-Kanälen nutzen, nach innen und außen wirken lassen
- Grüne Suchmaschinen nutzen (zum Beispiel statt Google lieber Ecosia, Gexsi, WWF Search, youcare, Givero, metaGer, Lilo)[154]
- Green Leadership Skills und Führungskräfte als ökologische Vorbilder
- Ökologische Nachhaltigkeit als Baustein in der Leadership-Aus- und -Weiterbildung
- Führungsziele gebunden an die ökologische Nachhaltigkeit der geführten Bereiche, wenn vorhanden, geknüpft an variable Vergütung

153 Siehe z. B. Hybrid Office Patent-Webinare von HR CONTRAST.
154 Forum Nachhaltig Wirtschaften, 03/21, Vergleich Alternativer Suchmaschinen.

**Ausgangstreppe** (verschiedene Bausteine von Separation):

- Weiterverwendung von Material ausgeschiedener Mitarbeitender (Büroausstattung, Firmenwagen, Technik etc.)
- Alumni für HRMgreen World-Initiativen: Wer ausscheidet, kann trotzdem privat an den Initiativen weiter mitarbeiten, das fördert auch die Verbundenheit und die spätere Rückkehr ins Unternehmen
- Beim Ausscheiden Übergabe von Dankesurkunden für ökologische Mitarbeit in Unternehmensinitiativen (insbesondere bei Green-World-Maßnahmen)
- Erwähnung der ökologischen Kompetenz und Engagement im Arbeitszeugnis

### 7.3.3 Green Company

Wenn ein Unternehmen sich für den Weg zur Green Company strategisch entschieden hat, beginnt eine anspruchsvolle und sensible Transformation. Hat man aber wie in unserem Konzept vorgeschlagen, mit der HR-Abteilung bereits die ersten beiden Ausbaustufen zu durchlaufen, liegen bereits Erfahrungen vor mit dem Vorgehen und den Tools. Man kann diese nun als Blaupause für andere Abteilungen verwenden.

Es braucht aber eine strategische Entscheidung der Geschäftsführung, das ganze Unternehmen ökologisch nachhaltig aufzustellen.

Häufig steht **$CO_2$-Neutralität** am Anfang und im Zentrum der Green Company Transformation, denn die Klimakatastrophe und die Auswirkungen des Green Deal sind präsent in den Medien und der Druck auf die Unternehmen wächst stetig (siehe dazu Kapitel 3.4). Aber in den ersten beiden Ausbaustufen habe ich bereits aufgezeigt, dass es unzählige weitere Möglichkeiten gibt, dem Super-KAU entgegenzutreten. Ich würde deshalb empfehlen, die $CO_2$-Neutralität als einen wichtigen Baustein zu etablieren, ihn aber nicht als alleiniges Ziel zu deklarieren, denn dieses würde die Aufmerksamkeit aller Beteiligten unnötig fokussieren und die großen und vielfältigen Herausforderungen, vor denen wir stehen, ignorieren.

Im allerschlimmsten Fall rühmt sich die Belegschaft mit einem erworbenen $CO_2$-Siegel und legt die Hände in den Schoß. Alles andere, was ein Unternehmen dann noch zum Super-KAU beiträgt, bleibt unerkannt und wird für normal befunden.

!

**Green Company Tipp**

Im allerbesten Fall läuft eine Green Company Transformation so ab: Aufgrund des positiven Beispiels von HR

1. entscheidet die Geschäftsführung, das Unternehmen zur einer Green Company zu transformieren;
2. beauftragt die Geschäftsführung dann eine Projektleitung (kann, muss aber nicht von HR kommen, wichtig ist, dass sie Durchschlagskraft, ökologische Leidenschaft und Pro-

jektmanagement-Know-how besitzt), die die Transformation systematisch plant und mit den richtigen Mitstreitern startet;
3. werden von der Projektgruppe die Blaupausen aus den Ausbaustufen 1 und 2 genutzt, um alle Fachbereiche auf green zu trimmen (hierbei sollte HR zum Beispiel moderierende Rollen einnehmen);
4. holt sich das Unternehmen bei entsprechenden Zwischenerfolgen Zertifikate ab (zum Beispiel $CO_2$-Neutralität, EMAS, ISO, Green House of Choice);
5. vermarktet die Projektgruppe die Zwischenerfolge intern und extern und gibt so der weiteren Transformation Rückenwind;
6. treibt die Projektleitung die Transformation kontinuierlich gemäß Projektplan voran, bis das Unternehmen auf einem hohen Niveau angekommen ist;
7. beginnt ab da ein ökologischer KVP, der in den jeweiligen Abteilungen verantwortet und von einem zentralen Koordinator (zum Beispiel einem green CTO = green Chief Transformation Officer oder CGCM = Chief Green Company Manager) gesteuert wird.

Die Projektgruppe benötigt natürlich entsprechende Methodenkompetenzen, allen voran Projekt- und Change Management. Denn der ganze Vorgang ist komplex und wird immer wieder auf Gegenwehr treffen bei denjenigen, die sich von alten eingetretenen Pfaden nicht verabschieden wollen oder können. Und natürlich trifft man im Unternehmen genau wie in der Gesellschaft auch auf die Leugner, die sich mit Fake News gerüstet haben, um guten Gewissens dagegen sein zu können.

Change Management scheint mir bei Green Company Transformationen die wichtigste Kompetenz zu sein, um jahrelanges Verhalten bei den Mitarbeitenden erfolgreich und nachhaltig zu verändern. Denn wir sprechen ja hier über Verhalten, das nicht nur beruflich eingeschliffen wurde. Der Mensch verhält sich auch privat ökologisch verantwortlich oder eben nicht. Wir müssen also die Menschen im Unternehmen ganzheitlich erreichen und Veränderungen nicht nur im beruflichen Kontext erzwingen, sondern intrinsisch lostreten.

Im geplanten Open Book (s. »Hinweise« am Buchanfang) erkläre ich mehr zu den wichtigsten Projekt- und Change-Management-Aspekten einer Green Company Transformation inklusive Projektstruktur-Blaupausen und zahlreichen Tipps zum erfolgreichen Change Management. In diesem Kapitel fokussiere ich mich auf das Vorgehen im Allgemeinen. Aber ein leidenschaftliches Plädoyer sei gestattet:

Wer, wenn nicht HR sollte mit Change-Management-Know-how den Weg zur Green Company beraten und begleiten? Das grundsätzliche Methoden-Know-how muss HR sich schleunigst aneignen (wenn noch nicht geschehen). In Verbindung mit dem Wissen um ökologische Nachhaltigkeit und den eigenen Erfahrungen aus den beiden ersten Ausbaustufen ist HR geradezu prädestiniert für eine aktive Mitgestaltung. Die Kombination aus kompetent und erfahren in Verbindung mit einem sicher guten Zugang zu den Mitarbeitenden ermöglicht es HR, sich richtig zu positionieren und die Transformation erfolgreich mitzugestalten. Die Leitung eines unabdingbar notwendigen Teilprojekts »Communication & Change« würde ich deshalb unbedingt einem dafür ausgebildeten Personaler übergeben.

Die 3. Ausbaustufe zur Green Company ist, wie bereits aufgezeigt, im Dach des Green House of Choice zu finden. In dieser Ausbaustufe gibt es zwei Ebenen, auf denen agiert werden sollte:

- A: Übergeordnete Themen für die ganze Company (konkrete Lösungsideen für diese Ebene siehe unten)
- B: Transformation aller Fachbereiche zu ökologischer Nachhaltigkeit nach dem Vorbild der HR-Maßnahmen in den Ausbaustufen 1 und 2

Die oberste Ebene einer potenziellen Green Company Projektstruktur könnte so aussehen, wie in Abbildung 7.6 dargestellt.

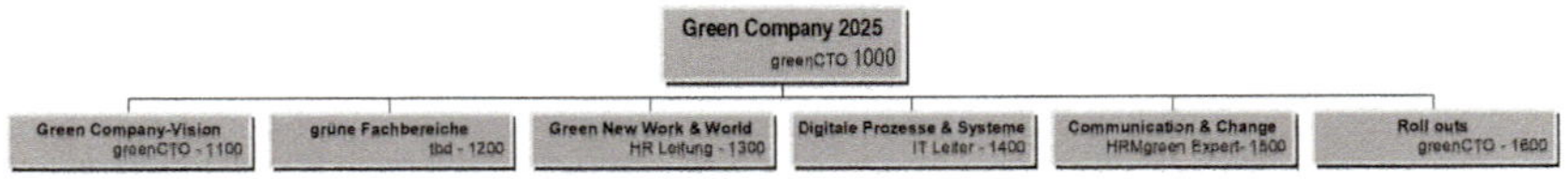


**Abb. 7.6:** Oberste Projektstruktur einer Green Company Transformation[155]

Eine kurze Erklärung zur Projektstruktur wird die Logik des Vorgehens verständlicher machen:

- Das Teilprojekt »1100 Green Vision« gibt der ganzen Transformation strategische Richtung (gehört zur Ebene A).
- Im Teilprojekt »1200 grüne Fachbereiche« werden alle restlichen Bereiche auf ökologische Nachhaltigkeit getrimmt (gehört zur Ebene B).
- Die Teilprojekte »1300 Green New Work & World« und »1400 Digitale Prozesse & Systeme« treiben Company-übergreifende Themen voran (gehört auch zur Ebene A).
- Und die Teilprojekte »1500 Communication & Change« und »1600 Roll out« sorgen dafür, dass die ganze Transformation auch verstanden, von der Belegschaft akzeptiert und mitgestaltet, aber auch systematisch und professionell ausgerollt wird.

Wem sich die kurze Erklärung nicht erschließt, dem empfehle ich die Teilnahme an einer auf Projekt- und Change Management zugeschnittenen Weiterbildung[156].

155 Im Teilprojekt 1200 grüne Fachbereiche steht tbd für »to be defined«. Die Leitung dieses Teilprojektes sollte m. E. ein eine hohe Top-Managerin übernehmen, da darunter alle Fachbereiche subsummiert werden, um ihre Aufgaben in den Ausbaustufen 1 und 2 zu übernehmen. Einen kompletten Projektstrukturplan als Blaupause liefere ich in meinen Trainings.

156 Z. B. das Training zum HRMgreen Manager bzw. zur HRMgreen Managerin in der HRMgreen Academy.

**A: Übergeordnete Themen für die ganze Company**

Für die Ebene A »Übergeordnete Themen für die ganze Company« möchte ich nachfolgend wieder Ideen und Tipps einbringen. Dabei folge ich den im Green House of Choice benannten Themen.

**Ausbaustufe 3 – Green Company**

- **Good Planning instead of Waste**
  - Optimierung aller Planungsprozesse, sowohl Business- als auch strategische Unternehmensplanung und insbesondere davon abgeleitet die strategische Personalplanung. Wie im REM-Filter aufgezeigt, verhindert gute Vorplanung unnötigen Ressourcenverbrauch. Dieser entsteht insbesondere durch Personalüberhang (man hat mehr Personal an Bord, als für die aktuelle Wertschöpfung gebraucht wird). Die Gefahr bei Personalüberhang ist, dass sich Mitarbeitende beschäftigen, damit nicht auffällt, dass ihre Aufgaben weniger benötigt werden. Aber auch Personalunterdeckung ist eine Gefahr, denn bei zu viel Überlastung agieren Mitarbeitende hektisch und denken Aufgaben nicht ausreichend vor. So entsteht ein Ressourcenverbrauch durch eine unbedachte und manchmal sogar falsche Arbeitsweise oder es wird unnötige Arbeit geleistet, ohne dass eine Wertschöpfung dabei entsteht.
  - Professionelles Projektportfoliomanagement, um Ressourcenverbrauch in schlecht durchdachten und strategisch nicht notwendigen Projekten zu verhindern.
- **Green KPIs**
  - Definition von Green KPIs im Unternehmens- und HR-Controlling. Ableitung von Kennzahlen, mit denen die erfolgreiche Umsetzung von Maßnahmen gemessen werden kann. Transparenz und Verfügbarkeit zum Beispiel in einem frei zugänglichen Green Company Cockpit im Intranet/Internet.
  - »Sportlicher Wettbewerb« unter den Fachbereichen im Unternehmen für die Einhaltung von Green KPIs etablieren.
  - Freiwillige Mitarbeit bei Green-World-Initiativen anregen (gemessen in Stunden oder % der Mitarbeitenden, die sich engagieren, kann auch dies später eine KPI sein, mit denen man sich sportlich messen kann).
- **Green Company Transformation in all functional Areas in the Company**
  - Ausbau der Organisationsentwicklungs- inkl. Change-Management-Kompetenz[157]
  - Strenge Prüfung aller Lieferketten auf ökologische Nachhaltigkeit (ggf. über das gesetzliche Maß des Lieferkettengesetzes hinaus; vgl. Kapitel 3.4.3)
  - Vorgabe, dass eigene und zugekaufte Produkte ökologisch oder Fairtrade-Produkte sein müssen

157 Z. B. durch ökologische Ausbildungen wie HRMgreen Manager oder HRMgreen Managerin durch die HRMgreen Academy oder CSR Manager/CSR Managerin.

  - Ausstattung des Unternehmens mit nachhaltig produzierter Büroausstattung und Energiesparlampen etc.
  - Dezentralisierung der Arbeitsplätze durch zum Beispiel Coworking-Möglichkeiten in mehreren Städten, um unnötige Anfahrtswege zu verringern (alternativ Ausbau der Homeoffice-Angebote)
  - Ausreichend Ladestationen und Fahrradgaragen vor dem Unternehmen und freies Parken für E-Autos auf dem Unternehmensgelände (soweit verfügbar)
  - Auswahl einer grünen Bank als Hausbank[158]
  - Anlage des Unternehmensvermögens in grüne Anlagemöglichkeiten (zum Beispiel Green Fonds)
- **Green Culture**
  - Aufnahme von Green Values in Leitbildern und damit Positionierung einer Green Culture in der Unternehmens-DNA
  - Implementierung von Maßnahmen des Corporate Gardenings (ökologisch sinnvolle Begrünung der Unternehmensflächen und Gebäudedächer) und Corporate Farmings (Anmietung von Flächen, um Mitarbeitenden den Anbau von Biogemüse zu ermöglichen) als Ausdruck, dass die Unternehmenskultur an den Gebäudegrenzen nicht aufhört
  - Etablieren der Grundeinstellung, dass man Gebrauchtes weiterverwenden kann und soll (Motto: »Gebraucht und immer noch gut!«)
  - Einrichten eines unternehmensinternen Flohmarkts für zum Beispiel überzähliges Büromaterial und Elektronik
  - Fahrgemeinschaften fördern für tägliche An-/Abfahrten und Dienstreisen
  - Vertragliche Verankerung der Möglichkeit für Mitarbeitende, nachhaltige Projekte zu unterstützen (zum Beispiel durch einen Monat Sabattical alle drei Jahre oder sogar die Gewährung von Sonderurlaub für grüne Aktionen in einem definierten Umfang)
- **Green Vision**
  - HRMgreen als festen Bestandteil der Vision, Mission und Unternehmens- sowie Fachbereichsstrategien (insbesondere der HR-Strategien) aufnehmen. Ableitung auch in den Businessplanzielen und Objectives im Management
  - Etablieren von festen ökologischen Rollen & Know-how in der Organisation

**B: Transformation aller Fachbereiche zu ökologischer Nachhaltigkeit**

Als kleine Erinnerung fasse ich für die im vorherigen Kapitel benannte **Ebene B »Transformation aller Fachbereiche zu ökologischer Nachhaltigkeit«** hier noch einmal die als »Blaupausen« bezeichneten Vorgehensweisen und Tools zusammen. Diese wür-

158 Dazu gibt es mittlerweile Artikel und verschiedene Studien im Internet, wie z. B. unter https://www.mobilebanking.de/news/studie-zur-nachhaltigkeit-das-sind-die-besten-nachhaltigen-banken.html

den in dem obigen Teilprojekt »1200 grüne Fachbereiche« in allen Fachbereichen gleichermaßen zur Anwendung kommen:

- **Vorgehensweise in den Ausbaustufen 1 und 2:** Erst die nach innen wirkenden Prozesse des Fachbereiches, danach die nach außen wirksamen Prozesse ökologisch nachhaltig optimieren.
- **Initial-Audit:** Nutzung der Auditfragen als Anregung, aber zugeschnitten auf den jeweiligen Funktionsbereich. Hier braucht es natürlich einen gewissen Transfer, das heißt. die Fragen müssen sinngerecht umgewandelt werden, ggf. sind neue Fragen zu entwickeln, die dem jeweiligen Funktionsbereich und seinem Leistungsspektrum gerechter werden.
- **4×4×4-Formel:** Anwendung der Formel (4 Ausbaustufen × 4 Bewertungsstufen × 4 Zertifizierungsstufen) auf den jeweiligen Funktionsbereich, um Ausgangspunkte in einem Auditergebnis festzulegen.
- **REM-Filter:** Durchführung von Workshops vergleichbar zusammengesetzt und im Ablauf moderiert wie die HR-Workshops, in denen Prozesse und Leistungen durch den REM-Filter mit drei Hebeln und zwölf Schrauben auf ökologische Nachhaltigkeitspotenziale überprüft werden. Eine etwaige Prozessanalyse und -modulation sollte in einem im Unternehmen definierten Standard erfolgen (zum Beispiel RACI-Chart oder FlowChart).
- **Fachbereichsdiamant schleifen:** Herausarbeiten von Digitalisierungs-, Rationalisierungs- und Automatisierungspotenzialen, um Ressourcenaufwand in der funktionalen Administrationsarbeit zu verringern und ggf. mit den gewonnenen Ressourcen die taktische und strategisch wertschöpfendere Arbeit im jeweiligen Fachbereich auszubauen.
- **HRMgreen Wheel:** Einhalten der Phasen des Rades, um einen stetigen Schwung aufrechterhalten zu können.

Für die Anwendung dieser Blaupausen sollte im Rahmen des Projektes in jedem Funktionsbereich eine Green Taskforce bzw. ein Teilprojektteam definiert werden. Diese Teams treiben dann fokussiert auf ihren jeweiligen Bereich, aber vernetzt mit den anderen die Bereichstransformation voran.

Abschließen möchte ich diese Ausbaustufe mit einem neuen Begriff, den ich erfunden habe: **greenVolution – so sportlich wie möglich, aber machbar!**

Dieser Begriff steht für einen realistischen Mittelweg zwischen einer disruptiven Revolution und einer unter den Rahmenbedingungen eines Unternehmens (zum Beispiel wirtschaftliche, kulturelle, rechtliche, Change-Management-bedingte) *maximal* schnelle Evolution zu einer Green Company.

**Abb. 7.7:** Logos der greenVolution und der Green Company Transformation

Natürlich würde die dramatische Super-KAU-Situation ein absolut sportliches Handeln im Sinne einer Revolution erfordern, hier gilt »lieber mehr Speed als weniger«. Als Mensch der Praxis weiß ich aber, dass selbst bei gutem Willen und hoher Leidenschaft in einem Unternehmen und auch in der Gesellschaft, die das Unternehmen umgibt, Mechanismen existieren, die leider – und das wird den Friday-for-Future- und Greenpeace-Aktivisten nicht gefallen – eine brachiale Revolution ausbremsen werden. Dieses Phänomen wird teilweise neurobiologisch zu erklären (siehe Kapitel 12) und teilweise durch gutes Change-Management abzumildern sein. Aber auch bei sehr geschickter und professioneller Vorgehensweise werden wir nicht durchgehend sprinten können auf dem Weg zu einer Green Company; es wird eher ein Marathon werden, bei dem wir so schnell wie irgend möglich, aber auch mit genügend Ausdauer voranschreiten müssen. Ansonsten würden wir uns so verausgaben, dass wir zusammengebrochen am Streckenrand liegen, was im übertragenen Sinne bedeutet, dass ein Unternehmen sich übernimmt bei der Green Company Transformation und im schlimmsten Falle sogar in wirtschaftliche Schieflage gerät.

Mit dem Begriff greenVolution will ich aber Unternehmen in keinem Fall die Absolution erteilen, auf Bummelkurs zu gehen, das Motto »Schaun mer mal und dann gucken wir halt« ist keine Option! Es geht mir bei der greenVolution schon um eine so hohe Geschwindigkeit, wie man sie nur hinbekommen kann, ohne ein Unternehmen so ins Wanken zu bringen, dass es am Ende in wirtschaftliche Not gerät. Denn in einer solchen interessiert die handelnden Managerinnen eine Green Company Transformation herzlich wenig. Dann wird nur der Überlebensmodus eingeschaltet und Langfristökonomie gerät völlig aus dem Blick.

### 7.3.4 Green World

Wenn Unternehmen sich auf den ersten drei Ausbaustufen professionell aufgestellt haben, sollten sie ihren Beitrag auch über die Unternehmensgrenzen hinaus leisten. Dabei muss dies nicht unbedingt nacheinander erfolgen, natürlich könnten Unternehmen schon vom ersten Tag ihrer Bemühungen auf dem Weg zu einer Green Company an auch Chancen ergreifen, die ökologische Welt über die eigenen Unternehmensgrenzen hinaus zu verbessern. Alles, was hilft, sollte getan werden!

**Green Company Tipp**

!

Achtung: Ohne im eigenen Haus nachweisbar ökologisch aktiv geworden zu sein, könnte ein Engagement auf dem Green-World-Spielfeld bei kritischer Betrachtung auch als Green-Washing-Maßnahmen interpretiert werden.
»Außen hui, innen pfui«, könnte mancher sagen, insbesondere, wenn man seine Green-World-Maßnahmen nach allen Regeln der Marketingkunst ausschlachtet. Ein solches Vorgehen wäre zu aufgesetzt und würde im Employer Branding wahrscheinlich eher zu einem »Rohrkrepierer« werden.
Deshalb empfehle ich, erst mal einige Schritte auf der Ausbaustufe 3 zu gehen und sich dann parallel der Ausbaustufe 4 zu widmen. Bei doch schon früher begonnenen Maßnahmen in der Ausbaustufe 4 sollte bei etwaigen Vermarktungsmaßnahmen aufgezeigt werden, dass man auch stramm an internen Optimierungen arbeitet. Das nimmt den »Außen hui, innen pfui«-Argumenten etwas den Wind aus den Segeln.

Im Green House of Choice ist Green World in der grünen Wolke platziert. Sinnbildlich sind mit dieser Wolke das Unternehmen und sein Engagement auch außerhalb der eigenen Unternehmensgrenzen sichtbar und sie hilft mit bei der Sicherstellung einer ökologisch nachhaltigen Welt.

Green World funktioniert regional oft durch die Kraft der eigenen Mitarbeitenden, überregional eher unter Einbindung externer Expertinnen und Experten sowie Organisationen, um deren ökologisches Netzwerk nutzen zu können. Hier braucht es Partner, wie beispielsweise für ökologische Ziele agierende NGOs oder NPOs[159], die Projekte initiieren, die man i. d. R. mit Spenden unterstützen kann.

Auflistungen von Umwelt-NGOs gibt es viele im Internet und angesichts der zunehmenden Brisanz des Themas Umweltschutz werden diese wohl nie abschließend und aktuell sein können. Dazu gründen sich gerade zu viele neue Initiativen. Besonders erwähnt sei hier natürlich B.A.U.M. e.V.[160], deren Vorsitzende Yvonne Zwick das Vorwort zu diesem Buch geschrieben hat. Nachfolgend zur Inspiration noch weitere Beispiele von im Internet gefundenen und selbst zusammengestellten Listen von NGOs (bei denen ich Überschneidungen herausgefiltert habe):

- Greenpeace, NABU (Naturschutzbund Deutschland), WWF (World Wide Fund for Nature), AVAAZ (aus dem Persischen für »Stimme«), Climate Analytics, WIN (Water Integrity Network), Bund für Umwelt und Naturschutz Deutschland e.V.[161]
- AGA Artenschutz, Aktion gegen den Hunger, aktion Tier, Albert Schweitzer Stiftung für unsere Mitwelt, animal public e.V., Bayerischer Naturschutzfonds, Bürgerin-

159 NGO steht für Non-Governmental Organizations bzw. Nichtregierungsorganisationen, darunter versteht man unabhängige, nichtstaatliche und meist international ausgerichtete Organisationen, die keine Gewinnziele verfolgen. NPO steht für Non-Profit Organization. Häufig werden diese beiden Begriffe zwar synonym verwendet, jedoch würde man NPO eher bei lokalen/regionalen Organisationen verwenden.
160 Mehr dazu unter https://baumev.de/
161 Siehe dazu https://goodjobs.eu/blog/article/7-umwelt-ngos-die-du-kennen-solltest

itiative Umweltschutz e.V., Climate KIC, Deutscher Naturschutzring, Deutsche Umwelthilfe (DUH) e.V., Deutsche Wildtier Stiftung, Die Umwelt-Akademie e.V., EuroNatur Stiftung, Friends of The Earth International, Hamburger Tierschutzverein 1841 e.V., Landesbund für Vogelschutz in Bayern e.V., Öko-Institut e.V., Oroverde, PETA Deutschland e.V., QuerWaldEin e.V., Stiftung Leben & Umwelt, Stiftung Naturschutz Berlin, Stiftung »Wir helfen dem Wald«, TERRA MATER e.V. Umwelt- und Tierhilfe, Vegetarische Initiative e.V.[162], Bookitgreen, Ecologic Institut gGmbH, energiewerk Stiftung, Germanwatch e.V.[163]
- Netzwerk grüne Arbeitswelt, UnternehmensGrün, Robin Wood, Sea Sheperd, Earth First, EuroNatur, Global2000, Rettet den Regenwald e.V.[164]
- BNW (Bundesverband Nachhaltige Wirtschaft e.V., Fridays for Future, Deutsche Klima-Konsortium, driversity, Scientists for Future (Deutschland)

Die obigen Beispiele habe ich nicht auf Seriosität und Spendenverwendung hin überprüft (zum Beispiel, ob diese zum großen Teil in den beabsichtigten Zweck investiert werden oder in der internen Verwaltung versickern).

**!** **Green Company Tipp**

Eine Prüfung, mit welchem Partner ein Unternehmen auf der Ausbaustufe 4 aktiv werden möchte, muss jeweils vom Unternehmen selbst vorgenommen werden. Ich empfehle dazu, eine kleine, für die Belegschaft repräsentative Jury zusammenzusetzen, die
1. selbst Auswahlkriterien definiert,
2. nach diesen Optionen NGO/Partner sondiert und genau prüft (inkl. persönlicher Gespräche und Internetcheck) und
3. dann der Geschäftsführung Entscheidungsvorschläge vorlegt.

So kann man etwaigen Meckereien, wenn später einmal ein ausgewähltes NGO negativ in die Presse gerät, durch die analytische Vorgehensweise bei der Auswahl etwas den Wind aus den Segeln nehmen.
Sicher macht es auch Sinn, etwaige Spenden nicht nur an einen NGO zu zahlen, sondern diese etwas breiter zu streuen.

Natürlich gehört es legitimerweise auch zum Prozess, etwaige Förderungen von ökologischen Maßnahmen und Steuerwirkungen für das Unternehmen durch den eigenen Steuerberater oder die eigene Steuerberaterin prüfen zu lassen, denn diese erleichtern eine betriebswirtschaftliche Argumentation der Ausgaben.

Neben Sponsoring bzw. Spenden gehen aber immer mehr Unternehmen dazu über, nicht nur Geld, sondern auch Leidenschaft und Zeit in konkrete Maßnahmen zu investieren: »Plumpes Greenwashing mit einmaligen PR- und Spendenaktionen war

162 Siehe dazu https://www.nachhaltigejobs.de/verzeichnis/ngo
163 Siehe dazu https://www.nachhaltigejobs.de/verzeichnis/klimaschutz
164 Siehe dazu http://www.klima-und-umweltschutz.de/umweltschutz-organisationen.html

gestern. Immer mehr Firmen unterstreichen mit langfristigen Engagements die nachhaltigen Werte ihres Unternehmens: Mitarbeitende legen ganze Wälder an und bewirtschaften Biogemüse-Parzellen, Firmen pflegen Streuobstwiesen, gründen Solarstrom-Kooperationen für ihre Dächer oder bestücken das Firmengelände mit ›smarten‹ Bienenkörben.«[165]

Die Möglichkeiten des ökologischen Engagements in Form von »Handeln statt Spenden« sind vielfältig. Der Motor des Handelns bei Green-World-Aktionen sollte idealerweise privates Engagement der Mitarbeitenden sein. Denn wer sich auch mit seiner (teilweisen oder ganzen) privaten Zeit einbringt, der erlebt die Früchte der ökologischen Maßnahmen auch intensiver und schöpft daraus eine höhere Zufriedenheit mit sich selbst und seinem Arbeitgeber. Dieser könnte sowohl mit Budget als auch mit Rahmenbedingungen (Arbeitszeit, interne Moderation, Einsteuern externer Beratung, Infrastruktur in Firmengebäuden und auf dem Firmengelände etc.) Rückenwind für die Maßnahmen geben.

Natürlich sollte das Unternehmen erlauben, die Maßnahmen insbesondere zu Beginn auch in der Arbeitszeit der Mitmachenden umzusetzen. Später empfiehlt es sich für stetig laufende Initiativen, dass die Mitarbeitenden anteilig oder sogar ganz in ihrer Freizeit aktiv werden. Wenn man dann auch noch Familienmitglieder miteinbeziehen darf, entsteht über die Unternehmensgrenzen hinaus ein soziales Netzwerk, das sich gegenseitig bestärkt.

Nebeneffekt jeder Green-World-Maßnahme ist eine Vernetzung und soziale Bindung zwischen den Mitarbeitenden in einem positiven und gesellschaftlich anerkannten Kontext. Damit kann die Bindung und Motivation der Beteiligten zusätzlich gesteigert werden.

**Green Company Tipp** !

Eine erste und sicher doppelt wirksame Maßnahme sollte sein, die Mitarbeitenden für einen ökologischen Lebensstil zu gewinnen und auszubilden. Das hat den Vorteil, dass sie als Menschen in den beiden Lebenswelten beruflich und privat gleichermaßen über Verhaltensänderungen nachdenken und sie umsetzen. Die Kraft der Veränderungen verstärkt sich dann gegenseitig in beiden Lebensbereichen. Das verhindert, dass Mitarbeitende im Unternehmen ökologisch nachhaltig agieren müssen und dann zu Hause in der Freizeit wieder in alte kontraproduktive Gewohnheiten verfallen. Aus dieser einseitigen Veränderung entstünde ein Pendel, das immer wieder in die Ausgangsposition zurückgezogen würde.

165 Siehe den Artikel »New Work meets Nachhaltigkeit« unter https://nwx.new-work.se/themenwelten/gesellschaft/new-work-meets-nachhaltigkeit-immer-mehr-firmen-setzen-sich-fur-die-natur-und-umwelt-ein?xing_share=news

Zur Ausbildung ökologischen Verhaltens können Vortragsveranstaltungen an Randzeiten (Ausklang vor dem Feierabend), Webinare, Buchgeschenke und anregende Events den Anstoß geben.

Hier drei Beispiele für Aktionen als Anregung:

- Mit einem Müllsammelevent mit »Staff&Friends&Family« mit anschließendem kleinem Happening (zum Beispiel Veggie-Grillen oder Bio-Burger mit Drinks auf dem Unternehmensgelände) kann man die Teilnehmenden anregen, den eigenen Müllverbrauch zu reduzieren und/oder private Müllsammelinitiativen zu gründen, um sich in ihrer direkten Umgebung zu engagieren. »It‹s not my garbage, but it's my planet«, las ich einmal auf einem inspirierenden Bild auf Instagram. Auf dem hatte ein junger Mann an einem Strand den angespülten Müll in zahlreiche Säcke gepackt. Das Vorher-nachher-Bild bewies eine tolle Einstellung des Akteurs, die bei solchen Initiativen ihren Anfang findet, sich dann aber sicher zu einem sorgsamen Umgang mit Müll und Natur weiterentwickelt.

**Abb. 7.8:** Privates Engagement für Umweltschutz (Bildverwendung mit freundlicher Genehmigung von Rebekka Wacker, Ottobrunn)

- Bei einem durch einen Experten geführten Corporate-Gardening-Event können die Teilnehmenden lernen, wie man den privaten Garten so anlegt, dass er nicht nur grün, sondern auch für Insekten wieder eine Heimat bilden würde. Also Steingarten ade, Naturgarten willkommen!
- Bei einer Baumpflanzaktion (»Bäumepflanzen statt Weihnachtsbaum schlagen«) im Rahmen von Teambuildings könnten die Teilnehmenden lernen, wie ein ge-

sunder Wald funktioniert, und für private Baumpatenschaften gewonnen werden (zum Beispiel mit Plant-my-tree, Planet Tree oder treedom). Hier kommt das im Kapitel 3.3.1 beschriebene Multisolving ins Spiel: ökologische Nachhaltigkeits- und Teambuildingeffekte verbinden sich hier zu einem tollen Paket!
Die Idee Klimaschutz und Teambuilding zusammenzuführen, finde ich als langjährig erfahrener Teambuilder absolut gelungen. Deshalb kann ich diese Aussagen nur bestätigen: »Wir von PLANT-MY-TREE® ergänzen das Teamevent um den Faktor Natur, wodurch Nachhaltigkeit und Klimaschutz ebenfalls in das Bewusstsein gerufen werden. Damit bekommt das Event einen ganz besonderen Flair. Es strahlt eine durch und durch positive Dynamik aus. In einer Teambuilding-Maßnahme Bäume zu pflanzen, verstärkt das Gefühl der Langfristigkeit und ebenso das Verantwortungsgefühl, weit über das Team-Event hinaus.«[166]

**Green Company Tipp** !

Bei Events jeder Art sollten Fotos des Events gemacht werden, die später dann als Erinnerung, aber auch für das Storytelling im Rahmen des Employer Brandings verwendet werden können (mehr dazu im Kapitel 10.3).
Einer oder eine der Mitarbeitenden hat fast immer Spaß am Fotografieren und kann die Rolle des Eventfotografen übernehmen. So finden Spaß im Team, Hobby und Umweltschutz zusammen zu einer Kraft mit Mehrfacheffekt.
Neurobiologisch wird das obige Vorgehen als »Erlebnismanagement« bezeichnet. Dabei verwendet man Fotos von tollen Erinnerungen an schöne Events, bei denen das Gehirn Dopamin ausgeschüttet hat. Das ist eine körpereigene Droge, hergestellt im Nucleus accumbens, die im weitesten Sinne Begeisterung auslöst. Bei späterem Betrachten der Fotos einer dopaminergen Situation schüttet das Gehirn praktisch als Erinnerungsreflex erneut Dopamin aus. Dies verleiht auch lange nach dem eigentlichen Erlebnis noch einmal Flügel im Sinne der Begeisterung. Mehr dazu im Kapitel 12.

Abschließend möchte ich auch die 4. Ausbaustufe mit einer Liste von Tipps und Ideen ergänzen (der Vollständigkeit halber etwas redundant mit den oben genannten Tipps):

**Ausbaustufe 4 – Green World**

- Sponsoring/Spenden an und Zusammenarbeit mit regionalen und überregionalen NGO-Initiativen in Projekten
- Umwandlung der üblichen Kundengeschenke (zum Beispiel zu Weihnachten) oder anteiligen Kosteneinsparungen aus ökologischen Maßnahmen in Spenden an NGOs
- Initiativen und Events mit Mitarbeitenden, Kundinnen und Kunden sowie Partnerunternehmen, zum Beispiel
  - **Corporate Farming/Gardening:**
    - Unternehmensgelände- und Dachbegrünungen

166 Siehe dazu https://www.plant-my-tree.de/teambuliding-und-klimaschutz/

    - eigener Biogemüseanbau auf angemieteten Flächen
    - Bienenstöcke auf Firmengelände
    - Streuobstwiesen auf freien Firmenflächen
  - **Photovoltaikanlagen auf dem Firmendach, betrieben durch die Mitarbeitenden als Energiegenossenschaft**
    - Aktion »Schutz der heimischen Artenvielfalt« (zum Beispiel mit Artenglück; mit dieser Initiative kann man Blühwiesen und Feldvogelfenster in der Region anlegen und Bäume im Lippischen Wald pflanzen[167])
    - Baumpflanzen statt -schlagen zu Weihnachten
    - Flächenanmietung und mit Unterstützung von Waldexpertinnen und -experten einen »Unternehmenswald« pflanzen, siehe Beispiele von:[168]
    - OMR, die auf einer Freifläche in Neversdorf bei Bad Segeberg nördlich von Hamburg zusammen mit dem Comedian Atze Schröder Eichen für den OMR-Unternehmenswald gepflanzt haben.
    - Baumarktkette Bauhaus, die versprochen hat, zu ihrem 60. Geburtstag im Rahmen ihrer Klimawald-Initiative eine Million Bäume zu pflanzen. 750.000 Setzlinge steckten zum Zeitpunkt des Artikels bereits in der Erde – an 180 Flächen bundesweit.
  - **Müllsammelaktionen**
    - Unterstützung privater Initiativen der Mitarbeitenden, die ökologisch nachhaltige Ziele verfolgen.
    - Unternehmensausflug zu Biobauern in der Region oder Projekten mit ökologischen Zielen (zum Beispiel Windparks, Wasserkraftwerke, Solarkraftwerke, Biogaswerke).
- Green-Initiativen mit anderen Unternehmen in der Region aufsetzen unter dem Motto: »Regionale Partnerschaft für eine grünere Welt«.
- Green Agents: Ausbildung von besonders leidenschaftlichen Mitarbeitenden zu Multiplikatoren für ökologische Nachhaltigkeit in der Region (diese könnten zum Beispiel Vorträge im Namen des Unternehmens in Volkshochschulen halten und damit Ökologie und Employer Branding zusammenführen).
- Ökologisches Reisen: Vorträge und Beratung für Urlaubsreisen nach ökologischen Kriterien durch ein darauf spezialisiertes Reisebüro. Etwaige Erholungsbeihilfen[169] könnten anschließend an alle Mitarbeitenden ausgelobt werden, die ihre Urlaubsreisen über dieses Reisebüro gebucht haben.
- Lieferung von Best-Practice-Beiträgen zu umgesetzten Green-World-Maßnahmen im geplanten Open-Book-Bereich dieses Buches (s. »Hinweise« am Buchanfang; bitte wenden an arne.priess@hrmgreen.com).

---

167 Siehe dazu https://www.artenglueck.de/

168 Siehe dazu https://nwx.new-work.se/themenwelten/gesellschaft/new-work-meets-nachhaltigkeit-immer-mehr-firmen-setzen-sich-fur-die-natur-und-umwelt-ein?xing_share=news

169 Mehr Infos unter https://www.bonago.de/loesungen/erholungsbeihilfe/

# 8 Möglichkeiten und Nutzen der Digitalisierung im Green House of Choice

Martin Grentzer und Ulrich Jänicke

Ohne die Berücksichtigung ökologischer Faktoren orientieren sich Möglichkeiten und Nutzen der Digitalisierung in Wirtschaft und Alltag bislang nur am Rande an Nachhaltigkeitsaspekten. Vorrangiger Sinn und Zweck des digitalen Fortschritts sind vor allem Aspekte wie Unterhaltung, Bequemlichkeit und Sicherheit. Zudem werden Digitalisierungsvorhaben durch kurzfristige finanzielle Gewinne dominiert. Betrachtet man den digitalen Wandel jedoch durch die grüne Brille der digitalen Transformation, werden einem die Chancen der Green Company Transformation für unser Ökosystem erst bewusst.

Bezug nehmend auf das »Green House of Choice« (siehe Kapitel 6.7) kann digitale Technologie gerade im HR-Bereich zu nachhaltig umweltschonenden Prozessen führen. Beginnt man in Ausbaustufe 1 des Green House of Choice, welche die Resource Saving Administration und den Ausgangspunkt jeglicher modularer HR-IT umfasst, werden das Potenzial der Digitalisierung bereits an der Basis der Personalarbeit und dessen erhebliche ökologische Vorteile erkennbar. Überträgt man dann diesen Einsparungseffekt auf die anderen Funktionsbereiche im Unternehmen im Rahmen der 3. Ausbaustufe der Green Company, so wird schnell sichtbar, dass auch hier die administrativen Aufgaben oft vergleichbar zu HR noch sehr ressourcenverbrauchsintensiv ablaufen.

Aber bleiben wir beim Beispiel einer HR-Abteilung, da das vorgestellte Green Company Transformationskonzept ja vorschlägt, HR als Pilotbereich als Ersten green aufzustellen: Bewältigt man das Tagesgeschäft in der HR-Administration ohne digitale Unterstützung, bindet das nicht nur eine Menge personeller Ressourcen, Zeit und Kosten, es werden auch eine Vielzahl ökologischer Minuspunkte gesammelt. Das Bearbeiten und Koordinieren der täglichen Anliegen der Mitarbeitenden wird in vielen Unternehmen noch in physischer Form, also auf Papier dokumentiert. Die personalseitige Betreuung aller Mitarbeitenden bis hin zur Beratung und Beantwortung aller personalrelevanten und arbeitsrechtlichen Fragen basiert in den meisten Fällen auf HR-Dokumenten und Mitarbeiterdaten, die HR händisch aus den Papierakten der Mitarbeitenden suchen muss. Da bleibt oft keine Zeit, über mögliche Optimierungen des ökologischen Fußabdrucks der Personalabteilung nachzudenken. Aufgaben wie die Erstellung personalwirtschaftlicher Statistiken zum Papierverbrauch oder Analysen wichtiger ökologischer Kennzahlen bleiben dabei häufig auf der Strecke.

Bedient man den üblichen Weg der physischen HR-Administration, ist man die meiste Zeit damit beschäftigt, HR-Dokumente auf Papier auszudrucken und per Post an Mitarbeitende zu versenden. Was hier an ökologischen Minusfaktoren produziert wird, will man sich in Großunternehmen und Konzernen gar nicht vorstellen. Von Kosten für Papier und Strom des Druckers bis hin zum $CO_2$-Ausstoß der Postzustellungen – die Umwelt wird mit jedem nicht digitalen HR-Prozess erheblich belastet.

Bedient man sich aber der Digitalisierung, vor allem was die umweltstrapazierenden papierbasierten HR-Prozesse angeht, können diese ganz einfach und vor allem umweltschonend in die digitale Welt übertragen werden. So können HR-Dokumente in nur wenigen Sekunden erstellt und zeitgleich digital an die Mitarbeitenden kommuniziert werden, ohne dass Unmengen an Druckerpapierverbrauch (das ja auch erst energieintensiv und ressourcenverbrauchend hergestellt werden musste), Druckeremissionen und $CO_2$-Ausstoß für den Postversand produziert werden. Alle digital erstellten HR-Dokumente lassen sich zudem in den digitalen Personalakten ablegen.

Die Kombination aus digitaler Dokumentenerzeugung und Dokumentenmanagement mit dem digitalen Versand von Personalunterlagen und der digitalen Steuerung und Koordination von HR-bezogenen Aufgaben umfasst nur einen Bruchteil der ökologischen Belastungsfaktoren, die bei physischer HR-Arbeit produziert werden würden. Zudem können digitale HR-Prozesse in die digitale Architektur des Unternehmens integriert und damit vielseitig mit anderen digitalen Prozessen verknüpft werden. So profitiert nicht nur die Umweltbilanz des Unternehmens von der Digitalisierung, auch für Mitarbeitende birgt der digitale Wandel langfristig viele Vorteile, insbesondere in Bezug auf Arbeitserleichterung und Prozessgeschwindigkeit.

## 8.1 Digitalisierung als ökologischer Nachhaltigkeitsmotor

Um die Frage, wie umwelt- und ressourcenschonend Informations- und Kommunikationstechnik eigentlich ist, in den Fokus zu rücken, bedarf es eines Blicks auf die Nachhaltigkeit der Digitalisierungsvorhaben. Dabei spielen zum einen Faktoren wie die Optimierung des Ressourcenverbrauchs während der Herstellung und des Betriebs eine wichtige Rolle. Zum anderen muss die Entsorgung neuer Technologien beleuchtet werden.

Digitale Nachhaltigkeit sieht vor, dass digitale Wissensgüter ressourcenschonend hergestellt, frei genutzt, kollaborativ weiterentwickelt und langfristig zugänglich gesichert werden.[170] Dabei beschäftigt sich digitale Nachhaltigkeit mit der Frage, wie in

170 Siehe dazu http://www.digitale-nachhaltigkeit.unibe.ch/forschung/digitale_nachhaltigkeit/index_ger.html

der heutigen, durch Digitalisierung geprägten Gesellschaft ein ethisch verantwortbarer Umgang mit digitalen, immateriellen Gütern möglich ist.[171]

Digitale Ressourcen werden dann nachhaltig verwaltet, wenn ihr Nutzen für die Gesellschaft maximiert wird, sodass die digitalen Bedürfnisse gegenwärtiger und zukünftiger Generationen gleichermaßen erfüllt werden. Der gesellschaftliche Nutzen ist dann maximal, wenn die digitalen Ressourcen der größten Anzahl von Menschen zugänglich und mit einem Minimum an technischen, rechtlichen und sozialen Restriktionen wiederverwendbar sind. Digitale Ressourcen sind Wissen und kulturelle Artefakte digital repräsentiert als Text, Bild, Audio, Video oder Software.[172]

Digitale Nachhaltigkeit umfasst auf der Mikroebene offene Speicherformate und Softwaresysteme. Das ermöglicht freien Zugang zu digitalen Ressourcen und Gütern für möglichst viele Menschen und sichert eine Form der digitalen Gerechtigkeit und globalen Teilhabe.[173] Dabei muss zusätzlich gewährleistet sein, dass Informationen sicher vor Manipulationen sind und dass bei vertraulichen Angaben der Datenschutz gewährleistet ist. Auch braucht es für die nachhaltige Entwicklung unserer Wissensgesellschaft auf Makroebene die geeigneten Strukturen und Regeln, sodass Abhängigkeiten von Firmen und Staaten reduziert und Innovation und Wettbewerb bei Informations- und Kommunikationssystemen gefördert werden.[174]

Digitale Nachhaltigkeit bedeutet auch, dass der digitale Wandel Menschen in ihrer individuellen Entfaltung unterstützt. Das ist unabdingbar verknüpft mit der Freiheit, Selbstbestimmung, Sicherheit und Gesundheit der Menschen. Diese Ziele sind damit auch im digitalen Wandel zentral. Digitale Innovationen sollen diese Ziele unterstützen und müssen so entwickelt werden, dass sie keine gegenläufigen Auswirkungen haben. Gleichzeitig muss digitale Technologie der Gesellschaft dienen. Digitale Innovationen können entscheidende Beiträge zur Umsetzung globaler Nachhaltigkeitsziele leisten. Dabei ist gesellschaftlicher Zusammenhalt ein Wert, an dem sich auch die Digitalisierung messen lassen muss. Gesellschaftlicher Wohlstand und Teilhabe sowie Wettbewerbs- und Innovationsfähigkeit durch Digitalisierung bereiten dafür eine Grundlage. Der digitale Wandel soll dem Erhalt der natürlichen Lebensgrundlagen dienen und darf dem nicht entgegenstehen. Das bedeutet, dass natürliche Ressourcen, Ökosysteme und ihre Artenvielfalt sowie das Klima geschützt werden. Digitalisierung soll dabei unterstützen, Ökonomie und Ökologie miteinander zu vereinbaren.[175]

171 Siehe dazu https://digitale-nachhaltigkeit.net/
172 Ebd.
173 Siehe https://www.estandards-mittelstand.de/blog/digitale-nachhaltigkeit/
174 Forschungsstelle Digitale Nachhaltigkeit, 2017, abrufbar unter: https://www.digitale-nachhaltigkeit.unibe.ch/forschung/digitale_nachhaltigkeit/index_ger.html
175 Siehe dazu https://www.bmbf.de/bmbf/de/forschung/umwelt-und-klima/digitalisierung-und-nachhaltigkeit/digitalisierung-und-nachhaltigkeit_node.html

Digitale Nachhaltigkeit im Überblick[176]:

- Reduktion des Energie- und Materialverbrauchs bei der Herstellung von Hardware und Software
- Freie und Open-Source-Software: Abschaffung von herstellerspezifischen Lizenzen, Herstellerbindung und Hardware-/Software-Kopplung
- Green Hosting: Erneuerbare Energie für das Hosting von Rechenzentren
- Stromeinsparung durch sinkende Energieintensität pro Rechenleistung und verbesserte Strommanagementsoftware
- Verlängerung der Lebensdauer von Hardware fördern
- Entsprechend umweltfreundliche Entsorgung der Hardware
- Reparaturkultur: Reparaturfreundliches Produktdesign, einfacher Zugang zu Ersatzteilen und Erhalt der Garantie auch bei Reparatur
- Recyclingfähigkeit sollte bereits beim Design mitgedacht werden, um zum Beispiel Metalle beim Recycling extrahieren zu können

Dem Hauptgutachten des Wissenschaftlichen Beirats Globale Umweltveränderungen (WBGU) »Unsere gemeinsame digitale Zukunft« ist zu entnehmen, dass Digitalisierungsprozesse heute eher als Brandbeschleuniger bestehender nicht nachhaltiger Trends wirken und der Übernutzung natürlicher Ressourcen und wachsender sozialer Ungleichheit in vielen Ländern dienen.[177]

Die ehemalige Bundesumweltministerin Svenja Schulze sieht Digitalisierung nicht als reinen Selbstzweck, sondern viel mehr als Motor für mehr Nachhaltigkeit: »Die Digitalisierung birgt ein riesiges Potenzial für den Umweltschutz. Um dieses auszuschöpfen, braucht sie die richtigen Leitplanken: für den Zugang und den Schutz von Daten, für den Umgang mit und die Entsorgung von Rohstoffen, für das Schließen von Stoffkreisläufen.«[178]

Um die enorme Spannbreite der Potenziale und Risiken zwischen Digitalisierung und Nachhaltigkeit zu verdeutlichen, hat die WBGU in ihrem Gutachten drei Dynamiken konzipiert. Das Konzept zeigt die positiven und negativen Auswirkungen der Digitalisierung auf die Transformation zur Nachhaltigkeit. Dadurch wird der komplexe Zusammenhang zwischen Chancen und Herausforderungen verdeutlicht. Gleichzeitig werden Potenziale und Risiken aufgezeigt, die sich zudem gegenseitig beeinflussen.

In der ersten Dynamik »Digitalisierung für Nachhaltigkeit« wird der Blick auf die Umsetzung der Agenda 2030 des Bundesministeriums für wirtschaftliche Zusammenarbeit

176 Vgl. Mewes (2020).

177 Hauptgutachten des Wissenschaftlichen Beirats Globale Umweltveränderungen (WBGU) »Unsere gemeinsame digitale Zukunft«, 2019.

178 Die ehemalige Bundesumweltministerin Svenja Schulze im Hauptgutachten des Wissenschaftlichen Beirats Globale Umweltveränderungen (WBGU), 2019; https://fairewirtschaft.de/wbgu-gutachten-digitalisierung-als-motor-fuer-nachhaltigkeit/

und Entwicklung gelenkt. Hier hat die Digitalisierung zahlreiche nachhaltigkeitsschädliche wie auch nachhaltigkeitsförderliche Effekte. Unter dem Aspekt »Nachhaltigkeit digital unterstützen«, der sich als Zielsetzung allgemein positiv auf die Transformation zur Nachhaltigkeit auswirkt, müssen vor allem planetarische Leitplanken eingehalten werden. Der Schutz von Klima, Natur, Böden und Ozeanen steht dabei im Vordergrund.

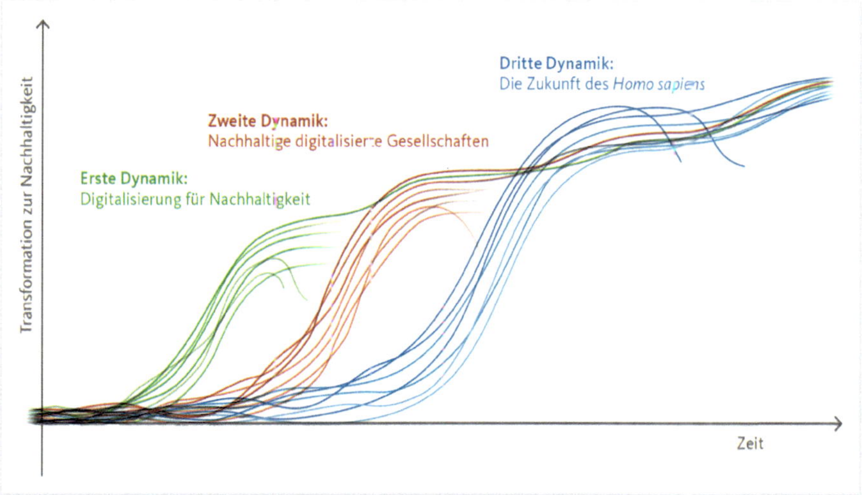


**Abb. 8.1:** Drei Dynamiken des digitalen Zeitalters[179] (© WBGU)

Geht es um den Aspekt der ökologischen und gesellschaftlichen Störung, der sich negativ auf die nachhaltige Transformation auswirkt, stehen Faktoren wie die Steigerung von Emissionen und Ressourcen sowie mehr Ungleichheit und Machtkonzentration im Fokus.

In der zweiten Dynamik werden fördernde und hemmende Faktoren einer nachhaltig digitalisierten Gesellschaft aufgezeigt. Dabei wirkt sich neuer Humanismus durch seine vernetzte Weltgesellschaft als Weiterentwicklung von Aufklärung und Humanismus sowie die Entwicklung eines umfassenden globalen Umweltbewusstseins positiv auf den Wandel in Bezug auf Nachhaltigkeit aus. Negative Auswirkungen haben dahingegen ein digital ermächtigter Totalitarismus mit massiven Ungleichheiten, Umweltzerstörung und Totalüberwachung.

Die dritte Dynamik legt den Fokus auf die allgemeine gesellschaftliche Weiterentwicklung der Menschen und deren Auswirkungen auf die Nachhaltigkeit. Das Stärken des

179 Unverändert entnommen dem Hauptgutachten des WBGU – Wissenschaftlicher Beirat der Bundesregierung Globale Umweltveränderungen (2019): Unsere gemeinsame digitale Zukunft. Hauptgutachten. Berlin: WBGU, S. 5.

menschlichen Selbstbewusstseins ist hier wichtig, gerade im Umgang mit neuer Technologie. Vermieden werden soll die Entgrenzung von Mensch und Maschine, dabei soll vor allem dem Missbrauch des Mensch-Maschine-Verhältnisses vorgebeugt werden.

Alle drei Dynamiken laufen heute bereits parallel ab, wenn auch mit unterschiedlicher Intensität auf der Zeitachse. Die drei Dynamiken können durch entsprechende Zielsetzungen positiv beeinflusst und gestaltet werden.

Das Konzept kann als eine Art Leitfaden für zukünftige Maßnahmen angesehen werden. Auch wenn klar ist, dass eine systematische Analyse von Chancen und Risiken digitaler Nachhaltigkeit nicht existiert.

Auch die ehemalige Bundesforschungsministerin Anja Karliczek ist der Meinung: »Die Digitalisierung bietet große Chancen für die nachhaltige Entwicklung und den Klimaschutz. Forschung und Innovationen auf diesem Gebiet sind ein zentraler Schlüssel und wichtiger Impuls- und Ideengeber für den Schutz unserer Umwelt und des Klimas. Wir werden die Förderung dieser Themen in den nächsten Jahren intensiv fortsetzen. Deutschland wird davon nicht zuletzt ökonomisch profitieren. Fortschrittliche Umwelttechnologien werden weltweit in den nächsten Jahren immer gefragter sein. Generell müssen Ökologie und Ökonomie noch stärker miteinander versöhnt werden. Auch die Bildung ist ein wichtiger Faktor für eine nachhaltige Entwicklung.«[180]

| | | |
|---|---|---|
| **↑ Nachhaltigkeit digital unterstützen**<br>- Planetarische Leitplanken einhalten (Klima, Natur, Böden, Ozeane)<br>- Soziale Kohäsion sichern (gegen Hunger, Armut, Ungleichheit; für Zugang zu Wasser, Gesundheit, Bildung, Energie) | **↑ Neuer Humanismus**<br>- Vernetzte Weltgesellschaft als Weiterentwicklung von Aufklärung und Humanismus<br>- Entwicklung von Welt(umwelt)-bewusstsein<br>- Kooperationskultur, Empathie, globale Solidarität | **↑ Selbstbewusstsein des *Homo sapiens* stärken**<br>- Bewahrung des biologischen Menschen in seiner natürlichen Umwelt<br>- Ethisch reflektierte Weiterentwicklung des Menschen<br>- Mensch-Maschine-Kollaboration gestalten |
| **↓ Ökologische und gesellschaftliche Disruption**<br>- Mehr Emissionen und Ressourcennutzung<br>- Mehr Ungleichheiten<br>- Mehr Machtkonzentration<br>- Erosion von Bürgerrechten und Privatheit<br>- Erosion der Steuerungsfähigkeit des Staates | **↓ Digital ermächtigter Totalitarismus**<br>- Ausgehöhlte Demokratien und digital ermächtigte Autokratien<br>- Massive Ungleichheiten, Elitenherrschaft, Totalüberwachung und Freiheitsverlust<br>- Umweltzerstörung und Verlust sozialer Kohäsion | **↓ Entgrenzung von Mensch und Maschine**<br>- Missbrauch im Verhältnis Mensch-Maschine<br>- Superintelligenz<br>- Künstliche Evolution des Menschen |

**Abb. 8.2:** Erklärung der Parameter der drei Dynamiken des digitalen Zeitalters (© WBGU)[181]

180 Siehe dazu https://fairewirtschaft.de/wbgu-gutachten-digitalisierung-als-motor-fuer-nachhaltigkeit/
181 Siehe dazu WBGU – Wissenschaftlicher Beirat der Bundesregierung Globale Umweltveränderungen (2019): Unsere gemeinsame digitale Zukunft. Hauptgutachten. Berlin: WBGU, S. 5

## 8.2 Ökologische Bilanz am Beispiel digitalisierter HR-Prozesse

Die Digitalisierung durchdringt heute fast jeglichen Lebens- und Unternehmensbereich. Ein Paradebeispiel hierfür ist das Marketing, das schon seit Anfang der Nullerjahre auf Digitalisierung setzt. Digitale Customer-Relation-Management-Tools zeichnen unter Wahrung der Datenschutzgesetze jede Reaktion der Kundinnen und Kunden zuverlässig auf. Viele Prozesse lassen sich hier spielend leicht automatisieren. Niemand käme auf die Idee, hier mit Akten, Hängeregistern etc. zu arbeiten. Statt Brief- und Katalogwerbung wird schon lange der E-Mail und anderen digitalen Kanälen der Vorzug gegeben. Oft sind neben dem Marketing Unternehmensbereiche wie Produktion, Logistik oder das Projektmanagement weit vorne, was die Digitalisierung angeht.

Die Personalabteilung hinkt bei der Digitalisierung in vielen Unternehmen allerdings noch hinterher. In einer Umfrage gaben gerade einmal knapp 50 % der befragten HR-Fachleute aus Unternehmen in Deutschland an, zumindest teilweise mit automatisierten Personalprozessen zu arbeiten. Für moderne Personalabteilungen heißt das, sich von den heiß geliebten Papierakten, Druckern und Postversand zu verabschieden. Die Zeiten, in denen die Personalabteilung eines anderen Standortes Papieraufzeichnungen per Post zugesendet hat, sind definitiv vorbei und längst nicht mehr salonfähig.

Viele Tätigkeiten in der Personaladministration finden heute noch manuell und mit hohem Papiereinsatz statt. Dabei gibt es ebenfalls seit Anfang der Nullerjahre digitale Lösungen, die manuelle Tätigkeiten ersetzen oder erleichtern. Das Dokumentenmanagement ist gewissermaßen der »Maschinenraum« der Personalabteilung. Nichts läuft hier ohne Dokumente ab, vom Arbeitsvertrag über die Gehaltsabrechnung bis zum Zeugnis – die Liste der erforderlichen Dokumente ist lang.

Auch wenn stark digitalisierte HR-Prozesse wie das sogenannte »15-Sekunden-Zeugnis«[182] kontrovers diskutiert werden, sind diese doch unaufhaltsam auf dem Vormarsch. In einem geschlossenen digitalen HR-Prozess wird hier beispielsweise ein Zeugnis in nur 15 Sekunden erstellt. Dies kann an jedem Ort auf jedem Endgerät passieren. Die Daten für den Zeugnisempfänger kommen dabei aus dem Abrechnungssystem und die Unternehmensdaten und die Tätigkeitsfelder von Datenbanken. Die Bewertung wird automatisch in Textbausteine umgeschlüsselt und an die Mitarbeitenden übermittelt.[183]

182 Produkt der aconso AG.
183 Vgl. Grentzer/Jänicke (2018), S. 295–309.

Werden diese Dokumente statt in einer Papierakte in einer digitalen Personalakte gesucht und abgelegt, können bis zu 90% Arbeitszeit eingespart werden, ein detailliertes Beispiel hierzu findest du weiter unten im Text. Dokumente können binnen Sekunden am Bildschirm abgerufen werden. Sachbearbeitende müssen nicht mehr in einem Archiv Akten heraussuchen und/oder darin Dokumente ablegen. Ganze HR-Prozesse können digitalisiert und automatisiert werden, wie etwa die Erstellung eines Arbeitsvertrags oder eines Arbeitszeugnisses. Vergleichbar kann die Dokumentenerzeugung auch in allen anderen Funktionsbereichen vorgenommen werden, der Prozess wäre der gleiche.

Mittlerweise gibt es sogar Dienstleister, die sich auf die Digitalisierung von Papierdokumenten und deren digitale Einspeisung in neue HR-Software spezialisiert haben. Dabei stellt selbst das Konvertieren von sensiblen Personaldokumenten in ein digitales HR-System kein Problem mehr dar. Der richtige Dienstleister kümmert sich um den Transport der Altakten bis hin zur Aufbereitung, wie etwa der Klassifizierung, und sogar das Entfernen von Heftklammern oder das Einlegen von Registertrennblättern wird übernommen. Zusätzlich wird für die sichere Einlagerung, Rücklieferung oder Vernichtung der Papierakten gesorgt. Die digitalisierten Dokumente landen dann in einer digitalen Personalakte. Hier lassen sich Register- und Dokumentenartenstruktur genauso gestalten wie bei der altbekannten Papierakte. Die Orientierung innerhalb der Akte wird dem Personaler also leichtfallen. Das individuelle Berechtigungssystem lässt selbst Mitarbeitende und Führungskräfte an der Verwaltung der Akten partizipieren. Alle Beteiligten greifen immer auf den gleichen aktuellen Datenschatz zu, und das sogar zeitgleich.

Eine Entschuldigung, wieso wir immer noch ganze Wälder roden, nur um unseren Kollegen eine Message auf einem kleinen gelben Zettel hinterlassen zu können oder die Rechnung noch einmal in Papierform zu haben, weil sie gar so schön ist, muss erst mal erfunden werden. Zu vielseitig und effektiv sind die Alternativen im digitalen Zeitalter, als dass sich das Bedürfnis nach der uns so vertrauten Haptik rechtfertigen ließe. Warum Menschen aber an lieb gewonnenen Gewohnheiten festhalten, anstatt sich zu verändern, erklären die Autorenkollegen in Kapitel 11 und 12.

### 8.2.1 Lohnt sich die HR-Digitalisierung auch aus ökologischen Gesichtspunkten?

Wir versuchen uns in diesem Beitrag mit einer Bilanz der Beantwortung dieser Frage zu nähern – ohne allerdings ein mit Zahlen belegtes Endergebnis nennen zu können, da zu viele Einflussfaktoren eine Rolle spielen. Der Effekt auf das Klima und der verantwortungsvolle Umgang mit Holz spielen in dieser Betrachtung die wichtigste Rolle. Die vereinfachte Bilanz ist nach unserer Auffassung in Tabelle 8.1 dargestellt.

| Die papierlose HR-Abteilung | |
|---|---|
| **Aktiva** | **Passiva** |
| Ökologische Aspekte des Homeoffice:<br>• Weniger Postversand<br>• Green Recruiting<br>• Geringere $CO_2$-Emissionen | Hoher Stromverbrauch |

**Tab. 8.1:** Aktiva und Passiva einer papierlosen HR-Abteilung

Schauen wir uns die einzelnen Elemente der Bilanz einmal genauer an:

#### 8.2.1.1 Die papierlose HR-Abteilung

**Jeder Deutsche verbraucht im Durchschnitt 250 Kilogramm Papier pro Jahr. Damit konsumieren wir fast die fünffache Menge eines durchschnittlichen Erdenbürgers, der pro Jahr und Kopf nur 57 Kilogramm verbraucht.**[184]

Die Papierindustrie ist technisch bedingt sehr energieintensiv und liegt in Deutschland, was den $CO_2$-Ausstoß angeht, auf Platz 3 hinter der Metallerzeugung und chemischen Industrie.

Nehmen wir noch einmal das Beispiel der Personalakten, diese füllen sich im Laufe eines Mitarbeiterlebens schnell. So enthalten Personalakten oft über 100 Dokumente pro Mitarbeitenden. Umgerechnet auf die Personalakten eines Beispielunternehmens mit 3.500 Mitarbeitenden entspricht dies geschätzt 350.000 Blatt Papier und somit dem Holz von fünf Fichten, die 25 Meter hoch sind. Die Papierproduktion hierfür verursacht 1,75 Tonnen $CO_2$-Ausstoß.[185] Würden man alle Funktionsbereiche im Unternehmen und deren Papierverbrauch nehmen, so käme man sicher auf deutlich höhere Gesamtwerte. Aber dazu liegen uns keine verlässlichen Annahmen bzw. Zahlen vor. Aber Bestellformulare im Einkauf, Angebotsunterlagen im Vertrieb, Vertragsunterlagen mit Kundinnen und Kunden, Dienstleistern etc. würden sicher ganze Fichtenwälder verschlingen.

Deshalb ist nicht nur aus den genannten Effizienzaspekten eine papierlose Administration erstrebenswert, sondern auch aus ökologischen Gründen. Dabei steht zum Beispiel einer gänzlich papierlosen Personalabteilung nicht mehr viel im Weg. Schafft

184 Zitiert nach https://www.aconso.com/zu-viele-baeume-im-buero/; Datenquelle dazu: https://www.verbraucherservice-bayern.de/themen/umwelt/papierverbrauch-steigt-trotz-digitalisierung

185 Aus https://www.regenwald-schuetzen.org/fileadmin/user_upload/pdf/Projekt/Weil-wir/Papier/weil-wir-es-wert-sind-wie-viel-in-baeumen.pdf

man es, den Dokumentenaustausch mit externen Stellen wie Mitarbeitenden, Behörden und anderen Unternehmen ebenfalls auf digitalem Weg und rechtskonform zu gestalten, könnten die heutigen Papierberge für immer aus der HR-Abteilung verbannt werden.[186]

### 8.2.1.2 Ökologische Aspekte des Homeoffice

Ohne Digitalisierung kein Homeoffice, dies gilt insbesondere für die Personalabteilung. Der Anteil der Pendler ist kurz vor der Corona-Pandemie auf ein Rekordhoch gestiegen. Die Länge des Pendelweges zur Arbeit lag 2018 bei knapp 17 Kilometern. Schon damals wurde von der Politik gefordert, Beschäftigten mehr Flexibilität einzuräumen. Lange Pendelwege haben schlechte Auswirkungen auf Zufriedenheit und Psyche. Während der Pandemie arbeiteten bis zu 27 % der Arbeitnehmenden im Homeoffice.[187] Vielen Angestellten aber war das Arbeiten im Homeoffice gar nicht möglich, etwa im stationären Einzelhandel, in Gesundheitseinrichtungen oder in der Gastronomie.

Die Rufe nach Flexibilität bei Homeoffice-Regelungen nach der Pandemie wurden immer lauter und der Digitalisierungsdruck auf die Personalabteilungen ist hoch. Mitarbeitende von nicht digitalisierten HR-Abteilungen mussten physisch im Büro präsent sein, um ihre administrativen Aufgaben weiterhin erledigen zu können.

Die Nutzung des Homeoffice trägt zur Reduktion des $CO_2$-Ausstoßes bei. Nach einer Schätzung von Greenpeace lassen sich durch Homeoffice in Deutschland 18 % der $CO_2$-Emissionen aus dem Pendelverkehr und 4 % der Gesamtemissionen des Personenverkehrs einsparen – vorausgesetzt, dass Arbeitnehmende zwei Arbeitstage pro Woche vom Homeoffice aus arbeiten.[188]

**Aktiva: Weniger Postversand**

Ein nicht zu unterschätzender Faktor für die Ökobilanz der HR-Digitalisierung ist die elektronische Übertragung von Daten, die den Briefversand ersetzen kann, zum Beispiel in ein elektronisches Postfach. Für ein Unternehmen mit 3.500 Mitarbeitenden müssen i. d. R. mindestens zwölf Gehaltsabrechnungen pro Jahr postalisch verschickt werden, insgesamt 42.000 Briefe. Hinzu kommt der Versand von weiteren Dokumenten wie Arbeitsverträgen und Zeugnissen.

186 Vgl. Grentzer (2016).
187 Siehe https://de.statista.com/statistik/daten/studie/1204173/umfrage/befragung-zur-homeoffice-nutzung-in-der-corona-pandemie/
188 Siehe https://presseportal.greenpeace.de/204555-homeoffice-kann-uber-5-millionen-tonnen-co2-sparen

Verschiedene Quellen geben pro versendeten Brief einen $CO_2$-Ausstoß von 20 Gramm an.[189] Bezogen auf das Beispielunternehmen ergibt dies einen Gesamtausstoß von 8,4 Tonnen $CO_2$.

Die Deutsche Post AG gibt an, diesen Ausstoß immer mehr mit Klimaprojekten, wie der Unterstützung des Baus von Windkraftanlagen oder Biogasanlagen, zu kompensieren.[190] Dennoch erscheint es sinnvoller, diese Emissionen zu vermeiden. Darüber hinaus ist der Postversand auch ein Kostenfaktor: Der Versand eines Standardbriefs in Deutschland kostet aktuell 85 Cent mit der Deutschen Post AG (Stand Februar 2022), für das Beispielunternehmen bedeutet das Kosten in Höhe von 35.700 Euro pro Jahr.

**Aktiva: Green Recruiting**

Das Umweltbewusstsein und das Engagement für den Klimaschutz nehmen seit Jahren stark zu. Besonders deutlich wird dies bei der jüngeren Bevölkerung. Der auf Nachhaltigkeit ausgerichtete Lebensstil der jungen Mitarbeitenden-Generationen hat auch Einfluss auf die Wahl des Arbeitgebers. Firmen, die sich für den Klima- und Umweltschutz engagieren, sind hier klar im Vorteil.

Green Recruiting heißt, sich auf den Nachhaltigkeitsanspruch der jungen Arbeitnehmergeneration einzustellen und HR-Prozesse in der Personalgewinnung umweltschonend zu gestalten, sodass sich bereits in diesem Prozess die ersten Kontakte ökologisch nachhaltig anfühlen. Schauen wir uns mögliche Digitalisierungsaspekte in diesem Prozess einmal genauer an.

Papierbewerbungen sind nicht nur eine Belastung für die Natur. Für die HR-Abteilung verursachen sie auch einen enormen Arbeitsaufwand. Bewerbungsunterlagen müssen von Hand eingescannt und in ein digitales Bewerbungstool übertragen werden. Das bedeutet unnötig hohen Zeitaufwand. Wie eine Bitkom-Umfrage zeigt, erwarten 3 % aller Personalverantwortlichen eine postalische Bewerbung, die Mehrheit eine digitale.[191]

Dabei kann digital vieles bedeuten. So kann die HR-Abteilung ihre Bewerbungskanäle beispielsweise über ein automatisches Bewerbungstool steuern oder in den sozialen Medien nach passenden Bewerbern und Bewerberinnen recherchieren.

Ein konsequenter Verzicht auf die überflüssige Papierflut ist daher für alle Beteiligten der leichteste und gleichzeitig dankbarste Weg, die Umwelt zu schonen. Die Kandida-

189 Siehe z. B. https://www.nachhaltiger-warenkorb.de/klimabilanz-e-mail-vs-brief/
190 Siehe dazu https://www.dpdhl.com/de/presse/pressemitteilungen/2022/co2-emissionen-bei-briefbefoerderung-ab-2022-automatisch-ausgeglichen.html
191 Siehe dazu https://www.bitkom.org/Presse/Presseinformation/Die-Bewerbungsmappe-ist-tot.html

tin wiederum spart sich das Geld für die aufwendigen Bewerbungsmappen, das Porto für den Brief und den Weg zur Post. Die Personalabteilung spart sich das Blätterchaos und kann dadurch freiwerdende Ressourcen in andere Personalprozesse allokieren.

Persönliche Begegnungen sind vor allem in Zeiten der Corona-Pandemie zu einer echten Ausnahme geworden. Wir haben uns mit virtuellen Besprechungen arrangiert. Digitale Bewerbungsgespräche sind deshalb ebenfalls eine Alternative zum persönlichen Treffen vor Ort. Mit einer Webcam ausgestattet, steht einem virtuellen Bewerbungsgespräch nichts mehr im Wege. So fallen lange und teure Anfahrtswege weg und der $CO_2$-Fußabdruck wird verringert.

**Aktiva: Geringere $CO_2$-Emissionen für die digitalisierte HR-Abteilung**

Wenn man davon ausgeht, dass eine digitale Dokumentseite durchschnittlich etwa 250 Kilobyte groß ist, fällt pro digitaler Personalakte mit 100 Blättern ein Speichervolumen von 25 Megabyte an – das bedeutet für unser Beispielunternehmen mit 3.500 Mitarbeitenden einen Gesamtspeicher von 87,5 Gigabyte. Laut Shift Project fielen 2019 140 Gramm $CO_2$ pro Gigabyte Speicher in Rechenzentren an.[192] Somit käme man auf eine Gesamtemission für das Unternehmen von 12,25 Kilogramm pro Jahr. Verglichen mit den oben errechneten 1.800 Kilogramm $CO_2$ für Papier scheint die digitale Personalakte deutlich $CO_2$-freundlicher zu sein.

**Rechenbeispiel Unternehmen mit 3.500 Mitarbeitenden**

| | |
|---|---|
| 1.800 kg | Papierakte $CO_2$-Verbrauch |
| 12,25 kg | Digitale Personalakte $CO_2$-Verbrauch |

= gerundet **147-mal** geringerer $CO_2$-Verbrauch durch die digitale Personalakte

In diesem Rechenbeispiel ist für das Unternehmen mit 3.500 Mitarbeitenden die $CO_2$-Emission von Papierakten 147-mal höher als die der digitalen Personalakte. Dies ist aber nur ein sehr grober Näherungswert. Tatsächlich ist es kaum möglich, eine genaue und verbindliche Rechnung für eine digitalisierte Personalabteilung aufzustellen. Daher ist dieser Wert mit Vorsicht zu genießen, denn:

- Eigene Firmenserver können etwa mehr Strom verbrauchen.
- Es kommt auf den Strommix an, den das Rechenzentrum nutzt. Natürlich wird Unternehmen grundsätzlich empfohlen, auf Ökostrom umzusteigen.
- Die Größe der abgespeicherten Daten kann variieren.
- Nicht einberechnet ist das digitale Abrufen und Scannen der Daten.
- Ggf. nutzen Rechenzentren veraltete Server, deren Stromverbrauch höher ist.
- Nicht einberechnet wurden etwa der Druck der Papierdokumente und die Ermöglichung des Homeoffice.

192 Siehe dazu https://theshiftproject.org/

**Passivaseite: Stromverbrauch**

Mit der Digitalisierung steigt der Stromverbrauch! 2019 verursachte das Internet in Deutschland so viel $CO_2$ wie der gesamte Flugverkehr. In dem Jahr wurden in Deutschland eine Milliarde E-Mails pro Tag verschickt, die 1.000 Tonnen $CO_2$ erzeugten. Eine Stunde Videostreaming erzeugt so viel $CO_2$ wie ein Kilometer Autofahren.

Die Digitalisierung ist nur möglich, weil weltweit unzählige Server in teils riesigen Rechenzentren arbeiten. Die Rechner benötigen viel Strom und müssen dabei gekühlt werden. Weltweit umfasst der $CO_2$-Ausstoß von Rechenzentren ungefähr die Menge des Gesamtausstoßes von Deutschland in einem Jahr. Viele neue Rechenzentren entstehen, die Kapazitäten haben sich seit 2010 um 50 % erhöht – Tendenz weiter steigend.[193]

Das große Potenzial der Digitalisierung in Bezug auf die Reduktion des $CO_2$-Ausstoßes liegt zum einen darin, dass sich die Energieeffizienz von Datenverarbeitungsanlagen alle 1,57 Jahre verdoppelt[194], zum anderen in der Nutzung von nachhaltig produziertem Strom. Anders als etwa der Flugverkehr lassen sich Server wesentlich leichter grün gestalten. Die großen Anbieter von Rechenzentren, wie Microsoft, Amazon Webservices und Google, arbeiten daran, $CO_2$-neutral zu werden. Microsoft etwa hat sich zum Ziel gesetzt, bis 2030 $CO_2$-negativ zu werden.

## 8.3 Das Digitalisierungsprojekt und sein Business Case am Beispiel der digitalen Personalakte

Fassen wir das Beispiel einer HR-Abteilung noch einmal zusammen, um dann die einzelnen Bausteine des Business Cases für die digitale Personalakte zu berechnen (andere Funktionsbereiche müssten vergleichbar ihren Business Case aufstellen, um ihre Einsparpotenziale sichtbar zu machen): Eine digitalisierte Personalabteilung arbeitet weitestgehend papierlos und automatisiert wiederkehrende dokumentenbezogene Prozesse. Die Personalabteilung begleitet Mitarbeitende von der eingehenden Bewerbung bis hin zum Austritt. Im Laufe eines Mitarbeiterlebens fallen sehr viele Dokumente an, die verwaltet werden müssen (siehe Abb. 8.3). Dabei sollte die Personalabteilung in jeder Phase der Employee Journey sicherstellen können, dass alle Mitarbeitenden zu jedem Zeitpunkt gut betreut und ausreichend informiert sind.

193 Siehe dazu https://www.zdf.de/nachrichten/heute/klickscham-wie-viel-co2-e-mails-und-streaming-verusachen-100.html

194 Siehe dazu https://weitblick.org/post/der-co2-fussabdruck-des-internets/

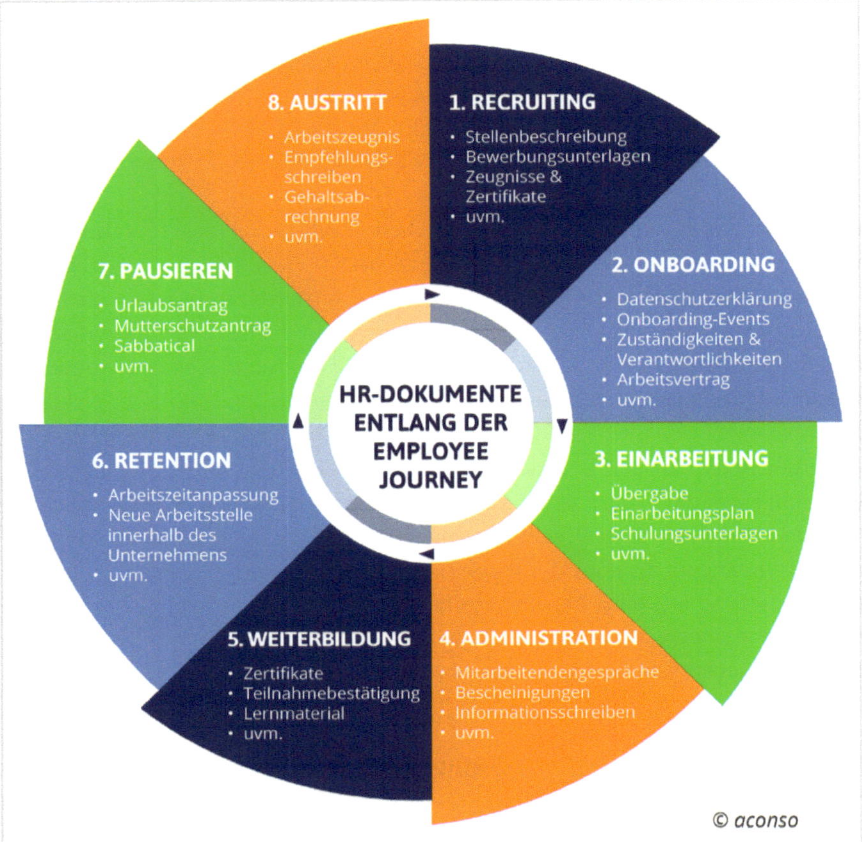


**Abb. 8.3:** HR-Dokumente entlang der Customer Journey

### 8.3.1 Die digitale Personalakte

Ein wesentlicher Baustein für die Digitalisierung der HR-Abteilung ist eine digitale Personalakte. Mit ihr werden Daten und Dokumente von Mitarbeitenden digital verwaltet und gespeichert. So sind Bewerbungen, Arbeitsverträge, Gehaltsabrechnungen und Co. leicht und schnell abgelegt und auffindbar.

Mit der digitalen Personalakte können 90 % Zeit für das Suchen und Ablegen der HR-Dokumente eingespart werden. Dokumente sind immer und von jedem Endgerät aus verfügbar – auch im Homeoffice. Dadurch arbeiten alle Beteiligten mit einheitlichen Informationen und sind immer auf dem gleichen Stand. Durch ein Rollenkonzept wird der Schutz vor unberechtigtem Zugriff gewährleistet. Die Software erleichtert die Erfüllung wichtiger Datenschutzbestimmungen, Informationspflichten und Auskunftsrechte.

Ein Beispiel soll verdeutlichen, wie die digitale Personalakte Zeit und Kosten einsparen kann:

Ein HR-Mitarbeiter hat die Aufgabe, die Zielvereinbarung für eine Mitarbeiterin herauszusuchen. Das bedeutet in einer papierbasierten Personalabteilung, dass er vom Platz aufsteht, zum Aktenlager geht, es aufschließt, die Akte sucht, findet, aus dem Regal nimmt, das Lager abschließt, zu seinem Platz zurückgeht, die Akte aufschlägt, dann das Register für Bonusvereinbarungen, das entsprechende Dokument sucht und findet, herausnimmt, ggf. etwas abtippt, es wieder einfügt und die Akte wieder zurückbringt. Das Beispiel lässt sich mühelos in jedem Funktionsbereich finden, in denen Akten geführt werden. Und es lässt sich leicht ergänzen mit dem Ablegen von Dokumenten in Akten, wobei beim Ablegen natürlich noch Dokumente gedruckt werden müssen.

In einem günstigen Fall dauert der Vorgang zehn Minuten. Hätte die Personalabteilung eine digitale Personalakte, wäre der ganze Vorgang in einer Minute erledigt. Was die reine Arbeitszeit angeht, wären also 90 % eingespart. In der Beispielrechnung geht man von einem HR-Sachbearbeiterlohn von 53.000 Euro pro Jahr aus[195], der Vollkostensatz liegt so bei etwa 35 Euro pro Arbeitsstunde. Zudem wird angenommen, dass der HR-Sachbearbeiter 20 Suchen bzw. Ablagen im Jahr pro Mitarbeiter und Mitarbeiterin tätigt. Ausgehend davon, dass ein Mitarbeiter im Beispielunternehmen mit 3.500 Mitarbeitenden arbeitet, käme man auf die in Tabelle 8.2 dargestellte Rechnung.

| **Kosten für die manuelle Bearbeitung** | **Kosten für die digitale Bearbeitung** |
|---|---|
| 20 Suchen/Ablagen | 20 Suchen/Ablagen |
| 10 Minuten pro Suche | 1 Minute pro Suche |
| 3.500 Mitarbeitende | 3.500 Mitarbeitende |
| **= 11.666 Arbeitsstunden à 35 Euro** | **= 1.166 Arbeitsstunden à 35 Euro** |
| Kosten für die Suche und Ablage von Mitarbeiterakten *ohne* eine digitale Personalakte: **408.310 Euro/Jahr** | Kosten für die Suche und Ablage von Mitarbeiterakten *mit* einer digitalen Personalakte: **40.831 Euro/Jahr** |
| Die Kostenersparnis durch eine digitale Personalakte liegt bei 90 %, also 367.479 Euro. | |

**Tab. 8.2:** Kostenvergleich manuelle vs. digitale Bearbeitung einer digitalen Personalakte

195 Stepstone: https://www.stepstone.de/gehalt/HR-Sachbearbeiter-in.html

Die in diesem Beispiel aufgezeigten Einsparungspotenziale der Digitalisierung, die ja ein naheliegendes und wirksames Mittel der ökologischen Nachhaltigkeit auf dem Weg zu einer Green Company ist, sind den einmaligen und den fortlaufenden Kosten eines Digitalisierungsprojektes gegenüberzustellen. Anhand der oben aufgezeigten zehnfachen Kosten einer analogen Arbeit in Verbindung mit den vorher aufgezeigten fortlaufenden Einsparungen im Ressourcenverbrauch (unter anderem Papier und Energie) im Rahmen der Digitalisierung von Prozessen darf man davon ausgehen, dass die Kosten für die Digitalisierung der relevanten Prozesse im Vergleich zu den Einsparungspotenzialen – und hier zitiere ich gerne unseren Herausgeber Arne Prieß – eine »Schneeflocke im Hochofen« sind. Aber eine genaue Berechnung sollte man seinem Dienstleister durchaus abfordern, wenn die konkreten Daten des jeweiligen Projektes vorliegen.

### 8.3.2 Alle Dokumentenprozesse digitalisieren und automatisieren

Mit der digitalen Personalakte ist der erste Schritt Richtung Digitalisierung der HR-Abteilung getan. Ein weiterer wichtiger Schritt in Richtung digitalisierter Personalabteilung ist die Automation von allen wiederkehrenden dokumentbasierten Prozessen. Und in der HR-Abteilung fällt eine Vielzahl von dokumentenbasierten HR-Prozessen an. HR-Dokumente müssen häufig durch das Zutun mehrerer Prozessbeteiligter erstellt, bearbeitet, koordiniert und freigegeben werden. Das macht HR-Prozesse oft zu einem komplizierten und langwierigen Unterfangen. Was bedeutet das konkret?

**Arbeitsverträge automatisch erstellen**

Arbeitsverträge erstellen Personaler oft aus Vorlagen, die sie aufwendig von Hand mit Daten füllen. Danach wandert das Dokument quer durch die Firma für die nötigen Freigaben. Der Vertrag wird gedruckt, auf Papier signiert und per Post an die neue Mitarbeiterin geschickt. Wenn ein Bewerber Tage oder Wochen auf seinen Vertrag wartet, nutzt er vielleicht die Möglichkeit, sich noch einmal umzuentscheiden, was den Recruiting-Prozess erneut nötig macht. Diese Gefahr kommt bei langwierigen analogen Prozessen on top in der Rechnung. Und der Fachkräftemangel spitzt sich weiter zu. Das beste Recruiting ist wirkungslos, wenn Firmen zu lange brauchen, einen Arbeitsvertrag vorzulegen. Denn dann hat der Wunschkandidat vielleicht schon bei einem anderen Unternehmen unterschrieben. Höchste Zeit also, auch die Vertragsprozesse zu digitalisieren und zu automatisieren. Das bringt für alle Beteiligten viele Vorteile, erfordert aber auch ein Umdenken.

Mit einer passenden Personalsoftware lassen sich in Sekundenschnelle automatisch Arbeitsverträge erstellen – sogar direkt in einem Bewerbungsgespräch. Sobald sich beide Seiten einig sind, dass sie zusammenarbeiten wollen, können Führungskraft und Wunschkandidat gemeinsam die Vertragsbedingungen durchsprechen. Welches Startdatum wird festgelegt? Wie viele Wochenstunden, wie viele Tage Urlaub und wie viel Gehalt? Die Daten zur Person des neuen Beschäftigten und die Tätigkeitsbeschreibung holt die Software direkt aus dem HCM-System. Anschließend erstellt sie den Vertrag auf Knopfdruck aus hinterlegten, rechtssicheren Textbausteinen. Anlagen wie eine Homeoffice-Regelung oder eine Datenschutzvereinbarung werden gleich miterzeugt. Die Führungskraft und der Kandidat können sofort den Vertrag digital unterschreiben.

Die automatische Vertragserstellung bringt viele Vorzüge mit sich. Die HR-Abteilung wird von Routineaufgaben befreit und erhält wieder mehr Freiraum für andere, wesentlichere Aufgaben. Sie stellt vorab sicher, dass im System die passenden Vorlagen und Textmodule hinterlegt sind. Die standardmäßige Erstellung von Verträgen wird dann den Führungskräften und der Software überlassen. Nur komplexere, individuelle Verträge muss die Personalabteilung selbst bearbeiten. In diesen Fällen werden die Dokumente aus dem automatischen Prozess herausgelöst und an die HR-Abteilung zur individuellen Verarbeitung weitergeleitet.

Die Führungskräfte freuen sich, dass sie sich bei standardisierten Arbeitsverträgen nicht mehr vollständig auf die HR-Abteilung verlassen müssen. Sie können schneller ihre Wunschkandidatin einstellen und haben mehr Spielraum, um eine Stelle so schnell wie möglich zu besetzen. Die neue Arbeitnehmerin fühlt sich ihrerseits wertgeschätzt, da sie ihren Vertrag sofort erhält. Durch die gemeinsame Besprechung des Dokuments mit der Führungskraft kann sie offene Fragen direkt klären – etwa, wo die Grenzen einer Tarifgruppe sind und was sie tun kann, um in eine andere Tarifgruppe zu kommen.

Selbst die sichere Zurverfügungstellung von digitalen Dokumenten an die Mitarbeitenden ist heute technisch möglich. Mittels digitalen Postfachs können Dokumente seitens der Personalabteilung mit nur einem Klick übermittelt werden. Kosten für Porto und Papier werden so eingespart. Hierbei ist aber durchweg keine Schriftformerfordernis im juristischen Sinne notwendig.[196]

Übertragt dieses Beispiel auf die anderen Funktionsbereiche und ihr werdet feststellen, dass dort vergleichbare dokumentengetriebene Prozesse existieren und nur darauf warten, endlich digitalisiert zu werden.

196 Siehe Grentzer (2019).

## 8.4 Grenzen und Gefahren der Digitalisierung

Um den Spagat zwischen ethischer und ökologischer Wertschöpfung als Gesellschaft zu schaffen, bedarf es Weitblick, was die Digitalisierung angeht. Wo liegen die Grenzen und Gefahren der Digitalisierung? Kann auf die Ressource Mensch in Zukunft gänzlich verzichtet werden und wo wissen selbst Technik und Technologie nicht mehr weiter?[197]

### 8.4.1 Datenschutz für den Datenschatz

Der Digitaltag 2021 der Initiative »Digital für alle«, einem Bündnis aus mehr als 20 Organisationen aus den Bereichen Zivilgesellschaft, Bildung und Kultur, Wohlfahrt, Wirtschaft, Wissenschaft und öffentliche Hand, zeigte, dass 90 % der Deutschen neuen Technologie gegenüber positiv gegenüberstehen. Gleichzeitig befürchten neun von zehn Bundesbürgern, dass fremde Regierungen Daten ausspionieren. Drei Viertel sorgen sich sogar, dass kriminelle Hacker zentrale Infrastrukturen wie Verkehrs- und Energienetze lahmlegen könnten.[198]

Diese Bedenken werden bei vielen Menschen verstärkt, wenn die entsprechende Software in der Cloud gehostet wird. Die Nutzung von cloudbetriebener Software ist für die Speicherung von Big Data & Co. heute weitverbreitet, wenn auch in unterschiedlich starkem Maße. Daten sind das »Öl des 21. Jahrhunderts« und zählen zu den wichtigsten Vermögenswerten eines modernen Unternehmens. Nachhaltigkeit verlangt also auch, für nachhaltigen Datenschutz und Datensouveränität zu sorgen. Für Unternehmen bedeutet das zum einen ressourcenschonendes Handeln und Datensparsamkeit. Und zum anderen, den Menschen die Selbstbestimmung über die eigenen Daten zurückzugeben.[199]

Je mehr Daten angehäuft werden, desto mehr Speicherplatz und damit Strom braucht es, um die Daten sicher in Rechenzentren zu speichern. Die Stromeinsparung durch sinkende Energieintensität sollte hier im Fokus stehen, um sinkenden Energieverbrauch bei besserer Rechenleistung und ein verbessertes Strommanagement für Software zu generieren.

197 Vgl. Jänicke (2019).
198 DFA Digital für alle GmbH, Digitaltag 2021: Deutschlands digitale Spaltung überwinden; abrufbar unter: https://digitaltag.eu/initiative-digital-fuer-alle
199 Vgl. Grentzer (2018).

### 8.4.2 Umweltbelastung statt nachhaltiger Entlastung

Die Grenze zwischen ökologischer Belastung und spürbarer Entlastung der Umwelt durch den digitalen Wandel lässt sich an einigen Stellen nicht so einfach ziehen. Die Gefahr, dass die Digitalisierung aus ökologischer Sicht nach hinten losgeht und wir der Umwelt durch den digitalen Wandel am Ende mehr schaden, als dass sie davon profitiert, ist nicht gänzlich von der Hand zu weisen.

Im Jahr 2020 besaß jeder Mensch im Durchschnitt 3,4 vernetzte elektronische Geräte. Weltweit waren in diesem Jahr also insgesamt 26,3 Milliarden »Devices« im Umlauf[200], alle ausgestattet mit der passenden Software. Viele vergessen, wie umweltintensiv und schadstoffbelastet allein die Herstellung von Hardware ist. Zudem findet die Produktion oft an Standorten mit hohen Kohlestromanteilen im Strommix statt. Dabei haben Geräte durch geplante Überalterung häufig nur einen sehr kurzen Lebenszyklus. Die gesellschaftliche Hürde, sich ein neues Gerät zuzulegen, ist wesentlich niedriger, als das kaputte Device in Reparatur zu geben. So hinterlassen wir als Gesellschaft Unmengen an Elektroschott und schwer wiederverwertbaren E-Waste.

Dazu kommt der erhebliche Stromverbrauch für das Hosting der Software. Der Einsatz von informations- und- kommunikationsbasierten Technologien und Diensten macht derzeit etwa 4–7 % des weltweiten Strombedarfs aus. Bis 2030 wird mit einem Anstieg auf bis zu 15 % gerechnet. Die dabei erzeugten $CO_2$-Emissionen in diesem Sektor beliefen sich im Jahr 2018 auf 2,5–3 % der globalen Treibhausgasemissionen und sollen bis 2030 sogar auf einen Anteil von bis zu 8 % anwachsen können. Der Energie- und Ressourcenverbrauch ist sowohl für die Produktion von ITK-Endgeräten als auch für den Betrieb von Geräten, Netzen und Rechenzentren also erheblich.[201] Diese Faktoren dürfen nicht außer Acht gelassen werden.

### 8.4.3 Gesellschaftliche Bedenken als realistische Grenze des Digitalisierungsbooms

Die Frage nach der technologischen Grenze der Digitalisierung werden wir erst beantworten können, wenn wir sie erreicht haben, und das werden selbst die Jüngsten unter uns nicht mehr miterleben. Doch nur weil technologisch alles möglich wäre, heißt das noch lange nicht, dass man als Gesellschaft auch alle Möglichkeiten ausnutzen muss.

200 Siehe https://www.industr.com/de/vernetzte-geraete-pro-kopf-bis-in-deutschland-1674298
201 Vgl. Mewes (2020)

Es gibt schon immer einen Teil der Gesellschaft, der dem digitalen Wandel nicht ganz ohne Bedenken gegenübersteht. »In großen Teilen der Gesellschaft erzeugt die Digitalisierung vielfältige Sorgen. Unabhängig davon, ob es sich um gefühlte oder tatsächliche Bedrohungen handelt, müssen sie ernst genommen werden«, sagt Anna-Lena Hosenfeld, Projektleiterin des Digitaltags 2020.[202]

43 % der Deutschen macht es Angst, dass wenige Digitalunternehmen Zugriff auf Daten der meisten Menschen in Deutschland haben. Jeder Dritte sorgt sich, dass sich sogenannte Fake News in der digitalen Welt leicht verbreiten lassen, und sieht dadurch die Demokratie gefährdet. 32 % beklagen, dass die Digitalisierung das Wertesystem verändert und den gesellschaftlichen Zusammenhalt verringern könnte. Ebenfalls 32 % denken, dass Digitalisierung zu Arbeitsplatzverlust und Massenarbeitslosigkeit führen wird. 7 % haben sogar Angst davor, dass sich immer intelligentere Maschinen gegen die Menschen richten und die Herrschaft übernehmen werden.[203]

Als gesellschaftliches Kollektiv haben wir die Pflicht und gleichzeitig die Chance, entscheiden zu können, wo wir die Grenzen im alltäglichen Zusammenleben, in Bildung und Kultur, aber auch in Wirtschaft und Wissenschaft in Bezug auf digitale Technologien ziehen. Denn klar ist, es darf keinen Fortschrift ohne Regeln geben. Die Gesellschaft sollte sich also nicht an technischen Grenzen orientieren. Vielmehr sollte über digitale Verantwortung nachgedacht werden und Fragen über digitale Ethik in den Mittelpunkt der Digitalisierung gestellt werden.

### 8.4.4 Digital Corporate Responsibility und digitale Ethik

Die Einführung von HR-Software birgt gerade bei den wertvollen personenbezogenen Daten in einer Personalabteilung auch eine große ethische Herausforderung. Dabei geht es nicht nur um Fragen rund um das Thema Datenschutz. Beschäftigt man sich damit, was in Zukunft technisch alles möglich sein wird, muss man sich zwangsläufig auch mit komplexeren Themen wie Moral und Verantwortung auseinandersetzen.

Die digitale Sammlung, Verwaltung und Zurverfügungstellung von Mitarbeiterdaten und HR-Dokumenten steht im Zentrum digitaler HR-Arbeit und ist ein essenzieller Bestandteil vieler digitaler HR-Prozesse. Das verbessert auf der einen Seite die Verwaltungseffizienz innerhalb der HR-Abteilung, auf der anderen Seite unterliegen per-

202 DFA Digital für alle GmbH, Digitaltag 2021: Deutschlands digitale Spaltung überwinden; abrufbar unter: https://digitaltag.eu/initiative-digital-fuer-alle

203 manage it (2020): Viele Bundesbürger sehen in der Digitalisierung Risiken und Gefahren für die Gesellschaft; https://ap-verlag.de/viele-bundesbuerger-sehen-in-der-digitalisierung-risiken-und-gefahren-fuer-die-gesellschaft/58321/

sonenbezogene Daten immer noch dem informationellen Selbstbestimmungsrecht, das sich als Grundrecht aus dem allgemeinen Persönlichkeitsrecht ableiten lässt.

Um diese kollidierenden Interessen möglichst auszugleichen und drohendem ablehnendem Verhalten vom Betriebsrat, von Führungskräften und Mitarbeitenden entgegenzuwirken, sollten Personalabteilungen als Weiterentwicklung ihrer Digitalisierungsstrategie die Konzeptionierung einer Corporate Digital Responsibility (CDR) erwägen.

Der Begriff »Corporate Digital Responsibility« (CDR) meint in seinem grundlegenden Verständnis die verantwortliche Gestaltung der Digitalisierung im Kerngeschäft eines Unternehmens.[204] Führt eine Personalabteilung eine neue Technologie ein, betrifft das meistens auch Führungskräfte und Mitarbeitende aus anderen Abteilungen. Die Verantwortung, die hier mit veränderten Arbeitsweisen, dem verantwortungsvollen Umgang mit Ressourcen, aber auch mit Anspruchsgruppen wie den Mitarbeitenden und Führungskräften einhergeht, gilt es seitens der Personalabteilung zu tragen.

Neben gesetzlichen Regelungen zur Digitalisierung in Unternehmen beleuchtet Corporate Digital Responsibility auch Aktivitäten, die darüber hinausgehen. CDR-Maßnahmen wie beispielsweise mehr Transparenz bei der Verarbeitung und Speicherung von Daten und Dokumenten, aber auch die Verringerung von Komplexität bei HR-Prozessen oder das regelmäßige Angebot von Weiterbildungsmaßnahmen für Mitarbeitende legen den Grundstein für die digitale Verantwortung einer HR-Abteilung. Corporate Digital Responsibility erfordert einen Austausch über alle Abteilungen hinweg. Ziel dabei ist es, sämtliche Stufen digitaler HR-Technologie einschließlich Kosten und Nutzen vollständig zu erfassen und die sich hieraus ergebenden Handlungsfelder unter Einbeziehung aller relevanten Mitarbeitergruppen zu analysieren.

Die digitale Ethik beschäftigt sich mit den moralischen Fragen des digitalen Wandels und stellt Fragen nach den sittlichen Grenzen der Digitalisierung. Gleichzeitig fragt sie nach dem richtigen Handeln und dem guten Leben unter den Bedingungen der Digitalisierung. Sie untersucht die gesellschaftliche, ökologische und ökonomische Verträglichkeit digitaler Technologien in ihrer Entwicklung und Anwendung.[205] Der Grundgedanke dabei ist das Verhältnis zwischen Menschen und Maschine. In einer freiheitlichen Gesellschaft sollte man sich nicht blind an dem technologisch Machbaren orientieren, sondern das moralisch Wünschenswerte miteinbeziehen. Die allgemeine Ethik folgt einem einfachen Grundgedanken: Nicht alles, was wir als Menschen tun können, sollten wir auch tun. Es muss Grenzen geben, die über die Einschränkungen

204 Vgl. https://www.bayern-innovativ.de/seite/corporate-digital-responsibility
205 Vgl. PwC (2020).

hinausgehen, die durch den Gesetzgeber gesetzt werden. Diese Selbstbeschränkungen des Handelns müssen sittlich-moralischer Natur sein, um allgemeine Anerkennung zu finden.[206]

Überträgt man diesen Gedanken auf die Digitalisierung, gelten die gleichen Regeln. Als Gesellschaft und als Unternehmen ist es zwingend notwendig, allgemeingültige digitale Werte zu definieren, die uns im digitalen Zeitalter als Gesellschaft zusammenführen und nicht auseinanderreißen.

206 Vgl. Klein (2019).

# 9 Zertifizierungen, Umsetzungsmethodik und -praxis sowie Fördermöglichkeiten für erfolgreiches Umweltmanagement

Stefan Müssig

Bevor wir uns anschauen, wie man sich zertifizieren lassen kann, lohnt sich ein kleiner Blick in die Historie und Möglichkeiten heutiger Zertifizierungsstandards.

## 9.1 Historie, Regelwerke und Zertifizierungsstandards zum Umweltmanagement

In den 1970er-Jahren wurden in den USA die ersten behördlich veranlassten Umweltaudits durchgeführt. In den 1980er-Jahren verfolgten in Deutschland verschiedene Pionierunternehmen (zum Beispiel Neumarkter Lammsbräu, Wilkhahn, Kunert, Hipp u. v. a. m.) die ersten Ansätze für eine betriebliche Ökobilanzierung oder veröffentlichten auf freiwilliger Basis Umweltberichte.

1990 wurden in der Charta für eine langfristige tragfähige Entwicklung der Internationalen Handelskammer (ICC) erstmals 16 Grundsätze des Umweltmanagements definiert. Die ICC-Charta gilt als Quelle für die 1992 in Großbritannien verabschiedete Norm British Standard BS 7750, die wiederum als Vorläufer der ersten EMAS-Verordnung und der späteren Umweltmanagementnorm ISO 14001 gilt.

Die 1993 in Kraft gesetzte EG-Öko-Audit- oder EMAS-Verordnung EWG 1836/93 als Basis für ein europäisches Gemeinschaftssystem für das Umweltmanagement und die Umweltbetriebsprüfung (Umsetzung ab 13.04.1995) und die internationale Norm für Umweltmanagementsysteme DIN EN ISO 14001:1996 (ab Oktober 1996) waren und sind bis heute die wichtigsten Standards für die Umweltzertifizierung von Unternehmen bzw. Organisationen in Europa und weltweit.

HINTERGRUNDINFO

**Was ist Umweltmanagement?**
Unter Umweltmanagement wird die Planung, Organisation, Steuerung und Kontrolle aller betrieblichen Umweltaktivitäten verstanden, mit dem Ziel, eine selbst definierte umweltorientierte Unternehmenspolitik zu betreiben, die Umweltleistung des Unternehmens fortlaufend zu verbessern bzw. dessen Auswirkungen auf die Umwelt zu vermindern.

In den letzten Jahrzehnten erfolgte die schrittweise Ergänzung und Weiterentwicklung der ISO-14000er-Normenreihe: Es kamen zahlreiche Regeln und Leitfäden zum Umweltmanagement, zur Umweltleistungsbewertung, zur produktbezogenen Umweltkennzeichnung und -deklaration, zur ganzheitlichen Ökobilanzierung sowie zur Treibhausgasbilanzierung von Organisationen, Produkten und Dienstleistungen (Corporate and Product Carbon Footprint) dazu.

Parallel erfolgten größere Novellierungen der EMAS-Verordnung 2001 und 2009. Die EG-VO Nr. 1221/2009 zur freiwilligen Beteiligung von Organisationen an einem Gemeinschaftssystem für das Umweltmanagement und die Umweltbetriebsprüfung (EMAS III) wurde zuletzt 2017 an die neue ISO 14001:2015 angepasst, sodass beide Regelwerke bzw. Standards weiterhin kompatibel angewendet werden können.

Die DIN EN ISO 14001 wurde in den Jahren 2005 und 2009 überarbeitet; im November 2015 kam die große inhaltliche Revision mit Anpassung an die High-Level-Struktur aller ISO-Managementsystemnormen und zahlreichen neuen ergänzenden Anforderungen.

| | |
|---|---|
| **DIN EN ISO 14001:2015** | Umweltmanagementsysteme:<br>Spezifikation mit Anleitung zur Anwendung |
| **DIN EN ISO 14004:2016** | Umweltmanagementsysteme:<br>Allgemeine Leitlinien zur Verwirklichung |
| **DIN EN ISO 14015:2010** | Umweltmanagement:<br>Umweltbewertung von Standorten und Organisationen (UBSO) |
| **DIN EN ISO 14020:2002** | Umweltkennzeichnungen und -deklarationen:<br>Allgemeine Grundsätze |
| **DIN EN ISO 14021:2016** | Umweltkennzeichnungen und -deklarationen:<br>Umweltbezogene Anbietererklärungen (Umweltkennzeichnung Typ II) |
| **DIN EN ISO 14024/ A1:2015 - Entwurf** | Umweltkennzeichnungen und -deklarationen:<br>Umweltkennzeichnung Typ I – Grundsätze und Verfahren |
| **DIN EN ISO 14025:2011** | Umweltkennzeichnungen und -deklarationen:<br>Typ III Umweltdeklarationen – Grundsätze und Verfahren |
| **DIN EN ISO 14031:2013** | Umweltmanagement:<br>Umweltleistungsbewertung – Leitlinien |

| | |
|---|---|
| **DIN EN ISO 14040:2009** | Umweltmanagement:<br>Ökobilanz – Grundsätze und Rahmenbedingungen |
| **DIN EN ISO 14044/A1:2017** | Umweltmanagement:<br>Ökobilanz – Anforderungen und Anleitungen – Änderung 1 |
| **ISO / TR 14062:2002** | Umweltmanagement:<br>Integration von Umweltaspekten in Produktdesign und -entwicklung |
| **DIN EN ISO 14063:2010** | Umweltmanagement:<br>Umweltkommunikation – Anleitungen und Beispiele |
| **ISO 14064 – 1:2018**<br>**ISO 14064 – 2:2019**<br>**ISO 14064 – 3:2019** | Teil 1: Spezifikation mit Anleitung zur quantitativen Bestimmung und Berichterstattung von Treibhausgasemissionen und Entzug von Treibhausgasen auf Organisationsebene<br>Teil 2: Spezifikation mit Anleitung zur quantitativen Bestimmung, Überwachung und Berichterstattung von Reduktionen der Treibhausgasemissionen oder Steigerungen des Entzugs von Treibhausgasen auf Projektebene<br>Teil 3: Spezifikation mit Anleitung zur Validierung und Verifizierung von Erklärungen über Treibhausgase |
| **ISO 14067:2019** | Treibhausgase: Carbon Footprint von Produkten – Anforderungen an und Leitlinien für Quantifizierung |
| **ISO 19011:2018** | Leitfaden zur Auditierung von Managementsystemen |

**Tab. 9.1:** ISO-Zertifizierungsnormen und Leitlinien zum Umweltmanagement

Durch die High Level Structure, die durch die Internationale Organisation für Normung (ISO) in den »ISO/IEC Directives« im Jahre 2012 festgelegt wurde, erhalten die Managementsystemnormen alle die gleiche Grundstruktur, unabhängig vom behandelten Themengebiet. Mittels der gemeinsamen Struktur des Inhaltsverzeichnisses können Managementsysteme leichter implementiert, gepflegt und zu einem integrierten Managementsystem kombiniert werden. Außerdem wurden gemeinsame Begriffe und Definitionen eingeführt, was die Arbeit ebenfalls vereinfacht und Widersprüche vermeidet. Die gleiche Gliederung der Abschnitte sorgt zudem dafür, dass die Anforderungen über alle Managementnormen hinweg einheitlich dargestellt werden können. Ebenso erleichtert die HLS interne und externe Audits, denn die kombinierte Auditierung mehrerer Systeme wird enorm vereinfacht. Abbildung 9.1 zeigt den Aufbau der Umweltmanagementsystemnorm ISO 14001:2015 mit ihren Haupt- und Unterkapiteln, farblich zugeordnet gemäß dem PLAN-DO-CHECK-ACT-Prinzip für den fortlaufenden Verbesserungszyklus.

**Abb. 9.1:** High-Level-Struktur und Inhaltsübersicht der DIN EN ISO 14001:2015 (eigene Darstellung)

## 9.2 Ausgangssituation und Rahmenbedingungen

Kleine und mittlere Unternehmen nach EU-Definition (abgekürzt: KMU; gemäß Amtsblatt der EU L 124/36 vom 20.05.2003) bilden schon immer das Rückgrat der Wirtschaft in Europa und Deutschland. Sie stellen anteilig über 95 % aller Unternehmen dar und leisten einen unverzichtbaren Beitrag zur wirtschaftlichen Entwicklung, zum sozialen Zusammenhalt und zur Schaffung von Arbeitsplätzen. In Zahlen bedeutet dies in Deutschland (2021):

- ca. 3,28 Millionen kleine Unternehmen mit 1 bis 49 Mitarbeitenden
- 73.000 Unternehmen mit 50 bis 249 Mitarbeitenden
- 16.700 Unternehmen mit > 250 Mitarbeitenden[207]

In Deutschland verursachen rund 3,4 Millionen Unternehmen einen erheblichen Anteil der Umweltbelastung, beschäftigen sich aber immer noch sehr wenig und kaum systematisch mit dem Thema Umweltmanagement. So beträgt der Anteil der kleinen, mittleren und großen Unternehmen mit zertifiziertem Umweltmanagementsystem weniger als 0,5 % (Stand 2021: geschätzte 10.000 ISO-14001-zertifizierte Organisationen und rund 2.400 registrierte EMAS-Standorte). Das heißt, es gibt hier noch viel »Luft nach oben« bzw., wenn man es netter ausdrücken möchte, ein enormes Entwicklungspotenzial.

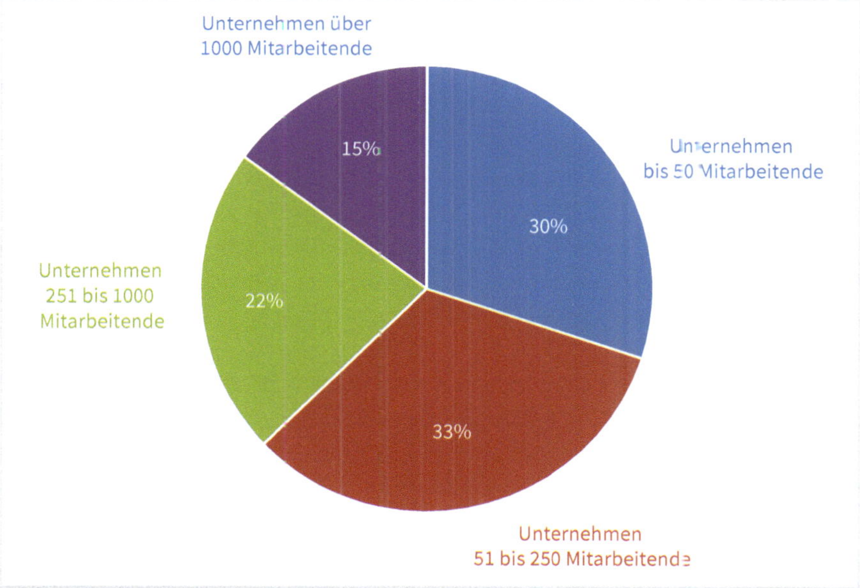


**Abb. 9.2:** EMAS – Verbreitung in KMU[208]

207 Quelle: Statistisches Bundesamt.

208 Quelle: Deutscher Industrie- und Handelskammertag, März 2021; https://www.emas.de/fileadmin/user_upload/2-news/2021/EMAS_SchrittfuerSchritt.pdf

Eine entscheidende wichtige Erkenntnis seit Einführung der grundlegenden Regelwerke EMAS (1993) und ISO 14001 (1996) ist, dass die Akzeptanz und zunehmende Verbreitung von zertifizierten Umweltmanagementsystemen in Kleinstunternehmen (1–10 Mitarbeitende), kleinen (11–49 Mitarbeitende) und mittleren Unternehmen bzw. Organisationen (50–249 Mitarbeitende) insbesondere von der methodischen Herangehensweise beim Implementierungsprozess, der Qualifikation der internen Umweltmanagementbeauftragten und deren Unterstützung durch die oberste Leitung sowie einer motivierenden Beratung und Begleitung durch externe Berater abhängt.

Um die Anforderungen der neuen UM-Norm ISO 14001:2015 bzw. der 2017 angepassten EMAS-Verordnung in kleinen und mittleren Unternehmen (KMU) angemessen, das heißt mit vertretbarem Aufwand-Nutzen-Verhältnis umsetzen zu können, bedarf es einer möglichst einfachen, effektiven und standardisierten Methodik, die auf den Betriebsalltag und die Mitarbeitenden in den Unternehmen zugeschnitten ist.

## 9.3 Keine Angst vor Umweltmanagement – pragmatische Wege der Einführung

Der Umweltberater Heinz-Werner Engel entwickelte Ende der 1990er-Jahre mit dem Ecomapping/EMASeasy™-Konzept einen effektiven und kostengünstigen Ansatz, um in KMU ein vollwertiges Umweltmanagementsystem nach EMAS einzuführen.

Die unter dem Namen EMASeasy™ bekannt gewordene Methodik basiert auf dem von der EU-Kommission und DG Environment (DG: Direction Generale) als Beste-Praxis-Beispiel anerkannten Ecomapping-Tool. EMASeasy™ besticht durch seine logische, das heißt Schritt für Schritt nachzuvollziehende Arbeitsmethodik, schlanke Dokumentationsstruktur und die aktive Einbindung der Mitarbeitenden, womit eine hohe Akzeptanz und Motivation bei den Anwendern erreicht wird.

EMASeasy™ wurde ab 2005 federführend von mir mit einigen KMU-erfahrenen und methodenkompetenten Beraterkollegen im deutschsprachigen Raum eingeführt und in zahlreichen Einzel- und Gruppenberatungsprojekten in verschiedensten Unternehmen sowie vielen unterschiedlichen Branchen mit großem Erfolg angewendet.

Inzwischen gibt es allein in Deutschland mindestens 200 Unternehmen bzw. Organisationen, die mit diesem motivations- und mitarbeiterorientierten Ansatz ein zertifiziertes Umweltmanagementsystem eingeführt haben (ca. 90% davon sind

EMAS-zertifiziert). Über erfolgreiche Projekte wird regelmäßig im EMAS-Newsletter der UGA-Geschäftsstelle berichtet.[209]

Der Bundesverband für Umweltberatung e. V. (bfub)[210] und Förderkreis Umweltschutz Unterfranken e. V. (FUU)[211] bieten in Kooperation mehrmals jährlich dreitägige praxisorientierte EMASeasy™-Trainings- und Methodenseminare für Umweltmanagementbeauftragte, Umweltberaterinnen, Umweltgutachter und sonstige Multiplikatoren an.

Die aktuell weiterentwickelte EMASeasy™-Toolbox deckt alle neuen Anforderungen der Umweltmanagementsystemnorm ISO 14001:2015 bzw. der EMAS-Verordnung (EG) Nr. 1221/2009 in Verbindung mit Verordnung (EU) 2017/1505 ab und ist nicht zuletzt durch die Anpassung an die High-Level-Struktur voll kompatibel zu allen prozessorientierten Managementsystemen.

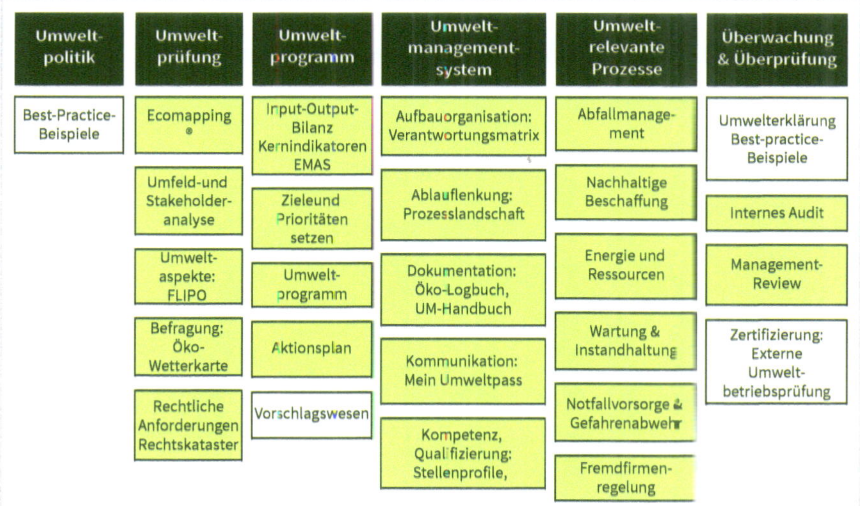


**Abb. 9.3:** Überblick EMASeasy-Toolbox (Managementsystemelemente bzw. Prozesse, für die es EMASeasy™-Arbeitsvorlagen gibt, sind in der Grafik hellgrün hinterlegt).[212]

Bestens bewähren sich die weitgehend standardisierten Vorlagen vor allem in Gruppenberatungs- bzw. Konvoiprojekten, in denen mehrere Unternehmen oder Organisationen sich eine methodisch qualifizierte EMASeasy-Beraterin »teilen« und im abschließenden Zertifizierungsprozess ggf. sogar einen gemeinsamen Umweltgutachter oder Auditor beauftragen können. Mit den zum Beispiel in Bayern über das

209 Siehe dazu www.emas.de
210 Siehe dazu www.umweltberatung-info.de
211 Siehe dazu www.fuu-ev.de
212 Weiterführende Informationen unter https://www.wuqm.de/umweltmanagement-emaseasyTM/

BUMAP-Programm[213] geförderten Gruppenberatungen lassen sich die externen Beratungskosten pro Betrieb sehr niedrig halten. Zusätzlich profitieren die Teilnehmenden im Konvoiverfahren vom Praxis- und Erfahrungsaustausch untereinander und dem gegenseitigen Motivationsschub bei den gemeinsamen Workshops.

Elemente aus der EMASeasy™-Toolbox werden zum Teil im folgenden Abschnitt »Der Weg zur Zertifizierung« als Beste-Praxis-Beispiele verwendet.

## 9.4 Der Weg zur Zertifizierung

Die Einführung eines Umweltmanagementsystems nach ISO 14001 bzw. der EMAS-Verordnung verläuft weitgehend identisch. In diesem Kapitel wird exemplarisch am Beispiel der folgenden Infografik in acht sinnvollen Teilschritten mit allen notwendigen inhaltlichen Anforderungen eines Umweltmanagementprojektes der Weg bis zur erfolgreichen EMAS-Zertifizierung zusammenfassend dargestellt.

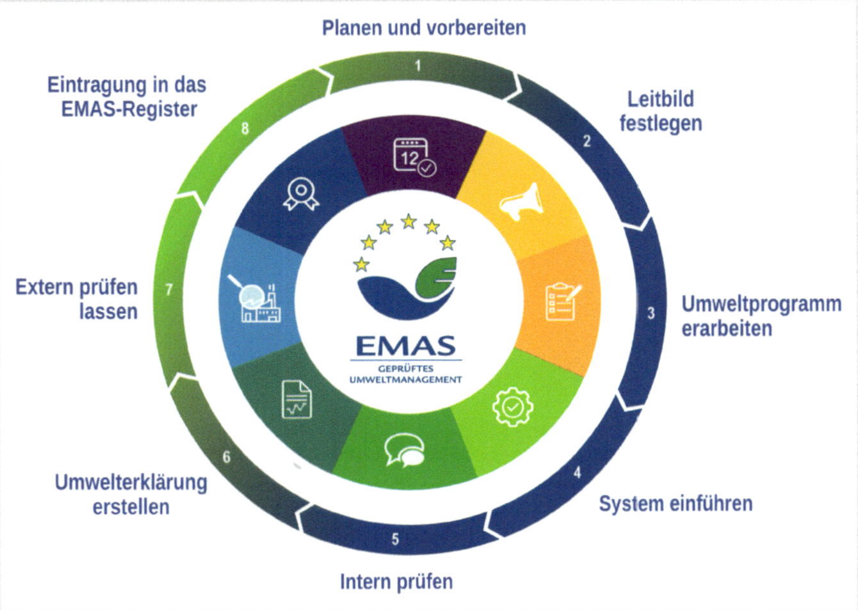


**Abb. 9.4:** Einführungsprozess EMAS[214]

Im Folgenden erkläre ich ausführlicher das Vorgehen in seinen einzelnen Arbeitsschritten.

213 Mehr Infos unter https://www.umweltpakt.bayern.de/management/faq/455/bayerisches-umweltmanagement-auditprogramm-bumap

214 Siehe dazu https://www.emas.de/emas-in-der-praxis

### 9.4.1 Schritt 1: Planen und vorbereiten

- Zeit, Personal, Kosten, ggf. externe Beratung kalkulieren und Umweltprüfung durchführen
- Anwendungsbereich des UMS abgrenzen
- Kontext- und Stakeholderanalyse mit Risiken-Chancen-Betrachtung durchführen
- Erste umfassende Umweltprüfung durchführen (Ecomapping) und dokumentieren (Aktionsplan)
- Prozesse (Prozesslandschaft) bzw. Tätigkeiten und bestehende Umweltorganisation beschreiben
- Umweltaspekte ermitteln, beschreiben und bewerten inklusive Risiken-Chancen-Analyse
- Für das Unternehmen einschlägige Rechtsvorschriften erfassen (Rechtskataster) und umsetzen

### 9.4.2 Schritt 2: Unternehmenspolitik festlegen

- **Grundsätzliche strategische Ausrichtung formulieren** (Kernfrage: Was bist du bereit, in deinem Betrieb für die Umwelt zu leisten?)
- Leitlinien durch oberste Leitungsebene erarbeiten
- Stellenwert des Umweltschutzes herausheben
- Selbstverpflichtung zur Verbesserung der Umweltleistung
- Vermeidung bzw. Minimierung der Umweltauswirkungen
- Einhaltung der Umweltrechtsvorschriften und behördlichen Auflagen
- Kommunikation der Unternehmenspolitik nach innen und außen

### 9.4.3 Schritt 3: Umweltprogramm erarbeiten

- Ziele und Maßnahmen, abgeleitet aus der Umweltprüfung
- Formulierung von SMARTen Zielen und konkreten Maßnahmen
- Übersetzung der strategischen Umweltzielsetzungen in die tägliche Praxis
- Klare und eindeutige Verbindung zu den bedeutenden Umweltaspekten bzw. Umweltauswirkungen sowie der umweltbezogenen Unternehmenspolitik
- Das Umweltprogramm enthält Verantwortlichkeiten, Zeitrahmen und benennt erforderliche Mittel bzw. Ressourcen
- Ziel: fortlaufende Verbesserung der Umweltleistung

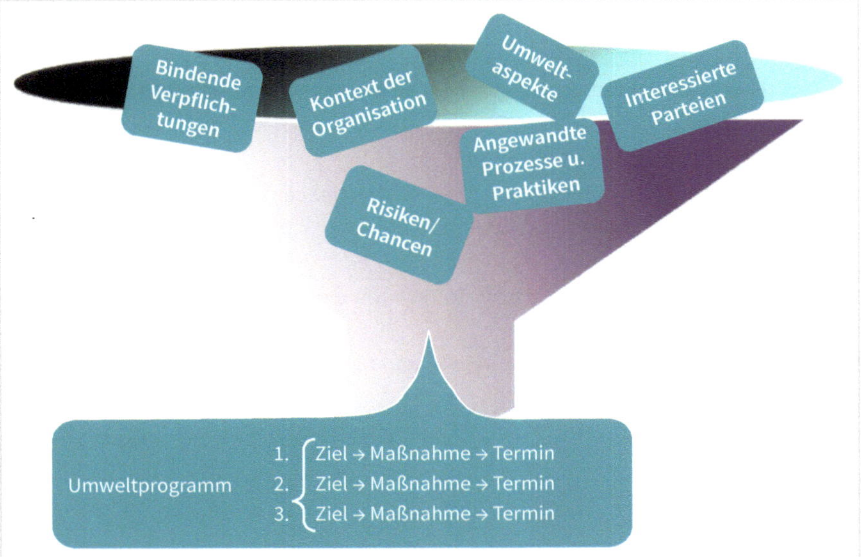


**Abb. 9.5:** Das Umweltprogramm entsteht aus verschiedenen Bausteinen

Sowohl EMAS als auch ISO 14001 fordern die Festlegung von »SMARTen« Umweltzielen (nach der SMART-Regel, S = spezifisch, M = messbar, A = ambitioniert bzw. attraktiv, R = realisierbar, T = terminiert) und die Umsetzung von konkreten Maßnahmen zur Zielerreichung im Rahmen eines verbindlichen Umweltprogramms.

Die Vorarbeit zur Erstellung des Umweltprogramms erfolgt methodisch am besten mit einem Tool vergleichbar zu dem in Abbildung 9.6 dargestellten Punkt »Ziele & Prioritäten setzen«.

Die jeweiligen Ideen für Ziel und Maßnahmen werden damit auf der Basis technischer und finanzieller Machbarkeit, ihres Umweltnutzens bzw. der Umweltleistung und ihrer Auswirkungen auf Arbeitsabläufe, Mitarbeitermotivation und des möglichen Imageeffekts in der Öffentlichkeit bewertet. Eine hohe Punktzahl heißt: Fangen Sie mit diesen Maßnahmen an!

## Ziele & Prioritäten setzen

| | |
|---|---|
| **Organisation:** | |
| **bearbeitet von:** | |
| **Zuletzt bearbeitet/Version:** | |

Quelle: Vorlage_EMASeasyTM
Stand: 03.09.2022
erstellt von: WUQM Consulting GmbH

| Nr. | Prozess | relevanter Umweltaspekt | Vorschlag für Ziele und Maßnahmen | Technik | Kosten | Arbeits-ablauf | Mitarbeiter | Image | Umwelt-nutzen | SUMME |
|---|---|---|---|---|---|---|---|---|---|---|
| 19 | Beschaffung | Umweltverträglichkeit der Materialien und Dienstleistungen | Ziel: Ab Januar 2023 Einführung und schrittweise Umsetzung einer Beschaffungsrichtlinie für nachhaltige Büromaterialien, Reinigungsmittel, Werbemittel und IT-Geräte. | | | | | | | |
| | | | M1: | | | | | | | 0 |
| | | | M2: | | | | | | | 0 |
| | | | M3: | | | | | | | 0 |
| | | | M4: | | | | | | | 0 |
| | | | M5: | | | | | | | 0 |
| | | | | | | | | | | |

**Vorgehen:** Bewerten Sie ihre Maßnahmen(vorschläge) zur jeweiligen Zielerreichung auf der Basis technischer und finanzieller (Wirtschaftlichkeit) Machbarkeit, ihrer Auswirkungen auf Arbeitsabläufe, die Mitarbeitermotivation, ihrem Image nach innen und außen und dem Umweltnutzen. **Eine hohe Punktzahl heißt: Fangen Sie mit diesen Maßnahmen an!**

| **Bewertung** | | | | | | |
|---|---|---|---|---|---|---|
| Technische Machbarkeit | leicht möglich | 3 | aufwendig | 2 | technisch schwierig | 1 |
| Kosten | bringt / spart Geld, hohe Rentabilität (ROI > 12%) | 3 | bezahlbar, mittlere Rentabilität (ROI ≙ 5-12%) | 2 | kostenintensiv bzw. geringe Rentabilität (ROI < 5%) | 1 |
| Arbeitsablauf (Auswirkungen auf) | werden leichter | 3 | keine Auswirkungen | 2 | zusätzliche Arbeit | 1 |
| Mitarbeitermotivation | wird verbessert | 3 | keine Auswirkungen | 2 | wird vermindert | 1 |
| Image in der Öffentlichkeit | wird verbessert | 3 | möglicherweise positiv | 2 | keine Auswirkungen | 1 |
| Umweltnutzen | hoch / bedeutend | 6 | signifikant | 4 | eher gering | 2 |

**Abb. 9.6:** Formular »Ziele & Prioritäten setzen« (eigene Darstellung)

### 9.4.4 Schritt 4: Implementierung des Umweltmanagementsystems

- Gestaltung der Aufbau- und Ablauforganisation im Unternehmen
- Ressourcen, Aufgaben, Verantwortlichkeiten und Befugnisse festlegen
- Rechtssichere Delegation von Unternehmer-/Betreiberpflichten durchführen
- Mitarbeiterbeteiligung, Fähigkeiten, Schulungen und Bewusstseinsbildung für Umweltschutz im Betrieb sicherstellen
- Alle relevanten betrieblichen Prozesse und Abläufe festlegen und steuern, wie:
  - Notfallvorsorge und Gefahrenabwehr
  - Wartung, Instandhaltung und Prüfung von Anlagen
  - Interne und externe Kommunikation organisieren
  - Dokumentation erstellen, zum Beispiel Umweltmanagementhandbuch, Prozessbeschreibungen, Verfahrens-, Arbeits- und Betriebsanweisungen u. v. a. m.

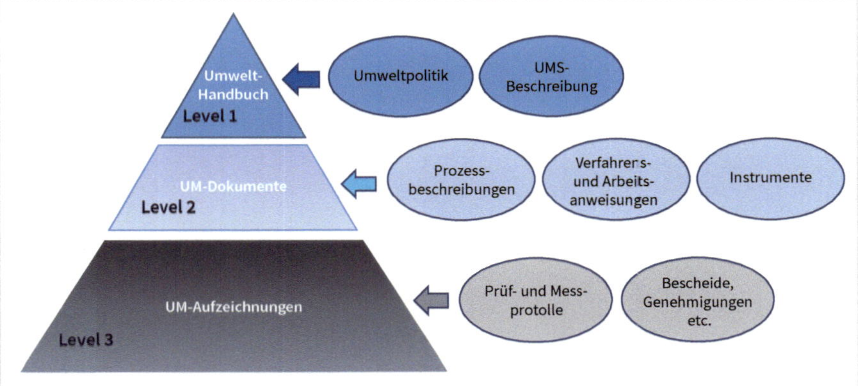


**Abb. 9.7:** Modularer Aufbau einer Umweltmanagement-Dokumentation

### 9.4.5 Schritt 5: intern prüfen

- Internes Audit und Managementbewertung
- Interne Auditierung planen und durchführen (Auditprogramm erstellen)
- Aufbau eines qualifizierten Auditorenteams

Nutzbringende Compliance-, System- und Performanceaudits etablieren als »Motor« zur fortlaufenden Verbesserung des Umweltmanagementsystems (UMS) und der Umweltleistung, das heißt:

- Analyse, ob UMS und Umweltpolitik übereinstimmen,
- Bewertung der Einhaltung von Rechtsvorschriften

- Erreichtes festhalten und Funktionsfähigkeit einschätzen
- Feststellung von Nichtkonformitäten und Ursachenanalyse
- Durchführung von Korrekturmaßnahmen
- Auf Basis der internen Audits erfolgt die jährliche Managementbewertung
- Bewertung der Ergebnisse und des Reifegrades des UMS, wenn nötig: strategisch neu ausrichten

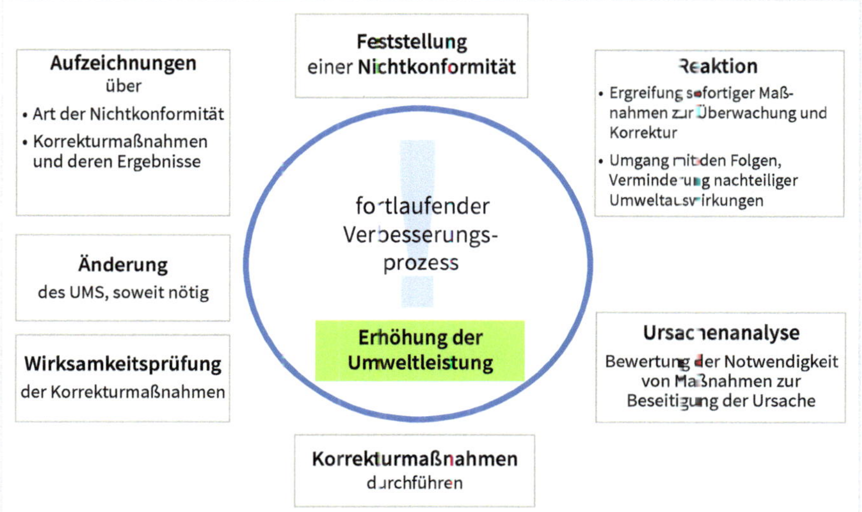


**Abb. 9.8:** Fortlaufender Verbesserungsprozess

### 9.4.6 Schritt 6: Umwelterklärung erstellen[215]

- Erfolge und Leistungen für die Umwelt nach innen und außen kommunizieren
- Inhalte der Umwelterklärung sind in Anhang VII der EMAS-VO erläutert
- Beschreibung der Organisation sowie ihrer Tätigkeiten, Produkte und Dienstleistungen
- Umweltpolitik und bedeutende Umweltaspekte
- Umweltprogramm: mit umgesetzten und neuen Zielen und Maßnahmen
- Daten über die Umweltleistung unter Berücksichtigung der EMAS-Kernindikatoren (im 3-Jahres-Vergleich)

215 Die EMAS-Umwelterklärung kann in Nachhaltigkeitsberichte integriert werden. Der EMAS-Teil muss allerdings erkennbar und vom Umweltgutachter erkenntlich geprüft sein.

- Benennung relevanter rechtlicher Umweltvorschriften, Nachweis über deren Einhaltung
- Name und die Zulassungsnummer des Umweltgutachters sowie Datum der Validierung

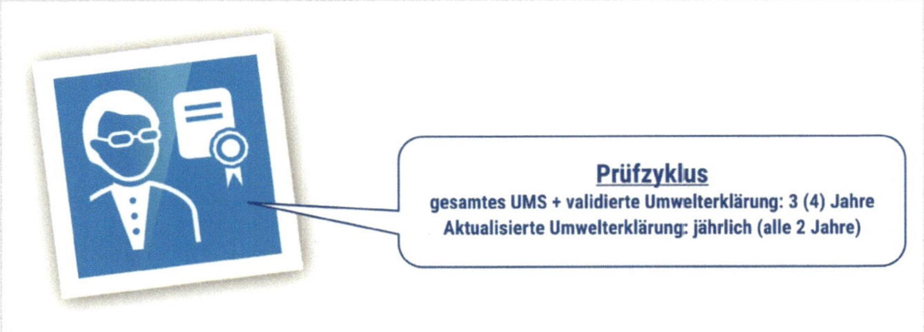


**Abb. 9.9:** Umwelterklärung erstellen

### 9.4.7 Schritt 7: Extern prüfen lassen

- Staatlich zugelassene Umweltgutachterinnen überzeugen sich vor Ort von der Wirksamkeit des UMS
- Gutachter aus dem passenden Wirtschaftsbereich finden (NACE-Code), zum Beispiel hier: www.emas.de/dau
- Programm für Begutachtung anfertigen und relevante Dokumente parat halten
- Möglichkeit der Begutachtung im Stichprobenverfahren bei mehreren Standorten
- Begutachtung: Begehung des Standorts + Stichprobenkontrollen + Gespräche mit Personal und Leitungsebene + Dokumentenprüfung

### 9.4.8 Schritt 8: Eintragung ins EMAS-Register

- Beantragen der offiziellen Eintragung bei der zuständigen IHK oder HWK
- Nach Bestätigung der Umweltgutachterin erfolgt der Antrag auf Registrierung bei der zuständigen IHK oder HWK[216]
- Diese führt die Endkontrolle unter Einbeziehung der zuständigen Umweltbehörde durch
- Vergabe einer individuellen Registernummer

216 Bild der Grafik entnommen von: Quelle: www.emas.de

- Nutzung des EMAS-Logos
- Nach der Validierung ist vor der Validierung – der Zyklus beginnt von vorne!

**Abb. 9.10:** Eintragung ins EMAS-Register

## 9.5 Fördermöglichkeiten und Privilegierungen für zertifizierte Umweltmanagementsysteme

Für die Ersteinführung von zertifizierten Umweltmanagementsystemen wie ISO 14001 und EMAS gibt es in einigen Bundesländern unterschiedliche Fördermöglichkeiten:

- **Förderprogramme in einzelnen Bundesländern**
  - Bayern und Baden-Württemberg haben Gruppenberatungs- bzw. Konvoi-Förderprogramme
  - Saarland, Berlin, Mecklenburg-Vorpommern, Rheinland-Pfalz, Sachsen, Sachsen-Anhalt fördern Einzelberatungsprojekte
- **Förderprogramme des Bundes**
  - Kommunalrichtlinie (PtJ)[217]: Einführung von EMAS bei kommunalen Trägern
  - Rahmenrichtlinie zur Förderung unternehmerischen Know-hows (BAFA)[218], Zuschüsse zu externen Beratungskosten

Eine gute Recherchemöglichkeit zu den aktuellen Förderprogrammen für Umweltmanagementsysteme, aber auch Privilegierungen von EMAS-registrierten Organisationen bietet die Förderdatenbank EMAS unter www.emas.de/foerderdb.

217 Mehr Infos unter: https://www.ptj.de/projektfoerderung/nationale-klimaschutzinitiative/pt-wechsel
218 Siehe unter https://www.bafa.de/DE/Wirtschaft/Beratung_Finanzierung/Unternehmensberatung/unternehmensberatung_node.html

**Abb. 9.11:** Screenshot der Förderdatenbank EMAS/Umweltmanagement

Im Umwelt- und Energierecht auf EU-, Bundes- und Länderebene profitieren insbesondere registrierte EMAS-Organisationen von Privilegien bei der Erfüllung gesetzlicher Pflichten, Verwaltungserleichterungen oder sogar Gebührenermäßigungen bei behördlichen Genehmigungsverfahren oder Verwaltungsakten.

Energieintensive Unternehmen haben Vorteile mit EMAS oder ISO 50001:
- **Spitzenausgleich** bei Strom- und Energiesteuer (StromStG, EnergieStG)
- **Besondere Ausgleichsregelung (EEG)** für stromkostenintensive Unternehmen, seit 2021 erweiterter Kreis
- EMAS erfüllt die Energieauditpflicht nach EDL-G für Nicht-KMU → betrifft *nicht* KMU

Weitere **Verwaltungserleichterungen** nur mit EMAS, unter anderem:
- Anzeige- und Mitteilungspflichten in zahlreichen umweltrechtlichen Vorschriften erfüllt
- Verlängerte Inspektionsintervalle (IED) bei bestimmten genehmigungspflichtigen Anlagen nach Bundesimmissionsschutzgesetz

Nur mit EMAS **Gebührenermäßigungen** (bis zu 30 %), zum Beispiel für:
- Wasserrechtliche Genehmigungsverfahren
- Immissionsschutzrechtliche Genehmigungsverfahren

- Abfallrechtliche Genehmigungsverfahren
- Überwachungsgebühren
- Verwendung/Nutzung von Grundwasser

## 9.6 Zusammenfassung und Fazit: Nutzen und Vorteile zertifizierter Umweltmanagementsysteme

Umweltmanagementstandards wie EMAS oder ISO 14001 bieten bei angemessener Umsetzung im Unternehmen eine Vielzahl von Chancen und generieren einen beträchtlichen ökologischen wie ökonomischen Nutzen.

**Chancen und Nutzen eines Umweltmanagements**

- Nachweisliche Erfüllung gesetzlicher und behördlicher Forderungen und Auflagen (Rechtskonformität)
- Erhöhte Rechtssicherheit für Organe und Führungskräfte = weniger haftungsrechtliche Risiken
- Kenntnis der wichtigen Umwelt- und Energieaspekte + Vermeidung von Umweltauswirkungen
- Konkrete Zielsetzungen zur dauerhaften Verbesserung der Umweltleistung
- Erschließen von Ressourcen- und Kosteneinsparpotenzialen durch Effizienzsteigerungen hinsichtlich Material- und Energieeinsatz
- Klare Zuständigkeiten im Umweltmanagement, besser strukturierte Abläufe und Prozesse
- Systematische Ziel- und Maßnahmenverfolgung mit Wirksamkeitskontrolle
- Motivationssteigerung bei Mitarbeitenden und Kooperationspartnern
- Sicherung einer langfristigen Zusammenarbeit durch Erfüllung von Forderungen der Kundinnen und Kunden und sonstigen Anspruchsgruppen (Stakeholder)
- EMAS / ISO 14001 ist ein fundamentaler Baustein bzw. Element einer umfassenden CSR-Strategie[219] und eines erweiterten Nachhaltigkeitsmanagements
- Vorbildfunktion der Organisation, hohe Glaubwürdigkeit & Imagegewinn nach außen und innen (insbesondere durch eine validierte Umwelterklärung)

Abschließend sind hier noch nützliche Links und weiterführende Informationen zusammengestellt:

- Leitfaden Einstieg ins Umweltmanagement mit EMAS (Neuauflage 9/2020) → www.emas.de/einstieg
- EMAS Kompass: Videos, Arbeitsmaterialien, Praxisbeispiele des Infozentrums Umweltwirtschaft → www.umweltpakt.bayern.de/emaskompass

219 CSR = Corporate Social Responsibility

- EMAS Umweltmanagementsystem – Leitfaden für die betriebliche Praxis (12/2021) → https://www.ihk-nuernberg.de/de/Geschaeftsbereiche/Innovation-Umwelt/publikationen-positionspapiere/emas-umweltmanagementsystem
- Arbeitsmaterialien vom europäischen EMAS-Helpdesk: → https://ec.europa.eu/environment/emas/emas_publications/guidance/tools_en.htm
- Datenbank aktueller Umwelterklärungen: → www.emas.de/umwelterklaerungen
- Videos: → www.youtube.com/channel/UCPmM62bnMq0uS3Egt2Ulrzg/playlists
- Wanderausstellung für deine Öffentlichkeitsarbeit: → www.emas.de/wanderausstellung

# 10 Green Company als Erfolgsfaktor im Employer Branding

Arne Prieß

In den vorherigen Kapiteln wurden viele Tipps und Lösungen beschrieben für die Green Company Transformation. Tun wir für einen Moment mal so, als hättet ihr davon vieles erfolgreich umgesetzt und euer Unternehmen hätte sich zu einer nachweisbaren, weil zertifizierten und in den täglichen Prozessen erlebbaren Green Company transformiert: Welche Auswirkung hätte dies für eure Arbeitgeberattraktivität? Die Antwort ist: eine riesengroße!

Bevor wir in dieses Kapitel aber richtig einsteigen und meine mutige Antwort belegen, lasst uns vorher den Begriff Employer Branding kurz definieren. Dazu liefere ich nachfolgend zwei sich ergänzende Definitionen:

- »Beim Employer Branding geht es um die Positionierung Ihres Unternehmens als attraktiver Arbeitgeber. Die grundlegende Frage ist: Was unterscheidet Sie als Arbeitgeber von anderen konkurrierenden Unternehmen und warum soll sich ein Bewerber für Sie entscheiden?«[220]
- »Employer Branding – Die Kunst, als Unternehmen attraktiv zu sein« mit der Ergänzung »Die wahre Schönheit kommt von innen!«[221]

Fassen wir beide Definitionen zusammen, muss es uns darum gehen, das jeweilige Unternehmen in der Innen- und Außenwahrnehmung über geeignete Kanäle so zu positionieren, dass es für die gesuchten Talente, aber auch für die bestehende Belegschaft als Arbeitgeber ihrer Wahl und damit »House of Choice« erkennbar wird. Die Motivation muss also lauten: Ich will als Mitarbeiterin da hinein und ich will darin bleiben, weil der Arbeitgeber so ist, wie ich ihn mir wünsche.

Aber warum kommt die wahre Schönheit von innen? Kurz gesagt, weil jedes Unternehmen durch die sozialen Medien und die öffentlichen Bekundungen von Mitarbeitenden sowie Kandidatinnen und Kandidaten völlig transparent ist. Würde ich in meinem Employer Brand als Social Brand in den sozialen Medien ein rosarotes – oder in unserem Fall grünes – schönes Bild des Unternehmens zeichnen, während es sich tatsächlich um eine schmutzige und ökologisch bedenkliche »Nach mir und meinem Profit die Sintflut«-Company handelt, dann würden zumindest alle Leserinnen und Leser erst mal erhebliche Bedenken bzgl. der ökologischen Nachhaltigkeit des Unternehmens

220 Prieß (Hrsg.) (2016), S. 310 (Koautorin des Kapitels Angelique Morio).
221 Prieß (Hrsg. )(2019), S. 35 (Koautorin des Kapitels Ivana Hilgers).

entwickeln. Und wenn einem gesuchten und schon angestellten Talent der »grüne Charakter« eines Unternehmens wichtig wäre, würde entweder keine Bewerbung von diesem Talent eingehen oder nach einer etwaigen Anstellung schon bald seine Kündigung erfolgen.

Nun kann ich in diesem Kapitel die Kunst des Employer Brandings nicht umfassend vermitteln, dazu verweise ich auf die beiden oben zitierten Bücher und die Kapitel meiner Kolleginnen und Kollegen, die mit ihrer Expertise diesen wichtigen Kompetenzbaustein ausführlich beschrieben haben. Auch empfehle ich die Einbindung einer externen Expertin für dieses erfolgskritische Thema. Wenn man den Employer Brand mangels Kompetenz falsch aufgesetzt hat, dann ist es schwer, die anfangs gemachten Fehler wieder auszugleichen. Man sollte also in der Startphase besser mit kompetenter Hilfe arbeiten, als nachher mit noch teurerer Hilfe den Brand wieder geradezubiegen.

In diesem Kapitel soll es besonders darum gehen, im Employer Branding eine neue erfolgskritische Komponente zu berücksichtigen: die der glaubhaften, weil durch konkrete Maßnahmen beweisbaren ökologischen Nachhaltigkeit eines Unternehmens.

## 10.1 Was die Generationen und Zielgruppen anspricht

In meinen bisherigen Ausführungen ließ ich mich von der These leiten, dass Menschen bei ihrer Entscheidung für oder gegen ein Unternehmen die Nachhaltigkeit als Kriterium berücksichtigen. Mit der bereits in Kapitel 5.3 zitierten Königsteiner-Studie[222] zum Umweltbewusstsein hatte ich dafür einen ersten Beleg geliefert. Wenn 62 % der befragten Arbeitnehmenden in Deutschland angeben, dass ihnen wichtig ist, wie ein Arbeitgeber zu Umweltfragen steht, dann darf ein Unternehmen in dem Ringen um tolle Mitarbeitende dies nicht ignorieren. Laut der Studie spielt dieser Punkt aber bei 30 % der Unternehmen derzeit keine Rolle. Wenn ein Unternehmen sich also als attraktiver Arbeitgeber positionieren will, dann sollte es möglichst nicht zu diesen 30 % gehören.

Aber ein einziges Argument basierend auf einer Studie wird nicht reichen, wenn man im Unternehmen insbesondere die Budgetentscheider von der Notwendigkeit eines Green Company Employer Brands überzeugen will. Deshalb liefere ich nachfolgend noch vier weitere Argumente für meine obige These, sowohl für eure eigene Überzeugung als auch die Dritter im Unternehmen:

222 Siehe dazu https://presse.koenigsteiner.com/2020/06/05/studie-umweltbewusstsein-bei-deutschen-arbeitgebern/

- **Die Jugend will grün:** Nicht verwunderlich angesichts der starken und aktiven Fridays-for-Future-Bewegung weltweit ist das Ergebnis der SINUS-Jugendstudie 2020, in der auf die Frage »Wofür sich Jugendliche heute politisch engagieren (würden)« in der Ergebnisgrafik Umwelt und Klimaschutz als meistgenanntes Thema dargestellt wird (die meistgenannten Themen haben die größte Schrift).[223] In der Pressemitteilung zur Studie wird dieser Punkt noch einmal unterstrichen: »Längst haben Jugendliche die Lösung der Klimakrise als zentrale Frage der Generationengerechtigkeit für sich identifiziert und bringen in den Demonstrationen ihre Ohnmacht und Empörung (›Wir sind hier, wir sind laut, weil ihr uns die Zukunft klaut!‹) zum Ausdruck.«[224] Auch wenn die 14- bis 17-jährigen Teenager heute nicht im Fokus des Employer Brandings stehen, so stellen sie doch den Nachwuchs. Und bis die Unternehmen ihre ökologische Nachhaltigkeit ausreichend wirksam sichergestellt haben, werden wahrscheinlich so viele Jahre ins Land gehen, dass diese Jugendlichen dann den wichtigen Nachwuchs an Talenten stellen werden. Junge Aktivisten wie Greta Thunberg oder in Deutschland Luisa Neubauer sind so präsent und überzeugend in ihren Auftritten, dass man sicher eine Strahlkraft der omnipräsenten Argumente und Diskussionen in »Funk und Fernsehen« auf die Young Professionals annehmen darf.
- **Generation Y will grün:** In Studien über die Generationen und deren Wünsche an die Arbeitgeber liest man zum Beispiel, dass die Generation Y (je nach Quelle geboren von ungefähr 1980 bis 1996, also die Generation, die im Alter von ca. 26 bis 42 unsere Young Professionals und Professionals im Unternehmen stellen) zu 83 % von ihrem Arbeitgeber erwartet, dass dieser sich glaubhaft um Nachhaltigkeit kümmert.[225] Diese Generation, auch als Millennials bezeichnet, wird in einer im Hinblick auf das Alter normalverteilten Belegschaft bald den größten Anteil ausmachen. Und sie sind als die ersten Digital Natives von Kindheit an mit der Vernetztheit über soziale Medien und die Nutzung des Internets vertraut und daran gewöhnt, sich schnell Informationen über den Arbeitsmarkt und potenzielle Arbeitgeber zu erschließen. Deshalb ist ein glaubhaftes und mit Beweisen für Nachhaltigkeit aufgeladenes Employer Branding für Unternehmen nicht nur Kür, sondern absolute Pflicht.

  In der Deloitte-Studie »Millennial Survey 2019«[226] gaben die befragten Millennials (Generation Y) und die Generation Z (geboren je nach Quelle von ca. 1995 bis 2010) an, dass Klimaschutz ihre größte Sorge ist und dass sie darüber am meisten be-

223 Siehe Grafik aus der Studie https://m.bpb.de/system/files/asset_image_single/SINUS%20Stuie_Grafiken-12.png

224 Siehe dazu https://m.bpb.de/presse/313113/sinus-jugendstudie-2020-wie-ticken-jugendliche

225 Siehe dazu https://www.absolventa.de/karriereguide/berufseinsteiger-wissen/xyz-generationen-arbeitsmarkt-ueberblick; hier wird als Quelle verwiesen auf Prof. Dr. Antje-Britta Mörstedt , PFH Private Hochschule Göttingen.

226 Deloitte hat in ihrem Millennial Survey 2019 weltweit über 16.400 Millennials und Vertreter der Generation Z befragt, darunter rund 800 Teilnehmende in Deutschland; siehe dazu https://www2.deloitte.com/de/de/pages/innovation/contents/millennial-survey-2019.html

unruhigt sind. Heute dürfte diese Zahl sicher deutlich größer sein, nachdem die Wetterkatastrophen auch vor der eigenen Haustür stattgefunden haben und weltweit Klimaforscher und Umweltschützer den Politikern aufzeigen, dass wir eigentlich nicht vor, sondern schon nach zwölf haben, was die Zeit zum Handeln angeht.

- **Menschen weltweit wollen grün:** Eine Studie des amerikanischen Cloudanbieters Salesforce, für die das Unternehmen Menschen weltweit, auch in Deutschland, befragt hat, untermauerte 2020 meine These. Diese Studie hat herausgefunden, dass 77 % der Befragten in Deutschland den Klimaschutz in Unternehmen priorisiert sehen wollen.[227]
- **Viele Menschen in Deutschland wollen grün:** Spätestens mit den Wahlergebnissen in Deutschland 2021 und der nun regierenden Ampelkoalition zwischen SPD, FDP und Bündnis 90/Die Grünen wurde deutlich, dass Umweltbewusstsein kein Privileg der Jugend ist. Auch wenn die Partei der Grünen am Ende nur 14,8 %[228] der Stimmen bei der Wahl zum Bundestag gewinnen konnte (nach einem zwischenzeitlichen Höhenflug von bis zu 26 % und daraus resultierenden Ambitionen, die erste grüne Bundeskanzlerin stellen zu wollen), so muss man doch zur Kenntnis nehmen, dass das Thema der ökologischen Nachhaltigkeit bei einem guten Teil der Bevölkerung relevant genug ist für eine Stimmabgabe. Weil dieses Thema so wichtig ist, erschien es auch auf der Agenda anderer Parteien, sodass die Grünen diesen »Markenkern« nicht mehr für sich allein in Anspruch nehmen konnten.
  Betrachtet man die Alterszusammensetzung der grünen Wähler, so stellen zwar die 18- bis 29-Jährigen fast ein Drittel, aber auch alle anderen Alterskohorten sind vertreten. So stellen zum Beispiel die 50- bis 59-Jährigen mit gut 20 % immerhin ein Fünftel der Wähler. Das ist nicht verwunderlich. Es ist die Generation, die in den 1980ern die Partei der Grünen gegründet und mit vielen Grundsatzdiskussionen voran- und letztlich in die Parlamente gebracht hat, also eine große Affinität zu grünen Grundthemen hat. Ökologische Nachhaltigkeit ist also auch ein wichtiges Thema für ältere Generationen und damit auch für die Senior Professionals in einer Belegschaft. Als Angehörige der Generation X beweisen mein Geschäftsführungskollege Tjalf und ich schließlich auch, dass wir uns dem Thema stellen wollen, und stecken unendlich viel Herzblut und kostbare Lebenszeit hinein, um unseren Beitrag zu leisten.

Wenn ich meine obigen Argumente und die Erkenntnisse aus den jeweiligen Studien und Wahlergebnissen zusammenfasse, dann komme ich zu dem gut begründeten Schluss, dass zusätzlich zu den reinen Erfordernissen des Super-KAUs Unternehmen gut beraten wären, ökologische Nachhaltigkeit ganz oben auf ihre Agenda zu schreiben. Sie werden etwaige Wachstumsfantasien in ihren Strategien auch streichen können, wenn sie nicht über ein entsprechend glaubhaftes Employer Branding nach innen und außen die Positionierung als Green Company erfolgreich hinbekommen.

---

227 Siehe dazu https://blog.wiwo.de/look-at-it/2020/11/17/arbeit-der-zukunft-deutsche-wuenschen-sich-mehr-home-office-digitale-zusammenarbeit/

228 Siehe dazu https://www.sueddeutsche.de/politik/bundestagwahl-wahlergebnis-grafiken-daten-1.5422617

## 10.2 Tipps und Beispiele für Green Company im Employer Branding

Als Unternehmen habe ich vier verschiedene Ansatzpunkte und Treiber für das Green Company Employer Branding:

**Angebotsgetrieben**
Unternehmen stellen ihr Angebot (Produkt- oder Dienstleistungsportfolio) und dessen Beitrag zur ökologischen Nachhaltigkeit in den Vordergrund. Wenn mein Produkt zum Beispiel einen Nutzen für die ökologische Nachhaltigkeit anderer liefert, lässt mich das als »Katalysator für die Green Company Transformation« anderer erscheinen. Und dies lässt meine Mitarbeitenden ein gutes Gefühl hinsichtlich ihrer Unternehmenswahl entwickeln. Das ökologische Angebot wirkt sich also positiv auf die ökologische Attraktivität als Arbeitgeber aus.

Je nachdem, ob ich Konsumerprodukte oder Produktionsmittel/-hilfen für andere Unternehmen (insbesondere technische Innovationen) anbiete, richtet sich das Produktbranding natürlich auch an private Endkunden oder Unternehmen. Im Employer Branding kann ich aus meinem grünen Angebot in jedem Fall eine attraktive ökologische Story gestalten. Ich wäre sogar fahrlässig, wenn ich dies nicht angemessen thematisieren würde.

Im Kapitel 13 zeigen wir eine Übersicht über potenzielle Lösungsanbieter für die Green Company Transformation. Wer sich darauf wiederfindet, hat schon mal einen ersten Ansatzpunkt für das eigene Employer Branding gefunden. Natürlich tun sich Anbieter mit Lösungen für die Digitalisierung leicht, ihren Beitrag aufzuzeigen. Ein Anbieter wie zum Beispiel aconso AG[229] muss nicht lange über seinen ökologischen Beitrag zum Papiersparen argumentieren, wenn man alle HR-Prozesse digitalisieren kann (siehe dazu auch Kapitel 8). Aber auch technische Produktanbieter können ganz offensichtlich für den Umweltschutz einen Beitrag leisten, wie am Beispiel der CS CLEAN Solution AG[230] nachzuvollziehen ist. Wenn man ein zuverlässiger Partner für Abgasreinigung für die Halbleiter-, Photovoltaik-, Pharma- oder chemische Industrie bei der Entsorgung ihrer Schadgase hinter der Pumpe ist, kann man sich guten Gewissens auf seinen jahrzehntelangen Beitrag zur Ökologie berufen und das als Arbeitgeber anführen.

Im Konsumerproduktbereich gibt es mittlerweile einen regelrechten Hype auf grüne Lifestyleprodukte. Um nur ein Beispiel zu nennen: plastikfreie Seifen. Diese werden

229 Siehe dazu https://www.aconso.com/
230 Siehe dazu https://www.csclean.com/

nur noch im Pappkarton angeboten und ersetzen als Eins-für-alles-Pflegeprodukte (also Body & Hair) die zahlreichen Plastikfläschchen für die kosmetischen Artikel. In sozialen Medien wie Instagram wird dem potenziellen Käufer noch mit schicken Begriffen wie »Beauty Rebels« das gute Gefühl vermittelt, Teil einer Rebellion gegen das Kosmetikestablishment zu sein. Wie ich finde, ein kluger psychologischer Schachzug, um das Produkt möglichst lifestylefähig zu positionieren.

HINTERGRUNDINFO

Kleiner Ausflug zu einem unterschätzten Umweltproblem: **Mikroplastik**[231]
Obendrein verzichten die oben genannten Seifen auf Mikroplastik, und das ist wichtig, denn »Mikroplastik ist ein Problem, das die Abwasserentsorger künftig mehr beschäftigen wird«, sagt Johannes Lohaus, Bundesgeschäftsführer der Deutschen Vereinigung für Wasserwirtschaft, Abwasser und Abfall (DWA). »Denn mehr als 90.000 Tonnen Mikroplastik landen Schätzungen zufolge in Deutschland jährlich in der Umwelt – und früher oder später im Abwasser.«[232]
Und noch ein paar Zahlen: »977 Tonnen Mikroplastik und 46.900 Tonnen gelöste Polymere gelangen jährlich in Deutschland allein aus Kosmetikprodukten sowie Wasch-, Putz- und Reinigungsmitteln ins Abwasser«[233].
Die größeren Verursacher in Deutschland sind aber Reifenabtrieb (bis zu 693.750 Tonnen pro Jahr), Kunstrasenplätze (1,5 bis 2 Tonnen Granulat pro Jahr pro Platz) und synthetische Fasern aus Textilien (35 % des Gesamteintrags in den Weltmeeren an Mikroplastik).
Natürlich muss man sich auch fragen, ob Mikroplastik schädlich für unsere Gesundheit ist. »Aufgrund seiner Beschaffenheit wirkt Kunststoff wie ein Magnet für Schadstoffe. Diese Schadstoffe befinden sich beispielsweise im Meerwasser und lagern sich auf der Oberfläche des Kunststoffes ab. In den Verdauungsorganen werden die Schadstoffe wieder freigesetzt und können so einen Einfluss auf den menschlichen Organismus nehmen.«[234]
Was dies genau auf Dauer für unsere Gesundheit bedeutet, ist bisher noch nicht ausreichend erforscht.

### Prozessgetrieben

Das Unternehmen stellt seine internen Prozesse und deren Wirkung auf seine ökologisch nachhaltige Arbeitsweise in den Vordergrund seiner Green Company Positionierung. Hat das Unternehmen also seine Hausaufgaben zum Beispiel mit dem

231 Mikroplastik ist ein stark unterschätztes Problem in der Umweltverschmutzung, zur Definition siehe https://www.umweltbundesamt.de/service/uba-fragen/was-ist-mikroplastik und https://www.umweltbundesamt.de/service/uba-fragen/was-ist-mikroplastik

232 Siehe dazu https://www.businessinsider.de/wirtschaft/90000-tonnen-mikroplatik-pro-jahr-gelangen-in-die-umwelt-2017-11/

233 Siehe dazu https://cupassion.de/mikroplastik-umwelt/

234 Siehe dazu https://cupassion.de/mikroplastik-umwelt/

REM-Filter auf der 3. Ausbaustufe Green Company gemacht, kann es selbstbewusst aufzeigen, dass es in seinen Abteilungen die Produktions- und Verwaltungsprozesse soweit möglich ökologisch optimiert hat, und dies auch mit den entsprechenden Zertifikaten belegen.

Wie Unternehmen damit ihr Employer Branding aufladen können, sollen diese beiden Beispiele zeigen:

- »Tele 5 schafft innerdeutsche Flüge ab. Der TV-Sender will grüner werden und schafft Inlandsflüge und Dienstwagen ab.«[235] Darüber hinaus ist zu lesen, dass das Unternehmen auf Werbemittel aus Fernost und Onlinebestellungen bei Unternehmen, die in Europa keine Steuern zahlen (zum Beispiel Amazon), verzichtet.
- »Der Ikea-Katalog ist Geschichte«: Nach 70 Jahren hat Ikea den Kultkatalog eingestellt, der so manchen Käuferinnen und Käufern schöne Stunden bei der Lektüre verschafft hat.[236]

Wichtig ist hier sicher, dass man den erreichten ökologischen Level auch hält und nach einer Zertifizierung nicht wieder zurückfällt. Denn dann würde das tatsächliche Erlebnis der neu an Bord geholten Mitarbeitenden einen empfindlichen Clash zu den Versprechen aus den im Employer Branding propagierten Zertifizierungen verursachen. Ich nenne das gerne den Reality-Brand-Clash. Und dieser führt häufig zu schmerzhaften Einträgen in den Arbeitgeberbewertungsportalen und damit zu einem Social Brand, der im Widerspruch mit dem Employer Brand steht. Noch schlimmer: Gebrochene Versprechen fördern die Fluktuation. Ich leiste mir damit also einen Bärendienst und werde zum »Durchlauferhitzer«, bei dem Mitarbeitende an Bord kommen und dann, nachdem ich viel Arbeit in die Einarbeitung gesteckt habe, wieder enttäuscht weggehen.

**Kulturgetrieben**

Ich engagiere mich aufgrund meiner definierten ökologischen Werte für Initiativen und sponsere ökologisch wirksame Maßnahmen, die ich dann in sozialen Medien und meinem eigenen Marketing, allen voran der Website, beschreibe. Dies entspricht der 4. Ausbaustufe Green World. Dadurch rücke ich mein Image sowohl als Produktanbieter als auch als Arbeitgeber ins ökologisch rechte Licht, sozusagen mit doppelter Wirkung.

Man kennt dies zum Beispiel von einer Bierbrauerei und deren Versprechen, einen Teil des Kastenpreises in ökologische Projekte zu investieren.[237] Aber es gibt nicht nur gute

235 In »Werben und Verkaufen«, 05.06.2019; https://www.wuv.de/Archiv/Tele-5-schafft-innerdeutsche-Fl%C3%BCge-ab
236 Siehe dazu https://www.tagesschau.de/wirtschaft/ikea-katalog-103.html
237 Siehe z. B. https://nachhaltigkeit.krombacher.de/umwelt

Beispiele bei Produkten des »täglichen Bedarfs«, auch Luxusgüterhersteller nutzen ökologische Initiativen für ihr Image, wie ein gelungenes Beispiel der Uhrenmarke Rolex aufzeigt. Wer kennt diese Uhrenmarke nicht und hätte nicht gerne eine Rolex am Handgelenk? Aber gerade Menschen mit einem Interesse an ökologischer Nachhaltigkeit fragen sich, ob so ein Luxusgegenstand nicht ein zu starkes Zeichen von materialistischer Einstellung ist und ob er zu einem nachhaltigen Lebensstil passt.

Natürlich kann man den Kauf vor sich selbst rechtfertigen mit dem Argument, dass diese Investition in einen mechanischen robusten Zeitmesser für das ganze Leben reicht, zahlreiche Batterien wie bei Quarzuhren spart und auch noch von den weiteren Erbengenerationen genutzt werden kann. Aber wäre man nicht noch überzeugter von dem Kauf, wenn das Produkt eine ökologische Story umgeben würde?

Rolex zumindest nimmt dies an und sponsert deshalb neben vielen Sportarten und -events auch zahlreiche grüne Initiativen und aktive Umweltschützer.[238] So werden die Käufer dieser Uhr nicht nur stolz auf ihr teures Markenprodukt sein, sie haben auch ein gutes Gefühl, weil der Hersteller sich in der Welt für ökologische Ziele engagiert. Welche positiven Auswirkungen diese Initiativen wirklich haben und wie viel Budget die Marke jeweils einbringt, hinterfragen die Leserinnen dieser Ökostorys i. d. R. nicht tiefgründig, es reicht das gute Gefühl für den Kauf und für die lange Treue der Mitarbeitenden basierend auf positiven Werten.

Die Uhrenfirma ZTAGE bietet ihre Modelle sogar komplett unter dem Dach einer ökologischen Story an. So wird im Farbdesign und mit gezielten Verbindungen zum Erhalt von Biosphären (Amazonas, Savanne und Gletscher) und der Spende eines (nicht bezifferten) Teils des Erlöses an den WWF Hongkong dem Käufer das gute Gefühl vermittelt, nicht nur eine moderne mechanische Uhr zu tragen, sondern einen Beitrag zum Naturschutz zu leisten.[239]

Eine Mischung aus diesen beiden letzten Beispielen ist natürlich für diejenigen Unternehmen eine gute Wahl, die mit ihrem Angebot aktuell als eher schädlich, da als Verursacher für den Super-KAU wahrgenommen werden und diese Tatsache auch nicht kurzfristig ändern können. So werden die deutschen Autobauer zum Beispiel noch einige Jahre Verbrennungsmotoren nutzen müssen, bis sie ihre Flotte technisch auf ökologisch schonendere Antriebe umgerüstet haben. Ausstiegsversprechen werden mittlerweile von allen Anbietern abgegeben, aber der Flottenumbau ist nicht nur eine Zeitfrage, sondern auch ein Kraftakt, der viel Managementaufmerksamkeit, Budget und sicher auch Opfer bei der Belegschaft fordern wird. Luftfahrtgesellschaften kön-

---

238 Siehe dazu https://www.rolex.org/de/rolex-awards/milestones/environment/anita-studer
239 Siehe dazu https://www.ztagewatch.com/

nen ihre Flüge zwar $CO_2$-neutral stellen, indem sie den Passagieren anbieten, zum Beispiel ihre Meilen dafür einzusetzen.[240] Aber aus den Turbinen wird auch in den nächsten Jahren noch keine Frischluft herauskommen. Aber was soll zum Beispiel ein Pflanzenschutzmittelhersteller tun? Jede Landwirtin, die auf giftfreien biologischen Anbau umstellt, ist eine verlorene Kundin. Und biologische Landwirtschaft ist sicher nicht das Milliardengeschäft für die Chemieunternehmen, wie der heutige Verkauf und Einsatz von Millionen Tonnen Chemie es ganz sicher ist.[241]

**Rundum-Paket-getrieben**

Ich verbinde alle drei erstgenannten Aspekte und Treiber (soweit vorhanden) und positioniere mich damit als starke Green Company. Dazu muss ich im Employer Branding diese drei Fragen beantworten können:

- Welchen Beitrag leisten meine Produkte/Dienstleistungen für eine grüne Welt?
- Was habe ich in meinem Unternehmen in allen Bereichen im Sinne ökologischer Nachhaltigkeit optimiert?
- Welche ökologischen Werte sind in meiner Unternehmenskultur verankert und was tue ich, um diese erlebbar zu machen – im Unternehmen und in der Welt?

Abschließen möchte ich diesen Abschnitt mit einem »kräftigen« Beispiel für Employer Branding. Dabei möchte ich keinerlei Werbung für und/oder Wertung über das Unternehmen vornehmen, das die nachfolgenden Initiativen verantwortet, aber es eignet sich aufgrund der Komplexität und Sichtbarkeit gut, um daraus einiges abzuleiten:

Vielleicht habt ihr auch im Fernsehen den »The Climate Pledge«-Spot gesehen. Dieser lief eine Zeit lang direkt vor den Nachrichten im öffentlichen Fernsehen, also zu den besonders teuren Werbezeiten. Climate Pledge, was ist denn das? Und warum ist der Spot so künstlerisch (soweit ich das beurteilen kann) aufgemacht? Da schau ich doch erst mal schnell im Internet nach, was sich dahinter verbirgt, denn der Spot verrät dies nicht so offensichtlich. Jeder Zuschauer nimmt natürlich an, dass es etwas mit ökologischer Nachhaltigkeit zu tun hat – aber warum läuft das zu so prominenter Werbezeit, was soll ich denn hier kaufen?

Auf der Website sieht man dann Unternehmen, die sich selbst verpflichten, schon bis 2040 (also zehn Jahre früher als sonst geplant[242]) $CO_2$-neutral zu werden. Mit der Selbstverpflichtung verbunden sind für die Unterzeichner eine regelmäßige $CO_2$-Be-

240 Z. B. das mindfulflyer-Programm der Lufthansa.

241 Die deutschen Pflanzenschutzmittelhersteller erzielten 2009 einen Nettoinlandsumsatz von 1,3 Milliarden Euro; siehe dazu https://www.bund.net/umweltgifte/pestizide/landwirtschaft/

242 Zum Vergleich: Der von der Europäischen Kommission am 11. Dezember 2019 vorgestellte European Green Deal bzw. das Pariser Klimaschutzabkommen sieht vor, bis 2050 in der Europäischen Union die Nettoemissionen von Treibhausgasen auf null zu reduzieren und somit die EU zum ersten klimaneutralen Kontinent zu machen.

richterstattung, Maßnahmen zur $CO_2$-Neutralität und zuverlässige Ausgleichsmaßnahmen. Die Unternehmen werden gelistet und damit sichtbar als klimaverantwortlich handelnde Unternehmen.[243]

Hinter dieser Initiative und dem zur Verfügung stehenden Climate Pledge Fund steht das Unternehmen Amazon. Dieses investiert mit seinem Corporate-Venture-Capital-Fonds in Technologieunternehmen, die Amazons eigene und die Bemühungen der Unterzeichner für den Klimaschutz beschleunigen sollen.

Ob die Unterzeichnerunternehmen[244] für die Sichtbarkeit einen Obolus bezahlen, kann man der Website nicht entnehmen. Zumindest Amazon lässt sich diese Initiative und die Bewerbung des Engagements und der Investitionen vermutlich einiges kosten.

Mit einem Klick kommt man von dieser Website auf die Seite, in der man mehr über »Amazon Sustainability – Further and Faster, Together«[245] erfahren kann. Dass auf lange Sicht die Bemühungen und die Investitionen einen positiven betriebswirtschaftlichen Effekt haben werden, steht für mich außer Frage. Hier geht es nicht um »Gutmenschentum«, sondern um langfristig angelegte Investitionen eines Megakonzerns, der natürlich auch um Mitarbeitende am Markt kämpfen muss und deshalb sein Image als Arbeitgeber in ein positives Licht eines ökologisch verantwortlich agierenden Unternehmens rücken muss.

Betrachten wir aber mal die Unterzeichner: Ich unterstelle diesen zunächst einmal ein ernsthaftes Interesse, an der Rettung unseres Klimas mitwirken zu wollen. Aber es wäre sicher auch blauäugig zu vermuten, dass sie den Beitritt zur Liste der Unterzeichner nicht auch mit der Hoffnung verbinden, im Windschatten dieser Amazon-Initiative und ihrer Selbstverpflichtung einen positiven Effekt auf ihr Employer Branding zu erhalten.

In einer Stichprobe folgte ich einigen Links bei den Unterzeichnernamen auf die kurze Unternehmensbeschreibung und dann auf deren Website. Gibt man dann Climate Pledge in die jeweiligen Suchfunktionen der Websites ein, so erhält man i. d. R. mehrere Media-News zu dem Beitritt. Und ich betone, das ist absolut o. k.! Tue Gutes und sprich darüber! Das ist ein altes, aber bewährtes Motto beim Employer Branding.

243 Siehe dazu https://www.theclimatepledge.com/de/de

244 Zu dem Zeitpunkt, als ich dieses Kapitel schrieb (Stand 13.01.22), stagnierte ungewöhnlicherweise die Zahl der teilnehmenden Unternehmen verglichen mit der Zahl weit vor Weihnachten 2021. In dieser Zeit habe ich die obigen Werbespots auch nicht mehr so wahrgenommen. Ich vermute, dass ein Anstieg in der Teilnehmerzahl auch immer mit der Sichtbarkeit der Initiative durch Marketingmaßnahmen in der Öffentlichkeit einhergeht.

245 Siehe dazu https://sustainability.aboutamazon.com/

Mit diesem Beispiel wollte ich folgende Erkenntnis aufzeigen: Klimaschutz ist omnipräsent in der Gesellschaft und sich als Unternehmen dafür zu engagieren, ist nicht nur eine moralische und ökologische Notwendigkeit, sondern auch eine Investition, um in Zeiten des »War for Talents« als attraktiver Arbeitgeber wahrgenommen zu werden.

## 10.3 Storytelling als Instrument im Employer Branding

Aktuell dreht sich in der politischen und öffentlichen Diskussion alles um den Klimaschutz. Deshalb treiben zahlreiche Unternehmen, darunter natürlich auch die ganz großen Unternehmen wie Amazon, Google, Ikea oder Microsoft, in den letzten Jahren ihre Klimaaktivitäten voran. Weil eine nicht ausgeglichene $CO_2$-Bilanz in Zukunft durch den notwendigen Zukauf von $CO_2$-Zertifikaten teuer werden kann und weil Unternehmen es sich nicht leisten können, ihren Brand mit einem ungebremst hohen $CO_2$-Ausstoß am Markt zu positionieren, wird der $CO_2$-Fußabdruck die wichtigste Kennziffer für Manager werden.

Nach dem Motto »Was ich nicht messen kann, kann ich nicht managen« müssen Unternehmen anfangen zu messen.[246] Für diese Messung entwickeln aktuell verschiedene Anbieter clevere Softwarelösungen. Bis hierhin ist der Vorgang eine Managementaufgabe.

Aber für die Verwendung der jeweiligen Ergebnisse sowohl bei der $CO_2$-Reduzierung als auch bei allen anderen ökologischen Maßnahmen im Rahmen des Employer Brandings braucht es clevere Personaler und/oder Kommunikationsexpertinnen und -experten im Unternehmen, die aus den Erfolgen eine grüne Attraktivität und damit eine hohe Anziehungskraft als Arbeitgeber ableiten können.

Aber wie gelingt es, Maßnahmen und Erfolge in den Köpfen derjenigen zu platzieren, die ich gewinnen oder halten will?

Neben einer passenden Employer-Branding-Strategie und einem guten Employer-Branding-Konzept[247] braucht es in erster Linie gute und spannende Inhalte, die so geschickt aufbereitet sind, dass sie jemand lesen will und sich auch noch merken kann. Und genau hier kommt ein bewährtes Kommunikationsformat ins Spiel: das **Storytelling**![248]

246 Siehe dazu https://www.wiwo.de/politik/deutschland/klimaschutz-co2-fussabdruck-die-wichtigste-kennziffer-fuer-manager/26859282.html

247 Auch hier verweise ich auf die beiden Quellen, aus denen die obigen Definitionen stammen. Dort kann man nachlesen, wie ein Unternehmen vorzugehen hat.

248 Mehr dazu in Prieß (Hrsg.) (2018), S. 39 ff. (Koautor Normen Ulbrich mit einem Best-Practice-Beispiel im Kapitel 2.7) und S. 88 f. (Ivana Hilgers im Kapitel 4.4 »Storytelling zur Ansprache von Kandidaten«).

Was ist das nun genau? So einfach es auch klingt, Storytelling bedeutet »Geschichten erzählen«. Das ist nun aber etwas simpel, werdet ihr denken. Aber Geschichtenerzählen ist eine der wichtigsten Kommunikationsformen, die die Menschheit je entwickelt hat. Viele Historiker, Kultur- und Sozialwissenschaftler gehen heute davon aus, dass erst die Fähigkeit, Geschichten zu erzählen, es dem Homo sapiens ermöglicht hat, größere Gruppen und Gesellschaften zu bilden und damit die Welt zu erobern. Und warum ist diese Erzählkompetenz dabei so wichtig? Weil Folgendes gilt: Mit Geschichten geben Menschen ihrem Handeln einen Sinn.

Und Menschen wollen Sinn! Warum sonst geistert das Wort »Purpose« seit längerer Zeit durch die Managementliteratur und warum werden Managerinnen von allen Seiten aufgefordert, ihren Mitarbeitenden Sinn durch Strategien und Ziele zu vermitteln? Weil Sinn neurobiologisch etwas in uns auslöst, es lässt Dopamin fließen (dazu in Kapitel 12 mehr Hintergrundinfos), und das macht uns begeistert für die Erreichung von Zielen und die Umsetzung von Strategien.

Fassen wir bis hierhin mal zusammen: Storytelling ist eine Methode, Wissen und Informationen in **emotional wirksame Geschichten** zu verpacken, die nachhaltig in unserer Erinnerung gespeichert werden und uns begeistern, mitzumachen.

»Zum Thema Erinnerungen hier noch ein wertvoller Tipp aus der Neurowissenschaft: Die Chancen auf ein Erinnern steigen, wenn Neugierde erzeugt wird. Deutschlands bekanntester Hirnforscher, Prof. Manfred Spitzer, beschreibt Neugierde als Vorglühen des Nucleus accumbens. Der Nukleus accumbens ist eine Dopamin produzierende Hirnregion. Dopamin ist also unser Neugierdehormon.

Aber wie produzieren wir es am stärksten? Studien deuten darauf hin, dass Rätsel ein guter Weg sind. Wenn wir einen Teil der Antwort kennen und ein Puzzleteil fehlt, dann werden wir neugierig. Wenn ein Teil der Antwort fehlt, können wir uns auch die Umstände besser merken. Dopamin sorgt nicht nur für die Neugierde, sondern auch für die Abspeicherung. Etwas Interessantes, bei dem nicht klar ist, wie es weitergeht. Das ist nicht nur das Prinzip von TV-Serien, es könnte auch eine gute Idee sein, sich abzuheben und bei Kandidatinnen und Kandidaten im Kopf zu bleiben. Neurobiologisch bedeutet der Versuch, ›im Kopf zu bleiben‹, die ›Einspeicherung als möglicher Arbeitgeber‹ zu fördern.«[249]

Also lasst uns mehr erzählen, und dies möglichst spannend und Neugierde weckend. Denn schon ein chinesisches Sprichwort sagt: »Eine gut erzählte Geschichte macht aus den Ohren Augen.« Da wir aber das moderne Storytelling auch mit Bildmaterial begleiten, haben wir praktisch doppelte Augen.

---

249 Prieß (Hrsg.) (2018), S. 88 (Neuro-Tipp von Dr. Sebastian Spörer).

Wie verpackt man nun die Geschichten über die ökologischen Maßnahmen und die Erfolge im Unternehmen auf dem Weg zur Green Company?

1. Man nimmt **Menschen**, die man kennt;
   - für internes Employer Branding: Menschen, mit denen man Seite an Seite für den Erfolg des Unternehmens ringt,
   - für externes Employer Branding kann man zusätzlich mit einem Promifaktor arbeiten.[250]
2. Man nimmt **Erlebnisse und die Geschichten** dazu und lässt sie von den Menschen erzählen, die sie erlebt haben.
3. Man bevorzugt dabei **mehr Bildsprache** und weniger Worte.

So transportiert man anschaulicher die (ökologische) »Vision – Mission – Value Proposition« eines Unternehmens und macht ökologische und andere Werte sowie die Ziele erlebbar, die man gemeinsam erreichen will.

**Green Company Tipp** !

Worauf ist beim Storytelling zu achten?[251]

1. **Definition der »Core Story«** – Entwickle zuerst eine übergeordnete Geschichte, die die ökologische Unternehmensvision aufgreift und das *Warum* deiner Green Company Transformation erläutert. Ohne diese Basis bleiben alle weiteren Geschichten kraftlos.
2. **Geschichten finden** – Suche nach spannenden Geschichten aus deiner Organisation wie zum Beispiel: Initial-Workshops, Roll-outs von Maßnahmen, Initiativen in der 4. Ausbaustufe Green World, Zertifizierungserfolge, persönliche Geschichten deiner Mitarbeitenden und deren eigene Entwicklungswege zu einem ökologisch nachhaltigen Lebensstil. Die Auswahl ist beliebig groß.
3. **Professionelles Storytelling** – Sofern du keine interne Fachkompetenz dazu hast, hole dir externe Unterstützung. Der Blick von außen hilft bereits bei der Auswahl der passenden Geschichten und bei deren Aufbereitung.

## 10.4 Erfolgreiches Employer Branding braucht nachhaltige Veränderung beim Menschen

Tun wir mal so, als wenn bis hierhin alles supi geklappt hat. Euer Employer Brand erstrahlt im grünen Licht. Aber werden die Menschen in eurem Unternehmen auch nachhaltig mitmachen bei der ökologischen Nachhaltigkeit oder werden sie mauern und zurückverfallen in die alten Gewohnheiten und den Super-KAU fleißig weiterbetrei-

250 Siehe das obige Beispiel von Rolex, bei der mit Anita Studer eine in der Schweiz 1944 geborene Ornithologin, Naturschützerin und Ökologin das Gesicht der Geschichte ist.

251 Vgl. auch Prieß (Hrsg.) (2018), S. 89 (Ivana Hilgers im Kapitel 4.4 »Storytelling zur Ansprache von Kandidaten«).

ben? Gute Frage und nur zu beantworten, wenn wir die Mitarbeitenden als Menschen und deren Veränderungsfähigkeit einmal genauer unter die Lupe nehmen.

Damit der Einstieg in die nächsten Kapitel leichter fällt, lasst mich noch eine kurze Brücke bauen für die beiden nachfolgenden Themen.

Meine Autorenkollegen Hans Jaich und Dr. Sebastian Spörer betreten nun ein besonders schwieriges Terrain, denn bis zu dieser Stelle im Buch haben wir unter der Annahme gearbeitet, dass Menschen die Green Company Transformation schon mitmachen werden, wenn man es ihnen nur gut genug erklärt, den Nutzen vorrechnet oder einfach an ihre menschliche Verantwortung für unsere nachfolgenden Generationen appelliert.

Und genau das ist leider völlig blauäugig! Wir Menschen rennen offenen Auges in unser Verderben, wir machen weiter wie bisher, trotz aller Bekundungen, die Dinge nun endlich angehen zu wollen und ökologische Nachhaltigkeit zu etablieren.

Aber warum ist das so? Sind wir so blöd? Sind wir doch nicht die Krone der Schöpfung, sondern nur eine Horde unbehaarter Affen (den Affen will ich hier nicht zu nahe treten, den diese zerstören gerade nicht ihre eigene Lebensgrundlage), die in die Katastrophe rennen, anstatt aufzuwachen und ganz schnell die Kurve zu kriegen? Schwierige Frage und nicht leicht zu beantworten. Die Geschichte wird es später zeigen, ob und wie wir noch auf unserem Planeten wandeln werden.

Wir betreten jetzt das Feld des Change-Managements, denn wir müssen unsere Mitarbeitenden in Unternehmen mitnehmen auf die Transformationsreise. Das notwendige Projekt- und Change-Management-Methodenwissen werde ich, wie bereits eingangs angedeutet, in diesem Buch aus Gründen des Umfangs nicht liefern können, dazu verweise ich auf meine Trainings, andere Bücher aus meiner Fachbuchreihe »Exzellenz im Management« (alle im Haufe-Verlag erschienen) und das geplante Open Book (s. »Hinweise« am Buchanfang).

Mit meinen beiden Autorenkollegen werden wir aber nachfolgend sowohl soziologische, psychologische als auch neurobiologische Hintergründe liefern für die obige Gretchenfrage: *Warum ändern wir Menschen uns so schwer angesichts so dramatischer Ereignisse und wie können wir im Rahmen der Green Company Transformation mit den Erkenntnissen sinnvoll umgehen?*

# 11 Verhandlungssache Normalität: Wie Arbeitsklima und Führungskräfte das Sozial- und Umweltverhalten von Mitarbeitenden prägen

Hans Jaich

Die Zielsetzung dieses Kapitels ist es, einen Beitrag zur Beantwortung der Frage zu leisten, warum wir unser Verhalten nicht mit Sprintgeschwindigkeit ändern, obwohl wir bestens über die katastrophalen Folgen unseres schädlichen Einflusses auf die Natur Bescheid wissen. Diese Frage und die damit verbundenen Erkenntnisse werden vielleicht darüber entscheiden, ob die Menschheit in Sachen Klimakatastrophe noch »die Kurve bekommt«.

Aktuelle verhaltensökonomische Forschungen bestätigen, dass soziale Normen im Arbeitsleben das Sozial- und Umweltverhalten von Berufstätigen über die formalen Unternehmensgrenzen hinaus beeinflussen. Vor dem Hintergrund, dass die sozialökologischen Herausforderungen unserer Zeit einen weitgehenden Wandel unserer alltagspraktischen Normalität erfordern, gewinnen solche Erkenntnisse an Relevanz. In Kooperation mit der Technischen Universität Berlin und der Hamburg School of Business Administration habe ich meine eigene Firma als Reallabor genutzt, um aufzuzeigen, wie sich betriebliche Umweltschutzmaßnahmen auf das private Umweltverhalten der Belegschaft auswirken. Die Hintergründe und Konsequenzen dieser Forschung sollen im Folgenden erörtert werden.

## 11.1 Normalität im Wandel

Viele Facetten unserer alltagspraktischen Normalität verlieren in jüngster Zeit an gesellschaftlicher Akzeptanz. Insbesondere der Klimawandel befeuert eine Entwicklung, die tradierte Selbstverständlichkeiten und Gewissheiten infrage stellt. Zur Debatte stehen vornehmlich emissionsintensives Konsum- und Mobilitätsverhalten. Deutlich wird diese Entwicklung an dem wachsenden Widerspruch zwischen den beiden Bedeutungsseiten des Normalitätsbegriffs. So bezeichnet die gesellschaftliche Mehrheit diejenigen Verhaltensweisen als normal, welche von dieser Mehrheit selbst praktiziert werden. Als normal gilt damit, was der Mainstream macht: Schnitzel essen, im Fahrstuhl Blickkontakt vermeiden, E-Mails »mit freundlichen Grüßen« beenden oder sich bei Warteschlangen hinten anzustellen. Im Gegensatz zu dieser eher deskriptiven Seite bezieht sich die normative Seite des Normalitätsbegriffs auf Vorstellungen von moralisch idealem oder vernünftigem Verhalten.[252] Kommentare wie »Das ist doch nicht mehr normal!« markieren in diesem Sinne Verhaltensweisen, welche aus Sicht des Sprechers[253] Grenzen des Vernünftigen hin zum Unvernünftigen oder gar Pathologischen überschritten haben.

Wenn wir uns nun die unzähligen Beiträge, Bücher und wissenschaftlichen Studien über die ökologischen Auswirkungen unseres konsumtiven Lebensstils vor Augen halten, wird schnell deutlich, in welchen extremen Gegensatz die beiden Bedeutungsseiten des Normalitätsbegriffs geraten sind. Ein erheblicher Anteil der Normalität unseres Alltags erweist sich als zutiefst unvernünftig, sofern man es als unvernünftig erachtet, an dem Ast zu sägen, auf dem man sitzt. Selbst der vermeintlich zunehmende Postmaterialismus im industrialisierten Norden basiert auf einer Externalisierung von Umweltkosten in den globalen Süden.[254] Auch Effizienzsteigerungen durch neue Technologien führen häufig nicht zu den erhofften Umweltentlastungen, da erhöhte Outputs und steigende Verbräuche Effizienzgewinne kompensieren.

HINTERGRUNDINFO

Das Phänomen, dass Effizienzsteigerungen zu einem höheren Verbrauch und damit zu einer geringeren Umweltentlastung führen, wird in der Fachliteratur als Reboundeffekt bezeichnet. Die Effektstärke ergibt sich aus der Differenz zwischen der theoretisch zu erwartenden Einsparung durch eine Effizienzmaßnahme und der tatsächlich erreichten Einsparung. Ein populäres Beispiel für Reboundeffekte sind Automotoren, die in der Vergangenheit immer effizienter geworden sind. Die Kraftstoffeinsparungen waren jedoch deutlich geringer als zunächst erwartet, da Pkws stetig schwerer und leistungsstärker geworden sind.[255]

Die Beweislast, dass die Steigerungsdynamik zwischen industrieller Produktionsweise und energieintensiven Dienstleistungen einerseits und individuellem Konsumverhalten andererseits die planetarischen Belastungsgrenzen überbeansprucht, ist erdrückend.[256] Entsprechend ist die Wissenschaftsgemeinde fast ausnahmslos davon überzeugt, dass der Mensch nicht nur für den Anstieg der globalen Durchschnittstemperatur verantwortlich ist, sondern auch für das grassierende Artensterben,

252 Siehe Canguilhem (1974).

253 Ohne Anspruch auf restlose Gerechtigkeit verwende ich im Folgenden mal das generische Femininum, mal das generische Maskulinum. Es sind dabei immer alle Geschlechter gemeint, sofern dies nicht explizit anders erwähnt wird.

254 Siehe Lessenich (2016).

255 Für eine weitergehende Diskussion siehe http://www.umweltbundesamt.de/publikationen/rebound-effekte

256 Siehe Steffen et al. (2015).

die Versteppung großer Landstriche auf der Südhalbkugel und die Versauerung der Weltmeere. Nicht ohne Grund wird der erdgeschichtliche Ausnahmezustand der Gegenwart, in dem der Mensch zum größten Einflussfaktor atmosphärischer und biologischer Prozesse geworden ist, als Anthropozän betitelt.[257]

Wie eingangs bereits erwähnt, ist die Zielsetzung dieses Kapitels, einen Beitrag zur Beantwortung der Frage zu leisten, warum wir unser Verhalten nur so zögerlich ändern, obwohl wir doch bestens über die katastrophalen Folgen unseres Raubbaus an der Natur Bescheid wissen. Was hindert uns daran, damit aufzuhören, unsere eigenen Lebensgrundlagen zu zerstören? In Anbetracht der imposanten Datenlage aus der Forschung, der immer neuen Hiobsbotschaften in den Sachstandsberichten des Weltklimarates IPCC und der zunehmenden Erfahrungen mit Extremwetterereignissen kann es kaum an mangelnder Aufklärung liegen.

Natürlich gibt es Menschen, die den Klimawandel leugnen, aber der weitaus größere Teil der Bevölkerung in der EU befürwortet Maßnahmen zum Klimaschutz.[258] Es gibt zudem genügend ausdifferenzierte Pläne, Maßnahmenkataloge und Handlungsempfehlungen, wie wir unser Leben und Wirtschaften in umweltverträglichere Bahnen lenken könnten. Gewiss, die notwendigen Anpassungs- und Transformationsleistungen sind gewaltig – der Preis für ein »Weiter so« wäre aber ungleich höher.

Allerdings, so der Münchner Soziologe Armin Nassehi, erfolge aus einer zutreffenden Diagnose noch lange nicht die Realisierung der daraus abzuleitenden Konsequenzen.[259] Mit anderen Worten: Auch wenn wir wissen, was vernünftigerweise zu tun wäre, heißt das nicht, dass wir uns auch so verhalten werden. Hierzu sei, so Nassehi weiter, die normative und praktische Kraft des Faktischen zu stark. Die Seite der Normalität, welche sich in unseren täglichen Verhaltensweisen niederschlägt, erweist sich als verblüffend resistent gegenüber vernunftbegründeten Aufforderungen zur Verhaltensänderung. Der Sozialpsychologe Harald Welzer bringt es lakonisch auf den Punkt, wenn er sagt, dass es in der Regel erfolglos bleibe, an Einsicht und Vernunft zu appellieren, da Verhalten zumeist nicht auf Einsicht beruhe.[260] Bedeutsamer sei vielmehr die Orientierung an dem Verhalten unserer Mitmenschen und den sozialen Normen, die dadurch zum Ausdruck gebracht werden. Die praktische Normalität des Alltags gibt den Takt vor, nach dem wir uns in der Regel richten. Aus diesem Grund begreifen

257 Siehe Crutzen (2019).
258 Siehe Europäische Kommission, Generaldirektion Umwelt, Attitudes of Europeans towards the environment: report, European Commission, 2021. https://data.europa.eu/doi/10.2779/902489
259 Siehe Nassehi (2020).
260 Siehe Welzer (2013).

Transformationsforscher wie Uwe Schneidewind die Klimakrise auch nicht als eine physikalische Problematik, die in erster Linie durch technische Lösungen gemeistert werden kann, sondern vielmehr als eine kulturelle Herausforderung, die eine Veränderung unserer sozialen Normen erfordert.[261]

## 11.2 Die Macht sozialer Normen

Soziale Normen, verstanden als kollektive Erwartungen an das Verhalten von Individuen, sind von zentraler Bedeutung dafür, dass Menschen sich in großen Gruppen koordinieren und gewaltige Kooperationsleistungen erbringen können. Eine solche Kooperationsleistung wird auch erforderlich sein, um globale Krisen wie den Klimawandel durch kollektive Anstrengungen einzudämmen. Der Klimawandel entspricht ziemlich genau dem, was Ökonomen ein Kooperationsdilemma nennen. So argumentiert der Verhaltensökonom Armin Falk, dass es den persönlichen Interessen zuwiderlaufen kann, das eigene Verhalten klimafreundlich zu verändern. Schließlich gingen entsprechende Verhaltensanpassungen in der Regel mit spürbaren Kosten durch Verzichtsleistungen oder höhere Preise für ökologischere Produkte einher; die daraus resultierenden positiven Effekte für die Umwelt seien für den Einzelnen hingegen kaum wahrnehmbar.[262] Würden jedoch alle Menschen ihren Kooperationsbeitrag leisten, sich also umweltbewusst verhalten, käme das Ergebnis mit dem größten Gesamtnutzen zustande. Sobald aber auch nur eine geringe Anzahl an Personen ihren Beitrag verweigert, bricht die Kooperationsbereitschaft auf breiter Front zusammen, wie es Verhaltensökonomen in Experimenten wiederholt zeigen konnten.[263] Von zentraler Bedeutung für die Aufrechterhaltung der Kooperationsbereitschaft ist, dass unkooperatives Verhalten von Trittbrettfahrern – also denjenigen, die von der Kooperationsleistung profitieren, ohne einen eigenen Beitrag zu leisten – sanktioniert wird. Bei öffentlichen Gütern, die zum freien Gebrauch stehen, kann sich dies als schwierig erweisen, wie es uns die Tragik der Allmende lehrt.[264] Analog verhält es sich gegenwärtig mit der Inanspruchnahme der Umwelt als Ressourcenspender und Reststoffsenke für unseren material- und energieintensiven Lebensstil. Soziale Normen, die umweltschonendes Verhalten als praktische Normalität etablieren und normverletzendes Verhalten sozial sanktionieren, scheinen somit eine notwendige Bedingung für erfolgreichen Umweltschutz zu sein. Dies gilt umso mehr, da zumin-

261 Siehe Schneidewind (2018).
262 Siehe Falk (2019).
263 Siehe Fehr/Fischbacher (2004).
264 Die Tragik der Allmende, oder auch die Tragödie des Allgemeinguts, bezeichnet die Problematik, dass öffentliche und damit frei zugängliche Ressourcen Gefahr laufen, von den Nutzern über ihre Reproduktionsfähigkeiten hinaus beansprucht zu werden, womit die Verfügbarkeit der betreffenden Ressourcen gefährdet werden und alle Nutzer schlussendlich schlechter gestellt werden. Für eine ausführliche Behandlung dieses Themas siehe Diamond (2014).

dest in Demokratien ein gesellschaftlicher Sinneswandel zumeist die Vorbedingung einer staatlichen Regulierung ist, die erst nachgelagert neue, populäre Präferenzen in rechtliche Normen überführt.[265] Vor diesem Hintergrund wird die Relevanz der Frage deutlich, wie soziale Normen etabliert und verfestigt werden. Diese sind nicht a priori gegeben oder in einem naturgesetzlichen Sinne fixiert, sie sind vielmehr das Ergebnis eines Aushandlungsprozesses, der immer dort stattfindet, wo Kooperationsprobleme gelöst werden müssen. Meine zentrale These lautet, dass für diesen Prozess jener Lebensbereich von erheblicher Bedeutung ist, dem wir einen Großteil unserer Zeit widmen – die **Arbeit**.

Die Sozialität des Menschen hat sich in einem Jahrtausende währenden Prozess entwickelt und als ein entscheidender Vorteil im evolutionären Selektionsprozess erwiesen. Experimente aus der Verhaltensforschung verdeutlichen, wie stark dieses Erbe in unsere Gegenwart nachwirkt und dazu führt, dass wir weiterhin maßgeblich von unserem Bedürfnis nach sozialer Anerkennung geleitet werden. Natürlich bietet das Verhalten der anderen häufig auch sinnvolle Orientierung, wenn man selbst keine Ahnung hat, was gerade zu tun ist. Aber auch wenn Menschen sich in einer Gruppe wiederfinden, die eindeutig absurd handelt – zum Beispiel behauptet, dass offensichtlich unterschiedlich lange Linien gleich lang wären,[266] sinnlos im Kreis läuft[267] oder mehr $CO_2$ in die Atmosphäre pustet, als diese verträgt –, passen sich die meisten der allgemeinen Marschrichtung an. Dies gilt sogar für solche Probanden in sozialpsychologischen Experimenten, die von sich selbst behaupten, unabhängig von den Meinungen ihrer Mitmenschen zu sein.[268] Tatsächlich ist die Realisierung autonomen Handelns, das sich nicht an den Erwartungen anderer orientiert, eine gewaltige Herausforderung, die nur wenigen gelingt.[269] Das Bedürfnis, gemocht und akzeptiert zu werden, ist einfach zu übermächtig. So wird selbst der soziale Ausschluss aus solchen Gruppen als schmerzhaft empfunden, die eigentlich kritisch gesehen werden und nicht als Identifikationsobjekt dienen.[270] Schon der Rauswurf aus einem virtuellen Team in einem Onlinecomputerspiel kann deutlich negative Auswirkungen auf die Ausgeschlossenen haben.[271] Als einer der Hauptgründe für konformes Verhalten gilt daher, dass man sich schlicht dem sozialen Druck der Gruppe fügt, um nicht mit Häme, Missachtung oder Mobbing sanktioniert zu werden. In neueren Forschungen konnte darüber hinaus mittels Magnetresonanztomografie gezeigt werden, dass sogar die eigene

265 Beispielhaft hierfür sind der Ausstieg aus der Atomenergie, der von der Bundesregierung kurz nach dem Unglück in Fukushima beschlossen wurde, oder die Einführung der gleichgeschlechtlichen Ehe, die erst 2017 eingeführt wurde.
266 Siehe Asch (1956).
267 Siehe Pauen (2019).
268 Siehe Leary (2005).
269 Siehe Pauen/Welzer (2015).
270 Siehe Gonsalkorale/Williams (2007).
271 Siehe Williams/Cheung/Choi (2000).

Wahrnehmung durch das Gruppenverhalten beeinflusst werden kann.[272] Mit anderen Worten: Wenn alle anderen sagen, die unterschiedlich langen Linien sind gleich lang, sieht man ggf. tatsächlich gleich lange Linien! Vor diesem Hintergrund wird deutlich, welche Machtressource in der Definitionshoheit über soziale Normen liegt. Das, was der Norm entspricht, muss sich selbst nicht erklären und zwingt zugleich alles, was von ihr abweicht, zur Erklärung. Die Hamburger Journalistin Kübra Gümüşay unterscheidet in diesem Zusammenhang zwischen zwei Kategorien von Menschen: den *Unbenannten* und den *Benannten*.[273] Unbenannte entsprechen der Norm, ihre Perspektive wird zum Maß aller Dinge. Solche jedoch, die von der Norm abweichen, treten aus der Kulisse des Selbstverständlichen hervor. Das führt in aller Regel dazu, sich gegenüber den Unbenannten erklären zu müssen und quasi auf einen Begriff bringen zu lassen, sprich: benannt zu werden. Benannte laufen dabei Gefahr, durch die Zuordnung zu einer bestimmten Kategorie oder Identität (Ausländer, Muslima, Jüdin, Homosexueller) ihrer Individualität und persönlichen Geschichte beraubt sowie mit Vorurteilen konfrontiert zu werden.

## 11.3 Unternehmen als Treiber des sozialökologischen Wandels

Normalität ist jedoch wandelbar und damit prinzipiell offen für Veränderungen. Führungskräfte und Arbeitsklima – verstanden als implizite Verhaltensregeln, Wertevorstellungen und Umgangsformen im beruflichen Kontext – spielen eine zentrale Rolle im sozialen Aushandlungsprozess darüber, was als normal und selbstverständlich gilt – und was nicht. Um es gleich vorwegzunehmen: Ich behaupte nicht, dass soziale Normen ausschließlich durch unser Berufsleben und die dort gesammelten Erfahrungen geprägt werden. Natürlich besitzen in diesem Zusammenhang Erziehung, Familie, Schule, privates Umfeld und zunehmend auch soziale Medien entscheidenden Einfluss darauf. Die charakteristischen Strukturen eines heute üblichen Arbeitskontextes und die darin verlaufenden Erwerbsbiografien bieten jedoch genügend Grund, den analytischen Fokus auf diesen Bereich zu richten.

Den Faktor Zeit hatte ich bereits angedeutet. Die gewöhnliche Wochenarbeitszeit der Erwerbstätigen in Deutschland betrug 2019 durchschnittlich 34,8 Stunden, betrachtet man nur die Vollzeiterwerbstätigen, sogar 41 Stunden.[274] Der Anteil der Erwerbstätigen in der Bevölkerung wiederum betrug 54,3 % – der höchste bisher in Deutschland

272 Siehe Berns (2010).
273 Siehe Gümüşay (2020).
274 Statistisches Bundesamt. Wöchentliche Arbeitszeit. https://www.destatis.de/DE/Themen/Arbeit/Arbeitsmarkt/Qualitaet-Arbeit/Dimension-3/woechentliche-arbeitszeitl.html (Abrufdatum: 10.02.2021)

gemessene Wert. Zur Jahrtausendwende waren es 48,9 und 1970 erst 44 Prozent.[275] Hinzu kommt, dass durch die von digitalen Technologien ermöglichte räumliche und zeitliche Entgrenzung der Arbeit das Berufliche zunehmend ins Private hineinragt. Zugleich weitet sich die vormals engmaschige soziale Struktur der dörflichen und familiären Gemeinschaft aus. Immer mehr Menschen wohnen in Großstädten – häufig in Ein- oder Zweipersonenhaushalten.[276] Abgesehen von den jeweiligen Freizeitzirkeln, die nicht selten mit befreundeten Kolleginnen geteilt werden, ist die Arbeit somit häufig der Bereich, in dem sich persönliche Beziehungen ergeben. Für viele Erwerbstätige hat dies zur Folge, dass die meisten ihrer sozialen Interaktionen beruflicher Natur sind. Konfrontationen mit beispielhaften Sozialverhalten finden so zu einem großen Teil im Arbeitsumfeld statt.

Entscheidend ist aber nicht nur, dass durch die Arbeit viel Zeit beansprucht und eine Vielzahl der persönlichen Kontakte vermittelt wird, sondern auch, dass sich die soziale Struktur in Arbeitskontexten in der Regel in wesentlichen Aspekten von anderen Lebensbereichen unterscheidet. Zumeist wird in Teams, Abteilungen und anderen Gruppenformationen gearbeitet. Wenn Menschen einer klar definierten Gruppe angehören, wirken sich soziale Dynamiken auf ihr Handeln und Denken aus. Selbst eine willkürliche Zuordnung zu einer Gruppe fremder Menschen führt oftmals dazu, dass man sich mit dieser ein Stück weit identifiziert und die Gruppenmitglieder Außenstehenden gegenüber bevorzugt.[277] Verhalten und Denken von Gruppenmitgliedern ändern sich jedoch nicht nur gegenüber externen Personen, sondern gleichen sich auch gruppenintern aneinander an. Infolge eines Anpassungsdrucks, der sehr subtil sein kann und als solcher gar nicht bewusst wahrgenommen werden muss, tendieren die Mitglieder einer Gruppe dazu, die Meinung der Mehrheit zu übernehmen. Die Stärke dieses Effektes, auch Groupthink genannt, ist umso größer, je homogener die Gruppenmitglieder und je zahlreicher und exklusiver die gruppeninternen Interaktionen sind.[278] Meinungen zu äußern, die konträr zur Mehrheitsmeinung des eigenen Teams stehen, ruft bei den meisten Menschen regelrechte Angstzustände hervor.[279] So erklärt sich auch, warum das weiterhin in vielen Unternehmen beliebte Brainstorming oftmals zu weniger originellen Ideen führt, als wenn Individuen ihre Gedanken frei

275 Statistisches Bundesamt. Bevölkerung und Erwerbstätigkeit. https://www.destatis.de/DE/Themen/Arbeit/Arbeitsmarkt/Erwerbstaetigkeit/Tabellen/liste-bevoelkerung-erwerbstaetigkeit.html (Abrufdatum: 10.02.2021)

276 Bundesinstitute für Bevölkerungsforschung. Einpersonenhaushalte. https://www.bib.bund.de/Permalink.html?id=10339448 (Abrufdatum: 10.02.2021)

277 Siehe Tajfel/Billig/Bundy/Flament (1971).

278 Siehe Rose (2011).

279 Siehe Berns (2010).

von Gruppendynamiken entwickeln können. Der britische Organisationspsychologe Tomas Chamorro-Premuzic kommt gar zu dem Urteil, dass Brainstorming reine Zeitverschwendung sei.[280] Menschen fällt es aber nicht nur schwer, in einem Team unabhängig zu denken, sondern auch, sich ihren eigenen moralischen Ansprüchen gemäß zu verhalten, wenn die des Teams niedriger sind als die eigenen. Anders formuliert: Im Kollektiv fällt es leichter, sich danebenzubenehmen. Die individuelle Anpassung an die Gruppe kann jedoch auch die Ansprüche an das eigene Verhalten steigern, wenn die Latte der sozialen Normen entsprechend höher liegt. Dies gilt, wie wir sehen werden, auch für umweltrelevantes Verhalten.

Damit stellt sich die Frage, wie die jeweiligen sozialen Normen innerhalb einer Gruppe etabliert werden. Sie sind das Ergebnis eines Aushandlungsprozesses, in dem die Teilnehmenden jedoch mit unterschiedlich starker Verhandlungsmacht ausgestattet sind. Besonders einflussreich sind dabei solche Akteure, die wirkungsvoll das Verhalten der anderen belobigen oder auch sanktionieren können. In beruflichen Kontexten sind dies in der Regel Führungskräfte. Unternehmen und Organisationen sind überwiegend hierarchisch strukturiert und diese Hierarchien sind nicht das Ergebnis kollektiver Willensbildungen. Schließlich entscheiden Arbeitnehmerinnen (meistens) nicht selbst, wer ihre Vorgesetzten werden, und können diese auch nicht abwählen. Aufgabe von Vorgesetzten ist es, Zielvorgaben zu definieren, Arbeitsanweisungen auszusprechen, Leistungen zu kontrollieren und zu bewerten und – falls dies als notwendig erachtet wird – disziplinarische Maßnahmen einzuleiten. Diese strukturell fixierten Kompetenzen potenzieren das Vermögen von Führungskräften, soziale Normen und damit auch das Verhalten jenseits konkreter Anweisungen zu prägen.

Dieser Einfluss reicht sogar über die formalen Grenzen von Unternehmen und Organisationen hinaus, wie es Untersuchungen zu Spillover-Effekten aus dem Arbeitsumfeld ins private Leben von Angestellten immer wieder eindrücklich gezeigt haben.[281] Zusammen mit Sarah Jastram von der Hamburg School of Business Administration und Knut Blind von der TU Berlin habe ich meine eigene Firma – die im-jaich oHG – als Reallabor genutzt, um zu untersuchen, wie sich vom Management eingeführte betriebliche Umweltschutzmaßnahmen auf das private Umweltverhalten der Mitarbeitenden auswirken.[282] Das Familienunternehmen, welches ich mit meinem Bruder zusammen leite, betreibt in Norddeutschland Hotels, Ferienressorts und

280 Siehe Chamorro-Premuzic (2015).
281 Siehe Nash et al. (2017).
282 Siehe Jaich/Jastram/Blind (in Vorbereitung).

Jachthäfen.[283] In Bremerhaven, wo wir zwei Hotels und eine Marina betreiben, haben wir umfangreiche Umweltschutzmaßnahmen implementiert. Dort werden jetzt zum Beispiel viele Produkte und Verbrauchsmaterialien aus ökologischer oder regionaler Erzeugung verwendet, Arbeitsroutinen wurden nach Umweltschutzgesichtspunkten optimiert (zum Beispiel die Benutzung von Druckern oder gewerblichen Spülmaschinen), es werden Wasserspareinsätze in den Duschen verwendet, die Teamkleidung kommt aus fairer und ökologischer Produktion, Kleinstverpackungen im Buffetbereich sind weitestgehend verschwunden und der Fuhrpark wurde elektrifiziert und »tankt« nun Ökostrom.

Bevor diese Maßnahmen eingeführt wurden, wurde das private Umweltverhalten der Mitarbeitenden gemessen. Ein Jahr nach der Implementierung der Umweltschutzmaßnahmen wurde dieses erneut gemessen. Dabei wurde eine signifikante »grüne« Veränderung im Konsum- und Mobilitätsverhalten festgestellt. Um sicherzustellen, dass keine externen Faktoren zu diesem Ergebnis geführt haben, wurde auch das Verhalten einer Kontrollgruppe aus Mitarbeitenden in anderen Standorten, wo in dem entsprechenden Zeitraum keine Umweltschutzmaßnahmen implementiert worden sind, gemessen. In dieser Gruppe kam es zu keinen signifikanten Verhaltensänderungen. Mit unserer Untersuchung konnten wir so experimentell darlegen, dass umweltrelevante Verhaltensnormen innerhalb von Unternehmen Mitarbeitende über die formalen Unternehmensgrenzen hinaus beeinflussen.

**Green Company Tipp**

!

In Gesprächen mit anderen Unternehmerinnen höre ich häufig die Klage über ein mangelndes Interesse der Mitarbeitenden an dem Thema Nachhaltigkeit. Daraus ergibt sich dann die Sorge, dass ein unternehmerisches Engagement in diesem Bereich bei der Belegschaft auf keinen »fruchtbaren Boden« fallen wird. Hierzu kann ich Entwarnung geben. In einer weiteren Studie, die ich durchgeführt habe, konnte ich darlegen, dass betriebliche Umweltschutzmaßnahmen sich positiv auf die Umwelteinstellung der Mitarbeitenden auswirken. Also: Auch wenn die Belegschaft zunächst skeptisch sein mag und noch keinen Sinn für ökologische Themen hat, kann sich eine entsprechende Einstellung entwickeln, wenn das Management die Initiative für eine grüne Transformation ergreift. Erfreulich ist hier ein weiteres Ergebnis meiner Untersuchung: Nachdem sich das Umweltbewusstsein der Mitarbeitenden durch den betrieblichen Umweltschutz entwickelt hat, führt dies in einem zweiten Schritt bei vielen zu einer erhöhten Identifikation mit dem Unternehmen. Der betriebliche Umweltschutz schafft damit sozusagen die mentale Voraussetzung bei den Mitarbeitenden, sich stärker für einen grünen Arbeitgeber zu begeistern.[284]

283 Siehe www.im-jaich.de

284 Für weitere Infos siehe Jaich (2021).

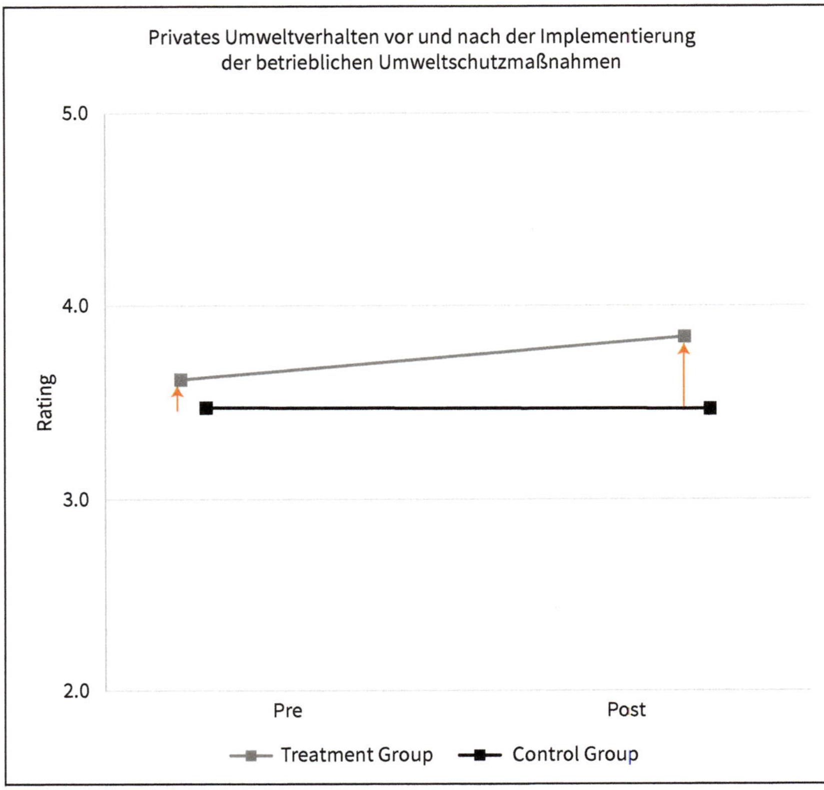


Das private Umweltverhalten wurde mit 9 Items von Whitmarsh & O'Neill (2010) anhand einer 5-Punkte Likert-Skala gemessen. Eine ANOVA mit Messwiederholung ergab eine statistisch signifikante Interaktion, $F(1, 59) = 5.138$, $p = .027$, = .080, als auch einen signifikanten Haupteffekt für die Experimental- und Kontrollgruppe, $(1, 59) = 6.204$, $p = .016$, = .095, und Zeit, $F(1, 59) = 4.512$, $p = .038$, = .071. Bonferroni-korrigierte post-hoc Tests ergaben einen signifikanten Unterschied für die Experimentalgruppe, $t(29) = -3.559$, $p = .003$, aber nicht für die Kontrollgruppe, $t(30) = 0.091$, $p > .999$.

**Abb. 11.1:** Privates Umweltverhalten

Der Einfluss von Führungskräften und Arbeitsklima reicht also weiter, als gemeinhin angenommen wird. Solche Spillover-Effekte liefern ein wesentliches Erklärungsmoment dafür, wie Verhaltensweisen multipliziert werden und – falls eine hinreichend weite Verbreitung bzw. eine mit den betreffenden Verhaltensweisen assoziierte kulturelle Hegemonie erreicht wird – sogar die gesellschaftliche Makroebene beeinflussen können. Doch welche Schlussfolgerungen lassen sich daraus ableiten? Es sollen hier keine Rezepte mit Allgemeingültigkeitsanspruch präsentiert werden. Situationsunabhängige Fertiglösungen suggerieren häufig eine Machbarkeit, die der Komplexität menschlichen Verhaltens nicht gerecht wird. Trotzdem bin ich überzeugt, dass Arbeitsklima und Führungskräfte zu Treibern einer alltagspraktischen Normalität werden können, die den sozialökologischen Herausforderungen unserer Zeit gerecht wird. Um dies jedoch weitflächig zu erreichen, bedarf es grundlegender Veränderungsprozesse. Hierzu möchte ich abschließend zwei Vorschläge präsentieren.

- **Führungskräfteausbildung ändern:** Bereits die klassischen Ausbildungswege von Führungskräften bieten Ansatzpunkte. Häufig haben Personen in Leitungspositionen eine wirtschaftswissenschaftliche oder kaufmännische Qualifikation erworben. Wie sozialpsychologische Forschungen gezeigt haben, wirken sich die in solchen Ausbildungen klassischerweise vermittelten Inhalte signifikant auf das Sozialverhalten der Menschen aus. So wurde in Experimenten gezeigt, dass Studierende der Ökonomie ein deutlich eigennützigeres und unsolidarischeres Verhalten offenbarten als Probanden mit anderen Ausbildungshintergründen.[285] Die Mainstreamökonomie erklärt die soziale Realität also nicht neutral; vielmehr formt sie durch die Vermittlung von Modellen, in denen Menschen als vom Eigeninteresse geleitete Nutzenmaximierer operationalisiert werden, gleichfalls das Verhalten ihrer Rezipienten.[286] Entsprechend findet die Forderung nach einer Integration alternativer Theoriegebäude in die wirtschaftswissenschaftlichen Curricula immer mehr Unterstützerinnen und Widerhall in den Hochschulen. Vor dem Hintergrund, dass Führungskräfte das Verhalten ihrer Mitarbeitenden über die Unternehmensgrenzen hinaus prägen, gewinnt dieses Anliegen zusätzlich an Gewicht und Dringlichkeit.
- **Steigerung der Autonomie der Mitarbeitenden:** Unabhängig vom Ausbildungshintergrund hat jedoch zudem allein die Tatsache, eine Leitungsposition mit Personalverantwortung innezuhaben, Einfluss auf die Führungskraft – und leider nicht immer zum Guten. So werden Menschen, die dauerhaft über Machtressourcen verfügen, arroganter, impulsiver und egoistischer als der Durchschnitt.[287] Hinzu kommt, dass Führungskräfte dazu tendieren, ihre Mitarbeitenden frühzeitig als fähig oder unfähig einzustufen. Experimente haben gezeigt, dass solche Einschätzungen die Tendenz haben, sich zu bewahrheiten – es handelt sich dabei häufig um sich selbst erfüllende Prophezeiungen. Potenziell leistungsfähigen Mitarbeitenden kann durch eine latente negative Beurteilung das Selbstvertrauen genommen werden und im Ergebnis werden dann tatsächlich schlechtere Leistungen erbracht.[288] Unternehmen, die hierarchische Managementstrukturen reduziert haben und trotzdem äußerst erfolgreich im Wettbewerb bestehen, zeigen beispielhaft, wie solche Dynamiken aufgehoben oder ins Positive gedreht werden

285 Siehe Wang/Malhotra/Murnighan (2011).
286 Siehe Precht (2010).
287 Siehe Keltner (2016).
288 Siehe Eden (2014).

können.[289] Der Fokus wandert dabei von der Führungsebene auf die Mitarbeitenden.[290] Schließlich ist der Mensch nicht ausschließlich und völlig willenlos durch sein soziales Umfeld determiniert. Dieser Einfluss ist zwar wie in diesem Kapitel dargelegt gewaltig, aber nicht einseitig. Menschen stehen vielmehr – um es mit den Worten des Kommunikationspsychologen Friedemann Schulz von Thun zu sagen – in einem Spannungsverhältnis zwischen Interdependenz und Autonomie.[291] Je größer die Autonomie einer Person ist, desto größer sind nicht nur die Freiheitsgrade des eigenen Verhaltens, sondern auch das Vermögen, auf die soziale Struktur gestaltend zurückzuwirken. Eine Steigerung der Autonomie der Mitarbeitenden kann in vielerlei Hinsicht bereichernd sein: für die Menschen selbst, für das Autonomie gewährende Unternehmen und schlussendlich auch für unsere Gesellschaft.

289 Siehe Laloux (2016).

290 Viele Menschen wechseln in ihrem Alltag regelmäßig zwischen Führungs- und Subordinationsrollen. Beschäftigte im mittleren Management bekleiden sogar beide Rollen zugleich. Eine strenge Dichotomie zwischen Führungs- und Subordinationsrollen ist daher eher eine theoretische Zuspitzung, für eine spezifische Analyse ist eine solche fokussierte Betrachtung jedoch vorteilhaft.

291 Siehe Pörksen/Schulz von Thun (2016).

# 12 Neuro-Wissen für eine erfolgreiche Green Company Transformation

Sebastian Spörer

Vielleicht gehört es zu den Mysterien der Menschheit, dass wir trotz aller warnenden Signale aus der Wissenschaft und auch der für jeden in »Funk und Fernsehen« sichtbaren oder sogar am eigenen Erleben spürbaren katastrophalen Ereignisse so wenig Änderungsbereitschaft an den Tag legen. Als Privatpersonen, als Mitarbeitende in Unternehmen, aber auch als Wähler unserer Politikerinnen, die in Teilen die Problematik ausblenden und uns in Sicherheit wiegen, dass alles so weitergehen kann wie bisher, handeln wir nicht oder nur zögerlich. Ein Alien auf einem anderen Planeten müsste sich sicher wundern, warum wir so gelassen weitermachen, anstatt schnell und tatkräftig zu handeln.

Wenn man aber die Neurowissenschaft zurate zieht, dann löst sich das Mysterium etwas auf. Dann versteht man, dass wir Menschen nur unserem Bauplan im Gehirn folgen. Deshalb möchte ich mit meinem Kapitel mehr Licht ins Dunkel unseres Verhaltens bringen und aus den Grundlagen der Neurowissenschaft Erklärungen und Tipps ableiten.

## 12.1 Grundlagen der Neurowissenschaft – Das Spielfeld zwischen Stress und Begeisterung

Das Spielfeld besteht aus einer Stress- und einer Begeisterungsmannschaft. Vergleichbar mit einem Fußballspiel kann nur eine der beiden Mannschaften im Ballbesitz sein, wobei die Stressmannschaft das Überleben im Heute sichert und die Begeisterungsmannschaft als Visionsgeber das Morgen gestaltet.

Bei Überaktivität der Stressmannschaft reduzieren sich die Spielanteile der Begeisterungsmannschaft und somit Innovation, Kreativität und Begeisterung. Daher ist es für eine Green Company Transformation eine wichtige Aufgabe, zunächst unsere Stressmannschaft zu beruhigen und anschließend die Begeisterungsmannschaft zu aktivieren.

### 12.1.1 Die Entscheidungs- bzw. Antriebszentren im Gehirn

Die Grundlage all unserer Handlungs- und Entscheidungsprozesse befindet sich im Gehirn in unseren Entscheidungszentren. Im Modell dargestellt, besitzen wir für Entscheidungsfindungen drei Systeme:

- unser Stress- und Angstsystem, neurobiologisch die Amygdala bzw. der Mandelkern
- unser Begeisterungssystem, neurobiologisch der Nukleus accumbens
- unseren Verstand, neurobiologisch der präfrontale Kortex

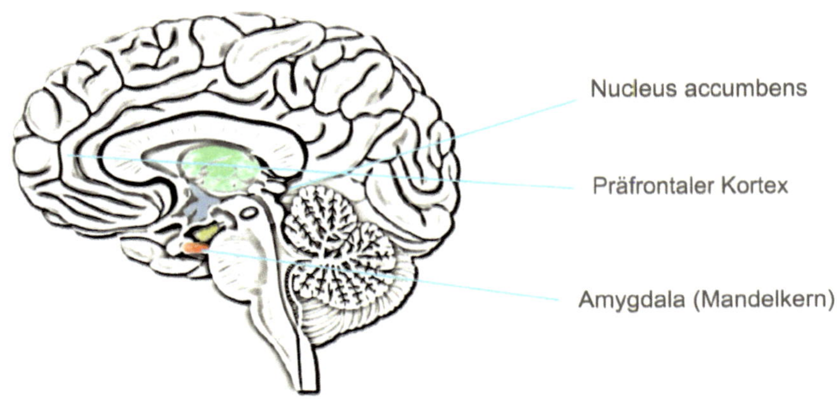


**Abb. 12.1:** Unsere drei Entscheidungssysteme

### 12.1.2 Das Angstsystem

Wenn wir in emotional belastende Situationen geraten, wird unser Stresssystem aktiviert und lenkt unsere Aufmerksamkeit sofort auf die für das Überleben wichtigen Aufgaben.

Ein typisches Beispiel ist eine gefährliche Situation im Straßenverkehr. Im Moment der Gefahr wird akut unser Stresssystem aktiviert. Auch wenn wir vorher noch bei ablenkenden Tätigkeiten wie Nachdenken oder Radiohören waren, sind wir in der gefährlichen Situation sofort voll fokussiert, im Gehirn werden die Netzwerke für Angst und Gefahr aktiviert. Für den Körper heißt dies eine umgehende Energiemobilisierung.

Puls und Blutdruck steigen, unsere Hände werden schwitzig und unsere Pupillen erweitern sich. Die wesentlichen Hirnregionen für diese Reaktion sind die Amygdala, der Locus caeruleus[292] und die HPA-Achse[293].

Teil dieser Stressantwort sind unsere Stresshormone im Gehirn. Diese Hormone bewirken unter anderem, dass unsere Lösungskompetenz im präfrontalen Kortex reduziert wird. Damit verlagert sich unsere Hirnaktivität vom präfrontalen Kortex hin zum Angstsystem. Dies ist auch im Alltag bei Ängsten zu beobachten: Flugangst zum Beispiel ist nur bedingt durch rationale Einsicht, wie zum Beispiel statistische Wahrscheinlichkeit zu beeinflussen.

Unser Stresssystem dient uns als Gefahrenabwehr und »Gefahrenwiedererkenner«. Es lässt uns in einer Gefahrensituation präzise und wachsam handeln. Erreicht uns beispielsweise eine unerfreuliche Mail oder sind wir in einer unangenehmen Gesprächssituation, treten diese Prozesse in Kraft. Wir reagieren mit einer ansteigenden Gefahrenaufmerksamkeit.

### 12.1.3 Das Begeisterungssystem

Unser Begeisterungssystem ist unser zweites großes Antriebssystem. Immer wenn ein angenehmes Ereignis eintritt (ein gutes Essen, eine angenehme Berührung, eine schöne Musik), erhalten wir durch die Ausschüttung von Dopamin, dem Hormon für den »Kick«, ein Glücksgefühl. Das Dopamin wirkt im Gehirn als Begeisterungsbotenstoff. Es sorgt für gute Laune und für ein High-Gefühl. Dieses System führt am Arbeitsplatz zu Kreativität, Mut und Zuversicht und bildet die biologische Grundlage für das sogenannte Flow-Erlebnis, ein positives emotionales Erleben einer Tätigkeit, in der eine Person ganz auf ihr Tun konzentriert ist und darin aufgeht, sich selbst vergisst und das Zeitgefühl weitgehend verliert.

292 Der Locus caeruleus ist ein Kerngebiet unserer Angstreaktion und Modulation der Stressantwort.

293 Die Hypothalamus-Hypophysen-Nebennierenrinden-Achse, auch HPA-Achse (engl. HPA axis für »hypothalamic-pituitary-adrenal axis«) wird auch als Stressachse bezeichnet. Sie reguliert und moduliert unsere Stressantwort. Daher hat sie für unsere Emotionen eine wichtige Bedeutung.

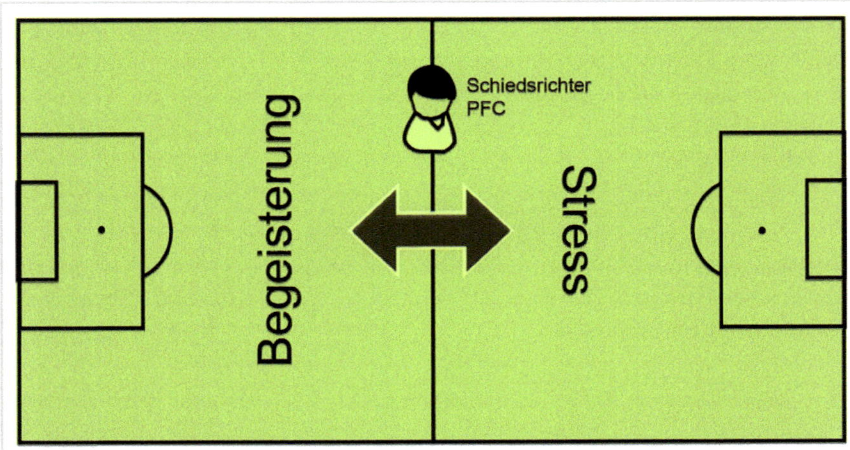


**Abb. 12.2:** Unser Fußballfeld im Kopf

Mit dem Begeisterungs- und dem Stresssystem stehen sich zwei Fußballmannschaften in unserem Gehirn gegenüber. Unserem Verstand kommt dabei höchstens die Rolle des Schiedsrichters zu. Im Großen und Ganzen trifft es Eckart von Hirschhausens Pointe in Bezug auf unseren Verstand ziemlich gut: Er ist wie ein Regierungssprecher, er muss das erklären, was andere entschieden haben. Natürlich gibt es etwas mehr Mitsprache bei Entscheidungen durch den präfrontalen Kortex, allerdings sind wir eher durch die beiden Antriebssysteme Stress und Belohnung gesteuert als rational. Unser Verstand greift also durchaus ins Spielgeschehen ein. Er kann zum Beispiel durch Aufmerksamkeitsverlagerung (Freistoß) den Ball einer Mannschaft zuweisen.

Planerische und rationale Funktionen finden wir im präfrontalen Kortex. Vereinfacht gesagt sitzt hier der Verstand, etwas korrekter gesagt nur ein Teil davon. Ein so abstrakter Begriff wie Verstand wird sich nie nur durch eine Hirnstruktur abbilden lassen.

### 12.1.4 Die Aufgaben der Systeme

Das Stress- und das Begeisterungssystem erfüllen unterschiedliche Aufgaben (siehe Tab. 12.1).

| Das Stresssystem | Das Begeisterungssystem |
|---|---|
| • Seine Hauptaufgabe besteht darin, uns auf Gefahren aufmerksam zu machen.<br>• Es bereitet auf Kampf und Flucht vor. So können wir körperliche Leistung besser erbringen, wie bspw. besser kämpfen, schneller laufen und höher klettern. Für eine Vielzahl beruflicher Tätigkeiten sind das heute jedoch keine wirklichen Vorteile.<br>• In diesem Modus sind wir sehr präzise.<br>• Bei einfachen Aufgaben hilft es uns, Leistung abzurufen: Wenn wir bspw. in einer Prüfung »unter Stress« gesetzt werden, schneiden wir besser in dieser Prüfung ab als ohne Stress. So sind unsere Leistungen bei einfachen Rechenaufgaben unter Spannung besser.<br>• Bei schwierigen Aufgaben schadet uns die Spannung. Wir sind stark auf uns fokussiert, was uns bei einer Flucht oder einem Kampf hilft, nicht aber bei der Bewältigung komplexer Aufgaben. | • Für kreative Aufgaben wie bspw. Softwareentwicklung, Produktdesign oder die Entwicklung von IT-Applikationen schadet uns ein aktiviertes Stresssystem.<br>• Kreativ sein bedeutet, Lösungen für Probleme zu finden. Das ist nicht nur in klassischen Kreativberufen wie zum Beispiel dem Grafikdesign der Fall, sondern letztlich in allen Berufen, in denen Lösungen zu gestalten sind. Hier benötigen wir unser Begeisterungssystem. Dieses kann allerdings nur unter folgenden Umständen zur Geltung kommen:<br>• Das Stresssystem ist beruhigt und nicht aktiv.<br>• Es existieren keine chronisch entzündlichen Prozesse im Körper.<br>• Der Arbeitsplatz ist weitestgehend angstfrei.<br>• Unser Begeisterungssystem benötigen wir insbesondere bei teamorientierten Aufgabenstellungen. Wenn es aktiviert ist, können wir Teamaufgaben leichter bewältigen, sind rücksichtsvoller und können uns auf andere Meinungen und Gedanken einlassen. |

**Tab. 12.1:** Aufgaben von Stress- und Begeisterungssystem

### 12.1.5 Bad is stronger than good!

Dieser Satz stammt aus der Biologie. Eine Gefahr ist relevanter als eine Belohnung. Wir prüfen unsere Umwelt also zunächst auf Gefahren. Fällt diese Prüfung negativ aus, wird nach Belohnungen gesucht. Eine gefährliche Erfahrung besitzt ein höheres Gewicht für unser Überleben.

Sei dir bewusst, dass jede Situation zunächst auf eine potenzielle Gefahr abgecheckt wird. Unser »Default-Modus«[294] im Gehirn hilft uns, zunächst das Schlimmste auszuschließen und dann erst nach Belohnungen zu suchen. In einer Umwelt, wie wir sie vor 10.000 Jahren vorfanden, war dies extrem sinnvoll. Die Menschen, die gemütlich

294 Damit ist gemeint, dass es sich um den Standard unseres Gehirns handelt. Dieser Standard wird im Zweifel ausgeführt. Dies ist immer die erste Prüfung unseres Gehirns: Liegt hier eine Gefahr vor?

aufgegessen haben, als sich ein gefährlicher Tiger zu der Mahlzeit gesellte, waren nicht überlebensfähig. Da war weglaufen oder kämpfen ein für das Überleben vorteilhafteres Verhalten. Deshalb stammen wir genetisch von denjenigen ab, die ein starkes Stresssystem hatten. Denn diese Vorfahren haben überlebt und ihren Genpool weitergegeben.

## 12.2 Warum sich Menschen nicht gerne verändern, auch wenn das Wasser bis zum Halse steht

Bei kaum einem anderen Thema kann man so deutlich beobachten, dass wir Menschen zwar dringend Handlungsbedarf haben, sich nahezu alle gesellschaftlichen Gruppen in Deutschland über die Handlungsnotwendigkeit einig sind, aber nur die Minderheit der Menschen wirklich ihr Verhalten ändert.

Eigentlich müsste dem oben beschriebenen Gehirnmodell folgend die Angst vor Schmerz und Gefahr der Folgen des Super-KAUs so groß sein, dass wir die auslösenden Verhaltensweisen vermeiden müssten. Mit einem aktivierten Angst-/Stresszentrum im Gehirn müsste eigentlich unsere Reaktion auf den Super-KAU so aussehen: Wir vermeiden Flugreisen, wir vermeiden Fleisch, wir vermeiden alles, von dem wir wissen, dass es uns in den Untergang führt.

Aber genau das passiert nicht. Weder weltweit noch in Deutschland. Die Erklärungen für diese Diskrepanz sind vielfältig.

Ausschließen als Erklärung kann man sicher Unwissenheit oder statistische Unklarheit. Auch wenn einige Randpositionen den menschengemachten Klimawandel skeptisch sehen, die große Mehrzahl der Deutschen stimmt mit den Klimazielen überein.

Vergleichbar ist unser gesellschaftliches Verhalten mit unserem Verhalten auf individueller Ebene, zum Beispiel mit Abnehmen oder dem Ziel, mehr Sport zu treiben. Auch hier liegen die Vorteile auf der Hand bzw. wir erkennen die Nachteile unseres Nichthandelns an, allerdings fällt uns die Veränderung extrem schwer.

Der übergeordnete Hinderungsgrund sind unsere Gewohnheiten. Wir stimmen zwar den abstrakten Zielen zu, aber für die konkrete Änderung unserer Gewohnheiten ist viel mehr nötig als diese abstrakte Zustimmung.

Eine Gewohnheit oder eine Routine zu ändern, ist immer mit Aufwand verbunden und fühlt sich oft zunächst unbequem an. Wir wissen, dass abends früh ins Bett zu gehen eine leistungsfördernde Gewohnheit wäre. Allerdings ist es bequemer, auf dem Sofa weiter fernzusehen. Wir wissen, dass einen Apfel zu essen die bessere Gewohnheit ist, als die Schokolade zu naschen, trotzdem greifen wir zu der Schokolade. Wir wissen, dass Entspannungstraining die bessere Gewohnheit ist, als auf dem Smartphone »soziale Dienste« zu benutzen, trotzdem verliert das Entspannungstraining.

An diesen Beispielen wird deutlich, dass es uns nicht an Wissen mangelt, sondern an Umsetzungsstärke. Und in allen drei Beispielen werden die Gehirnmechanismen deutlich. Das »schädlichere« Verhalten ist belohnender als das nützliche Verhalten.

Auch die Nahrungsmittelindustrie macht sich dies zunutze. Unsere besten Chemiker entwickeln Lebensmittel, die wir ungern aus der Hand legen, bevor die Packung leer ist, unsere kreativsten Köpfe schreiben Drehbücher für Unterhaltungsfernsehen, unsere begabtesten Verhaltenspsychologen sorgen mit neuen Apps und Suchalgorithmen auf den Smartphones dafür, dass wir ständig bequem unterhalten werden, ohne uns mit lästigen anderen Meinungen auseinandersetzen zu müssen. Bei der Nutzung der sozialen Dienste werden unsere Interessen und Meinungen so gut abgebildet, dass wir in unserem Weltbild ständig bestätigt werden.

In allen Fällen machen sich sehr kluge Köpfe unser Belohnungszentrum des Gehirns zum Verbündeten. Es ist belohnender, sich »selbstschädlich« zu verhalten, als sich nützlich zu verhalten. Hier liegt ein zentrales Problem auch für unser Verhalten in Bezug auf den Umweltschutz. Es sind sich alle Beteiligten einig, dass eine Bahnreise im Vergleich zum Inlandsflug die ökologisch bessere Alternative des Reisens ist. Nun hat die Bahn allerdings einige Nachteile: Bei langen Strecken braucht sie länger, sie ist auf Fernreisen oft zu spät, mittlere Städte sind oft sehr ungünstig angebunden, die Züge sind nicht selten überfüllt. Meine persönliche Gewohnheit ist es, nahezu immer mit der Bahn zu fahren, aber es gibt kein Quartal im Jahr, in dem ich diesen Entschluss nicht bereue. Die Bahn ist angesichts der obigen Nachteile unbequemer als Reisen im Pkw oder mit dem Flugzeug. Und dazu häufig auch noch teurer.

Und genau hier liegt die Chance für eine Veränderung: Die ökologische Alternative muss attraktiver sein als das ursprüngliche Verhalten. Im Fall des Reisens müssten Züge schneller, günstiger, pünktlicher und bequemer sein.

Natürlich sind auch Verbote ein sinnvoller Weg, Verhalten zu steuern. So hat sich durch die Verbote zum Beispiel beim Rauchen viel bewegt. Die wenigsten Menschen wollen zurück zu einer Raucherlaubnis in Gaststätten und Restaurants. Aber erst ein Verbot hat hier zur Verhaltensänderung geführt.

Ein weiteres Problem für das Klima ist der riesige Wirkungsabstand zwischen unserem persönlichen Verhalten und dem weltweiten Klima. Wir sind ja bereits überfordert, den Zusammenhang zwischen unserem Sportverhalten und einem möglichen Herzinfarkt so zu sehen, dass wir ein sportlicheres Verhalten in die Tat umsetzen. Der Herzinfarkt ist keine unmittelbare Folge auf eine verpasste Sporteinheit, sondern eine multifaktorielle langfristige Folge. Das macht es abstrakt. Es gibt eben auch viele unsportliche Menschen, die keinen Herzinfarkt bekommen. Uns fehlt hier einfach eine schnelle Rückmeldung zwischen unserem Verhalten und der Wirkung auf ein übergeordnetes Problem.

Beim Klimawandel ist die Dimension ja noch viel größer und damit für uns unüberschaubarer. Unser persönliches Verhalten hat nur sehr begrenzt Einfluss auf das weltweite Klima. Dazu kommt, dass viele Trends auch gegenläufig sind. An dem oben genannten persönlichen Beispiel mit der Neigung zu Bahnreisen wird dies deutlich. Es ist richtig, trotz aller Unbequemlichkeit die Bahn dem Flieger vorzuziehen. Trotzdem ist das Flugaufkommen vor der Corona-Pandemie stetig gestiegen. Mein Beitrag wurde also von anderen überkompensiert.

So ähnlich sieht es auch bei anderem klimaschädlichen Verhalten aus. Einige Sektoren produzieren mehr Treibhausgase als im Jahr zuvor, trotz persönlicher individueller Anstrengungen wächst das Problem.

Hier fehlt also im System ein entscheidender Punkt für menschliche Änderungsbereitschaft, nämlich konkrete Wirksamkeit. Mein persönliches Verhalten ist klimanützlich, wirkt aber scheinbar nicht. So rückt das Ziel aus dem Bewusstsein und mein persönliches Verhalten erfährt keine Belohnung. So entsteht die Entscheidung im Gehirn: »Ich werde es eher nicht wiederholen.«

Je abstrakter die Situation, je umfassender der Kontext, je kleiner mein Beitrag und meine Wirksamkeit, desto unwahrscheinlicher ist die Änderung.

! **Green Company Tipp**

Unser Gehirn sucht immer nach Verknüpfungen. Einfache singuläre Kausalitäten liegen uns mehr als abstrakte, multifaktorielle Ursache-Wirkungs-Prinzipien.
Im Fazit: Je kleiner unser Wirkungsgrad, desto unwahrscheinlicher die persönliche Veränderung.

Beim Beispiel Flugreisen wird noch ein weiteres Problem deutlich. Wir definieren uns als Menschen auch über die Zugehörigkeit zu Gruppen. Evolutionär hatte das den Hintergrund, dass wir als Einzelne auf uns selbst gestellt nahezu keine Überlebenschance gehabt hätten. Nur die Gruppe hat unser Überleben gesichert. Diesem Umstand folgend sind im Gehirn körperlicher Schmerz und Außenseiterschmerz in ähnlicher Form repräsentiert. Wenn uns droht, in eine Außenseiterposition zu gelangen, meldet sich unser Schmerzzentrum. Es tut uns also weh, wenn wir ausgegrenzt werden. Das hat sich bei Untersuchungen im Magnetresonanztomografen gezeigt.[295] Zu einer Grup-

295 Dazu gibt es vom amerikanischen Biologen Robert Sapolsky tolle Beispiele zu lesen. Empfehlenswert ist in diesem Zusammenhang sein Buch »Warum Zebras keine Migräne kriegen« (1998).

pe zu gehören, ist also extrem wichtig für unser Gehirn. Wenn alle Mitglieder einer Gruppe rauchen oder Alkohol trinken, ist es schwierig, meine gesundheitlichen guten Vorsätze umzusetzen. Wenn Menschen aus dem Umfeld von ihrem geplanten Jahresurlaub in der sonnigen exotischen Ferne erzählen, wollen wir nicht abseitsstehen und vom Urlaub im eigenen Garten schwärmen.

Ein weiterer Aspekt des Wunsches, zur Gruppe zu gehören, ist unser Statusgefühl. Wir werden durch Dopamin im Gehirn belohnt, wenn wir in der Gruppe einen hohen Status besitzen. Ob dieser Status nun davon abhängt, ein tolles Auto zu fahren, eine Führungsposition zu bekleiden oder die neuesten Designerkleidungsstücke zu tragen, hängt stark von unserer Persönlichkeit, unseren Werten und Motiven sowie unserem Umfeld ab.

Nun ist Status auch von Bedeutung im Hinblick auf die Änderung unseres Verhaltens. Wenn sich unser Status reduziert durch eine ökologisch bedingte Änderung des Verhaltens, zum Beispiel wenn wir weniger fliegen und mehr Bahn fahren, dann wird die Verhaltensänderung für uns unattraktiver. Deshalb muss sich ökologisches Verhalten in unserem Umfeld, sprich in der Gesellschaft, als statusrelevant entwickeln, damit für uns individuell eine Verhaltensänderung leichter zu akzeptieren ist.

**Green Company Tipp** **!**

Mache ökologisches Verhalten zum Lifestyle in deiner Company. Erkläre neue ökologisch sinnvolle Verhaltensweisen als statusrelevant, indem du diese zum Beispiel zu Beurteilungs- und Beförderungskriterien erhebst.

Einer Veränderung steht auch unser Wunsch nach Kontrolle entgegen. Für unser Gehirn fühlt es sich angenehm an, Situationen überschauen zu können und unter Kontrolle zu haben. Das Urexperiment zum Thema Kontrolle ist an Mäusen durchgeführt worden:

Maus 1 wurde in einen Käfig gesperrt und durch ein Lichtsignal wurde ihr angekündigt, einen Stromschlag zu bekommen. Sie konnte den Stromschlag allerdings verhindern, indem sie einen Taster betätigte.

Maus 2 hatte keine Chance, dem Stromschlag zu entgehen, und bekam immer einen Stromschlag, wenn Maus 1 einen Stromschlag erhielt. Maus 1, also die Maus mit der vermeintlichen Kontrolle über die Situation, empfand weniger Stress als Maus 2. Obwohl beide Mäuse den gleichen körperlichen Schmerz hatten, hatte Maus 1 die besseren Voraussetzungen, damit umzugehen, und war weniger gestresst.

Aus diesem Experiment kann man ableiten, dass Kontrollverlust eine unserer Hauptängste ist. Ein Umgehen mit dieser Angst ist »Erstarren«. Wir bewegen uns nicht mehr oder wir verbleiben in gewohnten, sicheren Bahnen. Je größer die Angst vor Kontrollverlust ist, also je stärker das Stresszentrum aktiviert ist, desto unwahrscheinlicher ist es, Routinen zu durchbrechen. Der wichtige Lernimpuls aus diesem und anderen ähnlichen Versuchen ist: Über das Angstzentrum werden wir Klima- und Umweltschutz nicht vorantreiben können. Die Angst vor der Katastrophe wird uns also eher wenig helfen.

!

**Green Company Tipp**

Kontrolle ist zentral fürs Gehirn. Für den Klimaschutz bedeutet das: Das Gefühl »Es ist eh egal, wir gehen alle unter« wird durch Angst aktiviert und durch Horrornachrichten verstärkt. Angst ist immer der falsche Weg, um zu Änderungen zu gelangen.

## 12.3 Tipps und Tricks, wie man Menschen für Veränderungen gewinnt

Nachdem klar wurde, wo das Problem liegt und welche Wege schlecht funktionieren, hier nun einige Vorschläge für Verhaltensänderungen im Rahmen von Green Company Transformationen.

### 12.3.1 Persönliche Veränderung muss Spaß machen

!

**Green Company Tipp**

Bei persönlichen Veränderungen gilt der Grundsatz: Verzicht ist Mist!
Die Alternative dazu muss attraktiver sein!

Nur mit einer attraktiven Alternative ändert sich wirklich das persönliche Verhalten. Wenn wir uns beispielsweise unseren Umgang mit Sport anschauen, dann wird schnell deutlich, wie Veränderungen gelingen können. Sport muss Spaß machen und es muss Energie übrig sein. Wenn wir ohnehin bereits erschöpft sind, dann ist die Empfehlung Sport zu treiben unvorteilhaft. Wir sollten sogar immer Energie übrig haben, auch nach der Aktivität.

Ich höre in Seminaren immer wieder vom inneren Schweinehund, der überwunden werden muss. Dieses Konzept ist hochproblematisch, weil wir keine dauerhafte Änderung dadurch erhalten. Laufen macht vielen Menschen keinen Spaß, sich hier zu quälen, ist also für die meisten Menschen wenig erfolgversprechend. Aber es gibt sicher alternative Sport- oder Bewegungsarten (wie die »Lieblingstätigkeit« meiner Kinder: Wandern), die den Menschen Spaß machen. Hiervon mehr zu machen, wäre kein Problem. Diesen für einen selbst motivierenden Sport zu finden, das ist der Trick.

Auf politischer Ebene wird dies am Beispiel Bahn deutlich: Wenn ich beispielsweise Hamburg mit der Bahn von München schneller, günstiger und bequemer erreiche als mit dem Flieger, dann sind die Chancen für Verhaltensänderung hoch. Und natürlich bedeutet das auf politischer Ebene das Wirken in beide Richtungen. Fliegen muss teurer werden (Stichwort Kerosinsubvention) und Bahnfahren pünktlicher, schneller und attraktiver.

Und auf unser Verhalten bezogen: Wenn die Alternative zum Fleischessen besser, leckerer, günstiger und bequemer für uns wäre, dann kann sich wirklich etwas verändern in Bezug auf unseren Fleischkonsum. Solange aber die »Billigware Tier« die Regale füllt, sind Appelle vollkommen unnütz. Wenn wir ein Umdenken wollen, dann muss die Alternative zu Fleisch vorteilhafter für uns sein, sonst wird sich das ökologisch schadhafte Konsumverhalten nicht ändern. Einsicht spielt hier eine untergeordnete Rolle.

**Green Company Tipp**

!

Appelle sind nahezu überflüssig.
An diesen Beispielen wird deutlich, dass der Weg über Einsicht und Appelle der falsche ist. Hier sollten auch Unternehmen nicht versuchen, den Mitarbeitenden über diese Methoden zu begegnen. Sinnvoller ist, Anreize für gewolltes Verhalten zu schaffen. Dazu folgt gleich mehr.

### 12.3.2 Veränderung muss einfach sein

Unsere Routinen haben im Gehirn eine eigene Repräsentanz, das bedeutet, ein Bereich ist dafür zuständig, Routinen abzuspeichern. Handlungen, die wir häufig durchführen, werden in den Basalganglien[296] »gespeichert« und erfordern wenig Energie beim Abrufen. Die Ausführung der Routine ist für den Energiehaushalt des Gehirns extrem günstig, weil energiearm durchzuführen. Das macht ein zentrales Grundprinzip unseres Gehirns deutlich: Energiesparen. Daher fahren wir immer denselben Weg zur Arbeit oder frühstücken oft das Gleiche. Das geschieht ohne gerichtete Aufmerksamkeit, quasi automatisch.

Wenn wir den Ablauf hier ändern wollen, dann müssen wir Aufmerksamkeit auf den Prozess lenken. Zunächst müssen wir uns bewusst darüber sein, dass wir etwas ändern wollen.

Hier setzt die Einfachheit der Änderung ein. Je einfacher die Ausführung ist, desto erfolgversprechender die Änderung. Wenn wir uns vornehmen, Sport zu treiben, dann

296 Dieser Teil des Gehirns hat großen Anteil an der Abspeicherung von Gewohnheiten und Routinen.

sollte der Sporttermin zu einer optimalen Zeit liegen. Es sollte zu dieser Zeit einfacher sein, die Sportschuhe anzuziehen, als sie nicht anzuziehen. So hilft es manchen zum Beispiel, sich morgens direkt Sportsachen anzuziehen statt normaler Kleidung. Nun ist der erste Schritt bereits getan.

Bezogen auf den Klima- und Umweltschutz bedeutet das: Ökologisches Verhalten muss einfacher sein als unökologisches. Ein Auto zu besitzen muss mit mehr Nachteilen verbunden sein als der öffentliche Verkehr. Denkbar wäre ein Sammelparkplatz für Autos 500 bis 1.000 Meter von der Wohnung entfernt. Und gleichzeitig zu diesem unbequemen Umstand ein optimaler Nahverkehr oder eine Bevorzugung von Elektroautos beim Parken. So gibt es Städte, die eigene Parkplätze ausschließlich für E-Autos haben. In Stuttgart ist das Parken für E-Autos beispielsweise kostenlos. Aber: Kostenlos allein reicht nicht. Es muss deutlich einfacher sein, einen Parkplatz zu bekommen.

Aus der Lebensmittelbranche lernen wir, was Einfachheit bedeutet. Eine Packung Chips ist ein minimaler Aufwand in der Zubereitung. Packung auf und los. Genauso muss Essen organisiert sein. So weit vorbereitet wie nötig und so einfach in der Zubereitung wie möglich. Nur wenn klimanützliche Nahrungsmittel die einfachere Variante sind, dann hat Veränderung eine Chance. Dazu sind wirklich Innovationen der Lebensmittel erforderlich, zum Beispiel beim Fleischersatz. Viele Expertinnen und Experten gehen davon aus, dass Fleischersatz einen Beitrag zum Klimaschutz leisten kann, weil insbesondere Rinder viele Treibhausgase verursachen.

An diesem Beispiel zeigt sich, wie eine Veränderung passieren sollte: Zunächst muss Fleischersatz günstiger sein – das ist im Moment nicht der Fall. Fleisch aus miserabler Haltung ist günstiger als Ersatzprodukte. Daneben muss der Ersatz verfügbarer und einfacher zu erhalten sein. Das geht natürlich nur über eine höhere Zugangshürde beim Fleisch oder Zuschüsse bei Ersatzprodukten.

Der wichtigste Punkt ist aber die Veränderung der Einstellung bei den Konsumenten. Der Fleischersatz darf nicht als Verzicht oder »grünes Gutmenschentum« in den Köpfen sein. Daher ist der einfache Zugang, eine höhere Präsenz in Medien, Kochshows, prominente Fürsprecher etc. entscheidend. Eine wirklich große Masse zum Umdenken zu bewegen, gelingt nur, wenn viele Player aus Überzeugung einen Lebensstil pflegen.

! **Green Company Tipp**

Diese Hinweise könnt ihr direkt in euren Companies umsetzen:

- Erleichtert in den Kantinen den Zugang zu Veggie-Mahlzeiten (keine Schlangenbildung, sondern Lieferung an den Tisch, frische, aber fertige Menüs zum Gleichmitnehmen)
- Subventioniert fleischloses Essen stärker
- Macht das Management zu Vorbildern bei der Nutzung ökologischer Angebote.

### 12.3.3 Persönliche Veränderung entlang der eigenen Präferenzen

Aus dem vorgestellten Gehirnmodell wird auch deutlich, welche Rahmenbedingungen wir für persönliche Veränderungen benötigen:

- Es muss uns Spaß machen.
- Es muss zu uns passen.

Doch wie finden wir heraus, was zu uns passt? Der eine braucht für eine Veränderung einen Partner, der ihn unterstützt, die nächste macht dies lieber mit sich selbst aus. Um diese Präferenzen herauszufinden, nutzt man am besten Persönlichkeitsmodelle. Das wissenschaftlich am besten abgesicherte und in der Persönlichkeitsforschung dominierende Modell sind die Big 5, in Abbildung 12.3 am Beispiel des LPP der Firma LINC dargestellt.

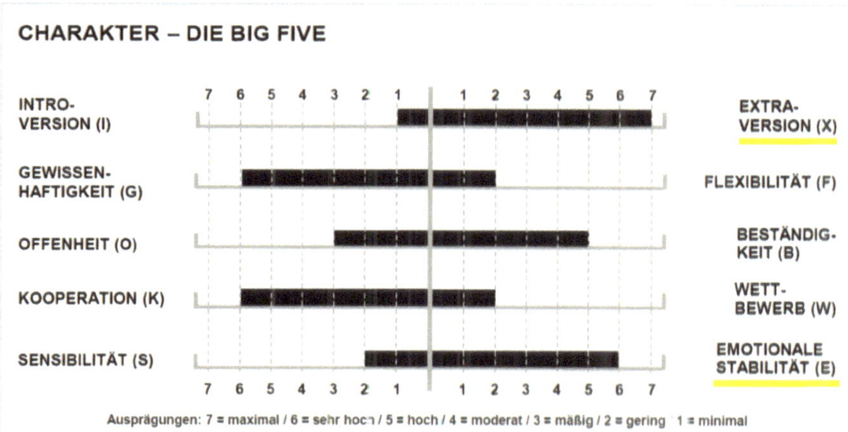


**Abb. 12.3:** Big-5-Modell, hier dargestellt sind die übergeordneten Dimensionen (Quelle: LINC)

In dem abgebildeten Fall wurde aus den fünf Dimensionen eine zweiseitige Skala gemacht. Der Gegensatz zu Extraversion ist Introversion. So wurde das Standardmodell handlicher. Der Balken bedeutet, dass wir niemals nur extrovertiert sind, sondern immer einen Anteil Introvertiertheit haben. Allerdings sind in diesem individuellen Fall die introvertierten Anteile gering.

Auch die Dimension Intro- und Extraversion lässt sich noch in weitere Facetten untergliedern (vgl. Abb. 12.4)

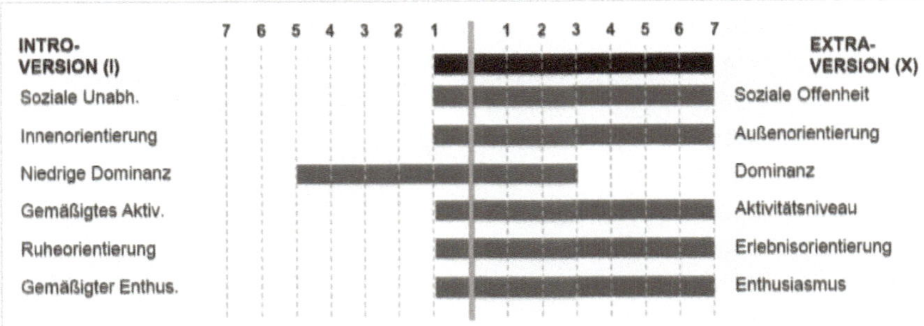


**Abb. 12.4:** Big-5-Modell, hier dargestellt sind die Facetten der ersten Dimension, also der Introversion und Extraversion (Quelle: LINC)

Die Person in dem gezeigten Beispiel wäre sehr außenorientiert. Das bedeutet, ihre Verhaltensänderung wird wahrscheinlich eher zum Erfolg führen, wenn sie vielen anderen davon berichtet und sich einer Gruppe anschließt, mit der sie ihre Erfolge teilt. Während der gegenteilig ausgeprägte, der Innenorientierte, vielleicht eher ein Tagebuch führen möchte oder sich intensiv mit Büchern auseinandersetzt und die Dinge für sich lernt und anwendet.

Für ökologisches Verhalten bedeutet dies: Der Außenorientierte ist durch Gruppen und soziale Kommunikation eher mitzunehmen. Der Introvertierte benötigt eher Fakten und persönliche Ansprache. Hier wird natürlich das Kommunikationsdilemma der Politik, aber auch der Unternehmensverantwortlichen deutlich. Es beiden gleichermaßen recht zu machen, ist außerordentlich anspruchsvoll.

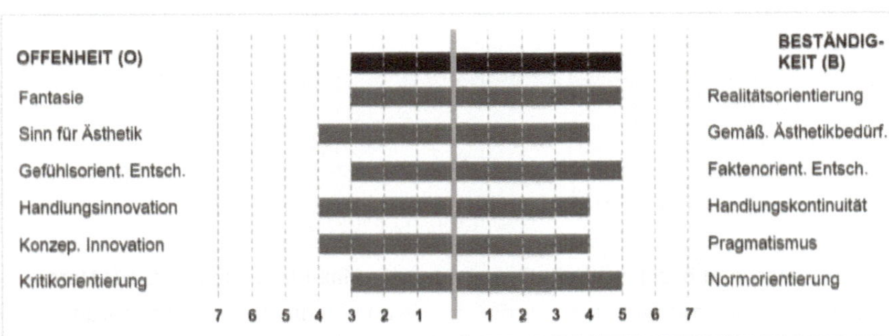


**Abb. 12.5:** Big-5-Modell, hier dargestellt sind die Facetten einer weiteren Dimension, der Offenheit für Neues resp. der Beständigkeit (Quelle: LINC)

Eine andere Facette ist Handlungsinnovation vs. Handlungskontinuität. Während der Innovative eher eine neue Methode oder einen neuen Ansatz benötigt, braucht der Kontinuierliche eher etwas Bekanntes. Bei ökologischer Nachhaltigkeit bedeutet dies für den Innovativen eher die Beschäftigung mit neuen Technologien und Möglichkeiten (zum Beispiel Wärmepumpen, E-Mobilität oder veganes Essen). Der Kontinuierliche wird dagegen eher Bekanntes vertiefen wollen, zum Beispiel ein sparsamerer Motor, weniger Fleisch beim Essen und mehr fleischlose Lebensmittel.

Als weitere Facette ist die Normorientierung zu sehen. Ein hochgradig Normorientierter benötigt klare Regeln und die Durchsetzung der Regeln. Er handelt aus der Überzeugung, dass Regeln dem Allgemeinwohl dienen. Für ihn muss Politik Gesetze machen. Ein Kritikorientierter handelt eher aus Einsicht. Er möchte verstehen, warum Dinge wichtig sind, und benötigt schlussendlich auch keine Regel mehr dazu. Beide benötigen also eine andere Ansprache.

Aber nicht nur in der Ansprache, sondern auch in der persönlichen Veränderung sind diese Dimensionen wichtig. Wir beziehen Dopamin aus dem richtigen Umfeld. Der Normorientierte wird sich leichter verändern, indem er sich Regeln setzt. Der Extrovertierte, indem er sich einer Gruppe anschließt. Sich selbst zu kennen, macht es leicht, sich zu verändern. Daher ist ein Persönlichkeitsverfahren ein guter Start für persönliche Änderung.

**Green Company Tipp** !

Mit der Kenntnis solcher Persönlichkeitsverfahren wie Big 5, MBTI[297] etc. kann man Kommunikations- und Change-Maßnahmen in Transformationen vielfältiger aufsetzen, um die Heterogenität der Belegschaft zu erreichen. Wenn man nur Maßnahmen andenken würde, die für einen selbst aufgrund der eigenen Präferenzen passen würde, so würde man die Präferenzen andersartiger Profile auf dem Weg zur Green Company verlieren.
Neben dem breiteren Ansatz (für jeden was dabei) kann man bei Kenntnis der Präferenzen ausgewählter Mitarbeitenden natürlich diese gezielter nutzen und zum Beispiel eine Pilotgruppe als Vorreiter für Veränderungen mit auf die jeweiligen persönlichen Präferenzen zugeschnittenen Maßnahmen begeistern. Diese können mit ihrer Begeisterung dann wiederum andere mitreißen auf dem Weg zur Green Company.

## 12.4 Spielen für den Klimaschutz

Zusammenfassend beschreibt ein Experiment des Max-Planck-Instituts für Meteorologie in Hamburg anschaulich eine mögliche Lösung für die Verhaltensänderung[298]:

Insgesamt 30 Teams mit je sechs Personen nahmen an der Simulation als Public Goods Game teil. Jeder Teilnehmer erhielt Geld auf einem persönlichen Konto, 40 Euro. Jeder der sechs Teilnehmenden eines Teams konnte Geld in zehn Runden für den Kli-

297 Myers-Briggs-Typenindikator.
298 Siehe dazu https://mpimet.mpg.de/kommunikation/aktuelles/single-news/nach-mir-die-sintflut-ergebnis-eines-public-goods-games-zum-thema-klimaschutz

maschutz spenden. Wenn am Ende der zehn Runden insgesamt 120 Euro gespendet wurden, dann war dieses Team erfolgreich. Das bedeutet, die sechs Mitspielerinnen mussten einen großen Teil ihres Geldes für Klimaschutz spenden, also weggeben, dann hatten sie die Chance, dass sie tatsächlich Geld ausgezahlt bekamen. Aber nur wenn sich von den sechs Teilnehmenden auch andere solidarisch verhielten, durften alle das übrige Geld behalten. Alle profitierten davon, dass das übrige Geld dann ausgezahlt wurde.

Wurde das Ziel nicht erreicht, dann erhielten die Teilnehmenden auch in der Realität kein Geld. Das war natürlich eine Dilemmasituation für die Teilnehmenden, denn je weniger sie spendeten, desto profitabler war es für sie persönlich, wenn insgesamt im Team das Ziel erreicht wurde. Natürlich hatten sie aber auch das Risiko, dass bei einem eigenen geringen Beitrag insgesamt eine zu niedrige Summe herauskam und sie leer ausgingen. Absprachen waren zwischen den Spielerinnen und Spielern nicht erlaubt.

Nun gab es verschiedene Risikoszenarien. Es gab Verlustrisiken: entweder 10 %, 50 % oder 90 %, dass man das Restgeld nicht ausgezahlt bekam. Bei einem Verlustrisiko von 90 % ist das Restgeld in neun von zehn Fällen ohnehin weg: Es ist also extrem sinnvoll zu spenden. Trotzdem schafften es nur die Hälfte der Gruppen, das Ziel von 120 Euro zu erreichen. Es gab laut der Forscherinnen immer wieder Einzelne, die nichts einzahlten und auf den maximalen eigenen Vorteil spekulierten.

In einer anderen Version der Simulation bekamen die Teilnehmenden das Geld entweder sofort ausgezahlt oder erst nach sieben Wochen. Die Gruppe, die sofort eine Belohnung in Aussicht hatte, erreichte deutlich häufiger das Spendenziel.

Diese kleine Simulation bringt alle Probleme des menschlichen Verhaltens und Denkens an die Oberfläche:

- Eine spätere Belohnung ist deutlich weniger attraktiv. Die Belohnung muss sofort erfolgen.
- Eigener Vorteil ist wichtig für das Gehirn. In Teams und Gruppen oder sogar in größeren Entitäten wie Weltbevölkerung oder Lebewesen zu denken, ist nachgelagert. Der eigene Vorteil steht für viele an erster Stelle.
- In allen Gruppen gibt es Spieler, die nichts beitragen, aber trotzdem vom Kollektiv profitieren. An diesen »Playern« darf sich die Mehrheit nicht ausrichten.

Für Unternehmen lässt sich als Fazit aus dieser Simulation Folgendes ableiten:

- Klimaschutz wird nur in den Gehirnen ankommen, wenn es für eine Mehrheit der Einzelnen sofort belohnend wirkt. Hier sollten Unternehmen ansetzen und nützliches Verhalten für den Klimaschutz belohnen (zum Beispiel Bahnfahren bezahlen).

- Das schließt aber nicht aus, klimaschädliches Verhalten zu sanktionieren (zum Beispiel Autofahren erschweren durch höhere Selbstkosten bei den Mitarbeitenden).
- Es wird immer einzelne Nörgler geben, diese dürfen den Kurs nicht bestimmen, keine Aufmerksamkeit den Quertreibern! Und besonders deutlich wird hier: Auf keinen Fall das Engagement von diesen »Spielern«, die selbstbezogen handeln, abhängig machen.

# 13 Die HRMgreen Community – Allianz mit grüner Leidenschaft

Tjalf Nienaber

Eines Nachts bin ich schweißgebadet aufgewacht, da mich meine Kinder in meinem Traum gefragt haben: »... und, Papa, was hast du gemacht bzw. nicht gemacht, dass unsere Welt ein einziger Klima-Trümmerhaufen ist?«. Oh Gott, dachte ich mir, recht haben sie. Ich betreibe eines der größten HR-Netzwerke weltweit und tue so, als wäre alles so wie immer, während um mich herum die Klimaeinschläge immer näher kommen und unsere Kinder auf die Straße gehen, um für einen Wandel zu fighten. Ich selbst habe deshalb bereits vieles bei mir persönlich »auf grün« umgestellt, also können das auch viele andere. Ergo mobilisiere ich doch mal mein jahrelang aufgebautes Netzwerk für die grüne Sache.

## 13.1 Von der Vision zur HRMgreen Community

Mein erster Anruf galt Arne Prieß, meinem langjährigen HR-Weggefährten. »Arne«, so waren meine ersten Worte, »wir müssen was tun. Wir können diesen Planeten nicht irgendwann einfach so verlassen, ohne unser Bestmögliches getan zu haben, dass wir unsere Erde für unsere nachfolgenden Generation lebenswert, also grüner hinterlassen.« Mein Vorschlag war: Lass uns unsere HR Community von blau (für mich die typische Businessfarbe) auf grün trimmen. Arne mit seiner Beraterexpertise und ich mit meinem HR-Netzwerk.

Wer Arne kennt, weiß, dass er jemand ist, der kritisch konstruktiv hinterfragt, wie man es von einem guten Berater erwartet. Das war auch hier der Fall, aber von Beginn an gleich mit einer Begeisterung, denn die Vision einer HRMgreen Community war schnell geboren. Hier passte alles zusammen. Jetzt müssen wir »nur« noch alle anderen überzeugen. Wer eine Vision hat, weiß, dass die ersten Schritte die schwierigsten sind. Menschen emotional mitzunehmen, geht eben nicht auf Befehl. Also haben wir hier unsere Hausaufgaben gemacht: Erst einmal haben wir die HR-Handlungsfelder beschrieben und dann die Ziele festgelegt, und schon ging es los. Schneller Aufbau einer Website, eines Beraterteams, Akademie, Zertifizierungen usw.

Seitdem sind Millionen von E-Mails rausgegangen, zahlreiche Webinare und Webkonferenzen, die vom HR Fitness Club und HRnetworx initiiert wurden. Alles klimaneutral bzw. kompensiert. Hier freut es uns natürlich, dass wir das Thema in den Unternehmen, nicht nur bei den HR-Abteilungen, noch stärker voranbringen konnten und das noch intensivieren werden.

Die grüne Reise hat erst begonnen. Hier galt und gilt es aber noch weitere Mitstreiter zu gewinnen, auch außerhalb der HR-Szene, damit wir noch mehr Breitenwirkung auf das so wichtige Thema bekommen, und so ist das Konzept »Mission Now« entstanden. Der Name ist Programm. Hierbei handelt es sich um eine hybride Konferenzreihe zum Thema »Klima.Nachhaltigkeit.Digitalisierung.Energie« mit Referenten aus der Wirtschaft, Politik, Wissenschaft und Verbandsorganisationen, eine Veranstaltungsreihe in mehreren Städten.[299]

Heute stehen wir noch lange nicht da, wo wir sein wollen, aber ich denke, wir haben doch schon vieles geschafft.

## 13.2 Mitmacher in der HRMgreen Community!

Jeder ist herzlich eingeladen, in der HRMgreen Community mitzumachen oder selbst etwas ins Leben zu rufen. Gern unterstützen wir dabei. Viel hilft viel. Konkret heißt das: Die HRMgreen GmbH bildet euch aus zu einem HRMgreen Manager der grünen Transformation.

Nehmt als Referentin oder Zuhörer an unseren Webkonferenzen teil, abonniert unsere Newsletter oder schaut hin und wieder bei unserem Blog vorbei

! **Green Company Tipp**

Gründet eure eigene grüne Community. Sei es intern im Unternehmen oder extern zum Beispiel über die sozialen Netzwerke. Auch hierzu bilden wir euch gerne aus. Ich selbst bin Moderator von mehreren Gruppen mit über 500.000 Mitgliedern. Wir stellen gerne dieses über 20 Jahre erworbene Wissen zur Verfügung.
Mit der HRMgreen Initiative haben wir blitzschnell viele Partner an Bord bekommen.[300] Die meisten verstehen zwar unter Win-Win erst mal für sich selbst ein Win und dann für den anderen. Das funktioniert natürlich nicht. Deshalb mein Rat: Erst mal geben, oftmals viel geben. Gern »Green Best Practices« oder nützliche Infos bzw. Links zu spannenden Quellen und dann um Feedback und Mitmachen bitten. Nicht beirren lassen, wenn nicht sofort etwas zurückkommt. Das kann »schon mal eine Weile« dauern. Beharrlich und authentisch zu sein, ist hier eine wichtige Tugend. Das ist das Thema allemal wert – und dann wird sich der Erfolg schon zeigen.

299 Mehr Infos hierzu unter www.missionnow.de
300 Einen Auszug könnt ihr u. a. online auf der HRMgreen Website unter Partner und hier gut nachverfolgen: https://missionnow.de/partner

**Mein Appell an alle,** die es geschafft haben, bis hierhin das Buch zu lesen:

Vom Lesen ins Machen zu kommen, ist nun das Gebot der Stunde. In den nächsten 72 Stunden packt ihr irgendetwas von dem an, was euch in diesem Buch am meisten angesprochen hat. Keine Ausreden. Nicht warten auf irgendjemanden oder irgendetwas. Mach es für dich, deine Familie, deine Firma, für deine Umwelt. Egal, Hauptsache machen. Wenn jeder einen Beitrag leistet, dann hat die Natur schon viel gewonnen und damit natürlich wir selbst.

Nachfolgend sind einige Beispiele für Partner und Dienstleister aufgeführt, mit denen man die Green Company Transformation erfolgreich gestalten könnte. Die HRMgreen GmbH versucht zu all den Beispielen konkrete Partner in das aktive Netzwerk einzuladen, sodass man als Unternehmen bei seiner Transformation einen leichten Zugang hat:

**Ausbaustufe 1 – HRMgreen intern**
**Fundament** (Administration und operative Betreuung)

- Berater sowie Experten und Expertinnen für HR-Administrationsrationalisierung und Effizienzsteigerung
- Anbieter von ökologisch nachhaltigem Büromaterial

**Ausbaustufe 2 – HRMgreen Concepts**
**Fahrstuhl** (Modular HR-IT)

- HR-Software-Anbieter (jede Form von HR-IT-Lösungen, von digitaler P-Akte über digitale Zeugnisgeneratoren bis zu Komplettsoftware)
- HR-Digitalisierungsberaterinnen
- HR-IT-Berater

**Eingangstreppe** (Recruiting & Integration)

- E-Recruiting-Lösungsanbieter
- Online-Karriere-Messen-Anbieter
- Personalvermittler und Headhunter mit dem Spezialgebiet »Ökologische Sustainability«

**Erdgeschoss** (Green Contracts & Policies, Hybrid Office & Online Cooperation)

- Digital Collaboration-Tool-Anbieter
- Trainerinnen für die Anwendung der jeweiligen Collaboration-Tools

**1. Stockwerk** (Green Bevaviour Incentives, Green Benefits)

- Vergütungsberater, die ökologisch nachhaltige Aspekte in der Vergütung verankern können
- Green Benefits-Anbieter (zum Beispiel alternative Mobilitätskonzepte, Radleasinganbieter, biologisch nachhaltige Obst- und Foodanbieter)
- Benefits-Portal-Lösungsanbieter(zum Beispiel Bonago, ValueNet) als digitale Auswahl-, Marketing- und Administrationslösung und Kompetenz für steuerliche Vorteile

**2. Stockwerk** (Green Skills, Green Trainings)

- E-Learning-Anbieter
- Trainerinnen mit ökologisch nachhaltig wirkenden Themen (zum Beispiel Umweltschutz-Behaviour beruflich und privat)
- Green-Leadership-Trainer
- Green-New-Work-Thementrainer

**3. Stockwerk** (Green Communication & Employer Branding, Green Leadership)

- HRMgreen kompetente Employer Branding-Beratungen sowie Experten und Expertinnen
- Anbieter von ökologisch nachhaltigem Personalmarketing-Material (zum Beispiel Give-aways aus Holz statt Plastik)
- Zertifizierungsanbieter (zum Beispiel klimaneutrale Website)

**Ausgangstreppe** (Separation)

- Ausbildungsinstitute, die Ausbildungsangebote anbieten, die Mitarbeitenden im Rahmen des Offboardings angeboten werden (zum Beispiel HRMgreen Academy, CSR-Manager der IHK)

**Ausbaustufe 3 – Green Company**
**Dach des Hauses**

- Ganzheitliche Management- und HR-Consulting-Beratungsfirmen, die sich die HRMgreen Kompetenz angeeignet haben und idealerweise auch kompetent in den verschiedensten Zertifizierungen sind (so wie unser Autor des Kapitels 9 Dr. Stefan Müssig)
- Strategische HR-Prozessberatungen, die spezialisierte HR-Prozesse ökologisch nachhaltig beraten können (Organisationsentwicklung, Personalplanung, Personalcontrolling, Culture-Change-Beratungen, U-Leitbild-Moderatoren)
- Sustainability-Beraterinnen, die sich um die ökologischen HR-Aspekte verbreitern wollen
- Mobile Office-Beratungs- und Konzeptanbieter
- Facility-Management-Dienstleister und Beratungen mit green Know-how
- Ökologische Office-Möbel-Anbieter

- $CO_2$-Zertifizierungsunternehmen
- Förderungsberater
- Travel-Management-Anbieter mit ökologischer Kompetenz/ökologischem Auftrag
- Energieberatungen mit Kompetenzen in ökologischem Energiemanagement

**Ausbaustufe 4 – Green World**
**Grüne Wolke**

- Ökologische NGOs mit HRMgreen World-Angeboten (regionale und globale Initiativen, Spenden etc.)

# 14 Schlusswort und Appell

Arne Prieß

Mein persönliches Fazit aus den vielen Stunden, die ich an diesem Buch und an dieser wichtigen Thematik gearbeitet habe, lautet:

**Wir retten im Kampf gegen die Umweltzerstörung nicht den Planeten!**
**Nein, wir retten die Menschheit!**

Wir retten unsere Lebensweise und sorgen dafür, dass menschliches Leben auch für unsere Kinder und deren Kinder auf dem Planeten Erde lebenswert bleibt. Der Planet Erde kommt ganz gut ohne uns klar. Vielleicht wäre es für alle anderen Lebewesen sogar ganz gut, wenn wir Menschen vom Antlitz der Erde verschwinden würden, aber diese Idee wollten wir in diesem Buch aus verständlichen Gründen nicht erörtern. Ich gehe davon aus, dass ihr alle – da ihr dieses Buch gelesen habt – euren ganz persönlichen Beitrag leisten wollt und werdet. Ich jedenfalls möchte meinen Kindern später einmal nicht eingestehen müssen, dass wir das alles mit dem Planeten so richtig schön versemmelt haben. Und das, obwohl wir alles wussten.

**Abb. 14.1:** Haben wir alles getan?[301] vs. Familie Prieß trockenen Fußes am Brandenburger Tor

Also ran ans grüne Werk!

Euer Arne Prieß

301 Zeichnung des Karikaturisten Thomas Plaßmann, Karikaturname »und ihr habt«, siehe https://thomasplassmann.de/karikaturen/

# Anhang

## Green Company Selbst-Audit

Das im Kapitel 6.6 beschriebene und in diesem Anhang abgedruckte Audit kann unter https://mybook.haufe.de/ als Word-Datei heruntergeladen werden. Der für den Zugang erforderliche Code ist am Ende des Buches zu finden.
Das Audit[302] dient als Navigation durch zahlreiche Fragen aber auch als Dokumentationshilfe entlang der 4 HRMgreen Ausbaustufen.

Von HRMgreen ausgebildete und zertifizierte Experten und Expertinnen haben den Zugriff auf eine deutlich umfangreichere und jeweils aktuelle Audit-Liste. Als Leser dieses Buches erhaltet ihr eine kurze Version der Audit-Liste, um euren Einstieg in die Transformation zu strukturieren.

Viel Spaß bei der Nutzung!
Euer Arne Prieß

302 Hinweis: Die Datei ist urheberrechtlich geschützt. Das Copyright liegt bei der Haufe Group und bei mir als Herausgeber.

# Moderiertes HRMgreenSelbst-Audit: Wo steht Ihr »GreenHouse of Choice«?

| Unternehmen: | Bewerter: | Datum: |
|---|---|---|

## ZusammenfassendeSelbsteinschätzungen im Überblick

| Ausbaustufen des Green House of Choice | durchschnittl. Bewertungsstufe |
|---|---|
| Ausbaustufe 1: HRMgreen intern | |
| Ausbaustufe 2: HRMgreen Concepts | |
| Ausbaustufe 3: Green Company | |
| Ausbaustufe 4: Green World | |

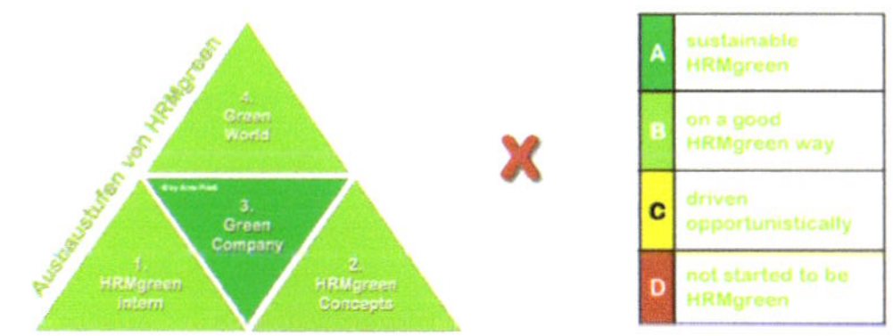


| Zusammenfassende Einschätzung über alle Bereiche des „Green House of Choice“ | A | B | C | D | z. B. C |
|---|---|---|---|---|---|

**Empfehlungen: Was sollten wir nun angehen?**

- xxx

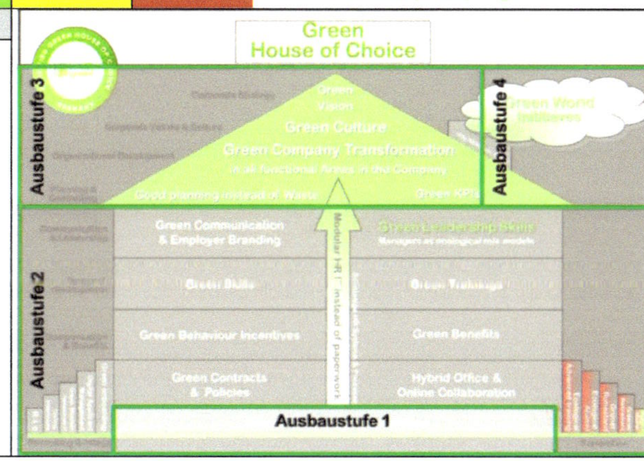

## Moderiertes Selbst-Audit: Themenbereiche, Fragen, Bewertung

### Ausbaustufe 1: HRMgreen intern (Blaupause für alle Funktionsbereiche)

| Das Fundament und Erdgeschoss des Hauses | | | | | | |
|---|---|---|---|---|---|---|
| **Resource-saving Administration (in Betreuung & Administration)** | | **A** | **B** | **C** | **D** | **IST-Beschreibung** |
| **Themenfeld** | **Frage** | | | | | |
| **Ressourcen-schonende (insb. papierlose) Admin** | Gibt es eine digitale Personalakte? | | | | | |
| | Gibt es eine digitale Gehaltsabrechnung? | | | | | |
| | Steht den Mitarbeitenden eine persönliche digitale Akte zur Verfügung, in dem man ihnen datensicher alle Schreiben digital übermitteln kann. | | | | | |
| | Wurden unabdingbare Ausdrucke auf Papier-Vermeidung und Drucker-Tinten-Reduktion getrimmt? | | | | | |
| | Gibt es eine Transparenz, welche administrativen HR-Prozesse betrieben werden? | | | | | |
| | Wurden die administrativen HR-Prozesse insb. auf Papiervermeidung hin analysiert und optimiert (z. B. Anträge, Abrechnungen)? | | | | | |
| | Wurden die administrativen HR-Prozesse auf REM hin optimiert (Ressourcenverbrauch-, Emissionen-, Müllvermeidung) und damit auf ökologisch optimalen Stand gebracht? Wenn ja, welche? | | | | | |
| | Wurden Admin-HR-Prozesse an Dienstleister ausgelagert und wurden diese auch auf REM geprüft und verpflichtet? | | | | | |
| | Haben die Dienstleister etwaige ökologische Nachhaltigkeitszertifizierungen vorzuweisen? | | | | | |
| | Wurden Meldungen und HR-Prozesse zu Behörden und sonstigen externen Schnittstellen auf digitale Umstellung hin überprüft und eine Umsetzung eingeplant oder bereits durchgeführt? | | | | | |
| | Wurden Externe aufgefordert, ihre Zusendungen (z. B. Rechnungen, Berichte, Auswertungen) digital zu übermitteln? | | | | | |
| | Wurde eine klare und für alle bekannte und leicht anwendbare Content-Struktur vereinbart, die auch Auffindbarkeit von Dateien erleichtert, Urlaubsvertretungen ermöglicht und Suchzeiten verringert? | | | | | |
| | Wurde der Datenschutzbeauftragte ausreichend einbezogen? | | | | | |
| | Wurden Aufbewahrungspflichten sowie Vernichtungskonzepte definiert, damit das | | | | | |

| | | | | | | |
|---|---|---|---|---|---|---|
| | Datenvolumen und damit die Serverlandschaften nur in dem notwendigen Maße betrieben werden müssen? | | | | | |
| | Ist der aktuelle Gesamt- und der jeweilige Prozessverbrauch an Papier, Druckerpatronen, Büromaterial etc. bekannt, sind die Optimierungen/Reduzierungen definiert und werden diese durch KPIs gemessen? | | | | | |
| **Virtuelle Betreuung** | Kann ein Mitarbeitender seinen HR-Betreuer jederzeit auch digital erreichen oder muss dazu ggf. eine Dienstreise von einem der Beteiligten vorgenommen werden? | | | | | |
| | Ist durch ein bildgestütztes digitales Kommunikationsmedium (Teams, Zoom etc.) die persönliche Betreuung auf gutem Niveau auch virtuell sichergestellt oder geht die Virtualisierung (Reisevermeidung) zulasten der Qualität der persönlichen Betreuung? | | | | | |
| **Infrastruktur** | Wurde die Infrastruktur (z. B. Räumlichkeiten, Büromaterial, IT-Ausstattung) mit Unterstützung durch IT, Facility Management) auf green getrimmt? | | | | | |
| **Resource-saving Administration (in Betreuung, & Administration)** | | A | B | C | D | |

## Ausbaustufe 2: HRMgreen Concepts (Blaupause für alle Funktionsbereiche)

### Das Erdgeschoss des Hauses

| **Green Contracts & Policies, Hybrid Office & Online Collaboration** | | A | B | C | D | **IST-Beschreibung** |
|---|---|---|---|---|---|---|
| **Themenfeld** | **Frage** | | | | | |
| **HR-Strategie** | Ist in Ihrer HR-Strategie HRMgreen verankert? | | | | | |
| | Gibt es ein HRMgreen Projekt oder eine Initiative und eine dazu gehörige Planung sowie ein beauftragtes Team/Taskforce? | | | | | |
| **Kollektive Richtlinien** | Wurde ökologische Nachhaltigkeit in Richtlinien verankert (Policies, Betriebs-/Dienstvereinbarungen)? | | | | | |
| **Richtlinie für Reisen** | Gibt es eine Reiserichtlinie, in der Ihre Mitarbeitenden angehalten werden, $CO_2$-arm oder sogar $CO_2$-neutral zu reisen? | | | | | |
| **Betriebsrat** | Wird der (wenn vorhandene) Betriebsrat angemessen in HRMgreen Maßnahmen eingebunden und somit eine Allianz mit der Mitarbeitervertretung hergestellt? | | | | | |
| **Contracts / Individualverträge** | Wurden Vertragswerke und Anlagen geprüft auf relevante Bestimmungen, in denen ökologische Nachhaltigkeit verankert werden könnte? | | | | | |
| **Virtuelle Organisation** | Gibt es Messungen mit KPIs über den Grad der Nutzung virtueller Organisationsformen? | | | | | |
| | Hat HR die eigene Infrastruktur (Büro-Umfeld, Ausbildungsstätten etc.) auf | | | | | |

| | | A | B | C | D | |
|---|---|---|---|---|---|---|
| Hybrid Office und Online Collaboration<br><br>Bürogestaltung & Arbeitsumgebung & Virtuelles Arbeiten | Ressourcenschonungspotenzial hin überprüft oder GA (General Administration (z. B. Facility Management, Energiewirtschaft, Bestellungen, Fuhrpark) dazu angeregt und einen Maßnahmenkatalog mit Zielen zur Umsetzung erstellt? | | | | | |
| | Werden Kooperationspartner und Dienstleister des Facility Managements in der Sondierungsphase auf grüne Eigenschaften und Verhalten geprüft? | | | | | |
| | Besitzen Mitarbeitende ausreichende Anwenderkompetenzen für das hausinterne digitale Kommunikationstool (Zoom, Teams etc.)? | | | | | |
| | Besitzen die Mitarbeitenden Homeofficekompetenzen (Selbstmanagement für das Arbeiten im Homeoffice)? | | | | | |
| **Green Contracts & Policies, Hybrid Office & Online Collaboration** | | A | B | C | D | |

**Die Eingangstür des Hauses**

| **Recruiting & Integration** | | | | | | |
|---|---|---|---|---|---|---|
| **Themenfeld** | **Frage** | **A** | **B** | **C** | **D** | **IST-Beschreibung** |
| Personalmarketing (Ansprache von Kandidaten) | Verwenden Sie für Ihre HR-Marketingaktivitäten Werbemittel, die der Maßgabe einer nachhaltigen und umweltschonenden Herstellung, Transport, Nutzung und Entsorgung folgen? | | | | | |
| | Verwenden Sie für Ihre Marketingaktivitäten Werbemittel, die in fernen Ländern hergestellt werden und aufgrund des Imports eine unnötige Emissionsbelastung verursachen? | | | | | |
| | Gibt es eine grundsätzliche strategische Entscheidung, ob das Unternehmen an Offline-Recruiting-Events teilnimmt? | | | | | |
| | Wurden Recruiting-Prozesse an Dienstleister (Headhunter, P-Vermittlungen) ausgelagert und wurden diese auch auf REM geprüft und verpflichtet? | | | | | |
| | Haben die Dienstleister etwaige ökologische Nachhaltigkeitszertifizierungen vorzuweisen? | | | | | |
| | Wurde Ihr Bewerbermanagement digitalisiert (z. B. sind Bewerber aufgefordert, Bewerbungsunterlagen nur noch elektronisch einzubringen oder in der Bewerbermanagement-Software einzuspielen, senden Sie Bewerberschreiben nur noch elektronisch)? | | | | | |
| | Ist Ihre Website klimaneutral? | | | | | |
| | Finden sich auf Ihrer Karriereseite relevante Informationen zu Ihren ökologischen Maßnahmen und Plänen wieder (und damit schnell auffindbar für jeden Bewerber)? | | | | | |
| | Werden für die Anreise der Bewerber bzw. Kandidaten zu einem Recruiting-Event (betrifft auch Vorstellungsgespräche) die Teilnehmenden über Ihre | | | | | |

| | | | | | | |
|---|---|---|---|---|---|---|
| | Grundhaltung zur Umwelt und Nachhaltigkeit informiert und erstatten Sie die Kosten, auch wenn sie höher ausfallen, mit der geringsten Umweltbelastung? | | | | | |
| Auswahl | Führen Sie als Teil Ihrer Recruiting-Prozesse ein Vorselektionsverfahren gestützt auf digitale Tools durch, um die Anreisen auf ein Mindestmaß zu reduzieren (dies beinhaltet auch die Bewerbungsgespräche der Kandidaten, die aus dem naheliegenden Einzugsgebiet kommen)? | | | | | |
| | Gehört im Auswahlprozess Umweltbewusstsein der neuen potenziellen Mitarbeitenden zu einem Kriterium im Jobprofil? | | | | | |
| Integration | Informieren Sie Ihre neuen Mitarbeitenden im Rahmen des Onboarding-Prozesses über den Umgang mit den Themen Umwelt und Nachhaltigkeit nach für Ihre Organisation fest definierten Standards? | | | | | |
| | Statten Sie im Rahmen des Onboardings neue Mitarbeitende mit Produkten aus, die dem Nachhaltigkeitsgedanken entsprechen (z. B. Getränkeflaschen aus Glas)? | | | | | |
| **Recruiting & Integration** | | A | B | C | D | |

**Der Fahrstuhl des Hauses**

| **Modular HR IT instead of paperwork** | | | | | | |
|---|---|---|---|---|---|---|
| **Themenfeld** | **Frage** | **A** | **B** | **C** | **D** | **IST-Beschreibung** |
| HR-IT-Strategie | Gibt es eine HR-IT-Strategie, in der HRMgreen ein Aspekt bzw. ein Ziel ist? | | | | | |
| | Welche KPIs wurden definiert und werden gemessen, um die erfolgreiche Umsetzung der Green HR-IT-Strategie zu controllen? | | | | | |
| HR-Dienstleister | Wird/wurde bei der Auswahl des HR-IT-Dienstleisters/-Softwareanbieters auf dessen ökologische Kompetenz und Bewusstsein geachtet? | | | | | |
| | Berät der Dienstleister Sie zu ökologischen Aspekten regelmäßig und insb. proaktiv? | | | | | |
| HR-Prozess-digitalisierung | Gibt es eine Gesamt-HR-IT-Architektur (HR IT-Landscape), in der alle digitalisierten/zu digitalisierenden HR-Prozesse dargestellt werden? | | | | | |
| | Wurden die HR-Prozesse möglichst verschlankt und standardisiert? | | | | | |
| | Wurden bzw. werden die Anwender der digitalen Prozesse so trainiert, dass sie die Umstellung und zukünftige Anwendung erfolgreich hinbekommen und nicht in die alten Prozesse zurückfallen? | | | | | |

| Modular HR IT instead of paperwork | | A | B | C | D | |
|---|---|---|---|---|---|---|
| Der 1. Stock des Hauses | | | | | | |
| Green Behaviour Incentives & Green Benefits | | A | B | C | D | IST-Beschreibung |
| **Themenfeld** | **Frage** | | | | | |
| **Fixum** | Gibt es eine systematische Vergütungsstruktur, in der die Jobs in einer relativen Betrachtung bzgl. ihrer Wertschöpfungsbeiträge zu Gehaltsleveln zugeordnet sind? | | | | | |
| | Sind Funktionen, die für oder an ökologischer Nachhaltigkeit arbeiten, ausreichend hoch angesiedelt, um dem Thema eine positive Wertschätzung bzgl. deren Wertschöpfung im Unternehmen entgegenzubringen? | | | | | |
| **Benefits** | Hat das Unternehmen Benefits und werden diese auch auf moderne und ressourcensparende Art und Weise angeboten und gemanagt (z. B. über ein Portal wie von BONAGO)? | | | | | |
| | Gibt es Green Benefits (z. B. Job-Rad, klimaschonende Mobilitätslösungen, Obst und Essen aus der Region, vegetarische/vegane Gerichte in der Kantine)? | | | | | |
| **STI: Short Term Incentive – Variable Vergütung** | Gibt es eine variable Vergütung im Unternehmen? Und ist diese auch an Green Targets geknüpft, werden Ziele mit Mitarbeitenden vereinbart, die in ökologische Nachhaltigkeit „einzahlen"? | | | | | |
| | Werden Ziele vereinbart, die ggf. sogar gegen ein ökologisch nachhaltiges Verhalten wirken? | | | | | |
| **LTI: Long Term Incentive – Mitarbeitenden-Beteiligungs-programme** | Sind im Unternehmen Mitarbeitenden-Beteiligungsprogramme etabliert, die die Zielerreichung für strategische Ziele über einen längeren Zeitraum, i. d. R. 3–5 Jahre) unterstützen und incentivieren sollen? | | | | | |
| | Sind in diesen Programmen auch ökologische Ziele vereinbart/vorgegeben? | | | | | |
| | Sind in den Programmen auch Personen/Funktionen berücksichtigt, die sich hauptsächlich um ökologische Nachhaltigkeit kümmern? | | | | | |
| **Prämien** | Werden im Unternehmen regelmäßig Prämien für außerordentliche Leistungen ausgezahlt? | | | | | |
| | Knüpft man Prämien auch an die Erreichung ökologischer Ziele oder für besonderes Engagement in ökologischen Fragen? | | | | | |
| **Gehaltsförderungsprozess** | Gibt es einen regelmäßigen und systematischen Gehaltsförderungsprozess im Unternehmen, bei dem auch Kriterien der ökologisch nachhaltigen Arbeit bewertet und damit Wertschätzung auch monetär dafür ausgedrückt wird? | | | | | |

| Green Behaviour Incentives & Green Benefits | | A | B | C | D | |
|---|---|---|---|---|---|---|
| **Der 2. Stock des Hauses** | | | | | | |
| **Green Skills & Green Trainings** | | A | B | C | D | IST - Beschreibung |
| **Themenfeld** | **Frage** | | | | | |
| **Kompetenz-Profile** | Werden grüne Kompetenzen im Talentmix als zukunftsfähig/-gestaltend und damit notwendig für den unternehmerischen Erfolg angesehen und wird deren Vermittlung entsprechend stark gefördert? | | | | | |
| | Ist ressourcenbewusstes Handeln ein relevanter Bestandteil der Mitarbeitergespräche auf allen Unternehmensebenen? | | | | | |
| **Mitarbeitenden-Qualifizierung** (z. B.: Onboarding, Trainings, Workshops, Selbstlernen, Kongress-Besuche, berufsbegleitende Qualifizierungen) | Bietet HR grüne Qualifizierungsangebote für FK und Mitarbeitende an, die die ökologische Kompetenzentwicklung fördern (z. B. ökologisch sinnvolles Verhalten beispielsweise umweltschonend mit digitalen Endgeräten, Druckern und Kopierern, Ausstattung, Büromaterial, privat etc.)? | | | | | |
| | Ist das komplette Qualifizierungsmanagement digitalisiert, vom Dienstleistungsvertrag über Angebote und TN-Buchung bis zu den TN-Zertifikaten? | | | | | |
| | Besteht eine Präferenz für digitale Lernangebote, sofern verlustfrei für den Lernerfolg realisierbar? | | | | | |
| **Berufliche Erstausbildung & Trainees, Praktikanten** | Werden junge Mitarbeitende gezielt als Multiplikatoren zur internen Reflexion und Diskussion ressourcenbewussten Handelns und der Verantwortung für die Zukunft eingesetzt und damit trotz „Learner-Status" in der Frage ökologischen Handelns als gleichberechtigte Gesprächspartner wertgeschätzt? | | | | | |
| **Maßnahmen-Vorbereitung** | Werden Vorbereitungen für Personalentwicklungsmaßnahmen komplett digital unterstützt (z. B. Materialien digital zusammengestellt und verteilt, Durchführung aller vorbereitenden Events und Meetings virtuell)? | | | | | |
| **Green Skills & Green Trainings** | | A | B | C | D | |
| **Der 3. Stock des Hauses** | | | | | | |
| **Green Communication, Employer Branding & Green Leadership** | | A | B | C | D | IST - Beschreibung |
| **Themenfeld** | **Frage** | | | | | |
| **Papierlose Kommunikation** | Wird bei der U-Kommunikation nach innen und außen auf Papiervermeidung geachtet? | | | | | |
| | Gibt es ein Digital-Collaboration-Tool (Teams, Zoom, Skype, Mira etc.)? | | | | | |

| | | | | | | |
|---|---|---|---|---|---|---|
| | Finden Kommunikationsprozesse und Events möglichst digital und virtuell statt, um Ressourcen zu sparen? Und gelingt die Kommunikation auch? | | | | | |
| | Gibt es gute und informative Intranetseiten, auf denen die Mitarbeitenden schnell finden, was sie an Infos suchen und brauchen? | | | | | |
| **Employer Branding** | Ist Ressourcen- bzw. Umweltbewusstsein ein fester Bestandteil Ihres Arbeitgeberversprechens (EVP)? | | | | | |
| | Werden die erworbenen Zertifikate und Maßnahmen im Rahmen Ihrer external Employer Brandings (Arbeitgebermarketing) aktiv benannt und genutzt? | | | | | |
| | Werden im Rahmen des internal Employer Brandings etwaige Zwischenerfolge auf dem Weg zur Green Company (z. B. Meilensteine bei Initiativen und Projekten, neue Zertifizierungen und sonstige Ehren auf dem Weg zur Green Company) gebührend gefeiert? | | | | | |
| **Green Leadership** | Gibt es ein Kompetenzprofil im Unternehmen (inkl. Kompetenzen für Führungskräfte) und sind Green Skills darin oder irgendwo anders definiert? | | | | | |
| | Sind FK zum Thema ökologische Nachhaltigkeit ausgebildet? | | | | | |
| | Verhalten sich die FK vorbildlich zum Thema ökologische Nachhaltigkeit, thematisieren sie das Thema positiv und leben sie es vor? | | | | | |
| | Beteiligen sich FK an Green Initiativen und zeigen damit ihr ernsthaftes Interesse? | | | | | |
| **Virtuelle Führung** | Sind die FK gut ausgebildet in der Anwendung des hausinternen-Kommunikationstools (wenn vorhanden)? | | | | | |
| | Sind die FK für virtuelle Führung insb. von Mitarbeitenden im Homeoffice ausgebildet? | | | | | |
| **Leistungs-beurteilung** | Wird mit Management by Delegation mit allen Mitarbeitenden die jeweilige Verantwortung für Aufgaben klar geregelt und werden damit Redundanzen und damit redundante Arbeiten vermieden? | | | | | |
| **Management by Objectives** | Verwenden Führungskräfte die Führungstechnik Management by Objectives und wird dadurch effektiver Energieeinsatz der Mitarbeitenden auf dem Weg zu einer Ergebniserreichung unterstützt? | | | | | |
| **Mitarbeiter-befragungen** | Werden regelmäßig Mitarbeiterumfragen durchgeführt, in denen auch ökologische Aspekte und deren Umsetzungs- oder Wirkungsgrade abgefragt werden? | | | | | |
| | Werden diese Mitarbeiterbefragungen digital durchgeführt? | | | | | |

| Green Communication, Employer Branding & Green Leadership | | A | B | C | D | |
|---|---|---|---|---|---|---|
| | | Die Ausgangstreppe des Hauses | | | | |
| **Separation** | | A | B | C | D | **IST - Beschreibung** |
| **Themenfeld** | **Frage** | | | | | |
| **Zeugnis-erstellung** | Erfolgt der Zeugniserstellungsprozess weitgehend digital? | | | | | |
| | Werden etwaige ökologische Leistungen der Mitarbeitenden im Zeugnis ausreichend erwähnt? | | | | | |
| **Austrittsvereinbarungen:** Materielle Vereinbarungen | Werden den Mitarbeitenden Weiterbildungen zur Steigerung ihrer digitalen Kompetenzen angeboten, um sie noch fitter für die Neuorientierung zu machen? | | | | | |
| | Wird durch Angebote von Materialübernahmen durch die Mitarbeitenden (z. B. Kfz, Smartphone, Laptops, Büromöbel etc.) eine längere Nutzung ermöglicht, wenn intern kein Bedarf vorliegt? | | | | | |
| **Ökologisches Alumni-Netzwerk und Grüner Ruhestand Green Exit-Interview** | Wird den Mitarbeitenden angeboten, an HRMgreen World-Initiativen des Unternehmens auch nach ihrem Ausscheiden weiter teilzunehmen? Insbesondere, wenn die Mitarbeitenden während ihrer Betriebszugehörigkeit ein wichtiges Engagement geleistet haben und ihr Beitrag für den Bestand einer Initiative sinnvoll oder nötig ist. | | | | | |
| | Werden „verlorene Mitarbeitende/Talente" über ein ökologisches Alumni-Netzwerk mental ans Unternehmen gebunden? So könnten sie ggf. später über diese Verbindung für das Unternehmen zurückgewonnen werden. | | | | | |
| | Wird über HRMgreen World-Initiativen ein Netzwerk gefördert zwischen ausgeschiedenen Rentnern und bestehenden Mitarbeitenden? So könnten dienstliche Erfahrungen und Wissen auch im Rahmen des gemeinsamen grünen Engagements ausgetauscht werden. | | | | | |
| | Finden Exit-Interviews statt und werden darin auch ökologische Aspekte hinterfragt? | | | | | |
| **Schlussstein in Form von Dankesurkunden für ökologische Nachhaltigkeit** | Werden „wohlgesonnene" Mitarbeitende ermutigt, Statements in Arbeitgeber-Bewertungsportalen inkl. Erwähnung des ökologischen Engagements des Unternehmens zu posten? | | | | | |
| | Werden Arbeitgeberbewertungen regelmäßig gescreent und insb. ökologisch kritische Statements kommentiert? | | | | | |
| | Erhalten die Mitarbeitenden bei zurückliegenden erwähnenswerten ökologischen Engagements Dankesurkunden zusätzlich zum Zeugnis, die bei Übergabe intern und als Teil der Bewerbungsunterlagen extern eine positive Green-Company-Ausstrahlung hätten? | | | | | |

| Separation | | A | B | C | D | |
|---|---|---|---|---|---|---|
| **Ausbaustufe 3: Green Company** | | | | | | |
| **Das Dach des Hauses** | | | | | | |
| **Corporate Strategy, Green Culture, Green Company Transformation, Planning & Controlling** | | **A** | **B** | **C** | **D** | **IST-Beschreibung** |
| **Themenfeld** | **Frage** | | | | | |
| **Unternehmens-strategie** | Gibt es eine nachlesbare Unternehmensstrategie und ist darin Green Company (z. B. als Bestandteil einer Sustainability-Initiative) als Ziel und Maßnahme verankert? | | | | | |
| | Gibt es eine strategische Ownership für Nachhaltigkeit und Green Company im Unternehmen (wenn ja, wer und wo, z. B. als Team, Stabsstelle, Umweltbeauftragte, Sustainability-Experten)? | | | | | |
| | Beschreibt die U-Strategie Ziele z. B. in Richtung $CO_2$-Reduzierung, Gebäude-Energie-Bilanz, Strom aus erneuerbaren Energiequellen, Müllvermeidung, mobiles Arbeiten insb. Homeoffice, Flexible Office, Virtualisierung und Digitalisierung, Lieferantenkettenbewertung? | | | | | |
| | Gibt es branchen- oder unternehmensspezifische Pflichten aus der Regulatorik für Nachhaltigkeitsreports (z. B. wegen CSR-Richtlinien-Umsetzungsgesetz aus 03/2017)? | | | | | |
| **IT-Strategie** | Gibt es in der Strategie eine Digitalisierungsstrategie? | | | | | |
| | Ist stromsparende und auf „grünem Strom" basierende IT in der IT-Strategie verankert | | | | | |
| | Ist die IT-Strategie Teil einer Green-Company-Strategie? | | | | | |
| **Bereichs-strategien** | Haben die restlichen Funktionsbereiche (z. B. Einkauf, Logistik, Produktion, Finanzen & Controlling, Facility Management/General Services, Legal Affairs, Vertrieb) in ihren Bereichsstrategien grüne Ziele definiert passend zu den Unternehmenszielen? | | | | | |
| | Gibt es HRMgreen Projekte oder Initiativen und dazu gehörige Planungen sowie ein beauftragtes Team/Taskforce in den Bereichen? | | | | | |
| **U-Kultur** | Sind im U-Leitbild „green Values" erwähnt, auf die sich HR mit seinem HRMgreen berufen könnte (z. B. $CO_2$-, Energie-, Papier und Wassersparen)? | | | | | |
| | Gibt es im Unternehmen tatsächlich gelebte „grüne Normen und Werte" (oder ist es nur „green washed")? | | | | | |
| **Ausbaustufe 1 in den Bereichen** | Hat das Unternehmen bereits Zertifikate oder Gütesiegel als Beweis für nachweisbare Erfolge in Bezug auf Green Company, gibt es z. B. $CO_2$-Footprint/-Neutralität, Green-Produkt-Zertifikate oder sonstige Zertifizierungen? (für Ausbaustufe 3 hoch gewichtete Frage) | | | | | |

| | | | | | | |
|---|---|---|---|---|---|---|
| | **Hat das Unternehmen ein systematisches Green-Company-Projekt aufgesetzt?**<br>(für Ausbaustufe 3 hoch gewichtete Frage) | | | | | |
| | **Hat dieses Projekt bereits Maßnahmen ausgerollt, die im Unternehmen Effekte freigesetzt haben?**<br>(für Ausbaustufe 3 hoch gewichtete Frage) | | | | | |
| | **Haben Bereiche bereits vergleichbar zur Blaupause von HR die Ausbaustufe 1erreicht (Salesgreen intern etc.)?**<br>(für Ausbaustufe 3 hoch gewichtete Frage) | | | | | |
| | Einkauf | | | | | |
| | Sales/Vertrieb | | | | | |
| | Business Development | | | | | |
| | Forschung & Entwicklung | | | | | |
| | Produktion (bzw. Delivery, was immer das Unternehmen an seine Kunden liefert) | | | | | |
| | Logistik | | | | | |
| | Finanzen & Controlling | | | | | |
| | General Services (Facility Management, Legal Affairs) | | | | | |
| | Weitere Bereiche eintragen | | | | | |
| | | | | | | |
| | | | | | | |
| | Wurden die Prozesse der Bereiche in Workshops (vergleichbar zur Blaupause von HR) bereits mit dem REM-Filter analysiert und optimiert und werden bereits Maßnahmen aufgesetzt für **REM:**<br>1. Ressourcenverbrauch minimieren (Papier-, Büromittel-, Energie- und Wasserverbrauch)<br>2. Emissionen reduzieren (Mobilitäts-, Transport-, Heizungs- und Druckeremissionen)<br>3. Müll reduzieren (Arbeits-, Plastik-, Elektro-Schrott, Datenmüll) | | | | | |
| **Ausbaustufe 2 in den Bereichen** | **Haben Bereiche bereits vergleichbar zur Blaupause von HR die Ausbaustufe 2 erreicht (Salesgreen Concepts etc.)?**<br>(für Ausbaustufe 3 hoch gewichtete Frage) | | | | | |
| | Einkauf | | | | | |
| | Sales/Vertrieb | | | | | |
| | Business Development | | | | | |

| | | | | | | |
|---|---|---|---|---|---|---|
| | Forschung & Entwicklung | | | | | |
| | Produktion (bzw. Delivery, was immer das Unternehmen an seine Kunden liefert) | | | | | |
| | Logistik | | | | | |
| | Finanzen & Controlling | | | | | |
| | General Services (Facility Management, Legal Affairs) | | | | | |
| | Weitere Bereiche eintragen | | | | | |
| | | | | | | |
| | | | | | | |
| | Wurden die Prozesse der Bereiche in Workshops (vergleichbar zur Blaupause von HR) bereits mit dem REM-Filter analysiert und optimiert und werden bereits Maßnahmen aufgesetzt für **REM**:<br>4. **R**essourcenverbrauch minimieren(Papier-, Büromittel-, Energie-und Wasserverbrauch)<br>5. **E**missionen reduzieren (Mobilitäts-, Transport-, Heizungs- und Druckeremissionen)<br>6. **M**üll reduzieren (Arbeits-, Plastik-, Elektro-Schrott, Datenmüll) | | | | | |
| **Organisations-entwicklungs-Know-how** | Besitzt HR oder eine andere Funktion im Unternehmen Kompetenz und Rollen für Org. Entwicklung, Beratung & Support sowie Change Management? | | | | | |
| **P-Planung** | Gibt es einen funktionierenden strategischen P-Planungsprozess, der Überhang und Unterdeckung von Personal und den damit verbundenen Ressourcen vermeiden hilft? | | | | | |
| **Controlling** | Gibt es einen funktionierenden Controlling-Prozess mit Green KPIs (Kennzahlen zur Messung von allen Bereichs- und Unternehmensprozessen und -leistungen im Sinne der ökologischen Nachhaltigkeit)? | | | | | |
| **HRMgreen ROI** | Ist HR oder das Controlling aussagefähig über betriebswirtschaftliche Effekte von Investitionen in HRMgreen? Kann man den Nachfragen des Finanzwesens standhalten? | | | | | |

| Corporate Strategy, Green Culture, Green Company Transformation, Planning & Controlling | | A | B | C | D | |
|---|---|---|---|---|---|---|
| **Ausbaustufe 4: Green World** | | | | | | |
| **Der Schornstein (mit sauberer aber sichtbarer Wolke)** | | | | | | |
| **Green World Initiatives** | | A | B | C | D | IST-Beschreibung |
| **Themenfeld** | **Frage** | | | | | |
| **Green World für die eigenen Mitarbeitenden** | Gibt es im Unternehmen Initiativen, die ökologisches Bewusstsein auch außerhalb des Unternehmens beweisen (wie z. B. Corporate Gardening und/oder Corporate Farming)? | | | | | |
| | Inspirieren Sie die Mitarbeitenden für eine ökologischere Lebensführung und -einstellung (auch privat)? | | | | | |
| | Haben Sie die Nutzung von „Grünen Suchmaschinen" im Unternehmen etabliert? | | | | | |
| | Hat HR Infos über Interessen ihrer Mitarbeitenden im Rahmen von Nachhaltigkeit, Umweltschutz und Klimawandel? | | | | | |
| | Wurden Ausbildungen für besonders leidenschaftliche Mitarbeitende durchgeführt, um diese zu Multiplikatoren für ökologische Nachhaltigkeit in der Region zu machen? | | | | | |
| **Sponsoring** | Spendet das Unternehmen oder sponsert es Initiativen und NGOs? | | | | | |
| | Wurde eine Umwandlung von den üblichen Kundengeschenken (z. B. zu Weihnachten) oder anteiligen Kosteneinsparungen aus ökologischen Maßnahmen in Spenden an NGOs vorgenommen? | | | | | |
| **Green Initiativen in der Region** | Wurden grüne Initiativen mit anderen Unternehmen in der Region aufgesetzt unter dem Motto: „Regionale Partnerschaft für eine grünere Welt"? | | | | | |
| **Green World Initiatives** | | A | B | C | D | |

# Literatur


Asch, S. E. (1956): Studies of independence and conformity I: A minority of one against a unanimous majority. In: Psychological monographs: General and applied, 70, 9, S. 1.

Bauer, W. (1956): Die langen Reisen: Eine Nansen-Biographie. München: Kindler.

Benker GmbH & Co. KG (Hrsg.) (2022): Nachhaltigkeit. Circular Thinking. https://www.benker-packaging.de/de/unternehmen/nachhaltigkeit.php. Abrufdatum 03.04.2022

Berns, G. (2010): Iconoclast: A neuroscientist reveals how to think differently. Harvard Business Press.

Bock, A. (2020): Corona-Krise rüttelt nicht an der Notwendigkeit von Sustainable Finance. BearingPoint – Pressemitteilung. https://www.bearingpoint.com/de-de/ueber-uns/pressemitteilungen-und-medienberichte/pressemitteilungen/notwendigkeit-von-sustainable-finance-studie/

Bundesministerium für Umwelt, Naturschutz und Reaktorsicherheit (BMU) (Hrsg. ) (2007): Nachhaltigkeitsmanagement in Unternehmen. https://www.sustainament.de/wp-content/uploads/nachhaltigkeitsmanagement_unternehmen.pdf. Abrufdatum 02.04.2022

Bundesministerium für Umwelt, Naturschutz und Reaktorsicherheit (BMU) (2008): Nachhaltigkeit braucht Führung: bewusst – kompetent – praxisnah. https://proergo.de/stellen/broschuere_fuehrungskompetenz_nachhaltigkeit.pdf. Abrufdatum 03 04.2022

Bundesministerium für Umwelt, Naturschutz, nukleare Sicherheit und Verbraucherschutz (BMUV) (2021): Planetare Belastungsgrenzen. https://www.bmuv.de/themen/nachhaltigkeit-digitalisierung/nachhaltigkeit/integriertes-umweltprogramm-2030/planetare-belastbarkeitsgrenzen. Abrufdatum 02.04.2022

Burret, H./Kirchner, A./Kreidelmeyer, S. et al. (2021): Beitrag von Green Finance zum Erreichen von Klimaneutralität in Deutschland – Studie im Auftrag der KfW. S. 8. https://www.kfw.de/PDF/Download-Center/Konzernthemen/Research/PDF-Dokumente-Studien-und-Materialien/Green-Finance-und-Klimaneutralitaet.pdf. Abrufdatum 02.04.2022

Canguilhem, G. (1974): Das Normale und das Pathologische. München: Hanser.

Chamorro-Premuzic, T. (2015): Why group brainstorming is a waste of time. Harvard Business Review.

Corner, A./Lewandowsky, S./Phillips, M./Roberts, O. (2015): The uncertainty handbook. Bristol: University of Bristol.

Crutzen, P. J. (2019): Das Anthropozän. München: Oekom.

Dansgaard, W. (1964): Stable isotopes in precipitation. In: Tellus XVI, 4, pp. 436–468.

Diamond, J. (2014): Kollaps: Warum Gesellschaften überleben oder untergehen. Frankfurt/M.: S. Fischer.

Eden, D. (2014): Self-fulfilling prophecy and the Pygmalion effect in management. Oxford University Press.

Englert, M./Ternès, A. (Hrsg.) (2019): Nachhaltiges Management. Nachhaltigkeit als exzellenten Managementansatz entwickeln. Wiesbaden: Springer Gabler.

EPICA Community Members (2004): Eight glacial cycles from an Antarctic ice core. In: Nature 429, S. 623–628. https://doi.org/10.1038/nature02599 Europäische Kommission, Generaldirektion Umwelt, Attitudes of Europeans towards the environment: report, European Commission, 2021. https://data.europa.eu/doi/10.2779/902489 European Commission (2017): Defining »green« in the context of green finance. Final report. Brüssel: Publications Office of the European Union.

Falk, A. (2019): Klimaschutz: Ich und das Klima. Zeit online, Nr. 48, 11.11.2019.

Fehr, E./ Fischbacher, U. (2004): Social norms and human cooperation. In: Trends in cognitive sciences, 8 ,4, S. 185–190.

Finance-magazin.de (Hrsg.) (o. J.): Green Finance: Was CFOs über Sustainability wissen müssen. https://www.finance-magazin.de/themen/green-finance/

Gonsalkorale, K./Williams, K. D. (2007): The KKK won't let me play: Ostracism even by a despised outgroup hurts. In: European Journal of Social Psychology, 37 (6), S. 1176–1186.

Grentzer, M. (2016): Die Welt von morgen – glücklich im papierlosen Büro. In: Prieß, A. (Hrsg.): Schlüsselfaktor Strategisches Personalmanagement. Freiburg: Haufe, S. 122–137.

Grentzer, M. (2018): In fünf Schritten zum Datenschutz. In: Personalmagazin, 5/2018, Haufe.

Grentzer, M. (2019): Wir stehen erst am Anfang der digitalen Arbeitswelt: Ausblick 5.0. In: Prieß, A. (Hrsg.): Digital Overload Management: Modernes Zeitmanagement als Überlebenshilfe in der New Work. Freiburg: Haufe, S. 267–276.

Grentzer, M./Jänicke U. (2018): Digitalisierung von Personalverwaltungsprozessen – Zeugniserstellung in 15 Sekunden. In: Petry, T./Jäger, W. (Hrsg.): Digital HR. 2. Aufl. Freiburg: Haufe, S. 295–309.

Grunow, H.-W./Zender, Ch. (2020): Green Finance. Erfolgreiche Schritte zur grünen Unternehmensfinanzierung. Wiesbaden: Springer Gabler.

Gümüşay, K. (2020): Sprache und Sein. München: Carl Hanser.

Handbuch Klimaschutz (2020): Wie Deutschland das 1,5 Grad Ziel einhalten kann. Hrsg. von Mehr Demokratie e. V. 3. Aufl. München: oekom.

Hein, J.-Ph. (27.12.2019): Klimaschutz macht jetzt auch Sinn. Focus Magazin online, Nr. 52 (2019), 27.12.2019. https://www.focus.de/politik/deutschland/wirtschaft-klimaschutz-macht-jetzt-auch-sinn_id_11481856.html

hpm – Hellmann Process ManagementGmbH & Co. KG (o. J.): Green Management. https://www.umweltmanager.net/unternehmen/umweltlexikon/eintrag/green-management.html. Abrufdatum 02.04.2022

Hvidberg, C. S./Grinsted, A./Dahl-Jensen, D. et al. (2020): Surface velocity of the Northeast Greenland Ice Stream (NEGIS): assessment of interior velocities derived from satellite data by GPS. In: The Cryosphere, 14, S. 3487–3502. https://doi.org/10.5194/tc-14 - 3487 - 2020.

IPCC (2018): Zusammenfassung für politische Entscheidungsträger. In: 1,5 °C globale Erwärmung. Ein IPCC-Sonderbericht über die Folgen einer globalen Erwärmung um 1,5 °C gegenüber vorindustriellem Niveau und die damit verbundenen globalen Treibhausgasemissionspfade im Zusammenhang mit einer Stärkung der weltweiten Reaktion auf die

Bedrohung durch den Klimawandel, nachhaltiger Entwicklung und Anstrengungen zur Beseitigung von Armut (hrsg. von V. Masson-Delmotte, P. Zhai, H. O. Pörtner, D. Roberts, J. Skea, P. R. Shukla, A. Pirani, W. Moufouma-Okia, C. Péan, R. Pidcock, S. Connors, J. B. R. Matthews, Y. Chen, X. Zhou, M. I. Gomis, E. Lonnoy, T. Maycock, M. Tignor, T. Waterfield). World Meteorological Organization, Genf, Schweiz. Deutsche Übersetzung auf Basis der Version vom 14.11.2018. Deutsche IPCC- Koordinierungsstelle, ProClim/SCNAT, Österreichisches Umweltbundesamt, Bonn/Bern/Wien, November 2018.

IPCC (2021): Zusammenfassung für die politische Entscheidungsfindung. In: Naturwissenschaftliche Grundlagen. Beitrag von Arbeitsgruppe I zum Sechsten Sachstandsbericht des Zwischenstaatlichen Ausschusses für Klimaänderungen (hrsg. von Masson-Delmotte, P. Zhai, A. Pirani, S. L. Connors, C. Péan, S. Berger, N. Caud, Y. Chen, L. Goldfarb, M. I. Gomis, M. Huang, K. Leitzell, E. Lonnoy, J. B. R. Matthews, T. K. Maycock, T. Waterfield, O. Yelekçi, R. Yu, and B. Zhou). In Druck. Deutsche Übersetzung auf Basis der Druckvorlage, Oktober 2021. Deutsche IPCC-Koordinierungsstelle, Bonn; Bundesministerium für Klimaschutz, Umwelt, Energie, Mobilität, Innovation und Technologie Wien; Akademie der Naturwissenschaften Schweiz SCNAT, ProClim, Bern, Februar 2021.

IPCC (2022): Summary for Policymakers (hrsg. von H.-O. Pörtner, D. C. Roberts, E. S. Poloczanska, K. Mintenbeck, M. Tignor, A. Alegría, M. Craig, S. Langsdorf, S. Löschke, V. Möller, A. Okem). In: Climate Change 2022: Impacts, Adaptation, and Vulnerability. Contribution of Working Group II to the Sixth Assessment Report of the Intergovernmental Panel on Climate Change (hrsg. von H.-O. Pörtner, D. C. Roberts, M. Tignor, E. S. Poloczanska, K. Mintenbeck, A. Alegría, M. Craig, S. Langsdorf, S. Löschke, V. Möller, A. Okem, B. Rama). Cambridge University Press. In Press.

Jaich, H. (2021): Linking environmental management and employees' organizational identification: The mediating role of environmental attitude. Corporate Social Responsibility and Environmental Management. https://doi.org/10.1002/csr.2201

Jaich, H./Jastram, S. M./Blind, K. (in Vorbereitung): Contextual spillover effects of environmental management practices on employees' private sphere pro-environmental behavior: The mediating role of descriptive social norms among co-workers.

Jänicke U. (2019): Fluch und Segen der Digitalisierung. In: Prieß, A. (Hrsg.): Digital Overload Management: Modernes Zeitmanagement als Überlebenshilfe in der New Work. Freiburg: Haufe, S. 31–36.

Kaempffert, W. (28.10.1956): Science in review. Warmer climate on the earth may be due to more carbon dioxide in the air. New York Times, S. 191. https://www.nytimes.com/1956/10/28/archives/science-in-review-warmer-climate-on-the-earth-may-be-due-to-more.html. Abrufdatum: 23.04.2022

Keltner, D. (2016): Das Macht-Paradox: Wie wir Einfluss gewinnen -- oder verlieren. Frankfurt/M.: Campus.

Klein, M. (2019): Was ist digitale Ethik? eGovernment computing, vom 08.10.2019. https://www.egovernment-computing.de/was-ist-digitale-ethik-a-871759/

Laloux, F. (2016): Reinventing organizations. München: Vahlen.

Leary, M. R. (2005): Sociometer theory and the pursuit of relational value: Getting to the root of self-esteem. In: European review of social psychology, 16, 1, S. 75–111.

Lessenich, S. (2016): Neben uns die Sintflut: die Externalisierungsgesellschaft und ihr Preis. Berlin: Hanser.

Lorius, C./Jouzel, J./Raynaud, D. et al. (1990): The ice-core record: Climate sensitivity and future greenhouse warming. In: Nature, 347, S. 139–145. https://doi.org/10.1038/347139a0.

McGrath, D./Colgan, W./Bayou, N. et al. (2013): Recent warming at summit, Greenland: global context and implications. In: Geophysical Research Letters, 40, 10, S. 2091–2096. https://doi.org/10.1002/grl.50456

Mewes, B. (2020): Missing Link: Nachhaltige Hard- und Software – für eine bessere (IT-) Welt. heise online vom 26.07.2020. https://www.heise.de/hintergrund/Missing-Link-Nachhaltige-Hard-und-Software-fuer-eine-bessere-IT-Welt-4851588.html

Nash, N. et al. (2017): Climate-relevant behavioral spillover and the potential contribution of social practice theory. In: WIREs Climate Change 8, 6, e481. 10.1002/wcc.481 file.

Nassehi, A. (2020): Sozialer Wandel: Die unerträgliche Trägheit des Seins. Zeit online, Nr. 36, 27.08.2020.

Nghiem, S. V./Hall, D. K./Mote, T. L. et al. (2012): The extreme melt across the Greenland ice sheet in 2012. In: Geophysical Research Letters 39, 20, L20502. doi:10.1029/2012GL053611.

O'Donohue, W./Torugsa, N. (2016): The moderating effect of ‹Green' HRM on the association between proactive environmental management and financial performance in small firms. In: The International Journal of Human Resource Management 27, 2, S. 1–23. DOI: 10.1080/09585192.2015.1063078. Abrufdatum 03.04.2022

Oppenheimer, M./Glavovic, B. C. et al. (2019): Sea level rise and implications for low-lying islands, coasts and communities. In: IPCC (2019): IPCC Special Report on the ocean and cryosphere in a changing climate (hrsg. von H.-O. Pörtner, D.C. Roberts, V. Masson-Delmotte, P. Zhai, M. Tignor, E. Poloczanska, K. Mintenbeck, A. Alegría, M. Nicolai, A. Okem, J. Petzold, B. Rama, N. M. Weyer). Cambridge University Press, S. 321–445. https://doi.org/10.1017/9781009157964.006

Pastore, A./Massacesi, A. et al. (2020): Sustainable Leadership in Europe – Zusammenfassung. https://www.sustainableleaders.ch/wp-content/uploads/sites/45/2021/01/Sustainable-Leadership-in-Europe-ES-DE.pdf. Abrufdatum 03.04.2022

Pauen, M. (2019): Macht und soziale Intelligenz: Warum moderne Gesellschaften zu scheitern drohen. Frankfurt/M.: S. Fischer.

Pauen, M./Welzer, H. (2015): Autonomie: Eine Verteidigung. Frankfurt/M.: S. Fischer.

Pörksen, B./Schulz von Thun, F. (2016): Kommunikation als Lebenskunst: Philosophie und Praxis des Miteinander-Redens. Heidelberg: Carl-Auer.

Precht, R. D. (2010): Die Kunst, kein Egoist zu sein: Warum wir gerne gut sein wollen und was uns davon abhält. München: Goldmann.

Prieß, A. (Hrsg.) (2018): Die Besten gewinnen. Freiburg: Haufe.

Prieß, Arne (Hrsg.) (2016): Schlüsselfaktor Strategisches Personalmanagement. Freiburg: Haufe.

PwC (2020): Whitepaper: Digitale Ethik – Orientierung, Werte und Haltung für eine digitale Welt. https://store.pwc.de/de/publications/digital-ethics-orientation-values-and-attitudes-for-a-digital-world

Randers, J./Goluke, U. (2020): An earth system model shows self-sustained thawing of permafrost even if all man-made GHG emissions stop in 2020. In: Scientific Reports 10, 18456. https://doi.org/10.1038/s41598 – 020 – 75481-z

Raworth, K. (2018): Die Donut-Ökonomie. München: Hanser.

Remer, S. (o. J.): Green Finance. Gabler Banklexikon. https://www.gabler-banklexikon.de/definition/green-finance-99713. Abrufdatum 02.04.2022

Rose, J. D. (2011): Diverse perspectives on the groupthink theory – a literary review. In: Emerging Leadership Journeys, 4, 1, S. 37–57.

Sapolsky, R.M. (1998): Warum Zebras keine Migräne kriegen – Wie Stress den Menschen krank macht. München: Piper

Sasgen, I./Wouters, B./Gardner, A. S. et al. (2020): Return to rapid ice loss in Greenland and record loss in 2019 detected by the GRACE-FO satellites. In: Commun Earth Environ 1, 8. https://doi.org/10.1038/s43247 – 020 – 0010 – 1

Sasgen, I./Wouters, B./Gardner, A. S. et al. (2020): Return to rapid ice loss in Greenland and record loss in 2019 detected by the GRACE-FO satellites. In: Commun Earth Environ 1, 8 (2020). https://doi.org/10.1038/s43247 – 020 – 0010 – 1

Schaltegger, S./Wagner, M. (2006): Management unternehmerischer Nachhaltigkeitsleistung: Die Sustainability Balanced Scorecard zur Integration wirtschaftlicher, ökologischer und sozialer Verantwortung. In: Bausteine einer nachhaltigkeitsorientierten Betriebswirtschaftslehre – Festschrift zum 70. Geburtstag von Eberhard Seidel; hrsg. von Thomas Göllinger. Marburg: Metropolis, S. 157–176.

Schneidewind, U. (2018): Die große Transformation: eine Einführung in die Kunst gesellschaftlichen Wandels. Frankfurt/M.: S. Fischer Verlag.

Schwehm, K./Kentsch, F. (30.06.2021): Zeitgemäßes Management durch Sustainable Leadership – 5 Prinzipien nachhaltiger Führung. MHP – A Porsche Company. https://www.mhp.com/de/unternehmen/for-a-better-tomorrow/zeitgemaesses-management-durch-sustainable-leadership-5-prinzipien-nachhaltiger-fuehrung

Senge, P. M. (2017): Die fünfte Disziplin. Kunst und Praxis der lernenden Organisation. 11. Aufl. Stuttgart: Schäffer-Poeschel

Serreze, M. C./Barry, R. G. (2011): Processes and impacts of Arctic amplification: A research synthesis. In: Global and Planetary Change 77, S. 85–96. doi:10.1016/j.gloplacha.2011.03.004

Steffen, W. et al. (2015): Planetary boundaries: Guiding human development on a changing planet. Science, 347 (6223).

Tajfel, H./Billig, M. G./Bundy, R. P./Flament, C. (1971): Social categorization and intergroup behaviour. In: European journal of social psychology, 1, 2, S. 149–178.

Ulrich, D./Brockbank, W. (2005): HR Value Proposition. Boston: Harvard Business School Press.

Umweltbundesamt (2008): Kipp-Punkte im Klimasystem. Welche Gefahren drohen? https://www.umweltbundesamt.de/sites/default/files/medien/publikation/long/3283.pdf. Abrufdatum 03.04.2022

Wang, L./Malhotra, D./Murnighan, J. K. (2011): Economics education and greed. In: Academy of Management Learning & Education, 10, 4, S. 643–660.

WBGU – Wissenschaftlicher Beirat der Bundesregierung Globale Umweltveränderungen (2019): Unsere gemeinsame digitale Zukunft. Berlin: WBGU. Abrufbar unter: https://www.wbgu.de/de/publikationen/publikation/unsere-gemeinsame-digitale-zukunft

Welzer, H. (2013): Selbst denken. Eine Anleitung zum Widerstand. Frankfurt/M.: S. Fischer.

Westhoff, J./Sinnl, G./Svensson, A. et al. (2021): Melt in the Greenland EastGRIP ice core reveals Holocene warming events, Clim. Past Discuss. [Preprint cp-2021 – 89], https://doi.org/10.5194/cp-2021 – 89, in review.

Whitmarsh, L./O'Neill, S. (2010): Green identity, green living? The role of pro-environmental self-identity in determining consistency across diverse pro-environmental behaviours. In: Journal of Environmental Psychology, 30, 3, S. 305–314

Williams, K. D/Cheung, C. K. T./Choi, W. (2000): Cyberostracism: Effects of being ignored over the Internet. In: Journal of Personality & Social Psychology, 79, S. 748–762.

**Hinweis zu den Links**

Soweit nicht anders angegeben, gilt für alle Links im Buch: Letzter Zugriff 01.04.2022

# Die Autorinnen und Autoren

**Herausgeber und Hauptautor**

**Arne Prieß**

Berufliche Stationen unter anderem im öffentlichen Dienst, Siemens Business Services GmbH & Co. OHG und vier Jahre HR Director der Scout24-Gruppe. Als »Serial Entrepreneur« im Jahr 2000 Mitgründer und Vorstand der Unternehmensberatung HRblue AG, 2012 Gründer und Geschäftsführender Gesellschafter des Management-Beratungs- und Trainingsunternehmens HR CONTRAST GmbH und 2020 Mitgründer und CEO der HRMgreen GmbH, Initiator des HR *FITNESS* CLUBs.

Studienabschlüsse in Pädagogik (mit Schwerpunkten im Personalmanagement, Psychologie sowie Berufs- und Betriebspädagogik), Betriebswirtschaft und Personalwirtschaft.

Seit 1986 in verschiedenen Management-, Führungs-, Ausbildungs- und Personalmanagement-Funktionen tätig. Langjähriger Trainer und Coach für Führungskräfte, MBTI-Trainer-Lizensierung; Trainer für viele Schlüsselkompetenzen wie zum Beispiel Projektmanagement, Zeitmanagement 4.0 (Digital Overload Mangement), Change-Management und zahlreiche strategische Personalmanagement-Themen, unter anderem für die Haufe Akademie, Bayrisches Bildungswerk, ZfU und FORUM Institut. Dozent an der Hochschule Fresenius für Strategisches Personalmanagement im Masterstudiengang.

Beratungsprojekte in strategischen Managementthemen mit besonderen Schwerpunkten in zum Beispiel strategischen Organisationsentwicklungen, Green Company Transformationen, ökologischen Nachhaltigkeitsaudits und Zertifizierungen, Neuausrichtungen von HR-Abteilungen (HR-Transformationen), Mitarbeiterbindung und High Performance Management.

Projektmanager und Moderator für zum Beispiel Unternehmensstrategie-Prozesse, Führungskräfte-Tagungen, Assessment Center und Teambuildings. »Speaker« für Impulsvorträge zu zahlreichen Managementthemen. Verfasser zahlreicher Fachartikel, Lehrbriefe, eTrainings und Mitautor vom Personaloffice von Haufe.

Autor und Herausgeber der Fachbuchreihe »**Exzellenz im Management**«, bestehend aus:

1. Führen mit dem Omega-Prinzip (Haufe 2013)
2. Zeit- und Projektmanagement (Haufe 2014)
3. Schlüsselfaktor Strategisches Personalmanagement (Haufe 2016)
4. Der erfolgreiche Manager (Haufe 2017)
5. Mit Begeisterung zu Top-Leistung und Erfolg (Haufe 2018)
6. Die Besten gewinnen! (Haufe 2018)
7. Digital Overload Management (Haufe 2020)
8. Green Company Transformation (Haufe 2022)

## Koautorinnen und -autoren (in alphabetischer Reihenfolge)

### Dr. Martin Grentzer

Dr. Martin Grentzer ist Finanzvorstand (CFO) der *aconso* AG und einer der vier Unternehmensgründer. Er hat langjährige Erfahrung im Personalwesen, unter anderem durch seine Tätigkeit bei der Siemens AG und der damaligen Osram GmbH. Der Experte für Prozessoptimierung und Datenschutz im HR-Bereich befasste sich bereits 1999 im Rahmen seiner Promotion mit dem Thema »Elektronische Personalakte«. Aufgrund dieser Expertise ist er renommierter Referent zu den Trendthemen HR-Dokumentenmanagement, Datenschutz und Projektmanagement.

Neben seiner Funktion als Finanzvorstand ist Dr. Grentzer auch verantwortlich für den Bereich Personal bei der *aconso* AG.

**Dr. Maria Hörhold**

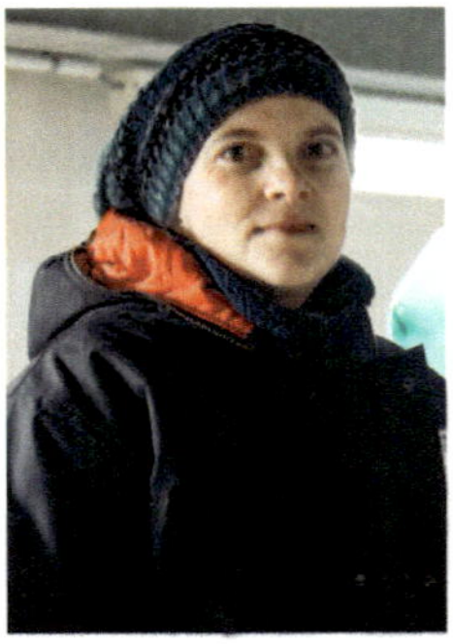

Foto: Jan Richard Heinicke, Photojournalist

Dr. Maria Hörhold ist Senior Wissenschaftlerin in der Sektion Glaziologie des Alfred-Wegener-Institutes Helmholtz-Zentrum für Polar- und Meeresforschung in Bremerhaven. Sie erforscht Klimaproxies wie stabile Wasserisotope, Spurenelemente und physikalische Eigenschaften in Eiskernen aus Grönland und der Antarktis. Maria Hörhold arbeitet dafür nicht nur im Eislabor bei minus 20 Grad Celsius, sondern auf dem Eisschild, im Warmlabor oder am Schreibtisch. Ihre Forschung zu Klimavariabilität hat sie für Feldarbeiten auf beide Eisschilde geführt, mit Pistenbulli, Zelt, Schneemobil oder dem AWI Flugzeug Polar 5. Maria Hörhold leitet zusammen mit einer französischen und einer italienischen Kollegin das Isotopenkonsortium des EU-Projektes Beyond EPICA – Oldest Ice core, das das Ziel hat, einen 1,5 Millionen Jahre alten Eiskern in der Ostantarktis zu bohren. Sie betreut Studenten im Rahmen ihrer Bachelor-, Master- oder Doktorarbeit, hält Vorträge und ist bei der Regionalgruppe der Scientist4Future AWIs-4Future aktiv.

Studium und berufliche Laufbahn: Studium der Geophysik und Geowissenschaften an der Universität Potsdam, dem University Center in Svalbard (UNIS) auf Spitzbergen, Norwegen und an der Universität Bremen, DAAD Stipendium für einen Forschungsaufenthalt am Cold-Region-Research and Engineering Laboratory in Hanover, New Hampshire, USA, Promotion am Alfred-Wegener-Institut in Bremerhaven, Postdoc im Helmholtz-Zentrum Dresden Rossendorf und an der Universität Bremen.

Dr. Maria Hörhold schrieb zahlreiche Veröffentlichungen in wissenschaftlichen Publikationen.

### Hans Jaich

Hans Jaich, geboren 1977, ist zusammen mit seinem Bruder geschäftsführender Gesellschafter zweier mittelständischer Unternehmen, Gastwissenschaftler an der TU Berlin und Dozent an der Hamburg School of Business Administration. Mit der im-jaich oHG (www.im-jaich.de) leitet er den größten privaten Marinabetreiber in Deutschland. Neben Jachthäfen betreibt das Unternehmen Hotels und Ferienressorts mit schwimmenden Häusern und innovativen Pfahlbauten. Das Schwesterunternehmen Ostseedienst GmbH (www.ostseedienst.de), ein Wasserbauunternehmen mit Sitz in Kappeln an der Schlei, ist auf den Bau maritimer Infrastruktur spezialisiert.

In Kooperation mit der Technischen Universität Berlin und der Hamburg School of Business Administration nutzt er die eigene Firma als Reallabor, um zu untersuchen, wie sich betriebliche Umweltschutzmaßnahmen auf das Umweltverhalten von Stakeholdern auswirken. Diese Forschungsarbeiten wurden mit dem Bremer Umweltpreis 2021 ausgezeichnet. Die Ergebnisse seiner Forschung präsentiert Hans Jaich regelmäßig auf Konferenzen, Workshops und in Vorträgen.

**Ulrich Jänicke**

Ulrich Jänicke ist Vorstandsvorsitzender (CEO) der *aconso* AG und einer der vier Unternehmensgründer. Nach seinem Studium der Nachrichtentechnik war er im technischen Projektmanagement und in der Personalorganisation bei der Siemens AG tätig, wo er ab Ende der 1990er-Jahre das Projekt »Elektronische Personalakte« vorantrieb.

Gemeinsam mit Dr. Martin Grentzer, Olaf Harms und Thomas Schäfer gründete Ulrich Jänicke im Jahr 2001 die *aconso* AG, die Softwarelösungen für die Optimierung von HR-Prozessen in Unternehmen anbietet. Im gleichen Jahr erhielt das Gründerteam das Patent auf die Digitale Personalakte im Web. Als CEO verantwortet Jänicke die Bereiche Vertrieb und Marketing sowie Business Development.

## Oliver Messner

Oliver Messner ist Inhaber und Geschäftsführer der S3 Consulting Messner, wo er Unternehmen hinsichtlich der strategischen Unternehmens- und Organisationsentwicklung berät. Der Schwerpunkt des ganzheitlichen Beratungsansatzes liegt hierbei immer in der ergänzenden und aufbauenden Etablierung eines zukunftsorientierten Nachhaltigkeits- und Green Company Transformation-Managements. Des Weiteren ist er als HR-Business- & Managing-Partner der ISG Personalmanagement GmbH sowie als Managing Partner Austria der HRMgreen GmbH tätig. Seine Erfahrung sammelte er als Geschäftsführer, Managing Director sowie als Global Business Development Spezialist für Sales & After Sales internationaler Konzerne.

Zusätzlich zu seinem Master-Studiengang für angewandtes Unternehmensmanagement absolvierte er Ausbildungen zum Sustainable Business Transformation & HRMgreen Manager und für integrierte Managementsysteme, wodurch er auch zertifizierter Energie- und Umweltmanagementbeauftragter und Auditor nach ISO 14001, 50001 und 50002 (EN 16247) ist. Darüber hinaus spezialisierte er sich am Massachusetts Institute of Technology (MIT), in Verbindung mit Climate Interactive, zum (Klima-)System-Dynamiker für komplexe Strukturen, Abläufe und Zusammenhänge. In diesem Zusammenhang führt Oliver Messner Workshops für En-ROADS-Simulationen (Energy Rapid Overview And Decision Support) bei unterschiedlichen Profit- & Non-Profit-Organisationen durch und als zertifizierter MIT-Klimabotschafter tritt er als Speaker bei verschiedensten Veranstaltungen auf.

**Dr. Stefan Müssig**

Dr. Stefan Müssig wurde am 16. Juni 1962 in Aschaffenburg geboren. Abitur am Friedrich-Dessauer-Gymnasium, Aschaffenburg. 1982–1993, Studium der Chemie und Promotion an der Universität Würzburg (Anorganische Chemie). 1994: einjährige Zusatzausbildung mit Schwerpunkt Umweltmanagement beim bfz Würzburg. Seit 1994 geschäftsführender Gesellschafter der WUQM Consulting – Würzburger Umwelt- und QualitätsManagement, Dr. Stefan Müssig & Dr. Michael Zöller GbR; ab 26.10.2015 Geschäftsführer der WUQM Consulting GmbH.

Unternehmensberater für Aufbau und Integration von prozessorientierten Managementsystemen (EMAS, ISO 14001, ISO 50001, ISO 9001, ISO 45001, ISO 26000, EMASplus) und Umweltauditor; Prüfer und Witness-Auditor für Umweltgutachter im Auftrag der DAU, Bonn.

Seit 2004: Fachkraft für Arbeitssicherheit; 2018: Arbeitsschutzmanagement-Auditor ISO 45001. Seit 2009: European EnergyManager EUREM© (Energiemanager IHK); seit 2016: zertifizierter LEEN©-Moderator für Energieeffizienz-Netzwerke. Seit 2015: Energieauditor und Energieeffizienzexperte (dena/BaFa-Liste) für Energieaudits nach EDL-G und DIN EN 16247 – 1 sowie geförderte Energieberatungen im Mittelstand.

Netzwerkarbeit/ehrenamtliches Engagement: Geschäftsführender 1. Vorstand im Förderkreis Umweltschutz Unterfranken e.V. (FUU), www.fuu-ev.de, Geschäftsführender 1. Vorstand im Bundesverband für Umweltberatung e.V. (bfub), www.umweltberatung-info.de; 2. Vorstand im BeraterNetz Mainfranken e.V., www.beraternetz-mainfranken.de, stellvertretendes Mitglied für die »Bank« der Umweltverbände im UGA, Botschafter für den Umweltpakt Bayern.

Dr. Stefan Müssig begleitet seit 1994 Unternehmen bei der Einführung von prozessorientierten Managementsystemen. Er verfügt über umfangreiche Erfahrungen aus über 200 Projekten zur Einführung von zertifizierten Umwelt-, Energie- und Arbeitsschutzmanagementsystemen in Unternehmen bzw. Organisationen verschiedener Branchen und Größen. Als Berater, Trainer und Tutor steht er in Deutschland und Europa federführend für die Anwendung und Verbreitung der effektiven, mitarbeiter- und motivationsorientierten Ecomapping & ISO14001 / EMASeasy™-Methodik.

Veröffentlichungen: »Ecomapping™ und EMASeasy™ – die Erfolgsmethode zum mitarbeiter- und motivationsorientierten Umweltmanagement«. In: TÜV-Umweltmanagement-Berater, 10. Aktualisierungs- und Ergänzungslieferung, August 2018, hrsg. von Martin Myska.

**Tjalf Nienaber**

Geschäftsführer der HRMgreen GmbH, CEO von jobclipr, mit der socomso berät er Unternehmen im Social Business und der digitalen Transformation. Davor war er in verschiedenen leitenden Positionen im Human Resources, Social Media und Vertrieb unter anderem bei der Deutschen Bank Gruppe, Scout24, Management Circle AG und Integrata tätig. Mit HRM-LEADS hat er eine spezialisierte Agentur für Personal-Dienstleister aufgebaut. Gründung und Geschäftsführung der erfolgreichen networx Holding GmbH, aus dem diverse soziale B2B-Netzwerke hervorgingen, wie zum Beispiel das Personaler-Netzwerk HRnetworx. Über 20-jährige Berufserfahrung im Human Resources, Vertrieb und Social Media.

Beratung und Begleitung in HR-Projekten mit Schwerpunkt auf Social Media, Strategische HR-2.0-Projekte bzw. digitaler Transformation. Webinar-Organisation und Durchführung im Rahmen von Blended-Learning-Programmen. Ausgeprägtes Verständnis für nationale und internationale Konzern- und Entscheidungsstrukturen.

Koautor von »Schlüsselfaktor Strategisches Personalmanagement« (Haufe 2016), »Der erfolgreiche Manager« (Haufe 2017) und »Die besten gewinnen!« (Haufe 2018).

**Dr. Sebastian Spörer**

Studium der Betriebswirtschaftslehre und der Sozialwissenschaften mit Promotion als Dr. phil. Ausbildungen in verschiedenen Fachgebieten der Psycho-Neuro-Sozio-Endokrino-Immunologie. Seit 2003 in verschiedenen Führungs- und Personalmanagement-Funktionen tätig. Seit 2006 im Training für Führungskräfte zu den Themen Work-Life-Balance und Gesundheitsmanagement. 2016 Gründer und seitdem Geschäftsführer der Neuro Pioneers Training & Consulting GmbH. Lehrbeauftragter an der Universität Augsburg für Kommunikation. Wissenschaftlicher Beirat und Dozent im Europäischen DACH-Verband Stress-Medizin e. V.

Nach Stationen im öffentlichen Dienst und für verschiedene Trainingsinstitute jetzt Trainer für Neuro-Leadership. Umsetzung von Trainingsprojekten und Erweiterung von Führungskräfteentwicklungen um den Bereich Neuro-Biologie. In Deutschland die einmalige Kombination aus Gehirnforschung, Immunologie und Führungskräfteentwicklung. Darüber hinaus Trainings und Seminare zu den Themen Stress-Prävention, Neuro-Motivation und Neuro-Selbstmanagement. Key-Note-Speaker und Impulsvorträge zu den Themen Motivation durch Neuro-Biologie, Stress-Prävention, Ernährung als Motivationsgrundlage und zu verschiedene Stress- und Gesundheitsaspekten.

Koautor der Fachbuchreihe »Exzellenz im Management« (Titel s. o. beim Herausgeberprofil Arne Prieß) jeweils mit neurobiologischen Aspekten.

**Prof. Dr. Anabel Ternès von Hattburg**

Managing Director des Berliner SRH Instituts für Nachhaltigkeitsmanagement, Professorin für Kommunikationsmanagement und Nachhaltige BWL, CEO der gemeinnützigen Organisation GetYourWings, dem nachhaltigen Lernraum für Zukunftsgestalter, Co-Gründerin der Deutschen Initiative für Gesunde und Nachhaltige Digitalisierung. Autorin, Keynotespeakerin (Top 100 Speaker Excellence) und Executive-Coach. Langjährige Führungstätigkeit im Business Development in der Konsumgüterwirtschaft, darunter für Samsonite, Fielmann, Libbey, IHR. Gründerin nachhaltiger Start-ups, darunter der Crowdshipping-Plattform CoCarrier, dem eHealth-Plattform-Anbieter HealthMedo, der türkischen Beratung ICEM, dem österreichischen Anbieter alternativer Energielösungen Aeco Delta. Germanistin, Diplom-Pädagogin und Diplom-Kauffrau.

Gesellschaftliches Engagement unter anderem als Verwaltungsrätin der Britischen Handelskammer in Deutschland, Aufsichtsrätin der Peter-Ustinov-Stiftung und der Inglosus-Stiftung. In mehreren Beiräten, darunter für Plant for the Planet, JARO Institut, IHK Berlin. Soziales Engagement für Nachhaltigkeit unter anderem als Kuratorin der Stiftung Lesen, PLAN International und Don Bosco Mondo. Mitglied mehrerer Think Tanks, darunter IOD (Impact of Diversity), WeQ und 2beAhead.

Anabel Ternès gilt als eine der führenden Köpfe für nachhaltige Digitalisierung. Als Keynote Speakerin hält sie Vorträge zu den Themen Nachhaltigkeit, New & Self Leadership, Gesunde Digitalisierung und Soziale Verantwortung. In der Beratung und bei Projekten sind ihre Schwerpunkte nachhaltige Unternehmensorganisation, darunter strategische interne und externe Kommunikation, Gesundheitsmanagement und HR-Management. Sie leitet Research-Projekte bzw. führt mit ihrem Team Nachhaltigkeitsstudien durch mit einem Schwerpunkt auf Work 4.0, Kommunikation, Corporate Responsibility und nachhaltige Bildung. Sie ist Autorin zahlreicher Fachbücher und Fachartikel. Zu ihren Veröffentlichungen zählen unter anderem:

Ternès, A. (2022): Digitale Souveränität in 30 Minuten. Offenbach: Gabal.

Ternès, A., (2022): Digitale Bildung ermöglichen. In: Verantwortung. Das Magazin für Nachhaltigkeit, CSR und innovatives Wachstum 01, 2022. FAZ Institut, S. 54 – 56, online unter: https://www.faz-institut.de/plattformen/verantwortung1/magazin/aktuelle-ausgabe/, zuletzt abgerufen am 17.2.2022.

Ternès von Hattburg, A. (2022): Ein neues nachhaltiges Bildungswesen ist nötig: Als Fundament für eine nachhaltige Entwicklung sowie für unsere Gesellschaft und Umwelt. In: Bulletin Online 2022 BCCG Future Relations und gemeinsame Zukunftsthemen, S. 42–47, online unter: https://bccg.de/wp-content/uploads/BCCG-BULLETIN-2022-Future-Relations.pdf

Ternès von Hattburg, A., Bachmann, S. (2021): Effiziente Krisenkommunikation – transparent und authentisch. Wie Kommunikation in extremen Situationen heute aussehen muss, um Organisationen zukunftsfähig zu machen. 2., erweiterte und aktualisierte Auflage. Wiesbaden: Springer Gabler.

Ternès, A. (2021): Ferngesteuert?! Hin zur Digitalen Souveränität. Wiesbaden: Springer.

Grünberg, A., Pechstein, A., Spiegel, P., Ternès, A. (Hrsg.; 2021): Future Skills. 30 Zukunftsentscheidende Kompetenzen und wie wir sie lernen können. München: Vahlen.

Ternès, A., Troxler, C. (2020): Gesunde Digitalisierung heißt: Der Mensch steht im Mittelpunkt. In: Gesundheit – Arbeit – Prävention. Tagungsband zum 3. Kongress für Betriebliches Gesundheitsmanagement. Hrsg. SRH Fernhochschule. Wiesbaden: Springer Gabler, S. 33–48.

Englert, M., & Ternès, A. (Hrsg.)(2019): Nachhaltiges Management: Nachhaltigkeit als Exzellenten Managementansatz entwickeln. Springer.

Ternès, A. (2019): Orientierungsmodelle und Digitalisierung: Kommunikationsprozesse im Wandel. München.

**Yvonne Zwick**

Yvonne Zwick, Dipl. theol., ist seit 1. Januar 2021 Vorsitzende des B.A.U.M. e.V. – Netzwerk für nachhaltiges Wirtschaften. Zuvor durchlief sie ab 2004 verschiedene Positionen beim Rat für Nachhaltige Entwicklung. Zuletzt war sie dort Stellvertretende Generalsekretärin und Leiterin des Büros Deutscher Nachhaltigkeitskodex. Sie arbeitet als Expertin in der Expertenarbeitsgruppe KMU der European Financial Reporting Advisory Group – EFRAG mit, die den europäischen Nachhaltigkeitsberichtsstandard für mittelständische Unternehmen ausarbeitet, ist Mitglied im Nominierungsausschuss des Deutschen Rechnungslegungs Standards Committee (DRSC) e.V. und hat nebenberufliche Lehraufträge an der Mannheim Business School sowie der Universität Mannheim.

# Stichwortverzeichnis

**Symbole**
1,5-Grad-Klimaziel 57
2-Grad-Erwärmung 57
4×4×4-Formel 131
\»Fit für 55\«-Paket 80

**A**
Agenda 2030 86
Amazonasregenwald 65
Angstsystem 236
Audit, zertifizierungsfähiges 130
Ausbaustufe 1 149
— Dienstleister 255
Ausbaustufe 2 153
— Dienstleister 255
Ausbaustufe 3 159
— Dienstleister 256
Ausbaustufe 4 167
— Dienstleister 257

**B**
B.A.U.M. e.V. 16
Baumpflanzaktion 166
Begeisterungssystem 237
Borealwälder 65

**C**
CO2-Emission, Anstieg 53
CO2-Neutralität 156
$CO_2$-Abbau 69
Corporate Sustainability Reporting Directive (CSRD) 82
CSR-Richtlinie 82

**D**
Datenschutz 186
Debt for Nature Swaps 23
Digital Corporate Responsibility 188
Digitalisierung 170
— Arbeitsverträge 184
— CO2-Emission 180
— für Nachhaltigkeit 172
— Homeoffice 178
— Stromverbrauch 181
Dopamin 220

**E**
Effort Sharing Regulation 80
Eiskernbohrung 90
Eiskörper 62
Eisschild, westantarktischer 63
El Niño 64
EMAS-Verordnung 191
EMAS-Zertifizierung 198
Employer Branding 209
— angebotsgetrieben 213
— kulturgetrieben 215
— prozessgetrieben 214
— Rundum-Paket 217
— Storytelling 219
Energieeffizienz 67
Energieversorgung 66
Erdsystem 61
European Green Deal 53, 77

**F**
Fake News 47

**G**
Golfstrom 64
Green Bonds 23
Green Company 156
— Ausbaustufen 115
— Bewertungsstufen 118
— Employer Branding 210
— HR 29

Green Company Audit 125
Green Company Transformation
— Community-Antwort 112
— Kompetenz-Antwort 113
— Prämissen 51
Green Company Zertifikat 120
Green Finance 22
— Corona-Krise 29
Green House Gas Protocol 83
Green House of Choice 122
— Ausbaustufen 136
— Green-House-of-Choice-Modell 136
Green HR 30
Green Leadership 31
— Kompetenzbereiche 32
Green Management 19
Green New Work 104
— Workshop 107
Green Passion 34
Green Recruiting 179
greenVolution 161
Green Washing 109
Green World 162
Grönland-Eisschild 63
Grüne Fonds 23

H
Homeoffice, CO2-Reduktion 178
House-of-Choice-Modell 135
HR-Diamant 144
HRMgreen 110
HRMgreen Audit-Tool 127
HRMgreen Community 253
HRMgreen Concepts 150
HRMgreen GmbH 37
HRMgreen intern 146
HRMgreen Lösungsberatung 114
HRMgreen Projekt 114
HRMgreen ROI-Calculator 114
HRMgreen Wheel 113
HRMgreen Zertifizierung 114
HR-Prozesse, digitalisierte 175
HR-Pyramide 144

I
Initial-Audit 113
ISO-Managementsystemnormen 192

J
Jetstream 64

K
Kipp-Punkte 40, 41
Klimagerechtigkeit 96
Klimaschutzziele, Deutschland 81
Klimawandel 54
— Einmaleins 54
— persönliches Vehalten 242
Kohlenstoffpumpe, marine 65

L
Landnutzung 68
Lieferkettensorgfaltspflichtengesetz 84
Lösungs-KAU 139
Luftverschmutzung 46

M
Mikroplastik 214
Multisolving 71

N
Nachhaltigkeit
— digitale 170
— drei Säulen 21
— mangelndes Interesse 231
— ökologische 99
— ökonomische Aspekte 21
— soziale Aspekte 21
— Umweltaspekte 21
Nachhaltigkeitsziele, globale 15
Neurowissenschaft 235
Non-Financial Reporting Directive (NFRD) 82

O
Ökologischer Lebensstil 165
Ökosystem 59, 65

Organisation, lernende 76
Ostantarktis 63

P
Permafrostböden, arktische 63
Personalakte, digitale 181
Polarforschung 90
Postversand 178

R
Reboundeffekt 224
REM-Filter 139, 151
REM-Workshop 141

S
Selbst-Audit, moderiertes 125
Sinn, Hans-Werner 102
Soziale Normen 226
Sozialökologischer Wandel 228
Spillover-Effekte 230
Storytelling 219, 221
Super-KAU 39
— Artensterben 43
— Klimakatastrophe 40
— Umweltverschmutzung 45
Sustainable Development Goals 79, 86
System, Definition 60
Systemdenken 74

T
Thunberg, Greta 101
Treibhausgase 59

U
Umweltmanagementsystem, Zertifizierung 198, 207
Umweltverhalten
— im Arbeitsleben 223
— privates 232
— soziale Normen 225
Umweltzerstörung
— Lobby 48
— Ressourcenfraß 43
United Nations Development Program 99

V
Verhaltensänderungen, persönliche 244
Verpackungsmüll 46

W
Wald-Investments 23

Z
Zertifizierung 121

▶ http://mybook.haufe.de/

▶ **Buchcode:** ZHG-0876

Elaine Gottschall

# Abwechslungsreiche Diät bei Morbus Crohn und Colitis ulcerosa

## Über die Autorin:

Elaine Gottschall, B.A., M.Sc., bestand 1973 ihren Bachelor in Biologie am Montclair State College in New Jersey mit magna cum laude. Im selben Jahr wechselte sie zur Fakultät für Ernährungswissenschaften in Rutgers, New Jersey, einer Hochschule für Aufbaustudien.
1975 zog Frau Gottschall nach Kanada und begann ihre Arbeit an der Fakultät für Zellbiologie der University of Western Ontario. Vier Jahre lang erforschte sie die Wirkung verschiedener Zucker auf den Verdauungstrakt, vor allem in Hinblick auf die Zellfunktionen. 1979 erhielt sie ihren Master in Naturwissenschaften. Ergebnisse ihrer Forschung sind in der Zeitschrift »Acta Anatomica 123:178« (1985) veröffentlicht.
Im darauf folgenden Jahr trat sie in die Fakultät für Anatomie der University of Western Ontario ein. Sie untersuchte die Veränderungen an der Darmwand, die infolge von entzündlichen Darmerkrankungen auftreten. Ihr Hauptinteresse gilt der Wirkung von Nahrung auf die Funktionsfähigkeit des Verdauungstrakts und auf das Verhalten des Menschen.

## Fachlicher Beirat:

Dr. Dieter Schwab, Internist, ist tätig in der Med. Klinik I mit Poliklinik Universität Nürnberg–Erlangen (Direktor: Prof. Dr. E. G. Hahn). Er arbeitet in der Sprechstunde für chronisch endzündliche Darmerkrankungen und ist ärztlicher Leiter des Ernährungs–Teams. Sein Spezialgebiet ist die Ernährungstherapie bei entzündlichen Darmerkrankungen.

Elaine Gottschall

# Abwechslungsreiche Diät bei Morbus Crohn und Colitis ulcerosa

Aus dem Englischen von Erik Freedman
Fachlicher Beirat für die deutsche Übersetzung:
Dr. med. Dieter Schwab

TRIAS

Die Deutsche Bibliothek –
CIP-Einheitsaufnahme

Ein Titeldatensatz für diese Publikation ist bei Der Deutschen Bibliothek erhältlich.

**Leserservice**

Wenn Sie Fragen oder Anregungen zu diesem Buch haben, schreiben Sie uns an:

TRIAS Verlag
Postfach 30 11 07
D-70451 Stuttgart
Oder besuchen Sie uns im Internet unter:
http://www.trias-gesundheit.de

Umschlaggestaltung und Innenlayout:
Cyclus · Visuelle Kommunikation, Stuttgart
Alle Fotos von Friedhelm Volk, Stuttgart
Aus dem Englischen von Erik Freedman
Projektleitung: Sibylle Duelli
Außenlektorat: Berliner Buchwerkstatt,
Ivana Jokl/Vera Olbricht
Deutsche Übersetzung unter fachlicher
Bearbeitung von Dr. Dieter Schwab, Erlangen
Satz: Berliner Buchwerkstatt,
Britta Dieterle/Ulrike Sindlinger
Druck: Westermann Druck, Zwickau

**Wichtiger Hinweis:**
Wie jede Wissenschaft ist die Medizin ständigen Entwicklungen unterworfen, Forschung und klinische Erfahrung erweitern unsere Erkenntnisse, insbesondere was Behandlung und medikamentöse Therapie anbelangt. Soweit in diesem Werk eine Dosierung oder eine Applikation erwähnt wird, darf der Leser zwar darauf vertrauen, dass Autoren, Herausgeber und Verlag große Sorgfalt darauf verwandt haben, dass diese Angabe **dem Wissensstand bei Fertigstellung des Werkes** entspricht.
Für Angaben über Dosierungsanweisungen und Applikationsformen kann vom Verlag jedoch keine Gewähr übernommen werden. **Jeder Benutzer ist angehalten,** durch sorgfältige Prüfung der Beipackzettel der verwendeten Präparate und gegebenenfalls nach Konsultation eines Spezialisten festzustellen, ob die dort gegebene Empfehlung für Dosierungen oder die Beachtung von Kontraindikationen gegenüber der Angabe in diesem Buch abweicht. Eine solche Prüfung ist besonders wichtig bei selten verwendeten Präparaten oder solchen, die neu auf den Markt gebracht worden sind. **Jede Dosierung oder Anwendung erfolgt auf eigene Gefahr des Benutzers.** Autoren und Verlag appellieren an jeden Benutzer, ihm etwa auffallende Ungenauigkeiten dem Verlag mitzuteilen.

Titel der Originalausgabe:
Breaking the Vicious Cycle
2nd Edition, by Elaine Gottschall
Originally published by The Kirkton Press,
Baltimore/Ontario, Canada


ISBN 3-89373-645-X 1 2 3 4 5 6

## Danksagung

Während der Entstehung dieses Buches erhielt ich von vielen Menschen moralische, geistige und emotionale Unterstützung. Besonders folgenden Menschen gilt mein Dank und meine tiefste Anerkennung: Dr. Donald B. McMillan für seine Zeit, sein Fachwissen, seine Unterstützung und Freundschaft; Patricia Wilson für ihre Freundschaft und die Erstellung der Abbildungen; Diane Jewkes für ihre Geduld und ihre Fachkenntnis bei der Überarbeitung des Manuskripts; Sue Brown, Callie Cesarini, Marge Moulton, Debbie Newsted und Jane Sexsmith für ihre gute Laune und Mithilfe bei den zahlreichen Überarbeitungen; Valerie Tabone und Sandra Rule von der Abteilung für graphische Dienste (University of Western Ontario) für ihre Mitarbeit und Fachkenntnis beim Setzen und Layout des Manuskripts; meinem Mann, Herbert, für seine unendliche Geduld, moralische Unterstützung und sein unaufhaltsames Anspornen, dieses Buch zu schreiben; meiner Tochter, Judith Lynn Herod, und ihrer Freundin Tad Crohn für ihre großartige erste Bearbeitung; meiner Tochter, Joan Beth Gottschall, für ihre andauernde Ermutigung.

## Wichtige Hinweise für den Leser

Die Ernährungsvorschläge in diesem Buch haben sich bei den Menschen, die sie befolgt haben, als erfolgreich erwiesen.

Die Autorin weist darauf hin, dass die Behandlung einer Erkrankung und die Genesung durch eine Diät nur unter Aufsicht eines qualifizierten Arztes erfolgen kann. Sie sollten keine Eigendiagnose stellen und sich nicht selbst behandeln. Konsultieren Sie Ihren Arzt, bevor Sie mit der hier vorgeschlagenen Therapie beginnen. Ergänzen Sie die Informationen dieses Buches durch Gespräche mit einem Ernährungsexperten.

Die Autorin und der Verlag übernehmen keine medizinische oder gesetzliche Haftung für die Verwendung oder falsche Anwendung der in diesem Buch enthaltenen Informationen und Therapieverfahren.

Der Fortschritt der Wissenschaft impliziert nicht nur die Anhäufung von Wissen, sondern auch dessen Ordnung und Verknüpfung; dies erfordert die regelmäßige Erfindung neuer Synthesen, die Koordination vorhandener Kenntnisse und das Aufstellen neuer Hypothesen, mit deren Hilfe wir uns dem Unbekannten nähern können.

George Sarton, Einleitung zu »History of Science«,
(Geschichte der Wissenschaft)

## Widmung

Dieses Buch ist der Erinnerung an Dr. Sidney Valentine Haas gewidmet, der mir als Erster die Notwendigkeit vor Augen führte, die Wirkung von Nahrung auf den Körper zu verstehen.

11 Einleitung

Kapitel 1
15 Vergangenheit und Gegenwart

Kapitel 2
18 Wissenschaftliche Beweise für die förderliche Wirkung einer Diät

Kapitel 3
23 Einblick in die Welt der Darmbakterien

Kapitel 4
28 Den Teufelskreis durchbrechen

Kapitel 5
31 Die Verdauung von Kohlenhydraten

Kapitel 6
40 Gluten

Kapitel 7
45 Vorstellung der Diät

Kapitel 8
53 Die Spezielle Kohlenhydratdiät

## Rezepte

60 Vorspeisen, Suppen und Soßen
62 Apfel-Rosinen-Erdnussbutter-Aufstrich
64 Party-Käse-Dip
64 Leberpastete
65 Tomatencremesuppe
66 Gazpacho (Kalte Tomatensuppe)
68 Möhrensuppe
70 Hühnersuppe
72 Herzhafte Gemüsesuppe
74 Gebackene-Auberginen-Suppe

76 Chilisoße
76 Honig-Ingwer-Chutney
78 Ketchup
78 Preiselbeeren-Relish
79 Ananas-Koriander-Salsa

80 **Salate, Dressings, Gemüse**
82 Hüttenkäsesalat
82 Halloween-Möhrensalat (Kürbisköpfe)
83 Sommerobst-Terrine
84 Zucchini-Tomaten-Salat
84 Meeresfrüchtesalat
86 Waldorfsalat
86 Joghurt-Salatdressing
88 Antipastosalat
88 Vinaigrette
89 Butternutscheiben
89 Gebackener Acorn
90 Mayonnaise
92 Karottenchips
92 Blumenkohlpüree
93 Steckrüben-Pommes-Frites
93 Linsen süß-sauer

94 **Hauptgerichte, Bratensoßen**
96 Gebackene-Bohnen-Schmortopf
98 Hähnchen Royal
98 Gebackener Hüttenkäse
100 Fischschmortopf
102 Ingwer-Joghurt-Hähnchen
102 Hähnchenkroketten
104 Honig-Knoblauch-Spareribs
106 Hähnchenflügel mit Honig und Knoblauch
108 Pizza
110 Geflügelfüllung
110 Bratensoße Nr. 1
111 Bratensoße Nr. 2
111 »Spaghetti« mit Soße
112 Gemüse mit Huhn, Rind- oder Schweinefleisch

113 Zucchiniauflauf
114 Gefüllte Zucchini
116 Zucchinilasagne
118 Hackbraten mit Gemüse

**120 Brot, Kuchen und Kleingebäck**
122 Grundrezept für Muffins und Brot
123 Muffins
124 Käsebrot
126 Bananenpfannkuchen
126 Herbs Bohnenpfannkuchen
128 Lois Langs leckeres Brot
130 Zucchinimuffins
130 Bananenkuchen
131 Dattelkuchen
131 Nusstorte
132 Möhrenkuchen
134 Käsekuchen
135 Mandel-Honig-Crisps
135 Erdnussbutterplätzchen
136 Käseplätzchen
136 Monsterkekse
138 Plätzchen mit Dattelfüllung
140 Kürbisplätzchen
140 Honigschlagsahne
141 Frischkäseglasur
141 Honigglasur

**142 Desserts, Süßigkeiten und Marmeladen**
144 Apfel-Pudding-Torte
144 Eierspeise
145 Honig-Walnuss-Backäpfel
145 Gebackene Apfelscheiben mit Honig
146 Mit Honig überzogene Äpfel
146 Apfel-Nuss-Speise
148 Zitronensoufflé
148 Eiscreme
149 Schnell zubereitete Eiscreme
150 Eiscreme mit weißen Bohnen

151 Orangenmousse
152 Himbeermousse
154 Himbeermousse-Baiser-Torte
156 Ananas-Käse-Dessert
156 Honig-Nuss-Kräcker
157 Kürbiskuchen
158 Kokosbällchen
158 Kandierte Nüsse
160 Vanilleklümpchen
161 Beckys Toffee
161 Lollipops
162 Marmelade

**164 Getränke**
166 Milkshake
168 Fruchtsaftschorle
168 Piña Colada
169 Punsch

**170 Milchprodukte und Babynahrung**
170 Joghurt
172 Frischkäse
172 Saure Sahne
173 Babynahrung (frei von Disacchariden)

**175 Glossar**

**177 Weiterführende Hinweise**

**180 Literatur**

**184 Register**

# Einleitung

## Einige Worte vorab

Das vorliegende Buch erfreut sich in den USA einer außerordentlichen Popularität. Es trifft auf das Bedürfnis vieler an chronischen Darmerkrankungen leidenden Menschen, den Krankheitsverlauf durch eine Diät positiv zu beeinflussen. Darüber hinaus nährt es den Wunschtraum, von einer solchen Erkrankung geheilt zu werden. Ob sich der Gesundheitszustand durch die »Spezielle Kohlenhydratdiät« tatsächlich bessert muss der Einzelne für sich selbst herausfinden. Eine vollständige Heilung von chronisch entzündlichen Darmerkrankungen oder Sprue ist dadurch leider nicht möglich.

Ich habe der Bitte des Verlags entsprochen, die Übersetzung des vorliegenden Textes medizinisch zu begleiten, da es einige Hinweise dafür gibt, dass kohlenhydratarme Kost den Verlauf von Morbus Crohn vielleicht doch günstig beeinflussen könnte.

Die Autorin, Frau Elaine Gottschall, hat mit viel Mühe unzählige Daten gesammelt und daraus ein Ernährungskonzept für Patienten mit chronisch entzündlichen Darmerkrankungen entwickelt. Ihre diesbezüglichen Überlegungen stimmen zum Teil mit den bestehenden medizinischen Vorstellungen überein, bergen aber auch manchmal Fehlinterpretationen in sich.

Dieses Vorwort soll dem Buch eine medizinische Sichtweise zur Seite stellen und Möglichkeiten und Grenzen der vorgestellten Diät beschreiben. In diesem Zusammenhang möchte ich außerdem darauf hinweisen, dass Essen Genuss und Lebensqualität bedeutet, für manche aber auch Therapie. Ein ernährungstherapeutischer Ansatz lebt von der Vereinbarkeit beider Elemente.

# Kohlenhydrate und Krankheit

## Morbus Crohn

### Grundlagen

Eine ganze Reihe von Untersuchungen zeigt, dass Patienten mit M. Crohn und Colitis ulcerosa mehr raffinierte Kohlenhydrate und weniger Ballaststoffe zu sich nehmen als gesunde Menschen. Insbesondere vor einem akuten Schub scheint die Aufnahme von Kohlenhydraten – besonders von Saccharose – deutlich vermehrt zu sein, während der Konsum von Fructose (vornehmlich aus Obst) offenbar deutlich reduziert ist.

Diese Beobachtung kann auf verschiedene Weise interpretiert werden. Man könnte von Ursache und Wirkung ausgehen oder aber den umgekehrten Fall annehmen: Die vermehrte Entzündung könnte die Neigung bestärken, eine große Menge Kohlenhydrate aufzunehmen.

### Therapie

Der ursächliche Zusammenhang zwischen der Aufnahme von Kohlenhydraten und Krankheitsaktivität kann nur durch Studien bewiesen werden, in deren Rahmen der Effekt einer kohlenhydratarmen Diät untersucht wird. Die Ergebnisse der bisher durchgeführten Studien waren enttäuschend, d.h. kohlenhydratarme Kost blieb meist wirkungslos. Allerdings konnte in einer 1996 veröffentlichten Arbeit gezeigt werden, dass einige Patienten die Diät nach kurzer Zeit aufgaben und die Wirkung somit nicht genau nachgewiesen werden konnte. Der Teil der an M. Crohn erkrankten Patienten, der sich tatsächlich kohlenhydratarm (weniger als 84 g pro Tag) ernährte, musste deutlich seltener einen akuten Schub erfahren; aufgrund dieser Beobachtung sollten Patienten mit M. Crohn über den Vorzug einer kohlenhydratarmen Kost informiert werden. Für Colitis ulcerosa fehlen entsprechende Daten.

### Wirkungsweise

Bedeutung und Wirkungsweise der kohlenhydratarmen Kost für den Verlauf von M. Crohn liegen im Dunkeln. Die von der Autorin aufgeführten Begründungen beruhen zum Teil auf lästigen, aber nicht bedrohlichen Unverträglichkeiten. Die Fragen, ob und wie Kohlenhydrate chronisch entzündliche Veränderungen der Darmschleimhaut beeinflussen, können zum gegenwärtigen Zeitpunkt nur spekulativ beantwortet werden und bedürfen weiterer intensiver wissenschaftlicher Untersuchungen.

## Ernährungstherapie bei Morbus Crohn

Während die Effektivität der Speziellen Kohlenhydratdiät noch nachgewiesen werden muss, besteht an der entzündungshemmenden Wirkung der Ernährungstherapie (Formuladiät) kein Zweifel: Über 600 Patienten mit akutem M. Crohn wurden im Rahmen von Studien weltweit mit dieser Therapie behandelt. Zwar ist Kortison der Ernährungstherapie überlegen, doch wenn Patienten die »Astronautenkost« konsequent einnehmen, ist diese fast ebenso effektiv.

Eingesetzt wurde die Ernährungstherapie im akuten Schub, sie hat sich jedoch auch im so genannten kortisonabhängigen Verlauf oder während Schwangerschaften als erfolgreich erwiesen. Wirkungslos zeigte sich die Therapie allerdings bei Colitis ulcerosa.

Wenn also Patienten mit M. Crohn die Erkrankung durch eine Änderung der Ernährung günstig beeinflussen wollen, kann die Ernährungstherapie einen wichtigen Beitrag leisten.

# Zöliakie

## Krankheitsentstehung

Bei der Zöliakie handelt es sich um eine Überempfindlichkeitsreaktion der Dünndarmschleimhaut gegenüber Gluten. Gluten stellt den überwiegenden Teil des in Weizen, aber auch in Roggen und Gerste vorhandenen Eiweißes dar. Der für die Immunreaktion entscheidende Glutenanteil ist das $\alpha$-Gliadin (Alpha-Gliadin); dieses kommt nicht in Mais, Reis, Buchweizen und Hirse vor. Die Verwendung von Hafer ist umstritten, doch gibt es jüngst veröffentlichte Daten, die die Unbedenklichkeit von Hafer bei Sprue untermauern.

## Diät

Die von der Autorin empfohlene Diät geht weit über die Vorgaben der Diät bei Zöliakie und Sprue hinaus. So sind für Spruepatienten wichtige »Ausweich-Mehle«, wie Kartoffelstärke, Reis, Mais sowie Amaranth und Quinoa, in der beschriebenen Diät nicht erlaubt; dies ist aus medizinischer Sicht sicherlich nicht erforderlich. Ob die Diät bei »therapierefraktärer Sprue« (gleichbleibende Beschwerden trotz Verzicht auf Gliadin) wirksam ist, muss erst noch gezeigt werden. Die aufgeführten Rezepte können allerdings den Speiseplan von Spruepatienten erheblich bereichern und somit einen Beitrag zur gliadinfreien Ernährung leisten.

## Möglichkeiten und Grenzen der Speziellen Kohlenhydratdiät

So sehr ein an M. Crohn oder Colitis ulcerosa erkrankter Patient sich das auch wünschen mag – auf die Heilung einer chronisch entzündlichen Darmerkrankung durch eine spezielle kohlenhydratarme Diät, wie sie von der Autorin beschrieben wird, darf nicht gehofft werden. Weder M. Crohn noch Colitis ulcerosa sind heilbar (Letztere nur durch eine komplette Entfernung des Dickdarms); auch ist die Wirksamkeit der in diesem Buch vorgestellten Diät nicht wissenschaftlich belegt.

Die beschriebene Diät ersetzt keine medikamentöse Therapie. Da es sich jedoch um eine kohlenhydratarme Kostform handelt, kann die »Spezielle Kohlenhydratdiät« einem Teil der Patienten mit M. Crohn vielleicht einen entzündungsärmeren Krankheitsverlauf und somit eine Linderung der Beschwerden ermöglichen. Eine derartige Diät kann aber nur Teil eines Behandlungskonzeptes sein, zu dem ein vertrauensvolles Arzt-Patienten-Verhältnis gehört.

Dr. D. Schwab, Erlangen im Mai 2001

## Kapitel 1

# Vergangenheit und Gegenwart

1951 veröffentlichten Dr. Sidney V. Haas und Dr. Merrill P. Haas nach langjähriger klinischer Erfahrung ein Buch mit dem Titel »Management of Celiac Disease«. Es richtete sich an Mediziner und dokumentierte die Erfahrungen der beiden Ärzte mit der Behandlung und Heilung von Zöliakie und zystischer Pankreasfibrose in hunderten von Fällen (Haas 1951). Ihr diätetischer Behandlungsansatz bediente sich einer ausgewogenen Ernährung, bei der vor allem zwischen erlaubten und unerlaubten Zucker- und Stärkearten unterschieden wurde. Patienten, die diese Spezielle Kohlenhydratdiät mindestens ein Jahr lang befolgten, konnten anschließend mit einer normalen Ernährung vollständig und dauerhaft symptomfrei leben.

1958 brachten wir unsere achtjährige Tochter zu den Ärzten Haas. Drei Jahre zuvor war ihr von Spezialisten eine unheilbare Colitis ulcerosa diagnostiziert worden, und seither verschlechterte sich ihr Zustand stetig. Die jahrelange Behandlung mit Kortikosteroiden (Kortison) und Sulfonamiden war ebenso wie unzählige andere medizinische Therapien erfolglos geblieben, und eine Operation schien notwendig. Die Ärzte Haas verordneten die Spezifische Kohlenhydratdiät, und innerhalb von zwei Jahren war unsere Tochter symptomfrei. Einige Jahre später wurde sie wieder auf normale Ernährung umgestellt und erfreut sich heute, seit mehr als zwanzig Jahren, bester Gesundheit.[1]

Viele Studenten, Freunde und andere Patienten, die ich in meiner Praxis behandelte und die ebenfalls an Colitis ulcerosa, Morbus Crohn, Zöliakie (nicht durch eine glutenfreie Ernährung heilbar), Divertikulitis und an anderen Arten chronischer Diarrhö (Durchfall) litten, befolgten die von Haas vorgeschlagene Diät und sind jetzt größtenteils von ihren jeweiligen Leiden befreit. Die deutlichsten und schnellsten Genesungen stellten sich allerdings bei Säuglingen und Kleinkindern mit schwerer Verstopfung ein,

---

Diese und alle weiteren Fußnoten entstanden durch die Bearbeitung der deutschen Übersetzung und sind nicht in der Originalausgabe vorhanden. Sie stammen von Dr. Dieter Schwab.

[1] Die von der Autorin geschilderte Konstellation entspricht nicht einem typischen Krankheitsverlauf einer Colitis ulcerosa oder einer Zöliakie bei ihrer Tochter. Möglicherweise handelte es sich tatsächlich um eine allergische Darmerkrankung mit Reaktion auf Mehle, die durch die genannte Diät erfolgreich behandelt wurde.

sowie bei Kindern, die neben den Darmproblemen auch starke Verhaltensstörungen aufwiesen. Diese umfassten eine häufig von heftigen und langwierigen nächtlichen Angstzuständen begleitete Hypo- oder Hyperaktivität. Häufig klärten sich die Verhaltensstörungen und nächtlichen Angstzustände bereits zehn Tage nach Beginn der Speziellen Kohlenhydratdiät. In diesem Zusammenhang ist es interessant anzumerken, dass die »Schizophrenia Association of Great Britain« im Juni 1985 ein Forschungsprojekt ins Leben rief, um die Studien von Dr. F. C. Dohans hinsichtlich eines möglichen Zusammenhangs zwischen Zöliakie und Schizophrenie zu untersuchen. Die Grundlage dieses Projektes war eine strenge Ernährung, die eng mit der Speziellen Kohlenhydratdiät verwandt war und kein Getreide, keine Milch und keinen Zucker enthielt (Dohan 1966 u. 1978).[2]

In den 60er- und 70er-Jahren befassten sich weltweit zahlreiche Wissenschaftler mit der Untersuchung von Darmerkrankungen. Eine synthetische Diät (chemische Nährstoffe, die in Laboratorien produziert werden) wurde zusammengestellt, die großen Erfolg bei der Behandlung aller Verdauungs- und Darmprobleme versprach. Probleme wie die schlechte Aufnahme (Malabsorption) von Nährstoffen bei der zystischen Pankreasfibrose, Diarrhö oder während der Chemotherapie konnten mit dieser Diät, Elementardiät genannt, behandelt werden (Worthen 1979 u. Russel 1981). Als die Elementardiät auch bei Patienten mit Morbus Crohn angewandt wurde, zeigten sich sehr gute Erfolge: Die Symptome verschwanden, und Kinder mit Wachstumsstörungen legten wieder an Gewicht und Größe zu (Morin 1980). Außerdem nahm der Kochsalzgehalt im Schweiß (die Höhe des Kochsalzgehalts entspricht dem Ausmaß der Erkrankung) von Kindern mit zystischer Pankreasfibrose erheblich ab (Sandberg 1974). In den 70er- und frühen 80er-Jahren erschienen über 600 wissenschaftliche Veröffentlichungen in medizinischen Zeitschriften, die über den Erfolg der Elementardiät bei Malabsorption und vielen Darmleiden berichteten. Da die Diät synthetisch hergestellt und über eine Magensonde verabreicht wird, kann sie allerdings nicht über längere Zeit durchgeführt werden. Sechs bis acht Wochen nach Absetzen lassen die Fortschritte allmählich wieder nach und die Symptome kehren für gewöhnlich zurück.[3]

---

[2] Nach dem derzeitigen Kenntnisstand der Wissenschaft hat die Ernährung – abgesehen von bestimmten Mangelerscheinungen – für die Behandlung von psychiatrischen Erkrankungen keinen Stellenwert.

[3] Das Wiederauftreten eines aktiven Morbus Crohn ist nach der Behandlung mit Kortisonpräparaten und einer Elementardiät gleich häufig.

Die Kohlenhydrate in der Speziellen Kohlenhydratdiät bestehen hauptsächlich aus Einfachzucker (Monosaccharide), die in Obst, Honig, speziell zubereitetem Joghurt und bestimmten Gemüsesorten vorkommen. Ein Monosaccharid erfordert im Gegensatz zu einem Disaccharid (Zweifachzucker), wie z. B. Saccharose (Haushaltszucker), oder einem Polysaccharid (Vielfachzucker), wie Stärke, keine weitere Aufspaltung, um verdaut zu werden; er wird direkt im Dünndarm resorbiert.

## Diätetische Kohlenhydrate

Jeder Kreis stellt ein Einfachzuckermolekül dar.

**Darstellung 1: Diätetische Kohlenhydrate**

**1. Monosaccharid**

**2. Disaccharid**

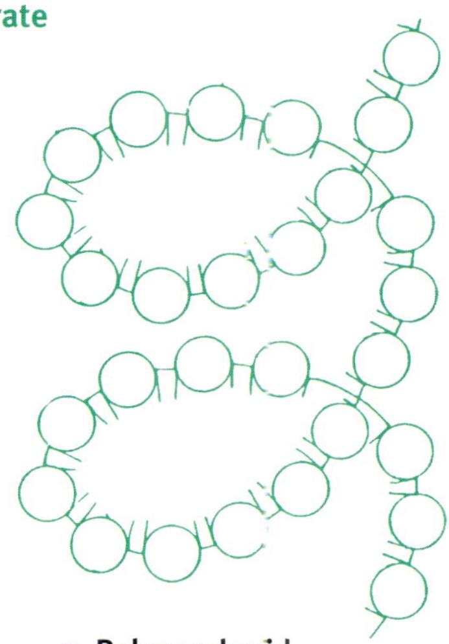

**3. Polysaccharid**

Wenn Sie sich für die Spezielle Kohlenhydratdiät entscheiden, müssen Sie nicht auf Genuss verzichten. Viele der köstlichen Rezepte in diesem Buch könnten genauso gut in einem Feinschmeckerkochbuch stehen. Die Tatsache, dass die Rezepte so ansprechend sind, widerspricht in keinster Weise der zugrunde liegenden wissenschaftlichen Argumentation, denn die in den Rezepten angegebenen Kohlenhydrate sind biochemisch korrekt. Die Diät ist sehr nahrhaft und ausgewogen, ausgesprochen verträglich und meist sehr wirksam bei der Behandlung vieler schleppender und ärgerlicher Darm- und Verdauungsprobleme.

## Kapitel 2

# Wissenschaftliche Beweise für die förderliche Wirkung einer Diät

Die qualvollen und schwächenden Darmerkrankungen, die wir heutzutage kennen, gibt es schon seit mehreren Jahrhunderten. Über die Jahre änderten sich zwar die Begriffe, mit denen Symptome wie Durchfall, Blähungen, Gewichtsverlust, vermehrte Schleimproduktion, Darmkrämpfe, Blutverlust und Verstopfung bezeichnet wurden, sowie die Methoden der Diagnosestellung und Behandlung der Krankheiten. Doch blieb die Meinung erhalten, dass die Ernährung sowohl bei den Ursachen wie auch bei der Behandlung der Krankheit eine entscheidende Rolle spiele.

Die medizinische Literatur ist reich an Berichten, in denen die förderliche Wirkung einer Ernährungsumstellung auf Darmkrankheiten beschrieben wird. Bereits im Jahre 300 n. Chr. beschrieb ein römischer Arzt sehr detailliert eine Durchfallerkrankung, vermutlich Zöliakie, und behauptete, dass diese durch eine Fastenkur und die Einnahme des Saftes der »Plantane«, einer Frucht aus der Bananenfamilie, geheilt werden könne (Haas 1951). Prince Charles, Anwärter auf den englischen Thron 1745, soll selbst an Colitis ulcerosa gelitten und sich mittels einer milchfreien Ernährung geheilt haben (de Dombal 1968).

Im frühen 20. Jahrhundert brachten zahlreiche Ärzte neue Einblicke in unser Verständnis über die Wirkung von Lebensmitteln auf Darmprobleme. Der Arzt Dr. Christian Herter, Professor an der Columbia University, beobachtete, dass an Durchfall und Schwäche leidende Kinder Proteine gut, Fette nur mäßig und Kohlenhydrate (Zucker und Stärke) schlecht vertrugen. Wie er feststellte, führte die Einnahme einiger Kohlenhydrate häufig zum Wiederauftreten der Diarrhö (Herter 1908/1910). Ungefähr zur selben Zeit machte Dr. Samuel Gee, ein weiterer weltbekannter Kinderarzt, diverse Entdeckungen auf dem Gebiet der Ernährung, die bis heute von modernen Forschern nur wenig Beachtung gefunden haben. Seiner Ansicht nach konnten Patienten mit Darmkrankheiten nur mithilfe einer Diät geheilt werden (Gee 1888). Milch hielt er für die am wenigsten geeignete Nahrung bei Darmproblemen, und sehr stärkehaltige Lebensmittel, wie z.B. Reis, Mais, Kartoffeln und Getreide, sollten ebenfalls vermieden werden. Sein Leitsatz lautete, dass alles, was der Patient nicht verdauen könne, Schaden anrichte. Daher sollten Patienten mit Darmkrankheiten nur leicht verdauliche Nahrungsmittel (insbesondere Kohlenhydrate) zu sich nehmen, sodass der Verdauungsprozess der Resorption der Kohlenhydrate nicht im Weg steht. Im Gegensatz zur weit verbreiteten Meinung verursachen unverdaute – und somit nicht resorbierte – Kohlenhydrate beim Durchlaufen des Dünn- und Dickdarms Probleme.

Auch Untersuchungen neueren Datums belegen die These, dass der Verlauf von Darmerkrankungen durch eine Änderung der Kohlenhydratzufuhr positiv beeinflusst werden könne. So reagierten Patienten mit zystischer Fibrose erstaunlich gut auf das Vermeiden bestimmter Kohlenhydrate, vor allem von raffiniertem Zucker (Saccharose), Milchzucker (Laktose) und Stärke (Cozzetto 1963, Jones 1964, Donaldson 1973, Sandberg 1974).[4]

Immer wieder wurde bei Patienten mit Colitis ulcerosa, Morbus Crohn und anderen Darmerkrankungen, die als funktionelle Diarrhö bezeichnet werden, Laktose mit einer Verschlechterung des Befindens in Verbindung gebracht (Struthers 1965, Wright 1965, Cady 1967, Kirschner 1981). Es stellte sich heraus, dass eine laktosefreie Ernährung zu einer bemerkenswerten gesundheitlichen Verbesserung führte (Truelove 1961 McMichael 1965, Chalfin 1967, Gudmand-Hoyer 1970, Tandon 1971).[5]

Zwei Artikel in der medizinischen Literatur aus den 80er-Jahren berichten über die positive Wirkung einer Diät bei Darmerkrankungen. Der erste Artikel beschreibt die Ergebnisse von Dr. von Brandes und Dr. Lorenz-Meyer aus Marburg, die bei 20 Patienten mit Morbus Crohn erhebliche Fortschritte erzielten, indem sie Lebensmittel und Getränke, die raffinierte Kohlenhydrate (hauptsächlich Saccharose und Stärke) enthielten, wegließen (von Brandes 1981). Bei der zweiten Studie mit 20 Morbus-Crohn-Patienten führte eine Ernährung ohne Getreide- und Milchprodukte zu einer anhaltenden Verbesserung. Das ließ den Schluss zu, dass die Ernährungs-

---

[4] Bei der zystischen Fibrose handelt es sich um eine Multisystemerkrankung, die in erster Linie die Lunge, aber auch die Bauchspeicheldrüse und die Gallenwege betrifft. Tatsächlich kann eine Ernährungstherapie den Verlauf der Erkrankung günstig beeinflussen, allerdings durch vermehrte Kalorienzufuhr, vorzugsweise durch vermehrten Fettkonsum unter Verwendung von mittelkettigen Fettsäuren (MCT), weniger durch Kohlenhydrate.

[5] Eine Reihe von Untersuchungen hat gezeigt, dass eine Laktoseunverträglichkeit bei Patienten mit Colitis ulcerosa oder Morbus Crohn nicht häufiger vorliegt als bei Menschen ohne Darmerkrankung.

umstellung eine langfristige, wirksame Therapie bei der Behandlung von Morbus Crohn darstellen könnte (Alun Jones 1985).

Ein kürzlich erschienenes Lehrbuch, das sich mit entzündlichen Darmerkrankungen befasst, beschreibt die Ergebnisse von 20 weltweit durchgeführten Studien über die Essgewohnheiten von Patienten mit Colitis ulcerosa und Morbus Crohn vor dem Auftreten der Symptome. Bei den Colitis-ulcerosa-Patienten zeigte sich ein hoher Konsum an Brot und Kartoffeln in Verbindung mit einer großen Menge von raffiniertem Zucker (Saccharose). In einer Studie über den Speiseplan von 124 Colitis-ulcerosa-Patienten gelangte man zu der Annahme, dass Brot den Erkrankungsverlauf negativ beeinflusse (Heaton 1990). 17 weitere in dem Lehrbuch aufgeführte Studien zeigten, dass Crohn-Patienten mehr Rohrzucker zu sich nahmen als Menschen, die nicht an dieser Erkrankung litten (20 bis 220 Prozent). Der Autor des Berichts stellte fest: »Die Folgerichtigkeit dieser Entdeckung ist erstaunlich, wenn man die Vielfältigkeit der Länder und der angewandten Methoden zur Ausführung der Studien bedenkt.«

Somit war für Dr. Heaton die Beziehung zwischen Morbus Crohn und einer zuckerreichen Ernährung zweifelsfrei bewiesen, und er merkte an, dass dies – abgesehen vom Rauchen – der deutlichste Hinweis für eine von außen induzierte Krankheit sei (Heaton 1990).

Dr. Claude Morin vom Sainte-Justine-Krankenhaus in Quebec berichtete von seinen Ergebnissen bei der Behandlung von vier Kindern, die schon lange an Morbus Crohn litten. Als Dr. Morin den Kindern über die Magensonde eine synthetische Elementardiät verabreichte, die als Hauptkohlenhydrat Glukose enthielt, zeigten sich starkes Körperwachstum und Gewichtszunahme sowie ein Abklingen der Symptome (Morin 1980). Im Unterschied zu Saccharose, Laktose und Stärke muss Glukose nicht verdaut werden. Sie wird im Dünndarm resorbiert und gelangt in den Blutkreislauf. Folglich können Menschen mit Verdauungsstörungen die in der synthetischen Elementardiät enthaltene Glukose sowie die in Früchten und Honig vorkommende Glukose verwerten.

Dr. Jan Van Eys vom Krebszentrum der University of Texas bestätigte dieses Prinzip; seiner Aussage zufolge könne die Magen-Darm-Schleimhaut von Kindern durch eine Diarrhö besonders leicht geschädigt werden, was eine Disaccharidunverträglichkeit zur Folge habe. Die Entwicklung disaccharidfreier Nahrungsmittel und Elementardiäten half den Ärzten, den Patienten ohne weitere Therapiemaßnahmen eine Genesung zu ermöglichen (Van Eys 1977). Im Bericht Dr. Van Eys' finden sich keine Angaben darüber, was zu einer Unverträglichkeit von Disacchariden führen kann und welcher Zusammenhang zwischen Diarrhö und der Verdauung von Disacchariden besteht. Doch unlängst entdeckte Dr. J. Ranier Poley von der Eastern Virginia Medical School eine Verbindung zwischen Diarrhö und der Unfähigkeit, Stärke und Disaccharide zu verdauen. Seine mikroskopischen Untersuchungen der Darmschleimhaut von Patienten mit verschiedenen Durchfallbeschwerden belegen, dass die meisten dieser Patienten aufgrund der übermäßigen Schleimproduktion von Darmzellen keine Disaccharide verdauen können. Offenbar wird der Kontakt zwischen den Disacchariden und den Verdauungsenzymen der resorbierenden Zellen durch eine ungewöhnlich dicke Schicht Oberflächenschleim verhindert. Folglich kann der Organismus Zucker nicht aufspalten und aufnehmen, sodass ihm Energie fehlt. Dieses Phänomen tritt insbesondere bei Patienten mit Zöliakie (Glutenunverträglichkeit), Sojaeiweiß- und Milcheiweißunverträglichkeit, ausgeprägtem Durchfall im Säuglingsalter, chronischen Durchfällen im Kindesalter, parasitären Infektionen des Darms, zystischer Pankreasfibrose oder Morbus Crohn auf (Poley 1984). Die Ursachen für eine übermäßige Schleimproduktion werden in Kapitel 3 behandelt.

In Kapitel 5 wird näher darauf eingegangen, warum einige Kohlenhydrate nicht resorbiert werden und im Darmtrakt verbleiben. Die im Darm befindlichen Mikroorganismen (Hefen und Bakterien) verwerten diese Kohlenhydrate zur Energiebeschaffung und zur Vermehrung (Salyers 1979). Auch können die Kohlenhydrate von Bakterien so verändert werden, dass sie die Darmschleimhaut schädigen, die dann mit einer übermäßigen Schleimentwicklung reagiert und die Ereigniskette einer Darmerkrankung auslöst.

Oft ist es schwer, die Ursache dieser Ereigniskette herauszufinden. Bereits 1922 warnte Dr. Robert McCarrison in einer Rede über »Faulty Food in Relation to Gastrointestinal Disorders« seine Fachkollegen vor der zunehmenden Häufigkeit von Darmproblemen. Er bat sie zu bedenken, dass Bakterien – die meist für Darmerkrankungen verantwortlich gemacht werden – eine Lebensgrundlage benötigten, und Nahrung »oft erst den Nährboden für bakteriellen Wachstum liefert«. (McCarrison 1922)

## Darstellung 2: Ereigniskette

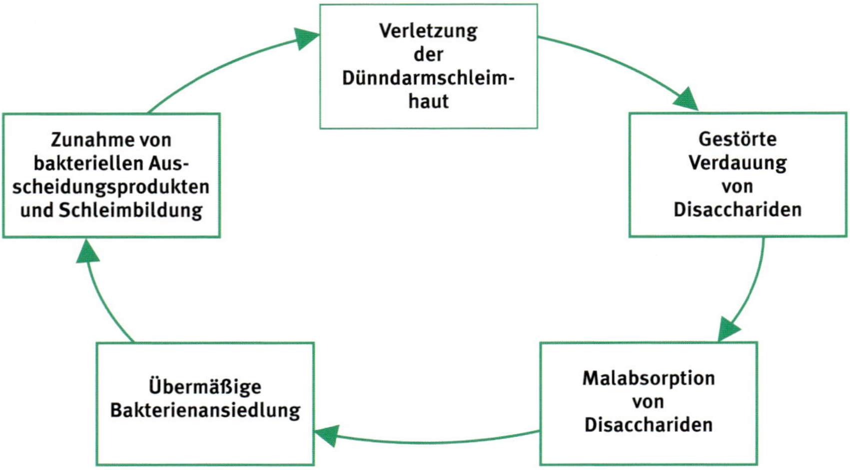


Bei einigen Erkrankungen können Kohlenhydrate, für die zahlreiche Verdauungsprozesse erforderlich sind, einen schlecht funktionierenden Darm überfordern. Das Verbleiben von Kohlenhydraten im Darm unterstützt ein übermäßiges Wachstum von Hefen und Bakterien und löst somit die Ereigniskette aus oder erhält sie zumindest aufrecht.

Das Ziel der Speziellen Kohlenhydratdiät besteht darin, den Mikroorganismen des Darms die für eine Vermehrung benötigte Nahrung zu nehmen. Ein Mensch mit Darmproblemen kann mithilfe »vorverdauter« Kohlenhydrate optimal ernährt werden, ohne die mikrobische Darmpopulation zum Wachstum anzuregen.

## Kapitel 3

# Einblick in die Welt der Darmbakterien

**»Die zwei riskantesten Dinge, die ein Astronaut bei langen Flügen mit in die Raumkapsel nimmt, sind sein Gehirn und seine Darmflora.« (Bengson 1979)**

**»Ein Mensch ist das, was seine Bakterien aus ihm machen.« (Kopeloff 1930)**

Ärzte und Forscher sind sich im Allgemeinen darüber einig, dass das Gleichgewicht zwischen den einzelnen Arten von Mikroorganismen bei manchen Darmbeschwerden und chronischen Darmerkrankungen gestört ist.[6] Es ist daher wichtig, ein Verständnis von den Bewohnern der uns nicht sichtbaren Welt des Darms zu bekommen.

Vor der Geburt ist der menschliche Darm frei von Bakterien (Haenel 1970, Shahani 1980). Danach wird er jedoch schon bald von Mikroorganismen bevölkert, deren Art von der verabreichten Milch und anderen äußeren Einflüssen abhängen. Mikroorganismen gelangen durch das Einatmen oder durch Hautkontakt in den Körper. Bei gestillten Säuglingen ist zunächst zu 99 Prozent nur eine Art von Bakterien im Darm vorhanden (Haenel 1970). Mit der Einführung anderer Lebensmittel kommt eine größere Vielfalt hinzu.

Studien haben ergeben, dass sich mehr als 400 Bakterienarten im Dickdarm eines erwachsenen Menschen befinden (Moore 1975). Der Magen und der Großteil des Dünndarms beherbergen für gewöhnlich nur eine kleine Menge der Mikroorganismen, allerdings nimmt die Zahl der Mikroorganismen im unteren Teil des Dünndarms (Ileum) aufgrund der Nähe zum Dickdarm zu (Simon 1981).

---

[6] Die Wechselwirkung zwischen Bakterien und Darmschleimhaut bei chronisch entzündlichen Darmerkrankungen ist Gegenstand intensiver Forschung; deren genaue Bedeutung ist allerdings noch nicht bekannt.

### Darstellung 3: Der Darmtrakt

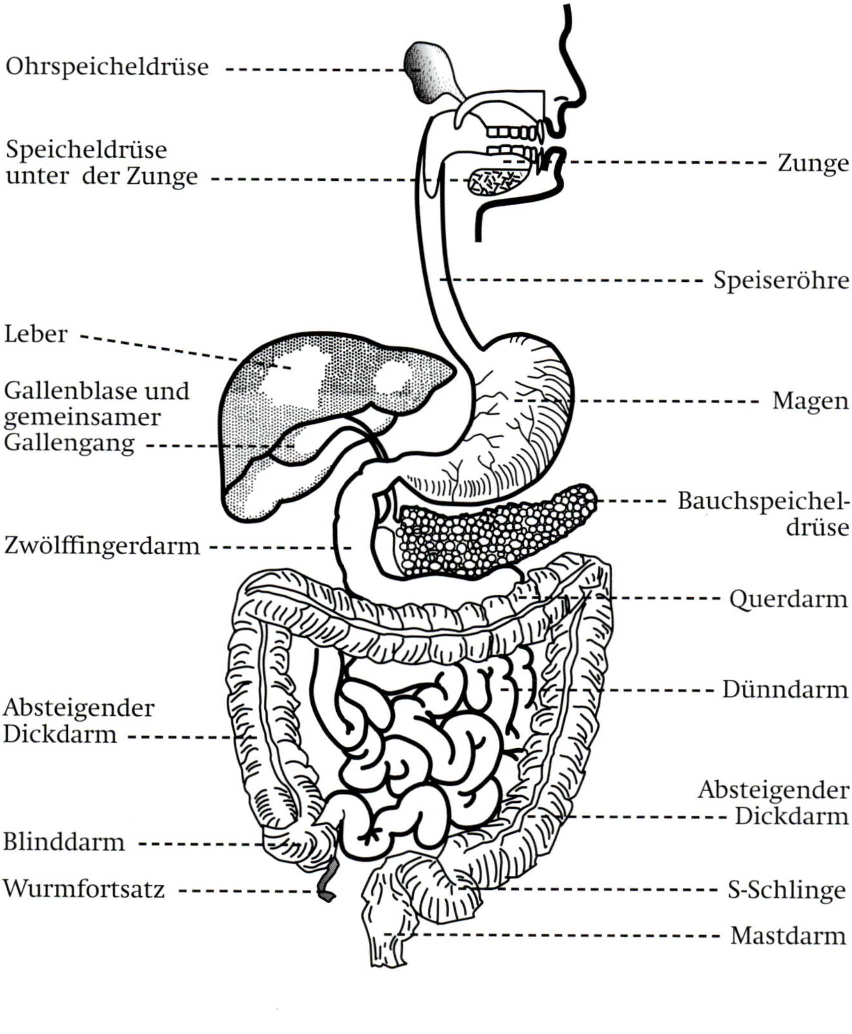


In einem gesunden Darm leben die Mikroorganismen im Gleichgewicht. Der Überschuss einer Art kann aufgrund der Aktivitäten anderer Arten nicht entstehen; diese Konkurrenz zwischen den Mikroorganismen verhindert, dass eine Bakterienart den Organismus mit seinen Nebenprodukten und Giftstoffen überhäuft. Viele eingedrungene Mikroorganismen werden durch die Muskelkontraktionen des Darmtrakts (Peristaltik) wieder hinaustransportiert, und die Magensäure, in der Mikroorganismen normalerweise nicht überleben können, hält die bakterielle Besiedlung des Magens und Dünndarms gering.

Dennoch kann es aus verschiedenen Gründen zu einem übermäßigen bakteriellen Wachstum im Magen und im Dünndarm kommen. Einige der Gründe dafür sind:

1. Die Beeinträchtigung des Säuregehalts im Magen durch die kontinuierliche Einnahme von Antazida (Medikamente zur Neutralisation der Magensäure).
2. Eine altersbedingte Abnahme der Magensäure (Feibusch 1982).
3. Unterernährung oder schlechte Ernährung und die daraus folgende Schwächung des Immunsystems (Gracey 1981, McEvoy 1983).
4. Eine Antibiotikatherapie, die eine Veränderung der Darmbesiedlung bewirken kann. Ein Mikroorganismus, der sich für gewöhnlich im Darm befindet ohne Schaden anzurichten, kann infolge einer Therapie mit Antibiotika verschiedene Veränderungen durchlaufen (Dubos 1962).

Wenn das normale Gleichgewicht des Dickdarms gestört ist, können die in ihm lebenden Mikroorganismen in den Dünndarm und den Magen gelangen, die Verdauung beeinträchtigen, dem Organismus Nährstoffe entziehen und den Darmtrakt mit ihren Abfallprodukten belasten (Haenel 1970). Auch wird bei einem übermäßigen bakteriellen Wachstum im Dünndarm das Vitamin $B_{12}$ schlechter resorbiert (Donaldson 1964, King 1979).

Seit langer Zeit ist bekannt, dass Bakterien und Hefen Darmkrankheiten verursachen oder diese verschlimmern können. Bereits 1904 wies eine Untersuchung des Stuhls von Kindern, die angeblich an Zöliakie erkrankt waren, eine ungewöhnlich hohe Menge an Gärungsbakterien (»Kohlenhydratfresser«) und Fäulnisbakterien (»Proteinfresser«) auf, die sich offenbar schädlich auf den Krankheitsverlauf auswirkten. Die untersuchenden Ärzte vermuteten, dass bei Zöliakie die normale Regulation bakteriellen Wachstums gestört sei (Haas 1951).

Die ersten Wissenschaftler, die sich mit Colitis ulcerosa beschäftigten, hielten Bakterien für die Ursache der Erkrankung. Zwischen 1906 und 1924 gab es zahlreiche Forscher, die verschiedene Bakterienarten isolierten und diese oder deren Produkte in Versuchstiere injizierten. Sie glaubten zu beobachten, dass die Tiere daraufhin an Colitis ulcerosa erkrankten (Flexner 1906, Morgan 1907, Bassler 1922, Bargen 1924). Als Dr. B.B. Crohn 1932 in einem Vortrag von einer neuen Darmerkrankung berichtete, die er »regionäre Ileitis« nannte (heute als Morbus Crohn bekannt), gingen einige Ärzte davon aus, dass Mikroorganismen die Krankheit verursachten (Crohn 1932).

Seit den 20er-Jahren wird die Rolle der Mikroorganismen und ihrer Abfallprodukte untersucht, um der Ursache für die verschiedenen entzündlichen Darmkrankheiten auf die Spur zu kommen (Menon 1930, Bargen 1931, Hurst 1931, Felsen 1953, Takeuchi 1968, Staley 1970, DuPont 1971). Oft schien es Hinweise für bestimmte Bakterien als Krankheitsauslöser zu geben, doch wurde die Forschungsarbeit schließlich aus Mangel an Beweisen eingestellt. Eines der Probleme beim Versuch, die ursächlichen Bakterien genau zu bestimmen, war die häufig wechselhafte Zusammensetzung der Darmflora und die Schwierigkeit ihrer genauen Identifizierung im Labor.

Während dieser frühen Forschungsjahre stellte Dr. Ilya Metchnikoff die These auf, dass die Bakterien im Darm Gifte produzieren, die in den Blutkreislauf gelangen. Metchnikoff hielt diese Gifte für die Ursache vieler Beschwerden und nannte den krankheitsauslösenden Prozess »Autointoxication« (Metchnikoff 1908). Im Unterschied zu anderen Forschern, die nach dem für Darmerkrankungen verantwortlichen Mikroorganismus suchten, ging Metchnikoff die Sache anders an. Er war der Ansicht, dass schädliche Mikroorganismen keine Bedrohung darstellen, solange die Darmflora in einem gesunden Gleichgewicht gehalten werde (McCarrison 1922).[7]

Er hielt den Verzehr von Dickmilch für sinnvoll, da er annahm, dass die in der Dickmilch enthaltenen Bakterien die Darmbakterien daran hindern, schädliche Gifte zu produzieren. Seine Vorschläge wurden zwar nicht überall, aber doch von einigen hervorragenden Gastroenterologen und Wissenschaftlern anerkannt. Dr. Donaldson schrieb 1964 zum Thema Bakterien und Darmerkrankungen, dass das Konzept der »Autointoxication« von Metchnikoff in mancherlei Hinsicht wieder berücksichtigt werden müsse (Donaldson 1964).

Noch heute folgen Wissenschaftler Metchnikoffs Thesen und erforschen die potenziellen Vorteile von Dickmilch. Es wird untersucht, ob sich die zur Fermentation von Milch benutzten Bakterien tatsächlich im Darm ansiedeln, wenn ja wie lange und welche der Dickmilchbakterien Toxine an-

[7] Die These der Autointoxikation ist überholt, aber dennoch weit verbreitet. Die Konsequenz ist häufig ein Missbrauch von Abführmitteln, der zu einer Reihe von gesundheitlichen Schäden führt.

derer Bakterien neutralisieren können (Robins-Browne 1981). Weiterhin wird der Frage nachgegangen, ob sich die zur Herstellung von Dickmilch verwendeten Bakterien oder die Dickmilch selbst vorteilhaft auswirken (Kolars 1984).

In den 80er-Jahren wurde in zahlreichen Artikeln die Vermutung ausgesprochen, dass bestimmte Toxine die Darmzellen verletzen und damit eine Reihe von Durchfallerkrankungen auslösen. Einige der Toxin produzierenden Bakterien waren bis dahin nicht als krankheitsverursachend bekannt (Gracey 1981). Obwohl hinreichende Beweise fehlen, um chronische Darmerkrankungen jeweils einem bestimmten Mikroorganismus zuzuordnen, ist man sich im Allgemeinen über eine Beteiligung der Darmbakterien einig. Es besteht die Annahme, dass Bakterien erst dann krankheitsauslösend seien, wenn sie sich an die Darmwand anheften (Taylor 1976, Arbuthnott 1979).

Bei den uns bekannten Darmkrankheiten verändern sich bestimmte Mikroorganismen in ihrer Anzahl, in ihrer Art oder in beidem. Die Peristaltik der Darmmuskulatur reicht nicht aus, um unerwünschte Bakterien zu entfernen. Eine einfache Vorgehensweise, unerwünschte Darmbakterien unschädlich zu machen, wäre die Anwendung von Antibiotika. Diese häufig angewendete Therapiemethode ist bei den meisten chronischen Darmerkrankungen jedoch nur begrenzt erfolgreich (Necheles 1965, Sandine 1972, Johnson 1974, George 1979, Willoughby 1982, Ziv 1983, Low-Beer 1971, Keusch 1976, Toffler 1978, Sakurai 1979, Boriello 1980, Fournier, Friedman 1980, Saginur 1980, Thomson 1981, Weidema 1980, Coleman 1981, Lishman 1981). Andere Medikamente, die zur Behandlung von Darmkrankheiten eingesetzt werden, wie z. B. Kortison, weisen bei längerer Anwendung Nebenwirkungen auf.[8]

Eine unerwünschte Darmflora kann in ihrem Wachstum gebremst werden, wenn ihre Energiezufuhr durch eine Diät beeinflusst wird. Die meisten Mikroorganismen beziehen ihre Energie aus Kohlenhydraten (Salyers 1979), und die Spezielle Kohlenhydratdiät grenzt die Verfügbarkeit dieser Kohlenhydrate stark ein. Indem man den Mikroorganismen ihre Energiequelle nimmt, vermindert man nach und nach ihre Anzahl und somit auch ihre Abfallprodukte.

---

[8] Kortisonpräparate haben keine hemmende Wirkung auf Bakterien; sie unterdrücken die (überschießende) Immunantwort gegen Erreger.

## Kapitel 4

# Den Teufelskreis durchbrechen

Von allen Nährstoffen haben Kohlenhydrate den größten Einfluss auf die Zusammensetzung der Darmflora. Durch die Fermentation (durch Bakterien induzierte chemische Umwandlung) der im Darmtrakt übrig gebliebenen Kohlenhydrate erhalten die Mikroorganismen die nötige Energie für ihren Lebenserhalt und ihr Wachstum (Stephen 1985).

Der Fermentationsprozess soll im Folgenden dargestellt werden:

**Darstellung 4: Fermentation im Darm**

Die Fermentation wird begünstigt, wenn in der Nahrung Kohlenhydrate enthalten sind, die im Darmtrakt verbleiben, anstatt in den Blutkreislauf zu gelangen (Weijers 1965). Nicht resorbierte Kohlenhydrate sind die Hauptursache für Darmgase. In 30 ml Milch enthaltene, unverdaute Laktose z. B. erzeugt normalerweise ca. 50 ml Darmgas; doch unter bestimmten Bedingungen, z. B. bei einer Ansiedlung von Dickdarmbakterien im Dünndarm, kann sich die Erzeugung von Gasen um das Hundertfache erhöhen.[9]

Unverdaute und nicht resorbierte Kohlenhydrate unterstützen die Ansiedlung und Vermehrung von Dickdarmbakterien im Dünndarm. Dies wiederum kann zur Bildung von Stoffen führen, die – ebenso wie vermehrte Darmgase – den Dünndarm angreifen. Beispiele dafür wären Milch-, Essig- und andere kurzkettige organische Säuren, die aus dem Fermentationsprozess

---

[9] Ursachen der so genannten bakteriellen Fehlbesiedlung des Dünndarms sind meist erfolgte Operationen, Erkrankungen des Magens oder Störungen der Dünndarmmotilität.

hervorgehen.[10] Vieles weist darauf hin, dass Milchsäure außerdem Mitauslöser für die Verhaltensstörungen ist (Oh 1979, Stolberg 1982, Traube 1982), die oft in Begleitung von Darmerkrankungen auftreten. Die Bildung von Milchsäure kann durch die Spezielle Kohlenhydratdiät vermindert werden.

### Darstellung 5: Der Teufelskreis

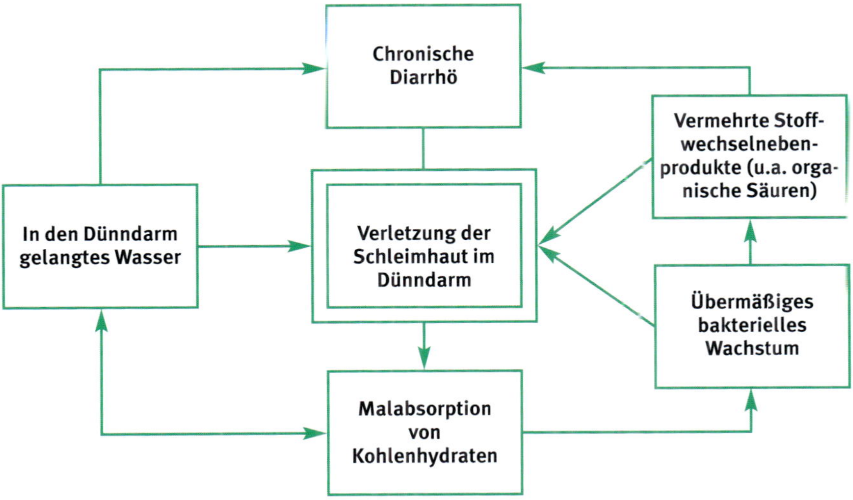


Die Erzeugung großer Mengen kurzkettiger organischer Säuren durch die Fermentation im Darm könnte sich letzten Endes als wichtiger Anhaltspunkt bei der Ursachenforschung chronisch entzündlicher Darmerkrankungen erweisen.

Ein kürzlich veröffentlichter Aufsatz in der Zeitschrift »Science« mit dem Titel »Grain Feeding and the Dissemination of Acid-Resistant Escherichia coli from Cattle (Getreidefütterung und die Ausbreitung säurebeständiger Escherichia coli bei Rindern)« eröffnet eine neue Perspektive im Hinblick auf eine Veränderung von Bakterienmerkmalen durch Säure (Diez-Gonzalez 1998). Seit Beginn der 80er-Jahre gibt es Hinweise darauf, dass häufig vorkommende Darmbakterien namens Escherichia coli aufgrund einer Veränderung ihrer Merkmale (Mutation) einige Formen der Colitis ulcerosa auslösen (Pai 1984, Riley 1983, Burke 1987). Die Mutation von Bakterien

[10] Durch bakterielle Fehlbesiedlung kann die Darmschleimhaut tatsächlich irritiert werden. Dies kann die Beschwerden bei einer bestehenden chronisch entzündlichen Darmerkrankung (CED) verschlechtern, ist jedoch nicht ursächlich für die Erkrankung.

kann verschiedene Ursachen haben; doch könnte man sich die Frage stellen, ob die Fermentation unverdauter, nicht resorbierter Stärke im Darm nicht ein saures Milieu verursacht, das zur Umwandlung einer harmlosen Bakterie in eine schädliche führt.[11]

Sobald die Bakterien im Dünndarm sich zu vermehren beginnen, wird die Ereigniskette (s. Darstellung 5) zu einem Teufelskreis; die Darmerkrankung wird verlängert, da die Darmgase zunehmen und Säure und andere Fermentationsprodukte das Problem der Malabsorption aufrechterhalten (Lifshitz 1982).

Die Bakterien im Dünndarm scheinen die Enzyme der Mukosazellen zu zerstören und dadurch die Verdauung und die Resorption von Kohlenhydraten zu verhindern. Somit stehen die Kohlenhydrate zur weiteren Fermentation zur Verfügung (Jonas 1977). Die zu diesem Zeitpunkt erfolgte übermäßige Schleimproduktion stellt vermutlich einen Selbstschutzmechanismus dar; der Darm versucht, sich gegen die mechanischen und chemischen Verletzungen durch bakterielle Gifte, Säuren und unvollständig verdaute Kohlenhydrate zu schützen.

Die Spezielle Kohlenhydratdiät kann den Teufelskreis durchbrechen, da sie den Menschen ausreichend, die Darmbakterien jedoch nur minimal ernährt. Es werden nur solche Kohlenhydrate mit der Nahrung aufgenommen, die einen minimalen Verdauungsprozess erfordern und praktisch nichts zurücklassen, was Mikroorganismen im Darm in ihrem Wachstum unterstützen könnte. Wenn die Anzahl der Bakterien durch eine reduzierte Energiezufuhr abnimmt, verringern sich auch die schädlichen Nebenprodukte, die die Darmschleimhaut schädigen. Der Darm muss sich nicht mehr durch eine vermehrte Schleimproduktion schützen, und die Kohlenhydrate werden besser verdaut.

Die speziell ausgewählten Kohlenhydrate reichen aus, um alle Zellen des Körpers angemessen zu versorgen, auch die des Immunsystems. Dies trägt zusätzlich dazu bei, die Darmflora im Gleichgewicht zu halten. Die leicht durchführbare Spezielle Kohlenhydratdiät verfolgt dieselben Ziele wie die klinische Elementardiät: die Reduktion und Veränderung des bakteriellen Wachstums und den Erhalt einer optimalen Nährstoffversorgung des Betroffenen (Johnson 1974, Jarnum 1976).

---

[11] Unverdaute Saccharide werden im Kolon durch ansässige Bakterien fermentiert. Die dadurch freigesetzten kurzkettigen Fettsäuren sollen günstige Einflüsse auf die Dickdarmschleimhaut haben.

## Kapitel 5

# Die Verdauung von Kohlenhydraten

**»Die Verdauung ist das große Geheimnis des Lebens.« (Go and Summerskill 1971)**

**»Alles, was der Patient zu sich nimmt und nicht verdauen kann, schadet ihm.« (Gee 1888)**

Die Ursachen für die verschiedenen Krankheiten können nicht mit Sicherheit bestimmt werden; doch ist es möglich, dass die fehlerhafte Verdauung und die Malabsorption bestimmter Kohlenhydrate – Stärke und Disaccharide – für die Erkrankungen mitverantwortlich sind.[12] Stärke und Disaccharide müssen erst in Monosaccharide aufgespalten werden, bevor sie resorbiert werden können. Wie wir in den vorherigen Kapiteln gesehen haben, kann dies bei einer beschädigten Darmschleimhaut zur Malabsorption aller Nährstoffe führen. Durch die Spezielle Kohlenhydratdiät wird die Aufnahme der Nahrung meist gebessert, die Nährstoffe gelangen in den Blutkreislauf, stärken das Immunsystem und der Patient gesundet.

Malassimilation ist der Oberbegriff für Maldigestion und Malabsorption. Maldigestion bezeichnet eine Störung der Verdauung und ist durch einen Mangel an Verdauungsenzymen gekennzeichnet. Zu diesem Mangel kommt es, wenn die Bauchspeicheldrüse oder die Galle den Dünndarm nicht ausreichend mit Verdauungsenzymen versorgt, um Eiweiß-, Fett- und Stärkemoleküle aufzuspalten. Eine weitere Ursache für Maldigestion kann das zu schnelle Wandern der Nahrung durch den Darmtrakt sein (z. B. bei Diarrhö); in diesem Fall haben die Verdauungsenzyme nicht genügend Zeit, hochmolekulare Nährstoffe, wie z. B. Stärke, Fett und Eiweiß, zu verdauen. Bei der Malabsorption sind die Mukosazellen nicht in der Lage, die Disaccharide in Monosaccharide aufzuspalten (intestinale Phase) und die Nährstoffe können nicht weitertransportiert werden (Transportphase).

Viele Forschungsberichte deuten darauf hin, dass Probleme in der Resorption – dem letzten Schritt der Nahrungsaufnahme – bei Darmerkrankungen

---

[12] Die Malabsorption von Kohlenhydraten trägt möglicherweise zu Beschwerden bei, ihre Rolle für die Entstehung und Aufrechterhaltung der CED ist jedoch gänzlich unbekannt.

zu einer Malabsorption führen (Poley 1984, Plotkin 1964, McMichael 1965, Weser 1965, Welsh 1969, Prinsloo 1971, King 1979, Gray 1982, Brunser 1984, Lee 1984). Die Resorption erfolgt in den Mikrovilli der Dünndarmschleimhaut.

**Darstellung 6: Gesunde, voll entwickelte resorbierende große Darmzelle**

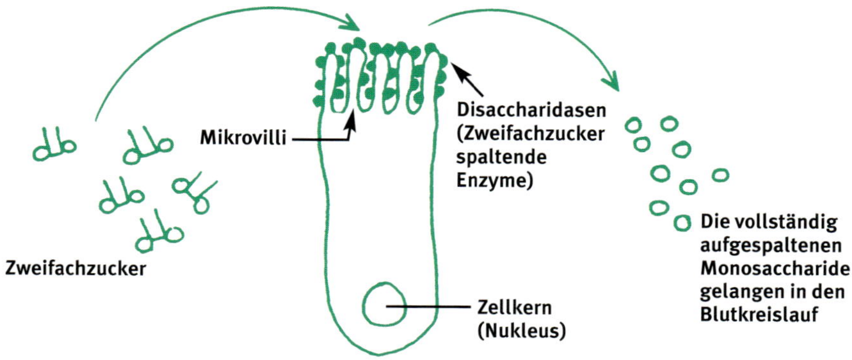


Die Darmmukosa spielt eine aktive Rolle bei der Verdauung. Wenn das Verdauungssystem ordnungsgemäß funktioniert, wirkt die Membran der »Pförtnerzellen« (Mukosazellen) an der Resorption mit und unterstützt gleichzeitig den Transport der Nährstoffe in den Blutkreislauf.

Der letzte Schritt der Kohlenhydratverdauung findet in den Mikrovilli der Dünndarmmukosa statt (s. Darstellung 6). Hier werden die Laktose (Milchzucker) und die Saccharose (Rohrzucker) gespalten. Außerdem findet an diesem Ort auch der letzte Schritt der Verdauung von Stärke statt, die in Lebensmitteln wie Getreide und Kartoffeln vorkommt. Es können nur die Kohlenhydrate resorbiert werden und in die Blutbahn gelangen, die durch die in den Mikrovilli befindlichen Enzyme in Monosaccharide gespalten worden sind (Moog 1981).

Die folgende Darstellung beschreibt die einzelnen Schritte der Kohlenhydratverdauung und führt die Enzyme der Mikrovilli auf, die den letzten Schritt des Verdauungsprozesses durchführen.

### Darstellung 7: Die Verdauung von Kohlenhydraten

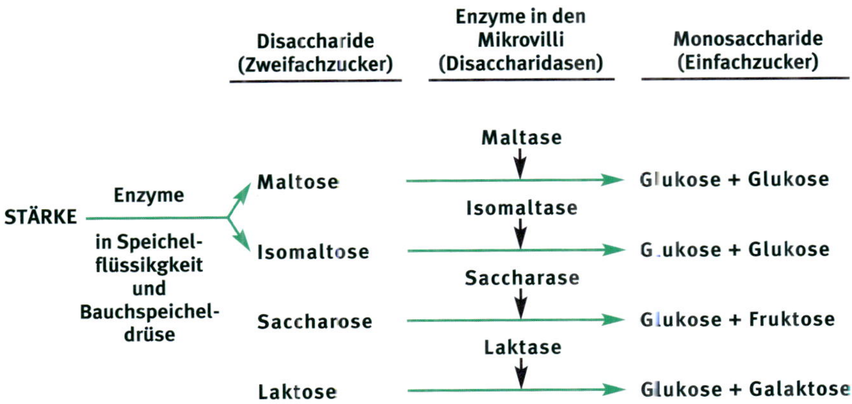


Die Struktur der Darmoberfläche kann sich während einer Darmerkrankung verändern. Infolgedessen wird die Verdauung schwer beeinträchtigt und der letzte Schritt der Verdauung der Kohlenhydrate somit erschwert (s. Darstellung 8) (Poley 1984, Plotkin 1964, Burke 1965, Kojecky 1965, McMichael 1965, Weser 1965, Welsh 1969, Prinsloo 1971).

### Darstellung 8: Abgeflachte, beschädigte, unterentwickelte resorbierende Darmzelle.

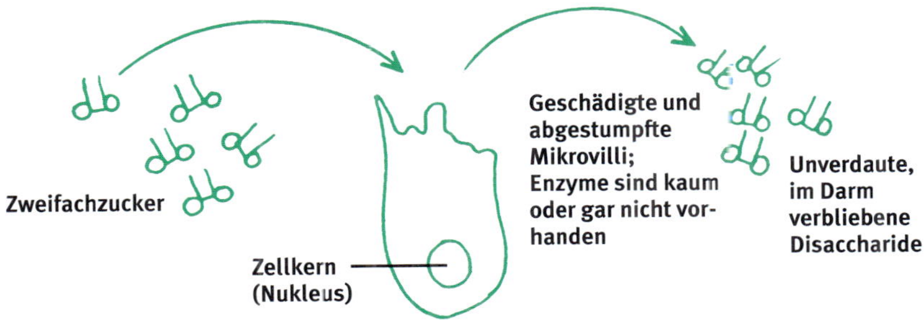


Die Disaccharidasen – Zweifachzucker spaltende Enzyme – können wegen ihrer Lage in der Darmzellenmembran leicht beschädigt werden. Ein Folsäure- (Davidson 1977) oder Vitamin-$B_{12}$-Mangel z. B. kann eine normale Entwicklung der Mikrovilli beeinträchtigen. Eine ungewöhnlich dicke, von den Mukosazellen produzierte Schleimschicht kann den Kontakt zwischen den Enzymen der Mikrovilli und den Disacchariden Laktose, Saccharose, Maltose und Isomaltose verhindern (Poley 1984). Außerdem können von Hefen, Bakterien oder Parasiten produzierte reizende und giftige Substanzen die Membran der Darmzellen beschädigen und ihre Enzyme zerstören (King 1979). Folgende Dünndarmerkrankungen werden oft mit einem Mangel an Laktase und anderen Disaccharidasen in Verbindung gebracht: Morbus Crohn, Zöliakie, Malnutrition, tropische Sprue, Cholera, allergische Gastroenteritis, Diarrhö bei Säuglingen, Pellagra, Reizkolon, Postgastrektomiesyndrom (nach Teilentfernung des Magens; Gray 1982), Sojaeiweißintoleranz, Kuhmilcheiweißintoleranz, parasitäre Infektionen des Darms und zystische Pankreasfibrose (Poley 1984, Plotkin 1964, McMichael 1965, Weser 1965, Welsh 1969, Prinsloo 1971, King 1979, Gray 1982, Brunser 1984, Lee 1984). Außerdem ist, wie in Kapitel 2 erwähnt, bei Colitis ulcerosa oft ein Laktasemangel vorhanden.[13]

Die Laktase ist für gewöhnlich das erste Enzym der Mikrovilli, das geschädigt wird, und auch das letzte, das sich nach Abklingen der Erkrankung wieder regeneriert. Oft findet zusätzlich ein Verlust der Enzyme Saccharase und Isomaltase statt, manchmal kommt es zu einem Maltasemangel (Gray 1982). Laktase wird durch schwere Fehlernährung (Malnutrition) und tropische Durchfälle (Sprue) stetig verringert. Ein Laktasemangel kann somit die Folge vorausgegangener Erkrankungen sein.

Mit den heutigen medizinischen Mitteln ist eine mangelnde Aktivität der Disaccharidasen oft schwer festzustellen.[14] Wenn während einer Darmerkrankung bei der Einnahme von Laktose, Saccharose und Stärke Krämpfe, Durchfälle und Erbrechen auftreten, kann eine Biopsieprobe des Dünndarms trotzdem eine normale Enzymaktivität der Disaccharidasen vorweisen. Dieser augenscheinliche Widerspruch könnte von einem fehlenden Kontakt zwischen den Enzymen und dem Zucker herrühren, der durch die in Kapitel 1 und 2 bereits erwähnte Schleimbarriere verursacht wird.

Sollte die Biopsieprobe auf eine mangelnde Enzymaktivität der Disaccharidasen hinweisen, könnte diese durch ein primär genetisches oder aber ein sekundäres Problem verursacht worden sein, das aus einer direkten Verletzung der Darmschleimhaut und einem Verlust der Mikrovilli resultiert. Eine Verletzung der Darmschleimhaut kann z. B. von Fehlernährung

---

[13] Entgegen früherer Ansichten kommt die Malabsorption von Laktose bei CED nicht vermehrt vor.

[14] Zur Diagnose der Disaccharid-Malabsorption stehen z.B. H2-Atemtests zur Verfügung.

oder von einer durch Nebenprodukte des bakteriellen Wachstums ausgelösten Reizung herrühren (Campos 1979, Brunser 1984).

In diesen Fällen verbleiben die Zucker unverdaut im Dünndarm (Poley 1984, Dvorak 1979) und verursachen eine Umkehrung des normalen Verdauungsprozesses. Die Nährstoffe gelangen nicht vom Darm in den Blutkreislauf, stattdessen wird Wasser ins Darminnere gezogen. Dieses nährstoffhaltige Wasser wird in Form von Durchfällen ausgeschieden, und so werden den Körperzellen wichtige Energie, Mineralien und Vitamine vorenthalten. Noch schlimmer ist jedoch, dass die im Darm verbliebenen Zucker Fermentationsprozesse und Bakterienwachstum unterstützen.

Die ansteigende Menge reizender Substanzen, die durch die zunehmende Bakterienansiedlung entsteht, veranlasst die Darmzellen dazu, sich zu wehren. So sondern die im Darm vorhandenen Schleim bildenden Drüsenzellen (Becherzellen) zum Schutz der Darmoberfläche vermehrt Schleim ab. Der Dünndarm produziert mehr Becherzellen, was die Schleimproduktion nochmals erhöht. Durch die entstandene dicke Schleimschicht können die in den Mikrovilli befindlichen Enzyme ihre Funktion, bestimmte Zucker aufzuspalten, nicht mehr erfüllen (Poley 1984).

Die Becherzellen sind nur begrenzt in der Lage, die Darmmukosa zu schützen; so ist die Darmoberfläche weiteren Angriffen ausgeliefert. Man geht davon aus, dass zu diesem Zeitpunkt die für Colitis ulcerosa charakteristische Geschwürbildung im Darm beginnt. Das könnte vielleicht erklären, warum bestimmte Proteine, wie z.B. Gluten, von der Schleimhaut aufgenommen werden und den Immunprozess der Zöliakie in Gang setzen.

Ganz selten kann durch eine Schädigung der Resorptionszellen auch die Aufnahme von Monosacchariden gestört werden; dies wird gewöhnlich durch eine Routineuntersuchung festgestellt (Lee 1984). Manchmal ist die Zahl der in den Dünndarm eindringenden Mikroorganismen so hoch, dass Hefen sogar in die Speiseröhre gelangen (Pope 1983). Wenn der Verdacht besteht, dass der gesamte Verdauungstrakt befallen ist – orale Infektion und Mundschwamm könnten Indikatoren dafür sein –, sollte zu Beginn der Diät die Einnahme von Honig eingeschränkt werden (die in den Rezepten angegebene Honigmenge um 75 Prozent reduzieren). Wenn sich der Zustand bessert, kann wieder eine normale Menge Honig verzehrt werden.[15]

[15] Nach dem heutigen Kenntnisstand hat eine Besiedlung des Darms mit Hefen keinen Krankeitswert. Soorbefall der Mundhöhle oder der Speiseröhre ist meist Ausdruck einer schweren Unterdrückung des Immunsystems und nicht einer falschen Ernährung.

Die Unverdaulichkeit von Stärke zieht seit kurzem die Aufmerksamkeit der Wissenschaftler auf sich. Einige stärkehaltige Lebensmittel, von denen angenommen wurde, dass sie vollständig resorbiert werden, können in Wirklichkeit von den meisten gesunden Menschen nur unvollständig verdaut werden (Anderson 1981, Feibusch 1982). Bei Menschen mit Darmerkrankungen ist die Stärkeverdauung sogar noch mangelhafter. Da Stärke während der Verdauung von den Enzymen des Speichels und der Bauchspeicheldrüse in die Disaccharide Maltose und Isomaltose aufgespalten wird, müssen stärkehaltige Lebensmittel, die in Kapitel 8 nicht als zulässig aufgeführt sind, gemieden werden.

Einige der in der Speziellen Kohlenhydratdiät verwendeten Lebensmittel enthalten Stärkearten, die sich als verträglich erwiesen haben. Dazu zählen Hülsenfrüchte, wie z. B. getrocknete Bohnen, Linsen und Erbsen (Kichererbsen, Sojabohnen und Bohnensprossen sind nicht erlaubt). Nach dem dritten Monat werden die Hülsenfrüchte in kleinen Portionen in die Ernährung aufgenommen, müssen vor dem Kochen jedoch mindestens 10–12 Stunden eingeweicht werden und anschließend gut abtropfen, da sie Zucker enthalten, die nur durch das Einweichen in Wasser entfernt werden können (Rackis 1975). Die Stärke in allen Getreidesorten, Mais und Kartoffeln sollte strengstens gemieden werden. Auf Maissirup sollte ebenfalls verzichtet werden, da es eine Mischung verschiedener kurzkettiger und daher ungeeigneter Stärkearten enthält (Fisher 1981, Lebenthal 1983).

## Kohlenhydrate in Lebensmitteln

### 1. Monosaccharide

Monosaccharide müssen nicht aufgespalten werden, bevor sie vom Darm aus in die Blutbahn gelangen. Zu ihnen zählen Glukose (Traubenzucker), Fruktose (Fruchtzucker) und Galaktose (Schleimzucker). Glukose und Fruktose sind in Honig, Obst und einigen Gemüsesorten enthalten, Galaktose ist in Joghurt zu finden.

### 2. Disaccharide

Disaccharide müssen von den Enzymen in den Mikrovilli der Mukosazellen aufgespalten werden. Sie werden eingeteilt in Laktose (Milchzucker), Saccharose (Rohr- und Rübenzucker), Maltose (Malzzucker) und Isomaltose. Laktose kommt in frischer Milch, Milchpulver, im Handel erhältlichem Joghurt, selbst gemachtem Joghurt (weniger als 24 Stunden fermentiert),

Schmierkäse, Quark, Frischkäse, Eiscreme, saurer Sahne, Molke (70 Prozent Laktose) und vielen anderen Milchprodukten mit Milch oder Molkezusätzen vor. Viele Medikamente und Vitamintabletten enthalten Laktose als Trägersubstanz.[16]

Saccharose ist Rohr- und Rübenzucker und kommt in verarbeiteten Lebensmitteln wie z. B. Desserts, Ketchup, Getreideprodukten, vielen Dosen- oder Fertiggerichten und Tiefkühlkost vor (s. S. 178). In einigen pasteurisierten Honigsorten findet sich ein kleiner Anteil Saccharose (ca. ein bis drei Prozent), der jedoch im Rahmen der Spezifischen Kohlenhydratdiät erfahrungsgemäß vertragen wird. Nicht pasteurisierter Honig enthält keine Saccharose, da ein im Honig vorhandenes Enzym jede eventuell vorhandene Saccharose aufspaltet. Einige Obst- und Nusssorten enthalten kleine Mengen Saccharose, können aber dennoch verzehrt werden (s. Kapitel 8). Beim Reifungsprozess vieler Obstsorten wird vorhandene Saccharose durch fruchteigene Enzyme gespalten.

Maltose und Isomaltose kommen in Lebensmitteln wie Maissirup und Süßigkeiten vor, hauptsächlich aber in Stärke. Diese besteht aus langen Ketten von Glukosemolekülen, die zum Teil durch Enzyme im Speichel und in der Bauchspeicheldrüse verdaut werden und als Maltose und Isomaltose im Dünndarm übrig bleiben. Dort werden sie durch die Enzyme der Mikrovilli aufgespalten.

## 3. Stärke (Polysaccharide)

Es gibt zwei Arten von Polysacchariden: Amylose und Amylopektin. Die meisten Gemüsesorten enthalten beide Arten in unterschiedlichen Anteilen. In manchen Reissorten z. B. sind große Mengen Amylosestärke und nur wenig Amylopektinstärke vorhanden, in anderen Reissorten, Süßkartoffeln oder Jamswurzeln findet sich nur Amylopektinstärke (Juliano 1972). Ebenso wie Reis enthalten einige Maissorten eine sehr stark verzweigte Art der Amylopektinstärke. Offenbar verändert der Versuch, den Proteingehalt einer Kulturpflanze genetisch zu verändern, auch die von dieser Pflanze gebildete Stärke (Juliano 1972). Das variierende Verhältnis verschiedener Stärkearten könnte die Fähigkeit unseres Darms beeinflussen, Stärke vollständig zu verdauen. Auch könnten die Proteine bestimmter Pflanzen eine vollständige Aufspaltung von Stärke verhindern (s. Kapitel 6; Cooke 1984). Interessanterweise fand eine Gruppe von Wissenschaftlern heraus,

[16] Die in Medikamenten enthaltene Laktosemenge ist in der Regel unbedenklich.

dass einige Darmbakterien durch das Vorhandensein unverdauter Maisstärke im Darm entarten können (Weiner 1983).

Gemüsearten, die mehr Amylose als Amylopektin enthalten, können besser verdaut werden, da die Glukosebausteine des Amylosestärke-Moleküls linear angeordnet sind und so von den Verdauungsenzymen des Speichels und der Bauchspeicheldrüse leichter erreicht werden können (s. Darstellung 9). Die Verbindungen zwischen den linear angeordneten Glukosebausteinen werden aufgespalten, bis die Kette auf zwei chemisch verbundene Glukosemoleküle (Maltose) reduziert ist.
Amylopektinmoleküle bestehen aus verzweigt angeordneten Glukosebausteinen. Wenn die Amylopektinmoleküle zum Teil von den Enzymen der Bauchspeicheldrüse verdaut worden sind, verbleiben die Disaccharide Maltose und Isomaltose im Dünndarm, um im letzten Schritt der Verdauung von den Enzymen der Mikrovilli aufgespalten zu werden.

## Darstellung 9: Stärke

Jeder kleine Kreis steht für ein Glukosemolekül

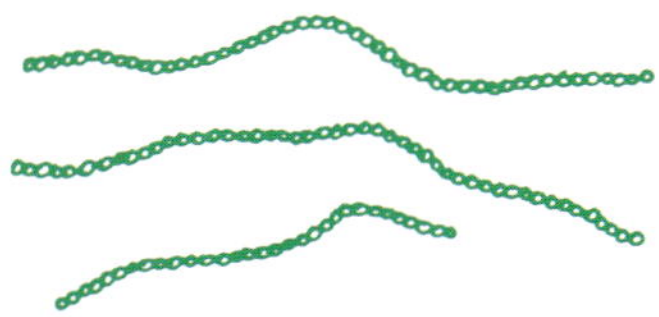

Amylose

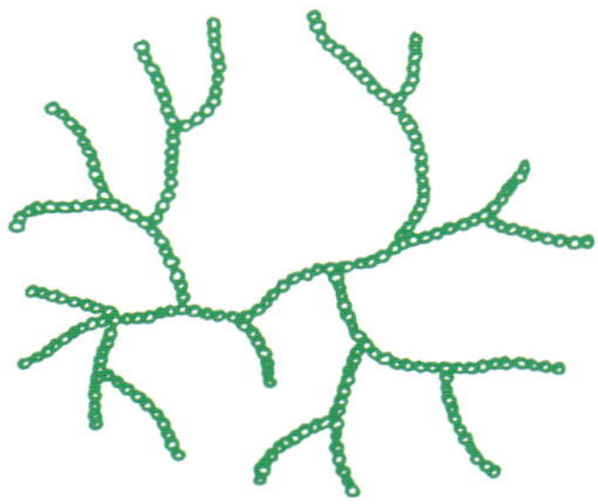

Amylopektin

Erst kürzlich entdeckten Dr. Gunja-Smith und seine Mitarbeiter, dass das Amylopektinstärke-Molekül noch verzweigter ist als bisher angenommen (Gunja-Smith 1970).

### Darstellung 10: Revidiertes Bild der Amylopektinstärke

Wie auf der Zeichnung zu sehen, scheint das Innere des Moleküls schwer zugänglich zu sein. Es ist daher gut möglich, dass die Enzyme der Bauchspeicheldrüse die inneren Verzweigungen nicht erreichen können und Teile der Amylopektinstärke-Moleküle so der Aufspaltung entgehen, im Darm verbleiben und den Fermentationsprozess unterstützen.

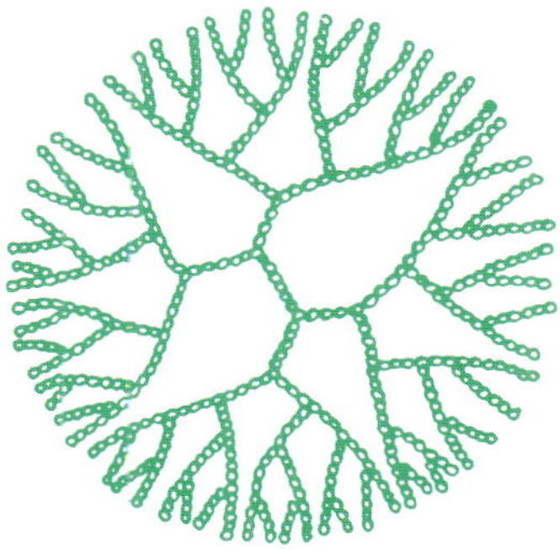

Über die in den verschiedenen Getreidesorten und anderen stärkehaltigen Lebensmitteln enthaltene Amylopektin- und Amylosemenge gibt es zur Zeit nur wenige Informationen.

Ballaststoffe sind Bestandteile von Obst, Gemüse, Nüssen und Getreide. Sie können von den Enzymen im Verdauungstrakt nicht verdaut werden. In Obst, Nüssen, Gemüse und getrockneten Hülsenfrüchten enthaltene Ballaststoffe dürfen im Rahmen der Speziellen Kohlenhydratdiät verzehrt werden, Ballaststoffe aus Getreide, einschließlich Kleie, sind nicht erlaubt.

## Kapitel 6

# Gluten

Getreide wie Weizen, Roggen, Hafer, Mais, Gerste, Reis und Buchweizen werden im Zusammenhang mit der Behandlung von Darmerkrankungen, insbesondere der Zöliakie, schon seit längerem sehr kritisch betrachtet. Eine Zeit lang wurde angenommen, dass ihre negative Wirkung auf die Darmzellen von den stärkehaltigen Bestandteilen herrührte. Im Jahr 1950 jedoch stellte der niederländische Wissenschaftler W. K. Dicke fest, dass das Gluten, ein Proteinbestandteil von Weizen, bei Patienten mit Zöliakie eine dauerhafte Verletzung der Darmzellen verursacht (Dicke 1950).

Gluten ist das vorherrschende Protein in Weizen und Roggen; wie alle Proteine besteht es aus mehreren hundert Bausteinen, den Aminosäuren, die miteinander verbunden sind und so das Molekül bilden. Bei den meisten Menschen wird das Glutenmolekül von Verdauungsenzymen im Dünndarm aufgespalten, und die einfachen Aminosäuren werden im Darm resorbiert (Matthews 1975, Moog 1981). Man nimmt an, dass das Gluten bei der Zöliakie nicht verdaut werden kann.[17]

Vor 1950 wurde die Zöliakie vorwiegend anhand der klinischen Symptomatik diagnostiziert. Erkrankte Kinder sind unterdurchschnittlich klein und relativ dünn, haben einen aufgeblähten Unterleib und durchlaufen abwechselnd Perioden mit häufigem Durchfall, normalem Stuhlgang und Verstopfung. Der Stuhl ist blass und schleimig und riecht faul. Damals gab man den Patienten laktosefreie Proteinmilch und verzichtete auf bestimmte stärke-, saccharose- und laktosehaltige Lebensmittel. Daraufhin verschwanden die Symptome schon nach kurzer Zeit (Haas 1951).

Dr. Dickes These und die Möglichkeit, mit modernen Instrumenten Gewebeproben des Darms zu entnehmen, lieferten eine zusätzliche Diagnosemethode. Trotz vorliegender Symptome wurde die Diagnose Zöliakie erst gestellt, wenn zusätzliche Kriterien erfüllt waren. Es wurden insgesamt drei Gewebeproben entnommen; die erste erfolgte vor der Umsetzung auf glu-

---

[17] Die Annahme, die nicht erfolgte Verdauung von Gluten wäre auslösend für die Sprue, ist eine – nicht favorisierte – Hypothese. Vielmehr geht man derzeit davon aus, dass die Ursache in einer Immunreaktion gegen einen Komplex aus Gliadin und Gewebstransglutaminase in der Schleimhaut liegt.

tenfreie Kost, die zweite während einer glutenfreien Ernährungszeit und die dritte nach erneuter Gluteneinnahme. Zöliakie wurde diagnostiziert, wenn die Gewebeproben die Veränderungen in der Ernährung nachwiesen. Unter dem Mikroskop betrachtet, mussten die Darmzellen bei der ersten und dritten Probe geschädigt sein, bei der zweiten jedoch voll funktionsfähig. So wurde lediglich ein kleiner Teil der Patienten, die die klinische Symptomatik von Malabsorption, Durchfall, aufgeblähtem Unterleib und Wachstumsstörungen aufwiesen, als Zöliakiepatienten eingestuft. Bei dem Rest, einer großen Gruppe von Patienten mit denselben klinischen Symptomen, wurden andere Krankheiten, wie z.B. idiopathische (ohne erkennbare Ursache entstandene) Diarrhö, tropische Sprue, einheimische Sprue, Steatorrhö (Fettdurchfälle), Wachstumsstörungen oder Malabsorption diagnostiziert. Folglich blieb die Anzahl der »echten« Zöliakiepatienten im Vergleich zu einer großen Gruppe von Patienten mit anderen Erkrankungen sehr gering (Cluysenaer 1977).[18]

Viele Mediziner begrüßten die neue diagnostische Methode, da nun scheinbar die wahren schuldigen Getreidesorten erkannt worden waren und die Gewebeproben den Beweis für das gesuchte Ursache-Wirkung-Prinzip lieferten. Außerdem musste nur eine Lebensmittelkomponente, nämlich Gluten, bei der Ernährung gemieden werden, wodurch das Erstellen einer Diät vereinfacht wurde.

Bedauerlicherweise war es doch nicht so einfach. Schon bald zeigte sich, dass auch Getreidesorten mit anderen Proteinen eine schädigende Wirkung auf die Darmzellen hatten. Gleichzeitig wurde Mais, der eine große Menge an Gluten enthält, offenbar gut vertragen. Einige Patienten erlitten Rückschläge und wiesen nach dem Verzehr von Sojaprodukten geschädigte Darmzellen auf (Weiser 1976). In Hafer und Gerste wurden glutenähnliche Proteine entdeckt, die von vielen Zöliakiepatienten nicht vertragen wurden (Baker 1976).[19] Britische Kliniken untersagen daher in der Regel die Getreidesorten Weizen, Roggen, Gerste und Hafer und erlauben nur Reis und Mais. In einigen medizinischen Aufsätzen wurde jedoch auch Reis auf die Liste der für die Darmzellen schädlichen Getreidesorten gesetzt (Strunk 1978, Vitoria 1982).[20]

---

[18] Durch neue Testverfahren, wie die Antikörper gegen Gewebstransglutaminase, lernen wir, dass die Sprue sehr viel häufiger vorkommt, als bislang angenommen.

[19] Die Verwendung von Hafer bei Spruepatienten ist umstritten, wahrscheinlich aber unbedenklich.

[20] Der Verzehr von Reis ist für Patienten mit Sprue unbedenklich.

Trotz ausgedehnter Forschungen gibt es bis jetzt keine Gewissheit über die genaue Beschaffenheit des für die Darmzellen schädlichen Glutens. In den 70er-Jahren, als Forscher dank neuer technischer Methoden die großen Glutenmoleküle in kleinere Teile aufspalten konnten, wurde entdeckt, dass die enthaltenen Alpha-Gliadin-Moleküle eine toxische Eigenschaft besaßen, die auf die Darmzellen der »echten« Zöliakiepatienten eine schädliche Wirkung zu haben schien (Cluysenaer 1977). Es bleiben jedoch immer noch Fragen zu den Alpha-Gliadin-Proteinteilen offen:

1. Gibt es einen genetisch bedingten Mangel an Verdauungsenzymen, die die Alpha-Gliadin-Moleküle normalerweise in ihre einzelnen Aminosäuren spalten und so ihre schädliche Wirkung verhindern?
2. Liegt eine Membranschwäche vor, aufgrund derer die unversehrten, unverdauten Alpha-Gliadin-Moleküle in die Darmzellen eindringen und diese »vergiften«?
3. Werden die Darmzellen zerstört, indem sich die Alpha-Gliadin-Moleküle mit der Oberfläche der Darmzelle verbinden und diese dadurch bewegungsunfähig machen?

Die häufigste Theorie besagt, dass die Alpha-Gliadin-Proteinteile beim Eindringen in die Darmzellen eine Immunantwort der weißen Blutkörperchen auslösen. Die gebildeten Antikörper schädigen die Darmzellen und schränken sie in ihrer Funktionsfähigkeit ein (Cluysenaer 1977). Neuere Untersuchungen haben ein mit dem Alpha-Gliadin-Molekül verbundenes Kohlenhydratmolekül als toxische Komponente miteinbezogen. Fehlt dieses Kohlenhydrat, fügt das Gliadinmolekül den Darmzellen nicht länger Schaden zu (Phelan 1978, Stevens 1978).

Neuere Untersuchungen, die sich mit der Gluten-Zöliakie-Hypothese beschäftigen, heben die Wechselbeziehung zwischen Stärke und Proteinkomponenten aus gemahlenem Getreide hervor. Bei nahezu allen Menschen wird ein Großteil der Weizenmehlstärke nicht resorbiert (Anderson 1981). Die unvollständige Stärkeresorption führt zu einer vermehrten Fermentation im Darm und somit zu einer Bildung von Darmgasen. Um herauszufinden, weshalb Weizenstärke meist nicht vollständig verdaut wird, wurden Untersuchungen des physikalischen Aufbaus von Weizenmehl durchgeführt.

Man fand heraus, dass die einzelnen Körnchen des Weizenmehls einen Stärkekern besitzen, der von einem Netz aus Glutenproteinen umgeben ist. Dieser Protein-Stärke-Komplex kann mithilfe eines Fertigungsverfahrens getrennt werden, wobei das meiste Gluten entfernt wird. Das verbleibende Mehl wird als glutenarmes Mehl verkauft; es wird wie normales Weizenmehl verwendet, ist aber leichter verdaulich. Erstaunlicherweise findet eine Stärkemalabsorption nicht statt, wenn das glutenarme Mehl zusammen mit dem getrennten Gluten zu Brot verbacken wird, obwohl in dem Brot letztendlich dieselbe Menge Gluten enthalten ist wie vorher im Mehl. Da die Weizenstärke vollständig resorbiert wird, kommt es zu keinen Fermentationsprozessen. Dies deutet darauf hin, dass die Krankheitssymptome nicht vom Gluten hervorgerufen werden (Anderson 1981).

Wissenschaftler sind der Ansicht, dass die Wechselwirkung zwischen Stärke und Gluten die unvollständige Verdauung von Stärke zur Folge hat und Darmgase, Unterleibsbeschwerden und Durchfall verursacht. Sie gehen davon aus, dass das Verfahren der Glutenentnahme den Stärkekern verändert oder bloßlegt und die Stärke dadurch angreifbarer für die Verdauungsenzyme der Bauchspeicheldrüse wird (Cooke 1984, Anderson 1981). Dies wird zweifelsohne die Grundlage vieler zukünftiger Forschungen sein und könnte sich als relevant für Zöliakiepatienten erweisen.

Oft weisen Patienten nach dem Befolgen einer glutenfreien Diät eine erstaunliche klinische Verbesserung im allgemeinen Wohlbefinden auf, und dennoch werden unter dem Mikroskop weiterhin Schäden an den Darmzellen festgestellt (Congdon 1981). Dadurch steht fest, dass bei einigen Patienten, die sich als Zöliakiepatienten erwiesen und sich glutenfrei ernährt haben, nicht immer ein Fortschritt auf zellularer Ebene vorliegt. Auch wurde die Erfahrung gemacht, dass einige Patienten bei einer erneuten Gluteneinnahme – nach Abschluss einer glutenfreien Diät – das eine Mal keine negativen Folgen davontragen, während sie ein anderes Mal schwer erkranken. Folglich variieren nicht nur verschiedene Zöliakiepatienten in ihrer Reaktion auf glutenfreie Kost, sondern ein Patient kann von Zeit zu Zeit unterschiedlich reagieren (Rubin 1962).

Aus diesen Widersprüchen folgte die Einsicht, dass eine genauere Diagnosestellung erfolgen muss; zusätzliche Gewebeproben des Darms müssen entnommen werden, um nachweisen zu können, ob Zöliakie durch Gluten ausgelöst wird (Gryboski 1981).

Doch wurde der Krankheitsnachweis anhand einer Gewebeprobe als zugrunde liegende Diagnosebasis ebenfalls in Frage gestellt. Die bei Zöliakie zu erkennende geschädigte Darmoberfläche wurde auch bei vielen anderen Erkrankungen beobachtet, wie z. B. bei infektiöser Hepatitis, Colitis ulcerosa, verschiedenen parasitären Darminfektionen, Kwashiorkor (Dvorak 1979),

Sojaeiweißintoleranz, Kuhmilcheiweißintoleranz, hartnäckige Diarrhö im Säuglingsalter, Morbus Crohn (Poley 1984) und sogar nach strikten Reduktionsdiäten bei Fettleibigkeit (Dvorak 1979).

Auch übermäßiges Wachstum von Bakterien im Dünndarm bewirkt eine unregelmäßige Verbreiterung und Abflachung der Dünndarmoberfläche (King 1979). Das Abflachen der Darmzellen scheint somit eine sekundäre Erscheinung zu sein, die durch eine primäre Ursache ausgelöst wird und bei unzähligen Erkrankungen erkennbar ist, vor allem wenn diese mit akuter Diarrhö einhergehen (Araya 1975, Brunser 1984).[21]

Gegen Gluten als Krankheitsverursacher spricht die Tatsache, dass Zöliakiepatienten – gleich, ob sie gut oder schlecht auf eine glutenfreie Diät reagieren – zusätzlich ernsthafte Darmprobleme aufweisen, die eine glutenfreie Kost offenbar nicht erfolgreich beeinflussen kann (Congdon 1981, Rackis 1975). Demzufolge scheinen andere Faktoren als Auslöser der Krankheit eine Rolle zu spielen.

Einige Wissenschaftler vertraten die Ansicht, dass die Glutenintoleranz von der Unfähigkeit, Disaccharide zu verdauen, hervorgerufen werde (Fisher 1981). Doch auch wenn dies nicht der Fall ist, sollten Zöliakiepatienten Zweifachzucker meiden (Fisher 1981). Die abgeflachten Zellen im Darm haben ihre Fähigkeit verloren, den letzten Schritt der Verdauung – die Spaltung von Disacchariden – durchzuführen (Poley 1984, Berg 1979). Es wurde oft bestätigt, dass bei Zöliakiepatienten eine mangelhafte Verdauung von Disacchariden, besonders von Laktose, vorliegt (Poley 1984, Plotkin 1964, Townley 1965, Arthur 1966). Die Einnahme von Disacchariden und bestimmten Stärkearten würde Unmögliches von den Verdauungs- und Resorptionszellen verlangen und zusätzliche Probleme schaffen (Littman 1965).

Durch das Einhalten der Speziellen Kohlenhydratdiät über den Zeitraum eines Jahres werden die meisten Zöliakiepatienten geheilt (Haas 1951). Die Diät schließt alle Getreidesorten, die Gluten oder glutenähnliche Proteine enthalten, aus und berücksichtigt gleichzeitig die Leistungsgrenzen des geschädigten Darms.

---

[21] Die Diagnose der Zöliakie erfolgt durch den Nachweis typischer Veränderungen in den Biopsaten der Dünndarmschleimhaut. Diese können von den durch Infektionen, Medikamente oder M. Crohn ausgelösten Veränderungen abgegrenzt werden, gleichen jedoch denen der Nahrungsmittelprotein-Intoleranz, der tropischen Sprue und der Autoimmunenteritis. Hier muss die Klärung durch weitere Tests sowie die Beobachtung des Krankheitsverlaufs erfolgen.

## Kapitel 7

# Vorstellung der Diät

Ein Grundprinzip dieser Diät muss immer beibehalten werden: Es dürfen nur die Kohlenhydrate eingenommen werden, die in Obst, Honig, selbst gemachtem Joghurt (s. S. 171) und den in diesem Buch aufgelisteten Gemüsesorten und Nüssen vorkommen. Obwohl dieser Grundsatz leicht zu verstehen ist, ist die praktische Umsetzung zuweilen schwierig, da manche Lebensmittel versteckte Kohlenhydrate enthalten. Kleine Mengen unerlaubter Kohlenhydrate schleichen sich oft in die Diät ein, wenn nicht ein genaues Augenmerk auf jedes Lebensmittel gerichtet wird (Haas 1951). Das Lesen von Etiketten ist leider eine unzureichende Methode, da eine Zutat verschiedene Bezeichnungen haben kann und daher nicht direkt als unerlaubtes Kohlenhydrat erkennbar ist. Es wird empfohlen, wirklich nur die Lebensmittel zu verzehren, die in Kapitel 9 aufgelistet sind.

Da Obst und rohes Gemüse eine abführende Wirkung haben, sind sie mit Vorsicht zu genießen. Rohe Früchte sowie rohe Salatblätter, Möhren, Stangensellerie, Gurke und Zwiebeln sollten gemieden werden, solange der Durchfall noch akut ist. Sobald sich der Durchfall gelegt hat, darf beliebig viel Obst, rohes Gemüse und Honig verzehrt werden. Wenn nach ca. zwei Wochen Obst eingeführt wird, sollte es reif, geschält und gekocht sein.

Rohe, pürierte Bananen dürfen zuerst ausprobiert werden. Beginnen Sie am ersten Tag vorsichtig mit einer Viertel Banane. Es sollten nur gelbe, braun gesprenkelte, reife Bananen verwendet werden, die sich leicht zerdrücken lassen. Die meisten Kohlenhydrate einer unreifen Banane liegen in Form von Stärke vor, die mit dem Reifungsprozess in Monosaccharide umgewandelt und bei Malabsorptionsproblemen erst dann problemlos aufgenommen werden kann.

Die meisten Dosenfrüchte sind verboten, da sie Zuckerzusätze enthalten. Wenn Sie gerne gekochtes Obst essen, können Sie es selbst einkochen. Zum Süßen sollte neben Honig nur Saccharin verwendet werden. Die Gefahr eines Blasenkarzinoms durch den Genuss von Saccharin wurde ausgeschlossen (Kraybill 1977).

Zuckerfreie Produkte enthalten oft den Süßstoff Sorbitol oder Xylitol. Kaugummis oder Bonbons mit diesen Süßstoffen können gelegentlich genossen werden. Ein zu häufiger Gebrauch dieser Produkte kann jedoch Durchfall und Blähungen verursachen (Connon 1985).

Die Spezielle Kohlenhydratdiät enthält bestimmte Milchprodukte, Milch als solche und einige handelsübliche Milchprodukte sind jedoch ausgeschlossen. Im Anhang findet sich eine Auflistung der erlaubten und verbotenen Käsesorten. Selbst gemachter Joghurt (s. S. 171) darf verzehrt werden; die Anleitung zur Joghurtzubereitung muss strikt befolgt werden, nur so wird die gefährliche Laktose entfernt. Ein weiteres Milchprodukt, das auf jeden Fall zur Ernährung gehören sollte, ist Hüttenkäse. Dieser muss allerdings nach speziellen Kriterien ausgewählt und weiterverarbeitet werden (s. S. 178).

Wenn kein akuter Durchfall mehr vorliegt, können Eier in die Ernährung einbezogen werden. Sobald der Stuhl geformt ist und die Stuhlfrequenz nicht mehr als zwei- bis dreimal täglich beträgt, können Sie gekochtes Gemüse testen. Führen Sie die verschiedenen Gemüsesorten nach und nach ein und lassen Sie ausreichend Zeit zwischen jeder Neueinführung, um die Wirkung jeder Sorte feststellen zu können. In einigen Fällen kann nach dem Genuss von Gemüse und Obst der Durchfall wiederkehren, worauf der Verzehr vorerst zurückgestellt werden muss. Im Allgemeinen werden Kürbis, Tomaten, grüne Bohnen und Möhren in gekochter Form gut vertragen. Dosengemüse sind nicht erlaubt, zumal sie oft Zucker- oder Stärkezusätze enthalten, die auf den Etiketten nicht immer aufgeführt sind. Kartoffeln und Süßkartoffeln dürfen nicht gegessen werden.

Die Fette in Fleisch, Butter, Käse und selbst gemachtem Joghurt werden gut vertragen. Normalerweise ist es nicht notwendig, für den Joghurt fettarme Milch zu benutzen, außer Sie möchten abnehmen oder müssen aufgrund anderer gesundheitlicher Probleme Fett meiden.

Die Spezielle Kohlenhydratdiät hat einen hohen Nährwert und ist sehr ausgewogen, wenn die richtige Nahrungsmittelauswahl getroffen wird. Sie sollten auch im Rahmen der Diät auf eine vernünftige Ernährung achten, indem Sie z. B. keine große Mengen Fleisch oder Süßigkeiten täglich konsumieren, während Sie andere wichtige Nahrungsmittel außer Acht lassen.

Die Diät sollte auf jeden Fall mit ihrem Arzt besprochen und die Medikation nach ärztlicher Anweisung fortgeführt werden. Sobald Fortschritte erkennbar sind, wird der Arzt die Medikamente zweifelsohne schrittweise herabsetzen.

**Achtung:** Es gibt sehr spezielle Vorgehensweisen bei der Absetzung bestimmter Medikamente, und ein unsachgemäßes Vorgehen kann gefährlich sein. Holen Sie beim Absetzen von Medikamenten immer ärztlichen Rat ein.

Ihre tägliche Kost sollte aus verschiedenen Lebensmitteln bestehen. Essen Sie Gemüse, Obst, Käse, Nüsse und einige tierische Produkte. Sie können sich auch vegetarisch ernähren, wenn Sie dies möchten, die vielen wichtigen Nährstoffe, an denen es bei einer vegetarischen Ernährungsweise oft mangelt, müssen allerdings berücksichtigt werden. Es würde den Rahmen dieses Buches sprengen, alle Lebensmittel aufzulisten, die reich an Eisen und Vitamin $B_{12}$ sind und Fleisch ersetzen können. Es liegt in Ihrer eigenen Verantwortung, für eine ausreichende Nährstoffzufuhr zu sorgen. Sojaprodukte, u.a. Tofu, können ein wirkungsvoller Fleischersatz sein, sind bei dieser Diät jedoch nicht erlaubt.

Die meisten Menschen mit einer chronischen Darmerkrankung leiden auch an Malabsorption und sind infolgedessen unterernährt. In diesem Fall ist ein Vitaminpräparat ratsam; es sollte aber auf jeden Fall frei von Zucker, Stärke und Hefe sein (s. S. 179). So muss jeder Zusatz, wie z.B. Bienenpollen oder Kräuter, sorgfältig geprüft werden, da viele Firmen Molke, Zucker oder Stärke als Füllstoffe oder bindende Substanzen verwenden. Fragen Sie Ihren Apotheker nach den genauen Inhaltsstoffen oder informieren Sie sich bei der Herstellerfirma.

In nördlichen Gebieten sollten im Winter die Vitamine A und D, z.B. Lebertran oder Heilbuttöl, eingenommen werden (5000 IE Vitamin A und 400 IE Vitamin D). Wenn Sie diese Öle nicht in Kapselform vertragen, können Sie sich die Vitamine in wasserlöslicher Form besorgen.

Bei chronischen Darmerkrankungen kommt es häufig zu einer Malabsorption vom Vitamin $B_{12}$. Achten Sie auf einen ausreichenden $B_{12}$-Pegel; wenn nötig, können Sie sich Vitaminspritzen vom Arzt verabreichen lassen. Es gibt Hinweise darauf, dass ein niedrigerer $B_{12}$-Pegel, auch wenn er sich noch im Normbereich befindet, den allgemeinen Gesundheitszustand negativ beeinflussen kann. Sie können auch Vitamintabletten einnehmen, die den gesamten Vitamin-B-Komplex enthalten, also $B_1$, $B_2$, Nicotinamid, $B_6$, Pantothensäure, Folsäure, Biotin und $B_{12}$. Zu viel Folsäure sollte vermieden werden; die empfohlene Menge beträgt 0,1 bis 0,8 mg. Folsäure und $B_{12}$ arbeiten in den Zellen des Körpers im Einklang, daher sollte in der Regel nicht mehr als 0,4 mg Folsäure eingenommen werden. Nur wenn der $B_{12}$-Pegel im höheren Normbereich liegt, wird bis zu 0,8 mg gut vertragen.

Frauen, die an einer Darmerkrankung leiden und die Anti-Baby-Pille nehmen, sollten eine Vitaminergänzung ernsthaft in Erwägung ziehen; besonders der Vitamin-B-Komplex ist zu empfehlen, da einige der Vitamine durch die Antibabypille im Körper dezimiert werden.

Da Vitamin C sich an der Luft oder beim Kochen schnell verflüchtigt, ist die tägliche Einnahme von mindestens 100 mg ratsam. Nehmen Sie derzeit eine größere Menge Vitamin C zu sich, können Sie damit fortfahren, vorausgesetzt, das Vitaminpräparat ist frei von Stärke und Zucker und die höhere Dosis trägt nicht zum Durchfall bei.

Die Autorin ist der Meinung, dass die Einnahme großer Vitaminmengen nicht erforderlich ist; die Diät besitzt selbst einen hohen Nährwert, und Vitaminpräparate sind zur Unterstützung der Genesung nur in Maßen notwendig. Es spricht nichts gegen zusätzliche Mineralien, doch es ist schwierig, ein zufrieden stellendes Präparat zu bekommen. Die Zellen des Körpers benötigen ca. 20 verschiedene Mineralien, die meisten Präparate enthalten aber nur ca. acht. Da Mineralien bei der Resorption durch die Darmzellen miteinander konkurrieren, besteht die Gefahr, dass durch die Einnahme einer kleinen Auswahl an Mineralien das empfindliche Gleichgewicht einer ausgewogenen Ernährung gestört wird. Es empfiehlt sich, bezüglich der wichtigen Mineralien, wie Kalzium, Eisen, Jod und Kalium, Rücksprache mit dem behandelnden Arzt zu halten. Bei einem niedrigen Mineralienspiegel können der Ernährung so lange Mineralien beigefügt werden, bis die Malabsorption korrigiert ist. Mineralien werden im Gegensatz zu Vitaminen nicht durch Luft oder Hitze zerstört, können jedoch im Kochwasser verloren gehen. Sobald die Malabsorption sich gelegt hat, sollte der gute Nährwert der Speziellen Kohlenhydratdiät ausreichend Mineralien liefern.

## Anmerkung:

Die Aufrechterhaltung des richtigen Kalziumspiegels ist besonders bei Babys und Kindern sehr wichtig. Die Babynahrung aus dem Rezeptteil liefert zwar Kalzium, jedoch weniger als in Milch oder Joghurt enthalten ist. Wenn die Babynahrung länger als zwei Wochen gegeben wird, sollte deshalb der Kalziumspiegel im Blut regelmäßig von einem Arzt überprüft werden, der dann möglicherweise ein Kalziumpräparat empfiehlt.

Es ist schwierig, den exakten Bedarf an Vitaminergänzung zu bestimmen. Die folgende Auflistung dient als Richtlinie. Bitte halten Sie Rücksprache mit Ihrem Arzt.

| Kinder | | |
| --- | --- | --- |
| Vitamin A | 5000 IE | |
| Vitamin D | 400 IE | (nicht bei ausreichender Sonneneinstrahlung) |
| Vitamin E | 10-30 IE | |
| Vitamin C | 50 mg | |
| Vitamin $B_1$ | 1,5-5 mg | |
| Vitamin $B_2$ | 1,5-5 mg | |
| Nicotinamid | 10-20 mg | |
| Pantothensäure | 2-5 mg | |
| Vitamin $B_6$ | 2-5 mg | |
| Biotin | 30-100 µg | |
| Folsäure | 0,1-0,3 mg | |
| Vitamin $B_{12}$ | 0,6-3,0 µg | |

| Erwachsene | | |
| --- | --- | --- |
| Vitamin A | 5000 IE | |
| Vitamin D | 400 IE | (nicht bei ausreichender Sonneneinstrahlung) |
| Vitamin E | 100 IE | |
| Vitamin C | 100-500 mg | |
| Vitamin $B_1$ | 10-15 mg | |
| Vitamin $B_2$ | 10-15 mg | |
| Nicotinamid | 25-50 mg | |
| Pantothensäure | 10-15 mg | |
| Vitamin $B_6$ | 10-15 mg | |
| Biotin | 100-200 µg | |
| Folsäure | 0,1-0,5 mg | |
| Vitamin $B_{12}$ | 100-200 µg | |

IE = Internationale Einheiten
mg = Milligramm
µg = Mikrogramm

Tabletten mit dem gesamten Vitamin-B-Komplex sind nicht immer erhältlich. Im Vitamin-B-Komplex sollten mindestens $B_1$, $B_2$, Niacin, Pantothensäure und $B_6$ enthalten sein; $B_1$, $B_2$ und Niacin reichen nicht aus. Es ist ratsam, die fettlöslichen Vitamine (A, D, E) von den anderen Vitaminen getrennt zu besorgen. Die Einnahme von Vitamin D sollte im Sommer nicht fortgeführt werden, es sei denn, die Person hält sich sehr wenig im Freien auf.[22]

[22] Bei bestehender Minderung der Knochendichte sollte Vitamin D unbedingt während des ganzen Jahres eingenommen werden.

Bei der Verordnung der Speziellen Kohlenhydratdiät muss fast mehr Wert auf die Erwähnung der verbotenen als auf die der erlaubten Lebensmittel gelegt werden. Jede Getreidesorte ist strengstens untersagt, u.a. Mais, Hafer, Weizen, Roggen, Reis, Hirse, Buchweizen oder Triticale in Form von Brot, Kuchen, Toast, Zwieback, Kräckern, Keksen, Müsli, Mehl oder Teigwaren (Nudeln, Pizza). Regelmäßig kommen neue Ersatzstoffe für Getreide auf den Markt; einige davon, wie z.B. Amaranth, Quinoa und Baumwollsaat, beinhalten Kohlenhydrate unbekannten Aufbaus und werden bei dieser Diät nicht empfohlen. Jede Art von Getreidekleie ist strengstens verboten, da die schwer verdaubaren Ballaststoffe einen Kohlenhydratüberschuss verursachen, der von den Darmbakterien fermentiert wird. Zudem enthalten viele Sorten Getreidekleie einen großen Stärkeanteil (Van Soest 1981). Weißer Rohrzucker und brauner Zucker sind als Süßungsmittel oder als Zusatz in Süßigkeiten, Torten und anderen Backwaren nicht erlaubt.

Es kann nicht oft genug betont werden, wie strikt die Diät befolgt werden muss. Eine gewissenhafte Einhaltung erfordert Verstand und große Wachsamkeit auf Seiten des Betroffenen – oder der Person, die die Mahlzeiten für den Betroffenen zubereitet. Es ist immer wieder erstaunlich, wie oft es einem Kind trotz bester Beaufsichtigung gelingt, an verbotene (aber begehrte) Lebensmittel zu gelangen. Es ist ebenso erstaunlich, dass viele Eltern trotz aller Warnungen der Meinung sind, eine kleine Menge Süßigkeiten könnten nicht schaden. Aufgrund solcher Überschreitungen wird die Genesung stark verzögert; es ist sinnlos, sich auf die Therapie einzulassen, wenn man nicht bereit ist, sich an deren Grundsätze zu halten.

Viele Menschen setzen die Diät zur Probe für einen Monat an; nach einmonatigem Befolgen der Ernährungsempfehlungen sollte sich bereits eine Besserung zeigen. Die Fortschritte liefern die nötige Ermutigung, die Diät während der erforderlichen Zeit einzuhalten. Es wird empfohlen, für diesen ersten Monat eine Tabelle zu führen. Tragen Sie oben auf einem Blatt in Spalten die Symptome Ihres Zustands ein, z.B. Blähungen, Durchfall oder Albträume, auf der linken Seite sollten Spalten mit den jeweiligen Monatstagen stehen. Hängen Sie die Tabelle an einem geeigneten Ort auf, am besten in der Küche, und füllen Sie sie am Ende eines jeden Tages aus; z.B. könnte die Vier ein häufiges Auftreten von Blähungen bezeichnen, bei einer Verbesserung am nächsten Tag können Sie dann eine Drei eintragen. Am Ende des Monats können die Fortschritte ausgewertet werden, und Sie können festsetzen, die Diät – je nach Genesungsdauer – ein Jahr oder länger weiterzuführen.

Sind nach der einmonatigen Probezeit keine Erfolge zu erkennen, funktioniert diese Diät bei Ihnen wahrscheinlich nicht. Es ist nun Ihre Entscheidung und hängt natürlich von Ihrer allgemeinen Verfassung ab, ob Sie die alte Ernährungsweise wieder aufnehmen oder sich weiter an die Spezielle Kohlenhydratdiät halten.

Wenn die Symptome, wie Durchfall und Krämpfe, zu Beginn der Therapie noch stark auftreten, sollte die im Folgenden aufgeführte Ernährungsempfehlung ca. fünf Tage lang befolgt werden. In anderen Fällen sind ein bis zwei Tage dieser einfachen Kost ausreichend. Die Menge der Nahrungsmittel bestimmt der Appetit; es besteht keine quantitative Einschränkung.

**Frühstück**

Hüttenkäse (s. S. 178), mit etwas selbst gemachtem Joghurt (s. S. 171) verrührt
Eier (gekocht, pochiert, Rührei; bei sehr starkem Durchfall meiden)
Apfel- oder Traubenschorle
selbst gemachter Wackelpudding aus Saft, ungesüßter Gelatine und Süßstoff

**Mittagessen**

selbst gemachte Hühnersuppe (s. S. 70)
gekochte Rinderpasteten oder gekochter Fisch
Käsekuchen (s. S. 134), ohne Zitronenschale, in puddingartiger Konsistenz
selbst gemachter Wackelpudding

**Abendessen**

Variationen oben genannter Speisen und Getränke

Wenn bekannt ist, dass ein Nahrungsmittel der Diät eine anaphylaktische (schwere allergische) Reaktion auslöst, muss es dauerhaft vom Speiseplan gestrichen werden. Haben Sie in der Vergangenheit eines der erlaubten Lebensmittel nicht vertragen, meiden Sie es für eine kurze Zeit (ca. eine Woche) und versuchen Sie es dann – in kleinen Portionen – erneut. Verursacht es noch immer Probleme, lassen Sie es weg.

Sobald Durchfall und Krämpfe nachlassen, können gekochte Früchte, Bananen sowie Möhren und andere Gemüse probiert werden. Sollten diese Nahrungsmittel zusätzliche Blähungen oder Durchfall verursachen, verzichten Sie zunächst darauf. Wenn das Befinden sich bessert, können die restlichen erlaubten Lebensmittel eingeführt werden. Verwenden Sie kein Gemüse der Kohlfamilie, bis der Durchfall nicht erheblich nachgelassen hat. Nach ca. drei Monaten können der Kost langsam getrocknete Hülsenfrüchte beigefügt werden.

In den meisten Fällen zeigt sich eine Besserung innerhalb der ersten drei Wochen nach Beginn der Therapie, und in der Regel hält der Fortschritt an. Im zweiten oder dritten Monat kann gelegentlich ein Rückschlag erfolgen – sogar wenn die Diät ordnungsgemäß befolgt wurde. Dafür gibt es oftmals keinen ersichtlichen Grund; manchmal kann eine Atemwegsinfektion die Ursache sein. Lassen Sie sich davon nicht entmutigen! Sobald der erste Rückfall überwunden ist, verläuft die Besserung im Allgemeinen mit nur gelegentlichen, kleinen Rückschlägen im Verlauf des ersten Jahres.

In vielen Fällen scheinen Zöliakie, Reizkolon und Divertikulitis bereits nach einem Jahr geheilt zu sein. Bei anderen Krankheiten, z.B. Morbus Crohn und Colitis ulcerosa, dauert die Genesung viel länger (mindestens zwei Jahre). Im Allgemeinen lässt sich sagen, dass die Diät nach Abklingen der letzten Symptome noch ein Jahr lang eingehalten werden sollte.

Nach diesem Jahr sollten Sie ein verbotenes Lebensmittel nach dem anderen mit in die Ernährung aufnehmen. Es ist ratsam, nur ein Lebensmittel pro Woche hinzuzufügen; beginnen Sie dabei mit kleinen Portionen und steigern Sie diese im Laufe der Woche. In der Woche darauf kann das nächste Lebensmittel hinzukommen. Wird die neu aufgenommene Kost gut vertragen, können Sie entscheiden, ob Sie zu einer normalen Ernährungsweise zurückkehren möchten. Sollten die Symptome nach der Einnahme verbotener Lebensmittel wieder auftreten, behalten Sie besser die Spezielle Kohlenhydratdiät bei.

Es ist empfehlenswert, auch nach Beendigung der Speziellen Kohlenhydratdiät auf größere Mengen Zucker und Weißmehl zu verzichten. Diese Nahrungsmittel besitzen nur wenig Nährstoffe, versorgen das Immunsystem nicht ausreichend und machen den Organismus anfälliger für Darminfektionen. Wir behielten die Diät für unser Kind sieben Jahre lang bei, obwohl die Symptome schon Ende des zweiten Jahres verschwunden waren; wir fanden Gefallen an dieser Ernährungsweise und wollten Vorsicht walten lassen. Da Dr. Haas zwei Jahre nach dem Beginn der Diät unserer Tochter verstorben war, wussten wir nicht, wann die Diät abgesetzt werden sollte. Wir erkannten jedoch den hohen Nährwert und beschlossen, kein zu frühes Absetzen zu riskieren.

Kapitel 8

# Die Spezielle Kohlenhydratdiät

### Zulässige Proteine (Fleisch, Fisch, Milchprodukte etc.)

- frisches oder tiefgefrorenes Rindfleisch, Lamm, Schweinefleisch, Geflügel, Fisch (einschließlich Meeresfrüchte)
- Eier
- Käse (s. S. 177), selbst gemachter Joghurt (s. S. 171), Hüttenkäse (s. S. 178)
- Dosenfisch (in Öl oder Wasser)

### Verbotene Proteine

- verarbeitete Fleischwaren wie Würstchen, Salami, Geflügelwurst, Schinken, Dosenfleisch
- panierter Fisch, Dosenfisch in Soße
- Verschiedene Käseprodukte (s. S. 178)
- geräucherte Fleisch- oder Fischwaren (es sei denn, es wurde zu keinem Zeitpunkt des Räucherprozesses Zucker beigefügt)

Die meisten geräucherten Fleischwaren enthalten eine große Menge Raffinadezucker und sind daher unzulässig. Geräuchertes Fleisch oder geräucherter Fisch ohne Zuckerzusätze können verzehrt werden. Wenn geräuchertes Fleisch ohne Zuckerzusatz nicht erhältlich ist, kann stattdessen einmal die Woche normaler geräucherter Schinken, scharf angebraten, verzehrt werden.

Die meisten Fleischwaren sind nicht erlaubt, da sie Stärke, Molkepulver, Laktose oder andere Poly- oder Disaccharide enthalten. Gelegentlich werden Würstchen oder andere Fleischwaren ohne diese Zusätze angeboten; in diesem Fall können sie in die Ernährung aufgenommen werden.

### Erlaubte Gemüsesorten und Hülsenfrüchte

Frisches oder tiefgefrorenes Gemüse ist zulässig, solange es keine Zucker- oder Stärkezusätze enthält. Dosengemüse ist nicht gestattet.

- getrocknete weiße Bohnen und Linsen (nach Anleitung im Rezeptteil zubereitet), Limabohnen (getrocknet und frisch)
- Artischocken, Auberginen, Blumenkohl, Brechbohnen, Brokkoli, Brunnenkresse, Erbsen, grüne Bohnen, Gurken, Grünkohl, Knoblauch, Kohl, Kürbis, Möhren, Paprikaschoten (grün, gelb, rot), Petersilie, Pilze, Rosenkohl, rote Beete, Rüben, Salat, Sellerie, Spargel, Spinat, Tomaten, Zucchini, Zwiebeln

Rohes Gemüse eignet sich gut als Snack, solange der Durchfall nicht akut ist.

### Unzulässige Gemüsesorten und Hülsenfrüchte

- alle Getreidesorten, z.B. Weizen, Gerste, Mais, Roggen, Hafer, Reis, Buchweizen, Hirse, Triticale, Bulgur, Dinkel etc.
- aus diesen Getreidesorten hergestelltes Mehl oder Brot
- Kartoffeln, Süßkartoffeln, Jamswurzel, Pastinaken
- Kichererbsen, Bohnensprossen, Sojabohnen, Mungobohnen
- Amaranth, Quinoa, Baumwollsaat (Getreideersatz)
- Weizenkeime
- Seetang

**Achtung:** Viele Lebensmittel aus anderen Ländern, wie z.B. Couscous, enthalten getreideähnliche Substanzen, die vermieden werden müssen.

### Erlaubte Früchte

Frisches, rohes, gekochtes, tiefgefrorenes oder getrocknetes Obst ohne Zuckerzusatz kann verzehrt werden. Dosenobst ist nur zulässig, wenn es im eigenen Saft konserviert wurde und keine Zuckerzusätze enthält. Beim Einkochen von Obst nur Honig oder Saccharin verwenden. Saccharin ist der einzige erlaubte Süßstoff.

- Äpfel, Aprikosen, frische Ananas (getrocknete Ananas nur ohne Zuckerzusatz), Avocados, reife Bananen, jede Art von Beeren, Birnen, Datteln (ohne Zucker- oder Sirupzusatz), Grapefruit, Kirschen, Kiwis, frische Kokosnuss, ungesüßte Kokosraspeln, Kumquat, Limonen, Mandarinen, Mangos, Melonen, Nektarinen, Orangen, Papayas, Pfirsiche, Rhabarber, Rosinen (möglichst dunkel), Trauben, Zwetschgen, Zitronen

Manche Menschen reagieren auf Sulfit allergisch und sollten getrocknetes Obst mit diesem Inhaltsstoff meiden. Wenn keine Sulfitunverträglichkeit vorliegt, können getrocknete Früchte gelegentlich verzehrt werden.

Getrocknete Bananen dürfen nicht verzehrt werden, wenn sie mit Zucker oder Sirup glasiert sind.

### Erlaubte Nüsse (mit oder ohne Schale)

- ungeröstete Cashews, Esskastanien, Haselnüsse, Mandeln, Paranüsse, Pekannüsse, Walnüsse
- Erdnussbutter ohne Zusätze

In der Schale geröstete Erdnüsse können nach sechs Monaten oder nach Abklingen des Durchfalls vorsichtig getestet werden. Vermeiden Sie geschälte Erdnüsse, da diese oft Stärkezusätze enthalten. Salzige Nussmischungen sind nicht gestattet, da sie beim Rösten meistens mit einer Stärkeschicht überzogen wurden.

**Anmerkung:** Verwenden Sie bis zum Abklingen des Durchfalls nur gemahlene Nüsse. Danach können Sie auch ganze Nüsse genießen. Gut kauen!

### Erlaubte Getränke

**Säfte:**

- Tomaten- und Gemüsesaft (nur gesalzen)
- frisch gepresste Gemüsesäfte der erlaubten Gemüsesorten
- Apfel-, Trauben-, Ananas-, Orangen- und Grapefruitsaft (s. S. 168)

Meiden Sie morgens Orangensaft, solange der Durchfall noch akut ist. Orangensaft, am Morgen getrunken, verschlimmert den Durchfall, scheint später am Tag jedoch gut vertragen zu werden.

### Weitere Getränke

- Milchshakes aus selbst gemachtem Joghurt und Früchten (mit Honig oder Saccharin gesüßt)
- Pfefferminztee (einige andere Kräutertees können abführend wirken)
- schwacher Tee oder sehr schwacher Kaffee ohne Milch oder Sahne

Dem fertigen Kaffee kann zur Geschmacksverstärkung gemahlener Chicorée beigefügt werden.

### Verbotene Getränke

- jede Art von Milch und Trockenmilchpulver
- im Handel erhältliche Milchprodukte, wie Kefir, Buttermilch, saure Sahne oder Joghurt (nur als Starter für selbst gemachten Joghurt)
- mit Enzymen behandelte oder versetzte Milch
- Sojamilch
- Instanttee oder -kaffee
- Kaffeeersatz (die meisten Sorten enthalten nicht erlaubtes Malz)

### Erlaubte Süßwaren

Im Rahmen der Speziellen Kohlenhydratdiät muss nicht auf Süßwaren verzichtet werden. Mit Honig, Nüssen und Trockenobst können die herrlichsten Kuchen, Kekse, Muffins und Süßigkeiten hergestellt werden.

## Weitere Hinweise:

- Im Gegensatz zu anderen Getreideprodukten dürfen aus Getreide gefertigte Speiseöle verwendet werden, so z. B. Maiskeim-, oder Sojaöl. Zum Kochen oder für Salatsoßen eignen sich auch Sonnenblumen-, Färberdistel- oder das besonders zu empfehlende Olivenöl.
- Soßen können mit pürierten Zwiebeln oder selbst gemachter Mayonnaise (s. S. 90) eingedickt werden.
- Bei der Zubereitung von Desserts mit Gelatine sollte geschmacklose Gelatine verwendet werden.
- Der Verzehr von Senf ist gestattet. Nehmen Sie einfachen, scharfen Senf, da dieser keine unerlaubten Zutaten (z. B. Zucker) enthält.
- Eingelegte Gurken und Oliven ohne Zuckerzusatz können verzehrt werden; lesen Sie die Etiketten sehr genau.
- Die Verwendung von Apfel- und Weißweinessig ist zulässig. Einige Essigsorten enthalten Zucker und müssen deshalb gemieden werden.
- Zuckerfreie nichtalkoholische Getränke, wie z. B. Limonade, dürfen gelegentlich genossen werden. Mit anderen Süßstoffen als Saccharin versetzte Getränke können Laktose enthalten und sollten möglichst gemieden werden; ist keine andere Limonade erhältlich, ist ein Glas pro Woche jedoch erlaubt. Mit Saccharin gesüßte Getränke sind ca. zwei- bis dreimal in der Woche gestattet. Getränke, die Fruktose und/oder Glukose beinhalten, sollten nicht verwendet werden (s. S. 179).
- Verwenden Sie Butter statt Margarine, da diese häufig Joghurt und/oder Molke enthält.
- Alle Gewürze sind erlaubt. Meiden Sie jedoch Gewürzmischungen, wie z. B. Curry- oder Zimtmischungen.
- Zwiebeln und Knoblauch in Pulverform enthalten oft Stärke, daher sollten Sie beides nur frisch verwenden.
- Kokosnuss- und Mandelmilch können nach sechs Monaten ausprobiert werden.
- Nudeln und Pizzaböden sind aus Getreide hergestellt und somit verboten. Ein Ersatz für Spaghetti und Pizza befindet sich im Rezeptteil.
- Mais-, Pfeilwurzel-, Tapioka-, Sago- oder andere Arten von Speisestärke sind unzulässig.

- Meiden Sie Schokolade und Produkte, die Johannisbrotkernmehl enthalten.
- Brühe oder Fertigsuppen sind verboten.
- Verzichten Sie auf Lebensmittel, die raffinierten Zucker beinhalten (s. S. 178 ff.).
- Agar Agar und Carrageen sind nicht gestattet.
- Bei der Herstellung von Marmeladen und Gelees darf kein Pektin benutzt werden.
- Ketchup enthält ca. 40 Prozent Zucker und muss daher gemieden werden. Bereiten Sie Ihr Ketchup stattdessen selbst zu (s. S. 78).
- Nur selbst gemachte Eiscreme ist gestattet (s. S. 148). Im Handel erhältliche Eiscreme hat einen sehr hohen Zucker- und Laktoseanteil; sogar die mit Honig hergestellten Eissorten enthalten viel Laktose.
- Zuckerrüben-, Mais- oder Ahornsirup sind unzulässig.
- Nehmen Sie aus Bohnen oder Linsen hergestelltes Mehl nur in kleinen Mengen; die Hülsenfrüchte müssen vor dem Mahlen eingeweicht werden und gut abtropfen. Wenn Sie für Kuchen weniger gemahlene Nüsse verwenden wollen, können Sie den Teig mit eingeweichten und gekochten weißen Bohnen (s. S. 96) strecken.
- Backpulver ist nicht gestattet und kann mit Natron ersetzt werden.
- Verzehren Sie Samen jeglicher Art erst drei Monate nach Abklingen der letzten Symptome; testen Sie die Samen erst vorsichtig an.
- Ricotta, Mozzarella und der süßliche Braunkäse Gjetost sind nicht erlaubt (Erlaubte Sorten s. S. 177). Viele Medikamente weisen unerlaubte Zuckerzusätze auf (z. B. Laktose, Rohrzucker). Fragen Sie Ihren Apotheker, ob er diese Zusätze durch Fruktose oder Dextrose ersetzen oder Ihnen alternativ ein anderes Produkt empfehlen kann.
- Meiden Sie Fruktose- und Glukosesirup sowie Fruktose-, Glukose- oder Dextrosepulver.
- Auf Produkte, die FOS (Fruktooligosaccharide) enthalten, muss verzichtet werden. Diese Form von Stärke (Inulin) kann nützliche, aber auch schädliche Bakterien nähren und die positive Wirkung der Diät so zunichte machen.

Vorsicht bei Präparaten, die nützliche Bakterien beinhalten – sie weisen oft weitere Zusätze auf. Laktose- oder molkehaltige Produkte sind mit FOS-versetzten Präparaten vorzuziehen.

---

**Erlaubte alkoholische Getränke**

- trockener Wein
- gelegentlich Gin, Korn, Whisky (Scotch und Bourbon), Wodka

Bevorzugen Sie lieblichen Wein, können Sie trockenen Wein mit Saccharin oder Honig süßen. Sodawasser zum Verlängern der Getränke ist unbedenklich.

**Unzulässige alkoholische Getränke**

- Bier
- Sherry, Kräuterlikör, Fruchtlikör, Weinbrand

Das im Folgenden aufgeführte Tagesmenü soll Ihnen eine Vorstellung davon vermitteln, wie die Spezielle Kohlenhydratdiät praktisch angewandt werden kann. Die Menge der Lebensmittel hängt ganz vom Appetit ab.

**Frühstück**

Bratapfel, nach Belieben mit Honig gesüßt und mit Zimt verfeinert (s. S. 145)
Rührei
selbst gemachte Nussmuffins (s. S. 123) mit Butter und selbst gemachter Marmelade (s. S. 162)
schwacher Kaffee, Tee, Trauben- oder Apfelsaft

**Mittagessen**

Thunfischsalat, mit selbst gemachter Mayonnaise zubereitet (s. S. 90), auf einem Salatbett serviert, mit Oliven und eingelegten Gurken garniert
Käsescheiben (z.B. Cheddar)
selbst gemachter Kürbiskuchen (s. S. 157) mit oder ohne Boden
Piña Colada (s. S. 168)

**Abendessen**

selbst gemachte Spaghettisoße mit Hackfleisch, Zwiebeln, Knoblauch, Gewürzen, passierten Tomaten (s. S. 111); auf gekochten Bohnen oder zu Spaghettikürbis (s. S. 111)
selbst gemachter Krautsalat mit selbst gemachter Mayonnaise oder Öl und Essig
Erbsen und Möhren mit Butter
frisches Obst oder Käsekuchen (s. S. 134)
Tee

---

# Vorspeisen, Suppen und Soßen

# Apfel-Rosinen-Erdnussbutter-Aufstrich

## Zutaten

| | |
|---|---|
| *150 g* | *Erdnussbutter (ohne Zusatzstoffe)* |
| *1/2* | *Apfel* |
| *50 g* | *Rosinen* |
| *1/2 TL* | *Zimt* |
| | *evtl. Apfelsaft zum Verdünnen* |

## Zubereitung

- Den halben Apfel ungeschält würfeln. Die Erdnussbutter mit den Apfelstücken, den Rosinen und dem Zimt in einer kleinen Schüssel verrühren.
- Sollte der Aufstrich zu steif sein, etwas Apfelsaft hinzufügen und das Ganze gut vermischen.

### Tipp

- *Dieser Aufstrich lässt sich gut mit Käsescheiben (z. B. Cheddar) kombinieren und kann auch als Dip verwendet werden.*

# Party-Käse-Dip

## Zutaten

| | |
|---|---|
| *40 g* | *weiche Butter* |
| *1/4 TL* | *Senfpulver* |
| *100 ml* | *Apfelsaft oder trockener Weißwein* |
| *150 g* | *geriebener Cheddar* |
| | *Obst (Äpfel, Birnen) oder rohes Gemüse* |

## Zubereitung

- Die Butter mit dem Handrührgerät schaumig schlagen. Das Senfpulver und den Apfelsaft unterrühren. Den geriebenen Käse hinzufügen und das Ganze vermischen. Über Nacht im Kühlschrank durchziehen lassen.
- Den Dip 1/2-1 Stunde vor dem Servieren aus dem Kühlschrank nehmen. Mit Obst oder Gemüse reichen.

# Leberpastete

## Zutaten

| | |
|---|---|
| *450 g* | *Leber (Huhn oder Kalb)* |
| *10 g* | *Butter* |
| *100 ml* | *selbst gemachte Mayonnaise (s. S. 90)* |
| *1* | *kleine Zwiebel* |
| | *Salz, Pfeffer* |

## Zubereitung

- Die Leber von beiden Seiten in Butter goldbraun anbraten. Abkühlen lassen und würfeln. Die Zwiebel würfeln. Dann die Leber, die Mayonnaise und die Zwiebel in einer Küchenmaschine oder im Mixer zu einer sämigen Masse verrühren. Achtung: Wird ein Mixer verwendet, die Mayonnaise zuerst hineingeben, damit sich die Klingen besser drehen.
- Das Ganze mit Salz und Pfeffer abschmecken.

### Tipp

- *Die Leberpastete kann auf Sellerieschnitzeln, Salatblättern, als Dip oder als Vorspeise auf Käseecken serviert werden.*

# Tomatencremesuppe

## Zutaten

| | |
|---|---|
| *500 g* | *passierte Tomaten* |
| *200 ml* | *selbst gemachter Joghurt (s. S. 171)* |
| | *flüssiger Honig oder Saccharin* |
| | *Salz, Pfeffer* |

## Zubereitung

- Ein Viertel der passierten Tomaten gut mit dem Joghurt verrühren. Die restlichen Tomaten langsam einrühren. Unter gelegentlichem Umrühren bei geringer Hitze (oder in einem Topf mit Dämpfeinsatz/im Wasserbad) erhitzen.
- Mit Salz, Pfeffer und Saccharin abschmecken.

# Gazpacho (Kalte Tomatensuppe)

## Zutaten

| | |
|---|---|
| 3 | Tomaten |
| 1 | grüne Paprikaschote |
| 1 | kleine Zwiebel |
| 150 g | Gurke |
| 1 l | passierte Tomaten (frisch oder aus der Dose) |
| 2 EL | Zitronensaft |
| 2 EL | Limettensaft (nach Belieben) |
| 2 EL | Weißweinessig |
| 1 TL | Estragon (nach Belieben) |
| 2 EL | Olivenöl |
| 1 | zerdrückte Knoblauchzehe |
| | Salz, Pfeffer |
| 1 | hart gekochtes Eigelb |
| 1 TL | gehacktes frisches Basilikum |
| 2 TL | gehackte frische Petersilie |

## Zubereitung

- Die Tomaten und die Paprikaschote waschen und ebenso wie die Zwiebel fein würfeln. Die Gurke schälen und würfeln. Alles gründlich mit den passierten Tomaten, dem Zitronensaft, dem Essig, dem Öl, dem Knoblauch und den Kräutern vermengen. Das Ganze mit Salz und Pfeffer abschmecken.
- Die Suppe vor dem Servieren mindestens 2 Stunden kühl stellen. Das Eigelb hacken und nach Belieben mit der Petersilie als Garnierung verwenden.

# Möhrensuppe

## Zutaten

| | |
|---|---|
| 1 l | *selbst gemachte Hühnerbrühe* |
| 1 kg | *Möhren* |
| 3–4 EL | *Butter* |
| 100 g | *Zwiebel* |
| 2 | *kleine zerdrückte Knoblauchzehen* |
| 50 g | *gehackte Mandeln* |
| 250 g | *selbst gemachter Joghurt (s. S. 171)* |
| | *Salz* |
| | *Kresse und frische Petersilie oder gehackte geröstete Nüsse zum Garnieren* |

## Zubereitung

- Die Möhren schälen, der Länge nach vierteln und in der Hühnerbrühe 12-15 Minuten garen. Das Ganze abkühlen lassen. Die Zwiebel fein würfeln und mit dem Knoblauch und den Mandeln in Butter anrösten. Zwiebel und Knoblauch glasig, aber nicht braun werden lassen.
- Die geröstete Mischung mit dem Joghurt zur Hühnerbrühe geben und alles mit dem Pürierstab oder im Mixer pürieren. Mit Salz abschmecken und nach Geschmack würzen.
- In einem Topf mit Dämpfeinsatz oder im Wasserbad langsam erhitzen oder kalt servieren. Nach Belieben mit gerösteten Nüssen, Petersilie oder Kresse garnieren.

### Gewürzvariationen

- *1 Prise Muskatnuss, 1/2 TL Minze, 1 Prise Zimt*
- *1/2–1 TL Thymian, 1/2–1 TL Majoran, 1/2–1 TL Basilikum*
- *1 TL geriebener, in Butter gerösteter Ingwer*

# Hühnersuppe

## Zutaten

| | |
|---|---|
| 5 | *Selleriestangen* |
| 10 | *Möhren* |
| 2 | *große Zwiebeln* |
| | *ausreichend Hühnchenteile, um einen großen Topf zur Hälfte zu füllen (besonders Hühnchenschenkel ergeben eine schmackhafte Suppe)* |
| 1 EL | *gehackte frische Petersilie* |
| | *Salz* |

## Zubereitung

- Die Selleriestangen waschen und putzen, die Möhren schälen. Das Gemüse mit den Zwiebeln, den Hühnchenteilen und der Petersilie in einen großen Topf geben. Drei Viertel des Topfes mit Wasser füllen. Salz hinzufügen, das Ganze aufkochen und bei geringer Hitze 4 Stunden köcheln lassen.
- Die Brühe durch ein Sieb gießen, dann die oberste Fettschicht abschöpfen. Das Gemüse mit dem Pürierstab pürieren und zur Brühe geben. Die Haut vom Fleisch entfernen und die Knochen ablösen. Das Fleisch zur Suppe geben.

### Achtung

- Zu Beginn der Diät nur Möhren in die Suppe geben, da die faserhaltigen Bestandteile von Zwiebeln, Sellerie und Petersilie Probleme bereiten könnten.

# Herzhafte Gemüsesuppe

## Zutaten

| | |
|---|---|
| 100 g | Zwiebel |
| 50 g | Kohl |
| 2 | Selleriestangen |
| 2 | Möhren |
| 500 g | passierte Tomaten oder einige frische Tomaten |
| 500 ml | selbst gemachte Hühner- oder Rinderbrühe oder 1 l Wasser und 450 g Rinderknochen oder 350 g Suppenfleisch |
| 2 EL | Pflanzenöl oder Butter Lorbeerblatt |
| | getrocknetes Basilikum |
| | Salz, Pfeffer |

## Zubereitung

- Die Zwiebel fein würfeln. Die Kohlblätter waschen, die Selleriestangen waschen und putzen und beides in dünne Streifen schneiden. Die Möhren schälen und würfeln. Frische Tomaten waschen und würfeln.
- Zwiebeln und Möhren in einem Topf in Öl oder Butter andünsten. Die Brühe, die Gewürze und die restlichen Zutaten hinzufügen und das Ganze aufkochen und bei geringer Hitze 2 Stunden köcheln lassen. Bei Verwendung von Rinderknochen oder Suppenfleisch beträgt die Garzeit 3–4 Stunden.

# Gebackene-Auberginen-Suppe

## Zutaten

| | |
|---|---|
| 1 | mittelgroße Zwiebel |
| 2 | Selleriestangen |
| 1 | Möhre |
| 2 | Auberginen |
| 1 EL | Olivenöl |
| 2 l | Hühner- oder Krabbenbrühe |
| 4 | zerdrückte Knoblauchzehen |
| 500 g | selbst gemachter Joghurt (s. S. 171) |
| 3 EL | Butter |
| | Salz, Pfeffer |
| | frisches Basilikum zum Garnieren |

## Zubereitung

- Die Zwiebel in Ringe schneiden. Die Selleriestangen waschen, putzen und in Scheiben schneiden, die Möhre schälen und würfeln. Die Auberginen der Länge nach in 1 cm dicke Scheiben schneiden und mit Olivenöl bestreichen. Im Backofen bei 200 °C goldgelb backen.
- In einem großen Topf die Brühe mit Zwiebeln, Möhren, Sellerie und Knoblauch zum Kochen bringen. Das Ganze bei mittlerer Hitze garen. Die Brühe durch ein Sieb gießen und wieder in den Topf füllen.
- Die Auberginen schälen, würfeln und zum Gemüse geben. Das Ganze pürieren. Den Joghurt und die Butter zum pürierten Gemüse geben und alles mit dem Pürierstab oder im Mixer verrühren.
- Das Gemüsepüree mit der Brühe vermischen. Die Suppe mit Salz und Pfeffer abschmecken und kurz aufkochen lassen.
- Mit Basilikum garnieren und heiß servieren.

*(Rezept von David J. Couture)*

# Chilisoße

## Zutaten

| | |
|---|---|
| 2 kg | Tomaten |
| 2 | grüne Paprikaschoten |
| 12 | Selleriestangen |
| 6 | Zwiebeln |
| 500 ml | Essig |
| 750 ml | flüssiger Honig |
| 1 EL | Salz |
| 1 | Prise Pfeffer |

## Zubereitung

- Die Tomaten und die Paprikaschoten waschen und würfeln. Die Selleriestangen waschen, putzen und in feine Scheiben schneiden. Die Zwiebeln fein würfeln.
- Alles mit den restlichen Zutaten vermengen und das Ganze in einem großen Topf unter ständigem Rühren zum Kochen bringen. 30 Minuten köcheln und anschließend abkühlen lassen.
- Die Chilisoße für den späteren Gebrauch entweder in einem Plastikbehälter einfrieren oder in eine Flasche abfüllen und diese verschlossen im Kühlschrank aufbewahren.

# Honig-Ingwer-Chutney

## Zutaten

| | |
|---|---|
| 350 ml | flüssiger Honig |
| 250 ml | Apfelessig |
| 6–7 | Äpfel (z. B. Boskop) |
| 2 | Zitronen |
| 2 | grüne oder rote Paprikaschoten |
| 3 | mittelgroße Zwiebeln |
| 300 g | frische Ananas |
| 200 g | Rosinen |
| 4 TL | geriebener Ingwer |
| 75 g | Mandelsplitter |

## Zubereitung

- Den Honig und den Essig in einen großen Topf geben und erhitzen. Die Äpfel schälen und die Kerngehäuse entfernen. Das Fruchtfleisch würfeln und zur Honig-Essig-Mischung geben. Das Ganze bei geringer Hitze 20 Minuten köcheln lassen.
- Die Paprikaschoten waschen und ebenso wie die Zwiebeln fein würfeln. Die Zitrone schälen und würfeln. Alles mit den Rosinen und dem Ingwer zur Apfel-Honig-Essig-Mischung geben. Die Ananas schälen, raspeln und mit dem eigenen Saft hinzufügen. Das Chutney weitere 20 Minuten garen.
- Die Mandelsplitter unterrühren und das Ganze unter gelegentlichem Umrühren 30 Minuten köcheln lassen.

# Ketchup

## Zutaten

| | |
|---|---|
| *500 g* | *passierte Tomaten* |
| *1–3 EL* | *Weißweinessig* |
| *1* | *Lorbeerblatt* |
| | *Salz, Pfeffer* |
| | *flüssiger Honig oder Saccharin* |

## Zubereitung

- Die passierten Tomaten mit dem Essig und dem Lorbeerblatt in einen Topf geben. Das Ganze verrühren und mit Salz und Pfeffer abschmecken. Bei geringer Hitze unter ständigem Rühren köcheln lassen, bis es dickflüssig ist. Nach Geschmack Honig oder Saccharin einrühren.
- Den Ketchup in sterilisierte Flaschen abfüllen und sofort versiegeln oder in einem Plastikbehälter einfrieren.

# Preiselbeeren-Relish

## Zutaten

| | |
|---|---|
| *500 g* | *Preiselbeeren* |
| *1* | *Orange* |
| *1* | *Apfel* |
| | *flüssiger Honig* |

## Zubereitung

- Die Preiselbeeren waschen und abtropfen lassen. Die Orange schälen, filetieren, die Kerne entfernen und das Fruchtfleisch würfeln. Das Kerngehäuse vom Apfel entfernen und das Fruchtfleisch würfeln. Alles vermischen und mit Honig abschmecken.

### Tipp

- *Das Relish schmeckt sehr gut mit Geflügel oder mit laktosearmem Hüttenkäse (s. S. 178) vermischt und auf einem Salatbett angerichtet.*

# Ananas-Koriander-Salsa

## Zutaten

| | |
|---|---|
| 1 | *kleine frische Ananas* |
| 1/2 | *rote Paprikaschote* |
| 1 | *kleine Schalotte* |
| 2 | *Bund Koriander* |
| | *Salz, Pfeffer* |

## Zubereitung

- Die Ananas schälen, den harten Strunk entfernen und das Fruchtfleisch fein würfeln. Die halbe Paprikaschote waschen, die Schalotte waschen und putzen und beides fein würfeln.
- Die Hälfte der Paprika- und Zwiebelwürfel mit der Ananas vermengen. Das Ganze mit Salz und Pfeffer abschmecken. Den Koriander fein hacke und unterrühren. Nach Belieben können die restlichen Zwiebel- und Paprikawürfel noch dazugegeben werden.
- Nach Geschmack etwas frische Mango oder Papaya hinzufügen. Ein Teil der Korianderblätter kann durch Minzblätter ersetzt werden.

*(Rezept von Linda Hanson)*

### Tipp

- *Die Ananas-Koriander-Salsa schmeckt besonders gut zu gegrilltem Hähnchenbrustfilet, gegrilltem weißen Fisch oder Lachs.*

# Salate, Dressings, Gemüse

# Hüttenkäsesalat

### Zutaten

| | |
|---|---|
| *50 g* | *frische Ananas oder ein anderes Obst der Saison* |
| *200 g* | *laktosearmer Hüttenkäse (s. S. 178)* |
| *3 EL* | *selbst gemachter Joghurt (s. S. 171)* |
| | *einige Salatblätter* |

### Zubereitung

- Die Ananas schälen und raspeln. Mit dem Hüttenkäse und dem Joghurt vermischen und das Ganze auf einem Salatbett anrichten.

# Halloween-Möhrensalat (Kürbisköpfe)

### Zutaten

| | |
|---|---|
| *150 g* | *Möhren* |
| *125 ml* | *selbst gemachte Mayonnaise (s. S. 90)* |
| | *einige Salatblätter* |
| *1* | *Hand voll dunkle Rosinen* |
| *1/4* | *grüne Paprikaschote* |

### Zubereitung

- Die Möhren schälen, raspeln und mit der Mayonnaise vermengen. Für jede Portion den Möhrensalat in einen kleinen Becher füllen und auf einen mit einem Salatblatt bedeckten Teller stürzen.
- Die Paprikaschote waschen und in Streifen schneiden. Je einen Paprikastreifen als Mund auflegen. Augen und Nase aus Rosinen aufbringen.

# Sommerobst-Terrine

## Zutaten

| | |
|---|---|
| 2 | *Blatt Gelatine* |
| *250 ml* | *Apfelsaft* |
| *50 ml* | *flüssiger Honig* |
| *1/2 TL* | *Vanillepulver (nach Belieben)* |
| *3–4* | *verschiedene Sorten frisches Obst (z. B. Erdbeeren, Himbeeren, Zuckermelone oder Honigmelone)* |

## Zubereitung

- Die Gelatineblätter in kaltem Wasser einweichen. Den Apfelsaft mit dem Honig in einem Topf mit Dämpfeinsatz oder im Wasserbad erhitzen. In das heiße Apfel-Honig-Gemisch die Gelatineblätter und nach Belieben Vanillepulver geben. Alles verrühren, bis die Gelatine vollständig aufgelöst ist.
- Das Obst waschen, die Kerne entfernen und das Fruchtfleisch würfeln. Den Boden einer Kastenform mit Obst auslegen. Auf das Obst die Gelatine-Apfel-Mischung geben und das Ganze im Kühlschrank fest werden lassen. Dann eine zweite Lage Obst in die Form geben, Gelatine darüber gießen und diese wiederum im Kühlschrank fest werden lassen. Den Vorgang wiederholen, bis die Kastenform gefüllt ist.
- Die Gelatineschicht zwischen den Obstlagen sollte mindestens 1–2 cm dick sein. Die Götterspeise über Nacht kühl stellen. Vor dem Servieren die Kastenform in ein heißes Tuch schlagen und die Sommerobst-Terrine auf einen Teller stürzen.

*(Rezept von David J. Couture)*

# Zucchini-Tomaten-Salat

## Zutaten

| | |
|---|---|
| 1 | *mittelgroßer Zucchino (oder Gurke)* |
| 3 | *mittelgroße Tomaten* |
| 1 | *Frühlingszwiebel* |
| 1 | *Selleriestange* |
| 1 | *kleine Paprikaschote* |
| | *Vinaigrette* |

## Zubereitung

- Den Zucchino und die Tomaten waschen und würfeln. Die Frühlingszwiebel und die Selleriestange waschen, putzen und in feine Scheiben schneiden. Die Paprikaschote waschen und in dünne Streifen schneiden. Alles vermengen und 1 Stunde kühl stellen.
- Kurz vor dem Servieren die Vinaigrette über den Salat gießen und diesen vorsichtig darin wenden.

# Meeresfrüchtesalat

## Zutaten

| | |
|---|---|
| 450 g | *milder gekochter Fisch (z. B. Seezunge, Heilbutt oder Kabeljau) oder 1 Dose Thunfisch, Lachs, Krabben oder Krebsfleisch* |
| 125 ml | *selbst gemachte Mayonnaise (s. S. 90)* |
| | *einige Salatblätter* |

## Zubereitung

- Vom Dosenfisch das Öl oder Wasser abgießen. Den Fisch in mundgerechte Stücke zerteilen. Mit der Mayonnaise vermengen und kühl stellen.
- Den Meeresfrüchtesalat auf einem Salatbett servieren.

# Waldorfsalat

## Zutaten

| | |
|---|---|
| *3* | *Äpfel* |
| *200 g* | *Ananas (frisch oder aus der Dose; ungesüßt)* |
| *1* | *Selleriestange* |
| *1/2* | *grüne Paprikaschote (nach Belieben)* |
| *150 g* | *Möhren* |
| *50 g* | *Rosinen* |
| *30 g* | *Walnüsse* |
| *250 ml* | *selbst gemachtes Joghurtdressing (s. u.) oder selbst gemachte Mayonnaise (s. S. 90)* |
| | *einige Salatblätter* |

## Zubereitung

- Die Äpfel nach Belieben schälen oder ungeschält belassen. Die Kerngehäuse entfernen und das Fruchtfleisch würfeln. Die Ananas schälen, den harten Strunk entfernen und das Fruchtfleisch würfeln. Die Selleriestange waschen, putzen und in feine Scheiben schneiden. Die halbe Paprikaschote waschen und in Streifen schneiden. Die Möhren schälen und in Stifte schneiden.
- Das vorbereitete Obst und Gemüse mit den Rosinen und den Walnüssen vermischen. Das Joghurtdressing oder die Mayonnaise unterziehen und das Ganze auf einem Salatbett servieren.

# Joghurt-Salatdressing

## Zutaten

| | |
|---|---|
| *250 g* | *selbst gemachter Joghurt (s. S. 171)* |
| *2 EL* | *Zitronensaft* |
| | *flüssiger Honig oder Saccharin* |

## Zubereitung

- Den Joghurt gut mit dem Zitronensaft vermischen und das Ganze nach Geschmack mit Honig oder Saccharin süßen.

# Antipastosalat

## Zutaten

| | |
|---|---|
| 1 | *Blattsalat (Kopf-, Endivien- oder Römersalat)* |
| 2 | *Tomaten* |
| 1–2 | *hart gekochte Eier* |
| 1 | *Dose Sardellen* |
| | *italienische Kräuter (z.B. Oregano, Basilikum)* |
| | *Vinaigrette (s. u.)* |

## Zubereitung

- Die Salatblätter vom Strunk lösen, waschen und vorsichtig trocknen. Die Tomaten waschen und in Scheiben schneiden oder würfeln. Die Eier vierteln.
- Die Sardellen unter fließendem Wasser abspülen, mit einem Küchentuch trockentupfen und entgräten. Alles mit den italienischen Kräutern vermischen und kühl stellen. Kurz vor dem Servieren die Vinaigrette über den Salat gießen und diesen vorsichtig darin wenden.

# Vinaigrette

## Zutaten

| | |
|---|---|
| 2 EL | *Essig oder Zitronensaft* |
| 1/4 TL | *Salz* |
| 1/4 TL | *Pfeffer* |
| 1/4 TL | *Senfpulver* |
| 4 EL | *Olivenöl* |
| 1 | *Knoblauchzehe* |

## Zubereitung

- 1 EL Essig oder Zitronensaft mit Salz, Pfeffer, Senfpulver und 1 EL Olivenöl gut verrühren. Die Knoblauchzehe schälen und zur Vinaigrette geben. 1 EL Essig oder Zitronensaft und 3 EL Olivenöl hinzufügen.
- Die Vinaigrette in einem verschließbaren Glas im Kühlschrank aufbewahren. Vor Gebrauch gut schütteln. Als Salatsoße oder zum Marinieren von Gemüse verwenden.

# Butternutscheiben

## Zutaten

| | |
|---|---|
| 1 | *Butternutkürbis* |
| 1 EL | *Butter* |
| | *Salz* |

## Zubereitung

- Den Kürbishals nach Belieben geschält oder ungeschält in Scheiben schneiden. Dünne Scheiben (1/2–1 cm) werden besonders knusprig und können statt Pommes Frites als Beilage verwendet werden.
- Die Butternutscheiben auf ein gefettetes Backblech legen, mit Butterflocken versehen und im Backofen bei 230 °C backen, bis die Oberseiten gut gebräunt sind. Dann die Scheiben wenden und die andere Seite bräunen.

# Gebackener Acorn

## Zutaten

| | |
|---|---|
| 1 | *Acornkürbis* |
| 1 TL | *Butter* |
| | *flüssiger Honig* |
| 1/2 TL | *geriebene Orangenschale* |

## Zubereitung

- Den Kürbis halbieren und die Kerne entfernen. Die Kürbishälften mit der Schnittseite nach unten auf ein mit Backpapier ausgelegtes Backblech legen.
- Im Backofen bei 200 °C garen, bis sich der Kürbis mit einem stumpfen Messer gut durchstechen lässt. Dann die Kürbishälften umdrehen, mit der Butter und dem Honig bestreichen und mit der geriebenen Orangenschale bestreuen. Bei 180 °C 15–30 Minuten weitergaren.

### Tipp

- *Die Kürbishälften können vor dem Backen mit einer Mischung aus gekochtem Geflügel, Gemüse, Brühe und selbst gemachten Joghurt (s. S. 171) oder Zwiebelsoße gefüllt werden.*

# Mayonnaise

## Zutaten

| | |
|---|---|
| 1 | *Ei* |
| 1/4 TL | *Senfpulver* |
| 1 EL | *Weißweinessig oder frischer Zitronensaft* |
| 250 ml | *Pflanzenöl* |
| | *Salz, Pfeffer* |
| 1 | *zerdrückte Saccharintablette oder flüssiger Honig (nach Belieben)* |

## Zubereitung

- Für dieses Gericht kann eine Pflanzenölsorte oder eine Kombination verschiedener Pflanzenöle verwendet werden. Das Ei mit dem Senfpulver und dem Essig in der Küchenmaschine oder mit dem Pürierstab verrühren. Während des Rührvorgangs langsam das Öl dazugießen. Rühren, bis die Mischung sämig ist (mindestens 1 Minute). Mit Salz, Pfeffer und Saccharin oder Honig abschmecken.

### Tipp

- *Zum Andicken von Bratensoße: 2 EL Mayonnaise auf 250 ml Bratensoße geben und das Ganze unter ständigem Rühren 1–2 Minuten bei geringer Hitze erhitzen.*
- *Als Grundfonds für Tartarsoße: 50 g Mayonnaise mit gewürfelten Dillgurken (ungesüßt) und gewürfelter Zwiebel vermischen.*
- *Als Ersatz für Sauce Hollandaise: Geriebenen Cheddar unter die Mayonnaise rühren. Auf Gemüse (z. B. Blumenkohl oder Brokkoli) verteilen, das Ganze zudecken und im Ofen überbacken.*
- *Als Dressing: Mayonnaise und Joghurt zu gleichen Teilen vermischen.*

# Karottenchips

## Zutaten

| | |
|---|---|
| | Möhren |
| | Pflanzenöl |
| | Salz |

## Zubereitung

- Karottenchips können statt Kartoffelchips als salziger Snack verwendet werden.
- Die Möhren in hauchdünne Scheiben raspeln. Diese in Öl goldgelb fritieren, in einem Sieb abtropfen lassen und anschließend mit Küchenpapier trockentupfen. Nach Geschmack salzen.

# Blumenkohlpüree

## Zutaten

| | |
|---|---|
| 1 | großer Blumenkohl |
| 3 EL | Butter oder selbst gemachter Joghurt (s. S. 171) |
| | Salz, Pfeffer |
| | Paprikapulver |
| 1 TL | gehackte frische Petersilie |

## Zubereitung

- Den Blumenkohl waschen, den Strunk entfernen und den restlichen Blumenkohl in Röschen zerteilen. In kochendem Salzwasser garen, abtropfen lassen und dann mit dem Pürierstab pürieren. Butter oder Joghurt hinzufügen. Das Ganze mit Salz und Pfeffer abschmecken und pürieren.
- Das Püree bei geringer Hitze kurz erhitzen, mit Petersilie und Paprikapulver bestreuen und servieren.

### Tipp

- *Das Blumenkohlpüree in eine Auflaufform geben und mit geriebenem Käse (z. B. Cheddar) bestreuen. Im Backofen überbacken, bis der Käse geschmolzen ist.*

# Steckrüben-Pommes-Frites

## Zutaten

| | |
|---|---|
| 1 | *mittelgroße Stekkrübe* |
| 100 ml | *Pflanzenöl* |

## Zubereitung

- Die Rübe schälen und in Stäbe wie Pommes Frites schneiden. Diese Rübenstäbe mit Öl bestreichen und im Backofen bei 200 °C ca. 1 Stunde goldgelb backen.

*(Rezept von May Rodall)*

# Linsen süß-sauer

## Zutaten

| | |
|---|---|
| 175 g | *Linsen* |
| 2 EL | *Butter* |
| 2 EL | *Weißweinessig* |
| 3 EL | *flüssiger Honig* |

## Zubereitung

- Die Linsen über Nacht einweichen. Dann das Einweichwasser abgießen, die Linsen mit frischem Wasser bedecken und bei geringer Hitze ca. 25 Minuten garen.
- Die verbliebene Flüssigkeit abgießen und die Butter, den Essig und den Honig einrühren. Das Ganze vor dem Servieren kurz erhitzen.

# Haupt-gerichte, Braten-soßen

# Gebackene-Bohnen-Schmortopf

## Zutaten

| | |
|---|---|
| *450 g* | *getrocknete weiße Bohnen* |
| | *Fleisch mit Knochen (z. B. Rindfleisch oder Hinterschinken)* |
| *1–2* | *Zwiebeln* |
| *1,5 l* | *passierte Tomaten* |
| *1/2–1 TL* | *Senfpulver* |
| *3 EL* | *Essig* |
| *5 EL* | *flüssiger Honig* |
| | *Salz, Pfeffer* |

## Zubereitung

- Die Bohnen über Nacht einweichen. Dann das Wasser abgießen und die Bohnen unter fließendem Wasser gut abspülen. Mit frischem Wasser bedecken und bei geringer Hitze ca. 2 Stunden garen. Die Bohnen vor dem Kochen nicht salzen, da sie sonst nicht gar werden.
- Fleisch, Zwiebeln, Tomaten, Senfpulver, Essig und Honig zu den Bohnen geben und das Ganze mit Salz und Pfeffer würzen. Unter gelegentlichem Umrühren bei 150 °C ca. 2 Stunden im Backofen backen. Die Bohnen und das Fleisch sollten weich und die Tomatensoße eingedickt sein. Wenn nötig, während des Backvorgangs weitere passierte Tomaten hinzufügen, damit die Bohnen nicht ansetzen.
- Die Knochen vom Fleisch lösen und herausnehmen. Das Gericht kalt oder heiß servieren.

# Hähnchen Royal

## Zutaten

| | |
|---|---|
| 2 | *Möhren* |
| 150 g | *Blumenkohl* |
| 1 | *Tomate* |
| 2 | *Frühlingszwiebeln* |
| 4 | *Knoblauchzehen* |
| 1 EL | *Pflanzenöl* |
| 1 kg | *Hähnchenteile* |
| 1/2 TL | *Paprikapulver* |
| | *Salz* |

## Zubereitung

- Die Möhren schälen und würfeln. Den Blumenkohl waschen, den Strunk entfernen und den restlichen Blumenkohl in Röschen zerteilen. Die Tomate waschen und vierteln.
- Die Frühlingszwiebeln waschen, putzen und in feine Scheiben schneiden. Mit den ganzen Knoblauchzehen in einem Topf ca. 2 Minuten in Öl anbraten. Die Hähnchenteile hinzufügen und alles ca. 5 Minuten weiterbraten.
- Die Tomaten und das Paprikapulver dazugeben und alles zugedeckt ca. 10 Minuten bei mittlerer Hitze garen. Den Blumenkohl und die Möhren hinzufügen. Das Ganze mit Salz abschmecken und 5 Minuten weitergaren.

*(Rezept von Zairun Hosein)*

# Gebackener Hüttenkäse

## Zutaten

| | |
|---|---|
| 200 g | *laktosearmer Hüttenkäse (s. S. 178)* |
| 1 | *Ei* |
| 1 TL | *flüssiger Honig* |
| 1 TL | *Butter* |

## Zubereitung

- Den Hüttenkäse mit dem Ei, dem Honig und der Butter verrühren. Das Ganze in eine kleine Auflaufform geben und 15–20 Minuten bei 180 °C im Backofen backen.

# Fischschmortopf

## Zutaten

| | |
|---|---|
| *500 g* | *Fisch (z. B. Heilbutt, Flunder, Seezunge, Shrimps, Hummer oder Krabbenfleisch; frisch oder aus der Dose)* |
| *250 g* | *selbst gemachter Joghurt (s. S. 171)* |
| *250 g* | *geriebener Hartkäse (z. B. Cheddar)* |
| *1 TL* | *Senfpulver* |
| *1 EL* | *Zitronensaft* |
| *1 EL* | *gehackte frische Petersilie* |

## Zubereitung

- Den frischen Fisch pochieren (vom Dosenfisch das Öl oder Wasser abgießen) und mit einer Gabel in mundgerechte Stücke zerteilen. In eine Auflaufform geben.
- Joghurt, Käse, Senfpulver, Zitronensaft und Petersilie vermischen und das Ganze auf dem Fisch verteilen. Alles 30–40 Minuten bei 190 °C im Backofen backen.

### Tipp

- *Dieses Gericht kann als Haupt- sowie als Vorspeise gereicht werden.*

# Ingwer-Joghurt-Hähnchen

## Zutaten

| | |
|---|---|
| 4 | *Hähnchenbrustfilets* |
| 1 EL | *Butter* |
| 500 g | *selbst gemachter Joghurt (s. S. 171)* |
| 50 g | *gemahlene Mandeln* |
| 1 TL | *geriebener Ingwer* |
| | *Salz* |

## Zubereitung

- Die Hähnchenbrustfilets halbieren und kurz von beiden Seiten in Butter anbraten. Danach salzen.
- Den Joghurt mit den Mandeln und dem Ingwer vermengen. Die Hähnchenbrustfilets nebeneinander in eine Auflaufform legen und mit der Joghurtmischung bestreichen. Das Ganze 1/2 Stunde bei 160 °C im Backofen backen.

*(Rezept von Zairun und Aleesa Hosein)*

# Hähnchenkroketten

## Zutaten

| | |
|---|---|
| 1 | *kleine Zwiebel* |
| 500 g | *gekochtes Hähnchenfleisch (ohne Knochen)* |
| 1 | *Ei* |
| 1 EL | *gehackte frische Petersilie* |
| 2–3 EL | *gemahlene Mandeln* |
| | *Salz, Pfeffer* |
| 2–3 EL | *Butter* |
| | *Petersilie und Zitronenscheiben zum Garnieren* |

## Zubereitung

- Die Zwiebel vierteln und mit dem Hähnchenfleisch, dem Ei und der gehackten Petersilie mit dem Pürierstab pürieren. Nach Belieben können das Hähnchenfleisch und die Zwiebel gewürfelt und mit dem Ei und der Petersilie verrührt werden.
- Das Ganze mit der Hälfte der gemahlenen Mandeln vermischen und mit Salz und Pfeffer abschmecken. Mit feuchten Händen Kroketten formen. Sollte die Mischung noch nicht fest genug sein, löffelweise weitere gemahlene Mandeln hinzufügen.
- Die Kroketten in Butter bei mittlerer Hitze von allen Seiten goldgelb braten. Mit Petersilie und Zitronenscheiben garnieren und heiß servieren.

# Honig-Knoblauch-Spareribs

## Zutaten

- *1,5 kg Schweinerippchen oder Schweinshaxe (nicht geräuchert)*
- *125 ml flüssiger Honig*
- *250 ml Wasser*
- *1 TL Salz*
- *2–4 EL zerdrückter Knoblauch*

## Zubereitung

- Das Fleisch anbraten und in eine Auflaufform geben. Von der Haxe das Fett entfernen. Den Honig mit dem Wasser, dem Salz und dem Knoblauch verrühren.
- Das Fleisch mit der Honigmarinade bestreichen, dann mindestens 1 Stunde bei 190 °C im Backofen braten, bis der Honig auf dem Fleisch anfängt zu karamellisieren. Das Fleisch während des Bratvorgangs mindestens zweimal wenden und mit dem Bratensatz bestreichen.

# Hähnchenflügel mit Honig und Knoblauch

## Zutaten

| | |
|---|---|
| *1 kg* | *Hähnchenflügel* |
| | *Salz, Pfeffer* |
| *1 EL* | *Butter* |
| *50 ml* | *flüssiger Honig* |
| *1 EL* | *Zitronensaft* |
| *1 TL* | *geriebene Zitronenschale* |
| *1* | *zerdrückte Knoblauchzehe* |

## Zubereitung

- Die Hähnchenflügel nebeneinander in eine Auflaufform geben und leicht mit Salz und Pfeffer würzen. Die Butter zerlassen, dann mit Honig, Zitronensaft, geriebener Zitronenschale und Knoblauch vermischen.
- Die Hähnchenflügel mit der Hälfte der Honigmarinade bestreichen, danach im Backofen ca. 15 Minuten bei 180 °C backen. Mit der restlichen Marinade bestreichen und weiterbacken, bis sie knusprig und zart sind.

# Pizza

## Zutaten

### Pizzaboden

| | |
|---|---|
| 1 | mittelgroßer Zucchino |
| 40 g | Mandeln |
| 3 | Eier |
| 50 g | geriebener Hartkäse (jeder erlaubte Hartkäse ist geeignet; s. S. 177 ff.) |
| 50 g | geriebener Parmesan |
| 1 EL | gehacktes frisches Basilikum oder 1/4 EL getrocknetes Basilikum |
| 1/4 TL | Salz |

### Pizzabelag

| | |
|---|---|
| 350 g | Hartkäse |
| 250 ml | passierte Tomaten |
| | Belag nach Belieben (z. B. Oliven, Paprikastreifen, gebratener Frühstücksspeck, gekochter Schinken ohne Zuckerstoffe, Sardellen oder Tomatenscheiben) |

## Zubereitung

### Pizzaboden

- Den Zucchino waschen, grob raspeln und salzen. 15 Minuten stehen lassen, dann mit der Rückseite eines Holzlöffels das Wasser aus dem Zucchino drücken und weggießen. Die Mandeln in der Küchenmaschine oder der Getreidemühle mahlen. Die Eier leicht schlagen und mit Zucchino, Mandeln, Käse, Basilikum und Salz vermischen.
- Den Pizzateig auf ein geöltes Backblech geben und gleichmäßig ausstreichen. 15 Minuten bei 160 °C im Backofen backen. Dann mit Öl bestreichen und weitere 5 Minuten backen.

### Pizzabelag

- Den Käse in feine Scheiben schneiden. Den Pizzaboden gleichmäßig damit belegen, dann die passierten Tomaten großzügig darauf verteilen. Die gewünschten Zutaten auf die Tomaten legen und die Pizza 25 Minuten bei 180 °C im Backofen backen. Heiß servieren und einen gemischten Salat dazu reichen.

### Tipp

- *Zur Herstellung eines Pizzabodens kann auch das Rezept für das Käsebrot (s. S. 124) verwendet werden. Für eine große Pizza wird ca. ein Drittel der angegebenen Menge benötigt. Den Teig auf ein geöltes Backblech geben und ca. 1 cm dick ausstreichen. Bei 180 °C goldgelb backen.*

# Geflügelfüllung

### Zutaten

| | |
|---|---|
| 350 g | getrocknete weiße Bohnen |
| 100 g | Zwiebel |
| 1 | Sellerie |
| 1 TL | Salbei |
| 1 TL | Thymian |
| | gehackte frische Petersilie (nach Belieben) |

### Zubereitung

- Die Bohnen über Nacht einweichen. Dann das Wasser abgießen und die Bohnen unter fließendem Wasser gut abspülen. Mit frischem Wasser bedecken und bei geringer Hitze ca. 2 Stunden garen. Die Bohnen vor dem Kochen nicht salzen, da sie sonst nicht gar werden.
- Die Zwiebel würfeln, den Sellerie schälen und würfeln. Beides mit den Kräutern unter die Bohnen mischen und alles mit einem Kartoffelstampfer zerdrücken. Mit Salz und Pfeffer abschmecken. Einen Truthahn oder eine Poularde mit der Mischung füllen und das Ganze im Ofen braten.

# Bratensoße Nr. 1

### Zutaten

| | |
|---|---|
| | Rinder-, Schweinebraten oder Geflügel |
| 1 | Zwiebel |

### Zubereitung

- Während der Braten oder das Geflügel im Backofen schmort, die Zwiebel in etwas Wasser weich kochen. Sobald das Fleisch gar ist, den Bratensaft in eine Schüssel geben und die oberste Fettschicht abschöpfen. Die gekochte Zwiebel zum Bratensaft geben und das Ganze pürieren.

# Bratensoße Nr. 2

## Zutaten

| | |
|---|---|
| | *Bratensaft* |
| | *selbst gemachte Mayonnaise (s. S. 90; 2 EL auf 230 ml Bratensaft)* |

## Zubereitung

- Den Bratensaft mit der Mayonnaise vermengen und das Ganze bei mittlerer Hitze unter ständigem Rühren 1–2 Minuten erhitzen.

*(Rezept von Roberta Young)*

# »Spaghetti« mit Soße

## Zutaten

| | |
|---|---|
| *1* | *große Zwiebel* |
| *1–2* | *Knoblauchzehen (nach Belieben)* |
| *1 EL* | *Olivenöl* |
| *500 g* | *mageres Hackfleisch* |
| *1,4 l* | *passierte Tomaten* |
| *3–4* | *frische Tomaten (nach Belieben)* |
| *1* | *Lorbeerblatt* |
| *1/2–1 TL* | *Oregano* |
| | *Salz, Pfeffer* |
| *1* | *Spaghettikürbis* |

## Zubereitung

### Soße

- Die Zwiebel und den Knoblauch würfeln. Kurz in Öl anbraten und beiseite stellen. Das Hakkfleisch kurz anbraten, dann mit den Tomaten, den Zwiebeln, dem Knoblauch und den Gewürzen in einen großen Topf geben. Alles bei geringer Hitze köcheln lassen, bis die gewünschte Konsistenz erreicht ist.

### Spaghettikürbis

- Den Kürbis der Länge nach halbieren. Die Hälften über Dampf garen, bis das Fruchtfleisch weich ist. Die Fäden mit einer Gabel entnehmen und mit der Soße und etwas geriebenem Parmesan (oder anderem Hartkäse) servieren.

### Tipp

- *Die Spaghettisoße kann z. B. auch zu weißen Bohnen, Zucchini oder Butternutkürbis serviert werden.*

# Gemüse mit Huhn, Rind- oder Schweinefleisch

## Zutaten

| |
|---|
| *Hähnchenbrust, Rind- oder Schweinefleisch* |
| *Butter* |
| *flüssiger Honig (nach Belieben)* |
| *Gemüsemischung aus Möhren, Sellerie, Blumenkohl, Brokkoli, Zucchini, Tomaten, Paprikaschoten, Zwiebeln, Pilzen, Erbsen (nach Belieben)* |
| *Salz, Pfeffer* |

## Zubereitung

- Das Huhn über Dampf garen, dann die Haut entfernen und die Knochen vom Fleisch lösen. Das Fleisch in mundgerechte Stücke schneiden. In Butter anbraten und nach Belieben mit etwas Honig abschmecken.
- Den Rinder- oder Schweinebraten im Backofen garen. In mundgerechte Streifen schneiden (gegen die Maserung) und in Butter anbraten. Es können auch Bratenreste für das Gericht verwendet werden.
- Die Möhren und den Sellerie schälen und würfeln. Den Blumenkohl und den Brokkoli waschen, den Strunk entfernen und den restlichen Blumenkohl und Brokkoli in Röschen zerteilen. Die Zucchini und die Tomaten waschen und in Scheiben schneiden. Die Paprikaschoten waschen und in Streifen schneiden. Die Zwiebeln würfeln, die Pilze waschen und putzen.
- In einer großen Pfanne oder einem Wok zunächst die Möhren, den Blumenkohl und den Brokkoli in Butter andünsten, da diese Gemüsesorten etwas mehr Zeit zum Garen benötigen. Nach einigen Minuten Sellerie, Zucchini, Paprikaschoten, Zwiebeln, Pilze und Erbsen dazugeben und alles bei geringer Hitze weiterdünsten. Die Tomaten hinzufügen und ca. 1 Minute mitdünsten.
- Mit Salz und Pfeffer abschmecken. Das zubereitete Fleisch hinzufügen und das Gericht heiß servieren.

# Zucchiniauflauf

## Zutaten

| | |
|---|---|
| | *Zwiebeln* |
| | *Zucchini* |
| | *frische Tomaten* |
| | *Paprikaschoten* |
| *1 EL* | *Olivenöl auf 500 g Gemüse* |
| *50 g* | *geriebener Parmesan (nach Belieben)* |
| | *Oregano* |
| | *Salz, Pfeffer* |

## Zubereitung

- Die Zwiebeln in Ringe schneiden. Die Zucchini und die Tomaten waschen und in Scheiben schneiden. Die Paprikaschoten waschen und in Streifen schneiden. Alles vermischen und in eine Auflaufform geben.
- Das Gemüse mit dem Olivenöl begießen und mit Oregano, Salz und Pfeffer bestreuen. Dann den geriebenen Käse darauf verteilen. Der Boden der Auflaufform sollte mindestens 1 1/2 cm hoch mit Flüssigkeit bedeckt sein, ggf. noch etwas Wasser hinzufügen.
- Das Ganze unter gelegentlichem Umrühren bei 200 °C im Backofen backen, bis das Gemüse gar ist.

# Gefüllte Zucchini

## Zutaten

| | |
|---|---|
| 400 g | Hackfleisch |
| 5 EL | Butter |
| 6 | Zucchini |
| 2 | Eier |
| 1 | zerdrückte Knoblauchzehe |
| 100 g | geriebener Hartkäse (z. B. Cheddar oder Gouda) |
| 1 EL | gehacktes frisches Basilikum oder 1/4 TL getrocknetes Basilikum |
| | Salz, Pfeffer |

## Zubereitung

- Das Hackfleisch in 1 EL Butter anbraten. Die Zucchini waschen, der Länge nach halbieren und das Fruchtfleisch herauslösen. Dabei einen Rand von 1/2–1 cm stehen lassen.
- Das Fruchtfleisch fein würfeln. Mit der Rükkseite eines Holzlöffels so viel Flüssigkeit wie möglich aus den Zucchiniwürfeln herauspressen und weggießen. Die restliche Butter zerlassen, die Eier leicht schlagen. Dann die Hälfte der Butter mit Zucchiniwürfeln, Knoblauch, Hackfleisch, Käse, Eiern und Basilikum verrühren. Salz und Pfeffer hinzufügen.
- Die Zucchinihälften auf ein gefettetes Backblech legen und mit der Hackfleischmischung füllen. Den Rest der Butter auf die gefüllten Zucchini verteilen. Das Ganze 20–30 Minuten bei 200 °C im Backofen backen und heiß servieren.

# Zucchinilasagne

## Zutaten

| | |
|---|---|
| 700 g | Hackfleisch |
| | Pflanzenöl |
| 2 | mittelgroße Zucchini |
| 1 | mittelgroße Zwiebel |
| 100 g | Champignons (nach Belieben) |
| 400 g | laktosearmer Hüttenkäse (s. S. 178) |
| 250 g | passierte Tomaten |
| 1 TL | Oregano |
| 1/4 TL | getrocknetes Basilikum |
| | Salz, Pfeffer |
| 50 g | geriebener Hartkäse (z. B. Cheddar, Butterkäse oder Tilsiter) |

## Zubereitung

- Das Hackfleisch in Öl anbraten. Die Zucchini waschen und der Länge nach in 1–1 1/2 cm dicke Scheiben schneiden. Die Scheiben auf dem Boden einer Auflaufform verteilen.
- Die Zwiebel würfeln, die Champignons waschen, putzen und in Scheiben schneiden. Den Hüttenkäse mit dem Hackfleisch, der Zwiebel und den Champignons vermischen und das Ganze auf den Zucchinischeiben verteilen.
- Die passierten Tomaten mit dem Oregano und dem Basilikum vermengen und mit Salz und Pfeffer würzen. Die Soße über die Hackfleischmischung gießen und anschließend mit Käse bestreuen.
- Die Lasagne bei 190 °C im Backofen backen, bis die Zucchini gar sind. Entweder heiß als Hauptgericht oder kalt als Vorspeise servieren.

# Hackbraten mit Gemüse

## Zutaten

| | |
|---|---|
| 1 | *Selleriestange* |
| 1 | *mittelgroße Zwiebel* |
| 1 | *Möhre* |
| 1/2 | *Paprikaschote* |
| 1 | *mittelgroße frische Tomate oder 130 g passierte Tomaten* |
| 1 | *Ei* |
| 1 | *Petersilienzweig* |
| 700 g | *Hackfleisch* |
| | *selbst gemachter Ketchup (s. S. 78)* |

## Zubereitung

- Die Selleriestange waschen, putzen und ebenso wie die Zwiebel würfeln. Die Möhre schälen, die halbe Paprikaschote waschen und beides würfeln. Die Tomate waschen und vierteln.
- Die Tomatenviertel oder die passierten Tomaten mit dem Ei in einem Mixer oder mit dem Pürierstab verrühren. Das restliche Gemüse und die Petersilie hinzufügen und alles pürieren.
- Das Gemüsepüree mit dem Hackfleisch vermischen und das Ganze mit Salz und Pfeffer würzen. In eine Auflaufform geben und Ketchup darauf verteilen. Im Backofen bei 180 °C ca. 1 Stunde backen.

# Brot, Kuchen und Kleingebäck

# Grundrezept für Muffins und Brot

## Zubereitung

- Für die Zubereitung von Muffins und Brot eignen sich Walnüsse, Mandeln, Pekannüsse und Haselnüsse. Erdnüsse sollten nicht verwendet werden. Ungeröstete Cashewkerne sind sehr beliebt, obwohl sie vergleichsweise teuer sind. Achten Sie jedoch darauf, dass sie ordnungsgemäß gelagert wurden, da sie leicht verderblich sind. Geröstete Cashewkerne enthalten meist Stärke und sind daher nicht erlaubt. Die Wahl der Nusssorte sollte sich nach Preis, Verfügbarkeit und geschmacklicher Vorliebe richten.
- Mandeln sind sehr zu empfehlen, da sie schmackhaft und gleichzeitig preisgünstig sind. Für die nachfolgenden Gerichte sind sowohl geschälte wie auch ungeschälte Mandeln geeignet. Zu Beginn der Diät sollten Sie auf ungeschälte Mandeln verzichten, da sie Darmgase verursachen können; nach einer erheblichen Verbesserung des Befindens können sie jedoch problemlos verwendet werden. Die Schale wird durch Blanchieren in kochendem Wasser angelöst und dann entfernt.
- Die gemahlenen Nüsse müssen eine mehlartige Konsistenz besitzen. Zu fein gemahlene Nüsse ergeben Nussbutter, die zwar erlaubt ist, den Teig jedoch zu flüssig werden lässt.
- Es ist ratsam, in den ersten drei bis vier Wochen der Diät die Nüsse, wenn möglich, selber zu mahlen. Nur so können Sie sicher sein, dass die Nüsse frisch sind und keinerlei Zusatzstoffe enthalten.
- Nüsse lassen sich hervorragend in einer Küchenmaschine mahlen. Natürlich sind auch Getreidemühlen gut geeignet.

# Muffins (16 Stück)

## Zutaten

| | |
|---|---|
| 250 g | Nüsse |
| 125 ml | flüssiger Honig |
| 3 | Eier (wenn Sie keine Eier verwenden wollen, nehmen Sie püriertes Obst) |
| 1/2 TL | Natron |
| 1 | Prise Salz (nach Belieben) |
| | 50 ml selbst gemachter Joghurt (s. S. 171), Fruchtsaft oder geschmolzene Butter |

## Zubereitung

- Die Nüsse im Mixer mahlen und beiseite stellen. Den Honig und die Eier im Mixer vermengen. Die Mischung mit dem Natron und dem Salz unter die Nüsse rühren. Dann das Ganze mit dem Joghurt verrühren.
- Wird eine Küchenmaschine verwendet, zunächst die Nüsse in der Küchenmaschine mahlen. Dann Honig, Eier, Natron und Salz dazugeben und alles gründlich miteinander vermischen. Den Joghurt unterrühren.
- Die Vertiefungen des Muffinblechs einfetten oder Papier-Backförmchen hineinsetzen. Vertiefungen oder Förmchen jeweils zur Hälfte mit Teig füllen und die Muffins 15–20 Minuten bei 190 °C im Backofen backen.

### Anmerkungen

- *Da das Weizenmehl fehlt, kann es vorkommen, dass die Muffins nach dem Backen in sich zusammenfallen. Dies hat jedoch keinen Einfluss auf ihren Geschmack.*

### Variationen

- *40 g Rosinen oder Korinthen unter den Teig heben.*
- *Den Saft 1 Orange und etwas geriebene Orangenschale unter den Teig rühren.*
- *50 g gehacktes Trockenobst (z. B. Aprikosen, Ananas, Äpfel oder Birnen) und etwas geriebene Orangenschale mit dem Teig vermengen.*
- *1–2 TL geriebene Orangenschale und 1/2 TL Mandelaroma unter den Teig rühren.*
- *Kokosnuss-Nuss-Muffins: Einen Teil der gemahlenen Mandeln durch Kokosflocken (ungezuckert) ersetzen. Kokosflocken erst verwenden, wenn keine Durchfallbeschwerden mehr bestehen.*
- *Elaines Lieblingsvariation: 50 g frische oder gefrorene Heidelbeeren vorsichtig unter den Teig heben.*

# Käsebrot

## Zutaten

| | |
|---|---|
| 250 g | *geschälte Mandeln (oder andere Nüsse)* |
| 3 EL | *weiche Butter* |
| 100 g | *geriebener milder Hartkäse (z. B. milder Cheddar oder Butterkäse)* |
| 3 | *Eier* |
| 1 TL | *Natron* |
| 1 | *Prise Salz* |

## Zubereitung

- Die Mandeln mahlen, dann mit der Butter und dem Käse zu einem Teig verarbeiten. Eier, Natron und Salz unter den Teig kneten. Den Teig in eine gut gefettete Kastenform geben und im Backofen bei 180 °C goldgelb backen.

### Tipp

- *Dieses Brot kann in Scheiben geschnitten und als »armer Ritter« zubereitet werden. Dazu die Brotscheiben in geschlagene Eier tauchen und von beiden Seiten in heißer Butter goldgelb braten. Mit heißem Honigsirup (Honig mit etwas Wasser verdünnt und erhitzt) servieren.*

# Bananenpfannkuchen

### Zutaten

| | |
|---|---|
| 1 | *reife Banane* |
| 1 | *Ei* |
| | *Butter* |

### Zubereitung

- Die Banane zerdrücken, dann gründlich mit dem Ei verrühren. Den Pfannkuchen in heißer Butter bei mittlerer Hitze von beiden Seiten goldbraun braten. Mit heißem Honigsirup (Honig mit etwas Wasser verdünnt und erhitzt) servieren.

# Herbs Bohnenpfannkuchen

### Zutaten

| | |
|---|---|
| *200 g* | *Bohnen* |
| 1 | *kleine Zwiebel* |
| 1 | *Ei* |
| *1/8 TL* | *Natron* |
| | *Salz* |
| | *selbst gemachter Joghurt (nach Belieben; s. S. 171)* |
| | *Butter* |

### Zubereitung

- Die Bohnen über Nacht einweichen. Dann das Wasser abgießen und die Bohnen unter fließendem Wasser gut abspülen. Mit frischem Wasser bedecken und bei geringer Hitze ca. 2 Stunden garen. Die Bohnen vor dem Kochen nicht salzen, da sie sonst nicht gar werden. Gut abtropfen lassen.
- Die Zwiebel fein würfeln und mit Bohnen, Ei, Natron, Salz und Joghurt in der Küchenmaschine oder mit dem Handrührgerät verrühren. Sollte der Teig nicht flüssig genug sein, teelöffelweise noch etwas Joghurt hinzufügen und gut unterrühren.
- Die Pfannkuchen in geschmolzener, heißer Butter bei mittlerer Hitze von beiden Seiten jeweils 8–10 Minuten braten.

### Anmerkung

- *Sie können auch eine größere Menge Bohnen zubereiten und für später portionsweise einfrieren.*
- *Die Bohnenpfannkuchen sind erst dann zu empfehlen, wenn keine Durchfallbeschwerden mehr bestehen.*

# Lois Langs leckeres Brot

## Zutaten

| | |
|---|---|
| *250 g* | *geschälte Mandeln* |
| *60 g* | *Butter* |
| *3* | *Eier* |
| *200 g* | *laktosearmer Hüttenkäse (s. S. 178)* |
| *1 TL* | *Natron* |
| *1/4 TL* | *Salz* |

## Zubereitung

- Die Mandeln in der Getreidemühle oder der Küchenmaschine mahlen und beiseite stellen. Die Butter zerlassen, dann mit Eiern, Hüttenkäse, Natron und Salz in der Küchenmaschine zu einem butterweichen Teig verrühren.
- Die gemahlenen Mandeln zum Teig geben und das Ganze verrühren oder – wenn der Teig sehr fest ist – mit den Händen kneten. Eine Kastenform einfetten und den Boden mit gemahlenen Mandeln bestreuen. Den Teig mit angefeuchteten Händen zu einem Laib formen und in die Form legen.
- Im Backofen bei 180°–190 °C ca. 1 Std. backen. Mithilfe eines Messers testen, ob das Brot gar ist. Wenn das Messer nach dem Einstechen sauber bleibt, kann das Brot aus dem Ofen geholt werden.
- Den Brotlaib mit einem Metallspatel von der Kastenform lösen. Vor dem Anschneiden das Brot abkühlen lassen, da es innen erst noch trocken und fest werden muss.

*(Rezept von Lois Lang)*

### Tipp

- *Dieses Brot ähnelt einem Weizenbrot und lässt sich gut in Scheiben schneiden, toasten oder für gegrillte Sandwiches verwenden.*
- *Der Hüttenkäse kann auch durch selbst gemachten Joghurt ersetzt werden (s. S. 171).*

### Variationen

- *Wenn Sie mit den gemahlenen Mandeln 1 EL Kümmel unterrühren, gleicht das Brot im Geschmack einem Roggenbrot.*
- *Fügen Sie 50 g Rosinen oder anderes Trockenobst hinzu, wird daraus ein Früchtebrot.*

# Zucchinimuffins

## Zutaten

| | |
|---|---|
| 300 g | Nüsse |
| 300 g | Zucchini |
| 80 g | Butter |
| 125 ml | flüssiger Honig |
| 3 | Eier |
| 1 TL | Natron |
| 2 TL | Zimt |
| 1 TL | Salz |

## Zubereitung

- Die Nüsse mahlen. Die Zucchini waschen und raspeln. Die Butter zerlassen und mit den Nüssen, den Zucchini und dem Honig verrühren.
- Die Eier schlagen und mit Natron, Zimt und Salz vermengen. Mit der Zucchini-Honig-Nuss-Mischung zu einem Teig verarbeiten.
- Die Vertiefungen des Muffinblechs einfetten oder Papier-Backförmchen hineinsetzen. Vertiefungen oder Förmchen jeweils zu zwei Drittel mit Teig füllen und die Muffins ca. 20 Minuten bei 180 °C im Backofen backen.

# Bananenkuchen

## Zutaten

| | |
|---|---|
| 300 g | Nüsse |
| 60 g | Butter |
| 2 | reife Bananen |
| 3 | Eier |
| 125 ml | flüssiger Honig |
| 1 TL | Natron |

## Zubereitung

- Die Nüsse mahlen. Die Butter zerlassen, die Bananen zerdrücken. Die Eier schlagen und mit Nüssen, Butter, Bananen, Honig und Natron verrühren.
- Den Teig in eine gefettete Kuchenform füllen und ca. 40 Minuten bei 180 °C im Backofen backen. Der Kuchen ist fertig, wenn die Oberfläche auf leichten Druck nachgibt.

# Dattelkuchen

## Zutaten

| | |
|---|---|
| 250 g | Datteln (ungesüßt) |
| 120 g | Butter |
| 3 | Eier |
| 125 ml | flüssiger Honig |
| 125 ml | selbst gemachter Joghurt (s. S. 171) |
| 300 g | Mandeln oder Pekannüsse |
| 1/2 TL | Natron |
| 1 TL | Salz |
| | Pekan- oder Walnüsse |

## Zubereitung

- Die Mandeln oder Pekannüsse mahlen. Die Datteln entkernen und würfeln. Die Butter zerlassen. Alles mit Eiern, Honig, Joghurt, Natron und Salz vermischen.
- Den Teig in eine gut gefettete und mit gemahlenen Mandeln bestreute Kuchenform geben. Die Pekan- oder Walnüsse grob hacken und auf dem Teig verteilen. Das Ganze ca. 45 Minuten bei 160 °C im Backofen backen.

*(Rezept von Lois Lang)*

# Nusstorte

## Zutaten

| | |
|---|---|
| 150 g | geschälte Mandeln oder Pekannüsse |
| 125 ml | flüssiger Honig |
| 8 | Eiweiß |
| | Eierspeise (s. S. 144) oder Honigglasur (s. S. 141) |

## Zubereitung

- Die Mandeln oder Pekannüsse mahlen. Mit dem Honig im Mixer verrühren.
- Die Eiweiße in einer großen Schüssel steif schlagen. Die Honig-Mandel-Mischung vorsichtig unter den Eischnee heben. Den Teig auf drei Springformen verteilen und ca. 35 Minuten bei 180 °C im Backofen backen. Abkühlen lassen.
- Die Böden mit Eierspeise oder Honigglasur bestreichen und aufeinander legen.

# Möhrenkuchen

## Zutaten

| | |
|---|---|
| 150 g | Nüsse |
| 200 g | Möhren |
| 200 ml | flüssiger Honig |
| 2 | Eier |
| 80 g | weiche Butter |
| 1 TL | Natron |
| 1 TL | Zimt |
| 1 TL | Vanillepulver (ungesüßt) |
| 1 | Prise Salz |
| 50 g | Rosinen |
| 50 g | Walnüsse (nach Belieben) |

## Zubereitung

- Die Nüsse mahlen. Die Möhren schälen und fein raspeln.
- Den Honig, die Eier und die Butter gut verrühren. Nüsse, Natron, Zimt, Vanillepulver und Salz untermischen. Die Möhren, die Rosinen und die Walnüsse hinzufügen und alles gut vermischen.
- Den Teig in eine mit Backpapier ausgelegte Kastenform füllen. Da der Teig beim Backen zum Überlaufen neigt, sollte eine große Kastenform verwendet werden. Den Kuchen 45–60 Minuten bei 180 °C im Backofen backen.

### Tipp

- *Mit diesem Rezept kann auch Möhrenpudding zubereitet werden. Hierfür wird eine etwas geringere Menge gemahlener Nüsse benötigt.*

# Käsekuchen

## Zutaten

| | |
|---|---|
| *3* | *Eier* |
| *400 g* | *laktosearmer Hüttenkäse* |
| *125 ml* | *selbst gemachter Joghurt (s. S. 171) oder selbst gemachter Frischkäse (s. S. 172)* |
| *100 ml* | *flüssiger Honig* |
| *2 TL* | *Vanillepulver (ungesüßt)* |
| *1–2 TL* | *geriebene Zitronenschale* |

## Zubereitung

- Alle Zutaten im Mixer oder in der Küchenmaschine gut verrühren. Achtung: Wird ein Mixer verwendet, die Eier zuerst hineingeben, damit sich die Klingen besser drehen. Wenn nötig, ca. alle 15 Sekunden den Mixer anhalten und die Zutaten mit einem Gummischaber vom Rand nach unten schaben.
- Die Mischung in eine gefettete Kuchenform füllen. Nach Belieben können einige Ananasstükke (ungesüßt) auf der Mischung verteilt werden. Den Käsekuchen ca. 30 Minuten bei 180 °C im Backofen backen. Die Kuchenränder sollten gebräunt sein. Vor dem Servieren kühl stellen.

### Tipp

- *Wenn Sie einen Käsekuchen mit Boden bevorzugen, können Sie dafür das Rezept für die Mandel-Honig-Crisps verwenden(s. S. 135). Den Mandel-Honig-Crisps-Teig so dünn wie möglich auf dem Boden der Kuchenform verteilen und im Backofen backen. Abkühlen lassen, mit der Hüttenkäsemischung bedecken und das Ganze wie oben beschrieben backen.*

# Mandel-Honig-Crisps

## Zutaten

*100 g Mandeln*
*3 EL Butter*
*100 ml flüssiger Honig*
*2 TL Vanillepulver (ungesüßt)*

## Zubereitung

- Die Mandeln grob hacken. Butter, Honig und Vanillepulver im Mixer ca. 30 Sekunden cremig schlagen. Die Mischung unter die Mandeln heben und alles gut verrühren.
- Den Teig in eine niedrige Kuchenform füllen und bei 190 °C im Backofen backen, bis er keine Blasen mehr wirft und die Oberfläche regelmäßig gebräunt ist.
- Das noch warme Gebäck in Quadrate schneiden.

# Erdnussbutterplätzchen

## Zutaten

*100 g Nüsse*
*80 g Butter*
*300 g Erdnussbutter (ohne Zusatzstoffe)*
*125 ml flüssiger Honig*
*2 Eier*
*1/4 TL Natron*
*1 TL Vanillepulver (ungesüßt)*

## Zubereitung

- Die Nüsse mahlen. Die Butter schaumig schlagen und mit der Erdnussbutter vermengen. Alles mit Honig, Eiern, Natron und Vanillepulver verrühren.
- Mit dem Teelöffel Teighäufchen auf ein mit Backpapier ausgelegtes Backblech setzen. Die Plätzchen 10 Minuten bei 160 °C im Backofen backen.

# Käseplätzchen

## Zutaten

| | |
|---|---|
| 100 g | laktosearmer Hüttenkäse (s. S. 178) |
| 1 | Eiweiß |
| 1 TL | flüssiger Honig |
| 2 EL | Nüsse |

## Zubereitung

- Die Nüsse mahlen. Mit dem Hüttenkäse, dem Eiweiß und dem Honig verrühren.
- Mit einem Teelöffel Teighäufchen auf ein mit Backpapier ausgelegtes Backblech setzen. Die Plätzchen im Backofen bei 160 °C goldgelb backen.

# Monsterkekse

## Zutaten

| | |
|---|---|
| 500 g | Nüsse |
| 80 g | Walnüsse |
| 120 g | Butter |
| 2 | Eier |
| 100 g | Rosinen |
| 80 g | Kokosflocken (ungesüßt) |
| 250 ml | flüssiger Honig |
| 1 TL | Natron |
| 1 | Prise Salz |

## Zubereitung

- Die Nüsse mahlen. Die Walnüsse grob hacken. Die Butter zerlassen, die Eier schlagen. Alles gut mit Rosinen, Kokosflocken, Honig, Natron und Salz vermischen.
- Mit dem Esslöffel Teighäufchen auf ein mit Backpapier ausgelegtes Backblech setzen und mit einer gefetteten Gabel flach drücken. Die Plätzchen 15–20 Minuten im Backofen bei 160 °C goldgelb backen.

# Plätzchen mit Dattelfüllung

## Zutaten

### Plätzchen

| | |
|---|---|
| *300 g* | *Nüsse* |
| *80 g* | *Butter* |
| *125 ml* | *flüssiger Honig* |
| *1/4 TL* | *Natron* |
| *1/4 TL* | *Salz* |

### Füllung

| | |
|---|---|
| *450 g* | *Datteln (ungesüßt)* |
| *80 ml* | *Wasser* |

## Zubereitung

### Plätzchen

- Die Nüsse mahlen. Die Butter zerlassen. Beides mit dem Honig, dem Natron und dem Salz verrühren. Aus dem Teig kleine Bälle formen.
- Die Bällchen auf ein mit Backpapier ausgelegtes Backblech setzen und mit der Rückseite eines eingefetteten Teelöffels zu flachen Plätzchen drücken. Im Backofen bei 150 °C goldgelb backen. Vorsichtig vom Backblech lösen und abkühlen lassen.

### Füllung

- Die Datteln entkernen und mit dem Wasser in einen ofenfesten Topf füllen. Im Backofen bei 180 °C unter gelegentlichem Rühren ca.15 Minuten zu einer Paste einkochen. Die Dattelfüllung kann auch auf dem Herd zubereitet werden, muss hierbei aber häufiger umgerührt werden, da sie sonst ansetzt. Anschließend abkühlen lassen.
- Je ein Plätzchen mit etwas Paste bestreichen und ein zweites darauf setzen.

# Kürbisplätzchen

## Zutaten

| | |
|---|---|
| *300 g* | *Nüsse* |
| *200 g* | *Rosinen* |
| *1 TL* | *Natron* |
| *1/4 TL* | *Salz* |
| *1/4 TL* | *Zimt* |
| *1/4 TL* | *Muskatnuss* |
| *1* | *Ei* |
| *120 g* | *Butter* |
| *200 ml* | *flüssiger Honig* |
| *1 TL* | *Vanillepulver (ungesüßt)* |
| *250 ml* | *gekochter, pürierter Kürbis (Butternut oder Acorn)* |

## Zubereitung

- Die Nüsse mahlen. Mit Rosinen, Natron, Salz, Zimt und Muskatnuss vermischen.
- Ei, Butter, Honig und Vanillepulver verrühren. Den pürierten Kürbis unterrühren. Dann die Kürbismischung mit der Nussmischung vermengen.
- Mit dem Teelöffel Teighäufchen auf ein mit Backpapier ausgelegtes Backblech setzen. Zwischen den Plätzchen jeweils 5 cm Abstand lassen. Die Plätzchen ca. 15 Minuten bei 190 °C backen. Vom Blech lösen und abkühlen lassen.

*(Rezept von Nancy Ferguson)*

# Honigschlagsahne

## Zutaten

| | |
|---|---|
| *700 g* | *selbst gemachte saure Sahne (s. S. 172)* |
| *125 ml* | *flüssiger Honig* |
| *1 TL* | *Vanillepulver (ungesüßt)* |

## Zubereitung

- Die saure Sahne, den Honig und das Vanillepulver verrühren und das Ganze steif schlagen.

*(Rezept von David J. Couture)*

# Frischkäseglasur

## Zutaten

| | |
|---|---|
| | *flüssiger Honig* |
| *300 g* | *laktosearmer Hüttenkäse (s. S. 178) oder selbst gemachter Frischkäse (s. S. 172)* |

## Zubereitung

- Etwas Honig in einem Mixer schaumig rühren. Nach und nach den Hüttenkäse oder Frischkäse dazugeben und das Ganze gut verrühren. Wenn nötig, ca. alle 15 Sekunden den Mixer anhalten und die Zutaten mit einem Gummischaber vom Rand nach unten schaben.
- Als Glasur für Möhren- oder Bananenkuchen verwenden.

# Honigglasur

## Zutaten

| | |
|---|---|
| *250 ml* | *flüssiger Honig* |
| *1* | *Eiweiß* |
| *1 TL* | *Vanillepulver (ungesüßt)* |

## Zubereitung

- Den Honig köcheln lassen. Einen Honigtropfen in kaltes Wasser fallen lassen; bildet er ein festes Klümpchen, den Honig vom Herd nehmen.
- Das Eiweiß steif schlagen. Den Honig unterheben, die Mischung steif schlagen und dann das Vanillepulver unterrühren.

### Tipp

- *Diese Glasur ist einige Stunden lang streichfähig. Sie schmeckt besonders gut auf der Nusstorte.*

# Desserts, Süßigkeiten und Marmeladen

# Apfel-Pudding-Torte

## Zutaten

- *5 Äpfel (z. B. Boskop)*
- *1 EL Zitronensaft*
- *125 ml flüssiger Honig*
- *3 Eier*
- *200 ml selbst gemachter Joghurt (s. S. 171) oder selbst gemachte saure Sahne (s. S. 172)*
- *60 ml Apfelsaft*
- *1/4 TL Muskatnuss*
- *5 EL Mandeln oder Walnüsse*

## Zubereitung

- Die Kerngehäuse von den Äpfeln entfernen und die Äpfel achteln. Den Zitronensaft und den Honig vermischen. Die Apfelstücke in der Mischung wenden und von außen nach innen kreisförmig in eine Kuchenform legen. Im Backofen bei 200 °C ca. 20 Minuten backen.
- Die Eier leicht schlagen und mit dem Joghurt oder der sauren Sahne, dem Apfelsaft und der Muskatnuss verrühren. Die Eimischung über die Äpfel gießen und alles Weitere 10 Minuten backen.
- Die Mandeln oder Walnüsse grob hacken, auf der Torte verteilen und das Ganze 10 Minuten weiterbacken. Die Torte sollte an der Oberseite goldgelb und in der Mitte fest sein. Vor dem Anschneiden abkühlen lassen.

# Eierspeise

## Zutaten

- *2 Eier*
- *200 g laktosearmer Hüttenkäse (s. S. 178)*
- *8 TL flüssiger Honig*
- *2 TL Vanillepulver (ungesüßt)*
- *1 Prise Salz*
- *1 Prise Muskatnuss*

## Zubereitung

- Den Hüttenkäse und die Eier im Mixer sämig rühren. Honig, Vanillepulver und Salz hinzufügen und das Ganze verrühren.
- Die Mischung auf ofenfeste Dessertschalen verteilen und mit Muskatnuss bestreuen. Die Schalen in eine bis zur Hälfte mit Wasser gefüllte hohe Auflaufform stellen und die Eierspeise im Backofen 20 Minuten bei 180 °C backen. Dann bei 190 °C weitere 10 Minuten backen. Die Oberfläche sollte gut gebräunt sein.

# Honig-Walnuss-Backäpfel

## Zutaten

| | |
|---|---|
| | *große Äpfel (z. B. Boskop)* |
| | *Rosinen* |
| | *Walnüsse* |
| | *flüssiger Honig (1 EL für jeden Apfel)* |
| | *Zimt (nach Belieben)* |

## Zubereitung

- Die Kerngehäuse mit dem Apfelausstecher großzügig aus den Äpfeln herausstechen. Die Äpfel in eine gefettete Auflaufform geben.
- Die Walnüsse grob hacken und mit den Rosinen und dem Honig vermischen. Nach Geschmack etwas Zimt unterrühren und die Äpfel mit der Mischung füllen. Das Ganze im Backofen ca. 1 Std. bei 180 °C backen. Das Fruchtfleisch sollte weich sein (Garprobe mit der Gabel).

# Gebackene Apfelscheiben mit Honig

## Zutaten

| | |
|---|---|
| 1 | *Zitrone* |
| 125 ml | *flüssiger Honig* |
| 3 | *große Äpfel (z. B. Boskop)* |
| 2 TL | *Butter* |
| 1/2 T | *Zimt* |

## Zubereitung

- Die Zitrone auspressen. Den Saft mit dem Honig verrühren und das Ganze in eine niedrige Kuchenform füllen.
- Die Kerngehäuse von den Äpfeln entfernen. Die Äpfel schälen und halbieren, dann die Hälften in Scheiben schneiden. Die Apfelscheiben in die Honigmischung legen. Die Form schwenken, sodass die Mischung sich auch auf der Oberseite der Scheiben verteilt. Butterflocken auf die Äpfel geben und Zimt darauf streuen.
- Das Ganze 30–40 Minuten bei 180 °C im Backofen backen. Währenddessen die Form gelegentlich herausnehmen, leicht schwenken und die Apfelscheiben weiterbacken.

### Tipp

- *Die Apfelscheiben schmecken auch sehr gut mit Frischkäseglasur (s. S. 141).*

## Mit Honig überzogene Äpfel

### Zutaten

| | |
|---|---|
| 4 | *mittelgroße Äpfel (z. B. Boskop)* |
| 250 ml | *Wasser* |
| 250 ml | *flüssiger Honig* |
| 100 g | *laktosearmer Hüttenkäse (s. S. 178)* |
| | *selbst gemachter Joghurt (s. S. 171)* |

### Zubereitung

- Die Äpfel schälen und die Kerngehäuse mit dem Apfelentkerner entfernen. Das Wasser und den Honig in einem tiefen Kochtopf zum Kochen bringen. Die Äpfel dazugeben und unter gelegentlichem Wenden zugedeckt weich kochen. Auf Dessertschalen verteilen.
- Die Honigmischung zu einem zähflüssigen Sirup verkochen lassen. Den Sirup etwas abkühlen lassen und über die Äpfel gießen.
- Den Hüttenkäse mit etwas Joghurt verrühren und das Ganze cremig schlagen. Auf die noch warmen oder abgekühlten Äpfel verteilen.

## Apfel-Nuss-Speise

### Zutaten

| | |
|---|---|
| 80 g | *Butter* |
| 2 | *Eier* |
| 125 ml | *flüssiger Honig* |
| 150 ml | *Apfelmus (ungesüßt)* |
| 100 g | *Nüsse* |
| 1/4 TL | *Natron* |
| 80 g | *Walnüsse* |
| 150 g | *Rosinen* |
| | *Frischkäseglasur (s. S. 141) oder Honigschlagsahne (s. S. 140)* |

### Zubereitung

- Die Butter zerlassen. Die Eier leicht schlagen. Beides mit dem Honig und dem Apfelmus verrühren.
- Die Nüsse mahlen. Mit dem Natron vermischen und das Ganze unter die Buttermischung rühren. Die Walnüsse grob hacken und den größten Teil davon mit den Rosinen und der Butter-Nuss-Mischung vermengen.
- Alles in eine Kuchenform geben und mit den restlichen Walnüssen garnieren. Im Backofen bei 180 °C ca. 30 Minuten backen. In der Form abkühlen lassen und Frischkäseglasur oder Honigschlagsahne darauf verteilen.

*(Rezept von Anne Haas Hall)*

# Zitronensoufflé

## Zutaten

| | |
|---|---|
| 3 | Eier |
| 1 EL | Butter |
| 1 | Zitrone |
| 25 g | Mandeln |
| 125 ml | flüssiger Honig |
| 250 g | selbst gemachter Joghurt (s. S. 171) |

## Zubereitung

- Das Eiweiß vom Eigelb trennen und steif schlagen. Das Eigelb schaumig schlagen. Die Butter zerlassen, die Zitrone auspressen. Die Mandeln mahlen.
- Das Eigelb mit Butter, Zitronensaft, Mandeln und Honig vermengen. Den Joghurt unter die Mischung rühren. Das Eiweiß unterheben und das Ganze in eine gefettete Glasschale füllen. Diese in einen Topf mit Wasser stellen und das Soufflé im Backofen ca. 30 Minuten bei 180 °C backen.
- Eine Garprobe mit dem Messer machen. Bleibt das Messer nach dem Einstechen sauber, kann das Soufflé aus dem Ofen geholt werden

# Eiscreme

## Zutaten

| | |
|---|---|
| 1 | Banane oder 250 g Pfirsiche, Erdbeeren oder Ananas |
| 400 g | selbst gemachter Joghurt (s. S. 171) |
| | flüssiger Honig oder Saccharin |
| 1 | Prise Salz |

## Zubereitung

- Nach Belieben eine Banane zerdrücken oder Pfirsiche, Erdbeeren oder Ananas mit dem Pürierstab oder in der Küchenmaschine pürieren. Das Obst mit Joghurt, Honig oder Saccharin und Salz vermischen. Die Mischung in Papp- oder Plastikbehälter füllen und einfrieren.

### Tipp

- *Das Eis wird noch cremiger, wenn Sie 1 oder 2 rohe Eier unter die Mischung rühren oder den Joghurt ganz oder zur Hälfte mit selbst gemachter saurer Sahne ersetzen.*

# Schnell zubereitete Eiscreme

## Zutaten

*500 ml selbst gemachter Joghurt (s. S. 171)*

*1 l gefrorenes Obst (z. B. Erdbeeren, Himbeeren, Pfirsiche oder Blaubeeren)*

*flüssiger Honig*

## Zubereitung

- 125 ml Joghurt und etwas Obst im Mixer verrühren. Das restliche Obst und den übrigen Joghurt nach und nach unterrühren. Honig hinzufügen und das Ganze cremig schlagen. In Papp- oder Plastikbehälter füllen und einfrieren.
- Diese Eiscreme ist dick und cremig und sollte kurz nach der Herstellung verzehrt werden.

### Tipp

- *Cremige Fruchtsäfte: Die Eiscreme in einem Eiswürfelbehälter einfrieren. Die Eiscremewürfel anschließend mit Ananas- oder Orangensaft im Mixer verquirlen. 6 Eiscremewürfel auf 120 ml Saft geben.*

# Eiscreme mit weißen Bohnen

## Zutaten

*400 g weiße Bohnen*
*4 große Eier*
*250 ml flüssiger Honig*
*1/4 TL Salz*
*800 ml selbst gemachter Joghurt (s. S. 171)*
*2 EL Vanillepulver (ungesüßt)*

## Zubereitung

- Die Bohnen über Nacht einweichen. Dann das Wasser abgießen und die Bohnen unter fließendem Wasser gut abspülen. Mit frischem Wasser bedecken und bei geringer Hitze ca. 2 Stunden garen. Die Bohnen vor dem Kochen nicht salzen, da sie sonst nicht gar werden. Gut abtropfen lassen.
- Die Eier, den Honig und das Salz verrühren und alles in einem Topf mit Dämpfeinsatz oder im Wasserbad unter ständigem Rühren zu einem dickflüssigen Brei verkochen lassen. 60 ml Joghurt und einen kleinen Teil der Bohnen im Mixer verrühren. Nach und nach die restlichen Bohnen und weitere 180 ml Joghurt dazugeben und das Ganze sämig rühren. Mit dem übrigen Joghurt, der Ei-Honig-Mischung und dem Vanillepulver vermengen.
- Die Eiscreme in den Gefrierschrank geben. Sobald sie an den Seiten gefroren ist, das Ganze verrühren. Diesen Vorgang wiederholen, bis die Eiscreme vollständig gefroren ist.
- Die Eiscreme kann auch in einer Eismaschine zubereitet werden.

*(Rezept von Lois Lang)*

### Variationen

- *Sobald die Eiscreme zu gefrieren beginnt, können pürierte Bananen, Pfirsiche, Ananas oder Erdbeeren untergerührt werden.*

# Orangenmousse

## Zutaten

| | |
|---|---|
| *2* | *Orangen* |
| *3* | *Eier* |
| *6 EL* | *Orangensaft* |
| *500 g* | *selbst gemachter Joghurt (s. S. 171)* |
| *125 m* | *flüssiger Honig* |
| *2* | *Blatt Gelatine* |

## Zubereitung

- Die Orangen schälen, filetieren, die Kerne entfernen und die Orangenfilets halbieren. Das Eigelb vom Eiweiß trennen und schaumig schlagen. In einem Topf mit dem Orangensaft und 125 ml Joghurt vermischen. Die Mischung im Wasserbad unter ständigem Rühren erhitzen. Den Honig unterrühren.
- Die Gelatineblätter in kaltem Wasser einweichen. Dann in die heiße Orangenmischung geben und alles gut verrühren, bis die Gelatine vollständig aufgelöst ist. Vom Herd nehmen und mit dem restlichen Joghurt vermengen. Das Ganze kühl stellen, bis eine feste Creme entsteht (ca. 1 Stunde).
- Das Eiweiß steif schlagen und die Orangenstücke unterheben. Die Eiweiß-Orangen-Mischung unter die Gelatinemischung rühren. Das Mousse im Kühlschrank fest werden lassen.

*(Rezept von Nancy Marcelius)*

### Tipp

- *Sie können auch andere Obstsorten verwenden, z. B. mit Ananas (geraspelt), Erdbeeren (püriert), Aprikosen oder Pfirsiche (gewürfelt).*

# Himbeermousse

## Zutaten

| | |
|---|---|
| *500 g* | *frische Himbeeren* |
| *3* | *Eier* |
| *125 ml* | *flüssiger Honig* |
| *500 g* | *selbst gemachter Joghurt (s. S. 171)* |
| *2* | *Blatt Gelatine* |

## Zubereitung

- Die Himbeeren im Mixer oder mit dem Pürierstab pürieren. Das Eigelb vom Eiweiß trennen und gut mit den Himbeeren, dem Honig und dem Joghurt vermischen. Das Ganze in einem Topf mit Dämpfeinsatz oder im Wasserbad unter ständigem Rühren erhitzen.
- Die Gelatineblätter in kaltem Wasser einweichen. Dann in die heiße Himbeermischung geben und alles gut verrühren, bis die Gelatine vollständig aufgelöst ist.
- Die Gelatine-Himbeer-Mischung abkühlen lassen, bis eine feste Creme entsteht. Das Eiweiß steif schlagen und unterheben. Die Mousse im Kühlschrank fest werden lassen.

*(Rezept von David J. Couture)*

# Himbeermousse-Baiser-Torte (10 Portionen)

## Zutaten

### Baiserboden

- *3 Eiweiß*
- *1 Prise Salz*
- *50 ml flüssiger Honig*
- *1/2 TL Vanillepulver (ungesüßt)*

## Zubereitung

### Baiserboden

- Das Eiweiß salzen und in einer großen Schüssel steif schlagen. Die Hälfte des Honigs dazugeben und alles 30 Sekunden verrühren. Nach und nach den restlichen Honig und das Vanillepulver unterrühren. Das Ganze schlagen, bis der Honig aufgelöst und die Mischung steif und glänzend ist.
- Die Eiweißmischung mit der Rückseite eines Löffels auf der Innenfläche einer gefetteten Tortenform (ø 22 cm) verteilen. Für eine dekorative Kante den Rand etwas nach oben streichen oder mithilfe eines Spritzbeutels mit Sternaufsatz verzieren.
- Den Boden ca. 75 Minuten bei 130 °C im Backofen backen. Er sollte fest und knusprig sein. Danach abkühlen lassen.

### Tipp

- *Der Baiserboden kann im Voraus zubereitet und bis zu 1 Woche in einem luftdichten Behälter aufbewahrt werden.*

## Zutaten

### Himbeermousse-Füllung

| | |
|---|---|
| *350 g* | *gefrorene Himbeeren (ungesüßt)* |
| *2* | *Blatt Gelatine* |
| *125 ml* | *kaltes Wasser* |
| *50 ml* | *Orangen- oder Apfelsaft* |
| *1 1/2 EL* | *Zitronensaft* |
| *125 ml* | *flüssiger Honig* |
| *1/4 TL* | *Salz* |
| *1/2 TL* | *Vanille (ungesüßt)* |
| *400 ml* | *selbst gemachter Joghurt (s. S. 171)* |
| | *Minze zum Garnieren* |

## Zubereitung

### Himbeermousse-Füllung

- Einige Himbeeren zum Garnieren beiseite stellen. Die restlichen Himbeeren pürieren.
- Nach Belieben können die Kerne der Himbeeren entfernt werden. Dazu die pürierten Himbeeren durch ein Sieb streichen.
- Die Gelatine in einem kleinen Topf im kalten Wasser einweichen. Dann den Orangen- und Zitronensaft dazugeben. Alles bei niedriger Hitze unter ständigem Rühren erhitzen, bis die Gelatine vollständig aufgelöst ist. Himbeeren, Honig und Salz dazugeben.
- Das Ganze bei mittlerer Hitze unter ständigem Rühren 3–4 Minuten köcheln lassen. Vom Herd nehmen und die Vanille hinzufügen. In eine feuerfeste Schale gießen und diese in einen großen Topf mit Eiswasser stellen. Die Mischung 10–20 Minuten vorsichtig rühren, bis sie fester wird (etwa wie rohes Eiweiß). Den Joghurt unterrühren.
- Die Himbeermousse-Füllung auf dem gekühlten Baiserboden verteilen. Die Torte leicht mit Plastikfolie bedecken und 3–8 Stunden kühl stellen. Mit Minze und Himbeeren garnieren.

*(Rezept von Carol Clark – umgearbeitet von Susan G. Purdy's Rezept aus Eating Well magazine Mai/Juni 1992).*

# Ananas-Käse-Dessert

## Zutaten

| | |
|---|---|
| 2 | Eier |
| 100 g | Ananas |
| 1 TL | Zitronensaft |
| 1/2 TL | geriebene Zitronenschale |
| 50 ml | flüssiger Honig |
| 1 | Prise Salz |
| 1 | Blatt Gelatine |
| 50 ml | kaltes Wasser |
| 100 g | laktosearmer Hüttenkäse (s. S. 178) |

## Zubereitung

- Das Eigelb vom Eiweiß trennen. Die Ananas raspeln. Eigelb, Ananas, Zitronensaft, Zitronenschale, Honig und Salz sorgfältig vermengen. Die Mischung in einem Topf mit Dämpfeinsatz oder im Wasserbad erhitzen und dickflüssig werden lassen.
- Die Gelatine im kalten Wasser einweichen. Dann in die heiße Mischung geben und alles gut verrühren, bis die Gelatine vollständig aufgelöst ist. Das Ganze vom Herd nehmen und mit dem Hüttenkäse vermischen.
- Die Käsemischung kühl stellen, bis sie fest zu werden beginnt. Das Eiweiß steif schlagen und unterheben. Das Dessert auf Dessertschalen verteilen und kühl stellen.

# Honig-Nuss-Kräcker

## Zutaten

| | |
|---|---|
| 100 g | Nüsse (Mandeln, Pekannüsse oder Walnüsse) |
| 4 EL | Butter |
| 125 ml | flüssiger Honig |
| 100 g | Rosinen |
| 40 g | Kokosflocken (ungesüßt) |
| 1/2 TL | Salz |

## Zubereitung

- Die Nüsse grob hacken. Die Butter und den Honig unter ständigem Rühren bei geringer Hitze zerlassen. Vom Herd nehmen und gut mit Rosinen, Kokosflocken und Salz vermischen.
- Die Mischung in einer Auflaufform (20 x 20 cm) verteilen und ca. 25 Minuten bei 180 °C im Backofen knusprig backen. Abkühlen lassen und in mundgerechte Stücke schneiden.

# Kürbiskuchen

## Zutaten

| | |
|---|---|
| 500 ml | Kürbis (z. B. Acorn, Butternutkürbis) |
| 3 | Eier |
| 250 g | laktosearmer Hüttenkäse (s. S. 178) oder selbst gemachter Joghurt (s. S. 171) |
| 125 ml | flüssiger Honig |
| 2 TL | Zimt |
| 1 TL | Muskatnuss |
| 1/2 TL | gemahlene Gewürznelken |

## Zubereitung

- Den Kürbis schälen, die Kerne entfernen und das Fruchtfleisch in etwas Wasser weich kochen. Die Eier schlagen, den Hüttenkäse pürieren. Den Kürbis im Mixer oder in der Küchenmaschine gut mit Eiern, Hüttenkäse oder Joghurt und Honig vermischen. Nach Belieben die Gewürze hinzufügen.
- Die Mischung in eine Kuchenform geben und im Backofen bei 190 °C backen. Eine Garprobe mit dem Messer machen. Bleibt das Messer nach dem Einstechen sauber, kann der Kürbiskuchen aus dem Ofen geholt werden.
- Der Kuchen kann heiß oder kalt serviert werden.

### Tipp

- *Als Tortenboden kann hier das Rezept von Mandel-Honig-Crisps (s. S. 135) verwendet werden.*
  *Der Kürbiskuchen kann aber auch ohne Boden als Eierspeise oder Pudding serviert werden.*

# Kokosbällchen

## Zutaten

| | |
|---|---|
| *50 g* | *Nüsse* |
| *250 ml* | *flüssiger Honig* |
| *40 g* | *Kokosflocken (ungesüßt)* |
| | *Butter* |

## Zubereitung

- Die Nüsse fein hacken. Zwei Drittel der Nüsse mit dem Honig und den Kokosflocken vermischen. Etwas Butter auf die Handinnenflächen geben und kleine Bällchen aus dem Teig formen. Die Teigbällchen in den restlichen Nüssen wenden und servieren.

# Kandierte Nüsse

## Zutaten

| | |
|---|---|
| *450 g* | *Nüsse (Mandeln, Walnüsse, Pekannüsse oder Haselnüsse)* |
| *2* | *Eiweiß* |
| *1* | *Prise Salz* |
| *125 ml* | *flüssiger Honig* |
| *1* | *Prise Zimt* |
| *60 g* | *Butter* |

## Zubereitung

- Die Nüsse in eine große flache Auflaufform geben und ca. 10 Minuten bei 150 °C im Backofen backen. Danach abkühlen lassen. Das Eiweiß salzen und steif schlagen. Nach und nach den Honig hinzufügen und alles gut vermischen. Die Nüsse und den Zimt unterheben.
- Die Butter zerlassen und in die Auflaufform geben. Die Eiweiß-Nuss-Mischung in der Form verteilen. Das Ganze ca. 30 Minuten bei 150 °C im Backofen backen. Alle 10 Minuten wenden, bis die Butter aufgesogen ist. Abkühlen lassen.
- In mundgerechte Stücke brechen oder schneiden und in einem verschließbaren Behälter aufbewahren.

*(Rezept von Judy Newman)*

# Vanilleklümpchen

## Zutaten

| | |
|---|---|
| 125 ml | *Wasser* |
| 450 ml | *flüssiger Honig* |
| 1 TL | *Essig* |
| 1 TL | *Vanillepulver (ungesüßt)* |
| 2 EL | *Butter* |
| | *Nüsse (nach Belieben)* |

## Zubereitung

- Das Wasser mit dem Honig und dem Essig in einem großen Topf verrühren und das Ganze leicht köcheln lassen. Einen Tropfen der Honig-Essig-Mischung in kaltes Wasser fallen lassen. Bildet sich ein Klümpchen, die Mischung vom Herd nehmen. Das Vanillepulver und die Butter hinzufügen. Die Nüsse nach Belieben mahlen oder hacken und untermischen. Alles gründlich vermengen.
- Die Mischung in einen flachen Behälter füllen und abkühlen lassen. Dann im Gefrierschrank einfrieren. Vor dem Servieren in mundgerechte Stücke brechen. Im Gefrierschrank aufbewahren.

### Tipp

- *Mit diesem Rezept können auch Nussblöcke zubereitet werden. Verwenden Sie dazu statt der gemahlenen oder gehackten Nüsse 80–160 g Walnuss- oder Pekannusshälften. Sobald die Honigmischung vom Herd genommen werden kann, Butter, Vanille und Nüsse untermischen. Das Ganze abkühlen lassen und auf zweilagiges Wachspapier geben. In Blöcke rollen und kühl stellen. Nach Bedarf in Scheiben schneiden.*

# Beckys Toffee

## Zutaten

- *125 ml Wasser*
- *500 ml flüssiger Honig*
- *1 TL Essig*
- *1 EL Vanille (ungesüßt)*
- *1 EL Natron*

## Zubereitung

- Das Wasser mit dem Honig und dem Essig in einem großen Topf verrühren und alles leicht köcheln lassen. Einen Tropfen der Mischung in kaltes Wasser fallen lassen; bildet er ein festes Klümpchen, das Ganze vom Herd nehmen. Das Vanillepulver und das Natron dazugeben.
- Die Toffeemischung schaumig rühren. Sobald der Schaum zurückgeht, die Mischung in eine gefettete flache Auflaufform geben und abkühlen lassen. Vor dem Servieren in mundgerechte Stücke schneiden.

# Lollipops

## Zutaten

- *125 ml Wasser*
- *500 ml flüssiger Honig*
- *1 TL Essig*
- *1 TL Vanillepulver (ungesüßt)*
- *Lollistäbchen*

## Zubereitung

- Das Wasser mit dem Honig und dem Essig in einem großen Topf verrühren und alles leicht köcheln lassen. Einen Tropfen der Mischung in kaltes Wasser fallen lassen; bildet er ein festes Klümpchen, das Ganze vom Herd nehmen. Das Vanillepulver unterrühren.
- Die Lollistäbchen im Abstand von 10 cm auf ein mit Backpapier ausgelegtes Backblech legen. Jeweils 2 TL der heißen Mischung auf ein Stäbchenende geben.
- Die Lollipops an einem kühlen Ort hart werden lassen und einzeln verpacken.

*(Rezept von Becky Smith)*

### Tipp

- *Die Geschmacksrichtung der Lollipops kann variiert werden, z. B. durch Hinzufügen von Anis oder Zimt.*

# Marmelade

## Zutaten

*Obst (z. B. Erdbeeren, Himbeeren, Pfirsiche, Aprikosen, schwarze Johannisbeeren, Pflaumen oder eine Kombination mehrerer Obstsorten)*

*flüssiger Honig (125 ml auf 1 l Obst)*

## Zubereitung

- Das Obst waschen, ggf. schälen, die Kerne entfernen und das Fruchtfleisch würfeln. In einen Topf geben. Gerade so viel Wasser hinzufügen, dass das Obst beim Garen nicht ansetzt. Das Ganze gut vermengen und unter gelegentlichem Umrühren 1–1 1/2 Stunden köcheln lassen.
- Sobald die Marmelade dicker zu werden beginnt, häufiger rühren, um ein Ansetzen zu vermeiden. Die Marmelade vom Herd nehmen, wenn sie eingedickt ist und sich am Rand eines eingetauchten Löffels Tropfen bilden. In verschließbare Gläser abfüllen.

### Tipp

- *Die Marmelade kann in kleinen Plastikbehältern eingefroren und bei Bedarf aufgetaut werden.*

# Getränke

# Milkshake

## Zutaten

| | |
|---|---|
| *125 ml* | *selbst gemachter Joghurt (s. S. 171)* |
| *250 g* | *Obst (frisch oder gefroren; z. B. Erdbeeren, Himbeeren, Pfirsiche, Heidelbeeren oder Bananen)* |
| | *flüssiger Honig oder Saccharin* |

## Zubereitung

- Das frische Obst waschen, ggf. schälen, die Kerne entfernen und das Fruchtfleisch würfeln. Erst den Joghurt, dann das Obst in den Mixer geben. Wird frisches Obst verwendet, einige Eiswürfel hinzufügen. Das Ganze nach Geschmack mit Honig oder Saccharin süßen und cremig schlagen.

# Fruchtsaftschorle

## Zutaten

*Fruchtsaft (ungesüßt; z. B. Apfel-, Orangen-, Grapefruit-, Ananas- oder Traubensaft)*

*Mineralwasser*

*Eiswürfel*

## Zubereitung

- Den Fruchtsaft und das Mineralwasser zu gleichen Teilen in ein Glas geben. Eiswürfel hinzufügen und das erfrischende Getränk sofort servieren.

# Piña Colada

## Zutaten

*Ananassaft (ungesüßt)*

*Eiswürfel (5 Eiswürfel auf 500 ml Saft)*

## Zubereitung

- Den Ananassaft und die Eiswürfel in einen Mixer geben und das Ganze ca. 45 Sekunden schaumig rühren. Sofort servieren.

### Tipp

- *Wenn Sie Sorbet bevorzugen, nehmen Sie für dieselbe Menge Saft 10 Eiswürfel.*

# Punsch

## Zutaten

| | |
|---|---|
| *125 ml* | *Ananassaft (ungesüßt)* |
| *125 ml* | *Orangensaft (ungesüßt)* |
| | *Beeren oder andere Früchte* |
| | *Eiswürfel* |

## Zubereitung

- Das Obst waschen, ggf. schälen, die Kerne entfernen und das Fruchtfleisch würfeln. Den Ananas- und Orangensaft vermischen und das Obst hinzufügen. Vor dem Servieren Eiswürfel in den Punsch geben.

### Tipp

- *Halten sie immer eine Schüssel Punsch bereit, besonders bei warmem Wetter. So kommen Sie nicht in die Versuchung, unerlaubte Getränke, wie z. B. Cola oder Fanta, zu trinken.*

# Milchprodukte und Babynahrung

## Joghurt

Joghurt gehört zu den ältesten uns bekannten Lebensmitteln. Überall dort, wo Kühe, Ziegen, Schafe oder Kamele gemolken wurden, aßen die Menschen joghurtähnliche Erzeugnisse. Kefir oder Dickmilch unterscheiden sich vom Joghurt nur durch die Art der Starterkulturen, mit denen die Milch bei ihrer Herstellung beimpft wird.

Wird Milch in einer warmen Umgebung aufbewahrt, vermehren sich in ihr bestimmte Mikroorganismen (Bakterien und Hefen). Diese Mikroorganismen, für die der Milchzucker (Laktose) als Energiequelle dient, verleihen der Milch einen oft unangenehmen bitteren Geschmack und eine dickflüssige Konsistenz. Bei der Herstellung von Joghurt wird dieser Prozess kontrolliert, indem nur die Bakteriensorte verwendet wird, die den etwas säuerlichen, wohl schmeckenden Joghurt produziert, den wir kennen.

Für die Herstellung von Joghurt eignet sich Milchpulver, Vollmilch oder fettarme Milch. Milchpulver sollte nur in der Menge verwendet werden, mit der man normale Vollmilch produziert. Mischen Sie Vollmilch kein zusätzliches Milchpulver bei, da die Entstehung eines »echten« Joghurts damit beeinträchtigt würde; außerdem wäre ein mit Milchpulverzusatz versehener Joghurt für Patienten auf Spezifischer Kohlenhydratdiät eher ungesund.

Mit Vollmilch erhalten Sie einen sehr schmackhaften Joghurt. Im Rahmen einer fettarmen Ernährung kann fettarme Milch verwendet werden, wobei jedoch berücksichtigt werden sollte, dass diese beim Erhitzen schneller anbrennt.

# Anleitung zur Herstellung von Joghurt

- 1 l Milch bis zum Siedepunkt erhitzen, um Fremdkeime abzutöten. Die Milch vom Herd nehmen und zugedeckt auf Zimmertemperatur abkühlen lassen. Das Abkühlen ist wichtig, da Joghurtbakterien bei zu hohen Temperaturen absterben.
- 120 ml Milch abschöpfen und mit 60 ml im Handel erhältlichem Joghurt verrühren. Hierfür muss ein Naturjoghurt verwendet werden, der lebende Joghurtkulturen enthält. Sollte kein geeigneter Joghurt erhältlich sein, müssen Sie auf Bakterienkulturen als Fermentpulver (aus dem Naturkostladen oder Reformhaus) zurückgreifen.
- Die mit Joghurtkulturen beimpfte Milch gut mit der restlichen Milch verrühren. Die Mischung in den Joghurtbereiter füllen und mindestens 24 Stunden fermentieren. Die Temperatur des Joghurtbereiters ist automatisch auf 36 °C eingestellt. Unter keinen Umständen sollte der Joghurt weniger als 24 Stunden fermentiert werden; nur so können Sie sichergehen, dass die Laktose von den Bakterien vollständig abgebaut wurde. Ein längeres Fermentieren schadet dem Joghurt nicht.
- Danach den Joghurt aus dem Joghurtbereiter nehmen und kühl stellen.

### Anmerkung

- *Zur Joghurtherstellung kann jeder im Handel erhältliche strombetriebene Joghurtbereiter benutzt werden. Ein Thermos-Joghurtbereiter ist nicht geeignet, da er die Temperatur nicht lange genug halten kann.*
- *Selbst gemachter Joghurt kann nicht zur Herstellung eines neuen Joghurts verwendet werden. Durch das lange Fermentieren und die Aufbewahrung im Kühlschrank enthält der Joghurt nicht mehr genügend lebende Joghurtkulturen; so könnte ein neuer Joghurt nicht ausreichend beimpft werden.*
- *Obwohl selbst gemachter Joghurt etwas flüssiger ist als der handelsübliche, ist es ein »echter« Joghurt, da praktisch die gesamte Laktose von den Joghurtkulturen abgebaut wurde und somit nicht mehr von den Darmzellen verdaut werden muss.*

# Frischkäse

## Zutaten

| | |
|---|---|
| | *gekühlter Joghurt* |
| | *flüssiger Honig (nach Belieben)* |

## Zubereitung

- Ein Sieb mit einem sauberen Baumwolltuch auslegen und in eine Schüssel stellen. Den Joghurt auf das Tuch geben und 6–8 Stunden abtropfen lassen. Der Joghurt muss dabei nicht kühl gestellt werden.
- Das Tuch vorsichtig aus dem Sieb nehmen und auf einen glatten Untergrund legen. Den Frischkäse vom Tuch kratzen, nach Geschmack mit Honig süßen und kühl stellen.

# Saure Sahne

## Zutaten

| | |
|---|---|
| *500 g* | *süße Sahne* |
| *125 ml* | *im Handel erhältlicher Naturjoghurt mit lebenden Bakterienkulturen (s. S. 170)* |

## Zubereitung

- Die Sahne unter ständigem Rühren zum Kochen bringen. Abkühlen lassen und gut mit dem Naturjoghurt verrühren. Die Mischung in den Joghurtbereiter füllen und mindestens 24–48 Stunden fermentieren. Die fertige saure Sahne kühl aufbewahren.

### Tipp

- *Die saure Sahne lässt sich gut zum Garnieren von Desserts verwenden.*

## Babynahrung (frei von Disacchariden)

Diese Babynahrung kann – mit dem Einverständnis Ihres Arztes – übergangsweise gegeben werden, wenn eine akute Verstopfung oder Durchfall besteht. Danach sollte der Säugling eine vom Arzt verschriebene ausgewogene Flaschennahrung erhalten, die keine Disaccharide enthält.

Einige der handelsüblichen Babynahrungen, die bei Durchfall empfohlen werden, enthalten eine große Menge Maissirup (einschließlich Maltose und Isomaltose). Folglich gesunden einige Babys mit starkem Durchfall bei dieser Nahrung nicht (Fisher 1981). Überprüfen Sie vor dem Kauf einer neuen Nahrungssorte, ob diese frei von Disacchariden ist.

500 ml der unten beschriebenen Flaschennahrung enthalten ca. 90 mg Kalzium, 175 mg Phosphor, 72 mg Kalium, 0,40 mg Eisen, 17 g Protein, 0,3 g Fett und 2,7 g Kohlenhydrate. Babys bis zu einem Jahr benötigen 500–700 mg Kalzium pro Tag. Wenn die Flaschennahrung länger als einige Tage verwendet werden soll, ist eine zusätzliche Kalziumquelle erforderlich. Bitte halten Sie Rücksprache mit Ihrem Arzt.

### Die folgenden Zutaten werden mit Wasser auf 500 ml aufgefüllt:

2 EL pasteurisierter Honig
3 gehäufte EL Hüttenkäse (s. S. 178)
1 EL reines Färberdistelöl

- Den Honig mit 250 ml Wasser verrühren. Das Ganze 10 Minuten in einem Dampfkochtopf erhitzen, damit der Honig sterilisiert und alle Mikroorganismen abgetötet werden.
- Den Hüttenkäse und das Öl in einen Mixer geben und beides sämig schlagen. Nach und nach den Honig unterrühren. Die Mischung mit Wasser auf 500 ml auffüllen, dann in eine Flasche geben. Das Loch im Sauger muss für diese Nahrung etwas vergrößert werden.
- Die Menge der benötigten Zutaten kann nach Bedarf verdoppelt oder verdreifacht werden. Die Flaschennahrung im Kühlschrank aufbewahren und kurz vor Gebrauch auf 37 °C erhitzen. Innerhalb von 24 Stunden verbrauchen.

### Die Flaschennahrung enthält:

| | |
|---|---|
| Eiweiß (hauptsächlich Kasein) | 1,1% |
| Kohlenhydrate | 5% |
| Fett | 3,8% |

Die Eiweiß- und Fettanteile entsprechen annähernd denen der Muttermilch, der Anteil an Kohlenhydraten ist um zwei Prozent geringer.

Die Nahrung enthält nicht alle für Säuglinge notwendigen Vitamine und Mineralien, daher kann sie nur während eines kurzen Zeitraumes verwendet werden. Geben Sie Ihrem Kind im Handel erhältliche Babynahrung, sobald sich sein Gesundheitszustand verbessert.

# Glossar

**Darmflora**
Verschiedene Bakterien, Hefen und andere mikroskopisch kleine Lebensformen im Darm.

**Darmmukosa**
Die Schleimhaut im Darmtrakt, die mit dem Darminhalt in Kontakt kommt.

**Darmzotten**
s. Villi

**Disaccharidase**
In den Mukosazellen und im Lumen des Dünndarms nachweisbare Enzyme wie Laktase, Saccharase, Maltase und Isomaltase. Diese Enzyme spalten (verdauen) die Disaccharide Laktose, Saccharose, Maltose und Isolmaltose.

**Disaccharide**
Zucker, bestehend aus zwei chemisch miteinander verbundenen Molekülen. Vor der Aufnahme in den Blutkreislauf müssen Disaccharide (Doppelzucker) aufgespalten werden.

**Enteropathie**
Darmerkrankung.

**Enzyme**
Von Zellen erzeugte Eiweißstoffe, die chemische Reaktionen im Körper in Gang setzen.

**Fäulnis**
Chemischer Abbau von Proteinen durch Mikroorganismen während der Entwicklung von Ammoniak und anderen Verbindungen.

**Fermentation**
Der von Mikroorganismen vollzogene chemische Abbau von Kohlenhydraten in verschiedene Endprodukte wie Wasserstoff und Kohlendioxid sowie in andere Erzeugnisse wie Milchsäure, Essigsäure und Alkohol.

**Fruktose**
Ein Monosaccharid, das in Honig und Früchten vorkommt und außerdem zusammen mit Glukose bei der Verdauung von Saccharose freigesetzt wird.

**Galaktose**
Ein Monosaccharid das zusammen mit Glukose bei der Verdauung von Laktose freigesetzt wird.

**Glukose**
Ein Monosaccharid, das in Früchten und Honig vorkommt. Außerdem wird es bei der Verdauung von Saccharose zusammen mit Fruktose, bei der Verdauung von Laktose zusammen mit Galaktose und bei der Verdauung von Maltose und Isomaltose freigesetzt. Eine Kette Glukosemoleküle bildet ein Stärkemolekül.

**Isomaltase**
Ein Enzym der Mukosazellen des Dünndarms, das die Isomaltose in jeweils zwei Glukosemoleküle spaltet.

### Isomaltose
Disaccharid, bestehend aus zwei Glukosemolekülen, die sich in ihrer Verbindung jedoch von Maltose unterscheiden. Ein Großteil der Isomaltose im Darmtrakt stammt von bereits gespaltener Stärke.

### Kohlenhydrate
Ballaststoffe, Stärke und Zucker.

### Laktase
Ein in den Mukosazellen des Dünndarms lokalisiertes Enzym, das die Laktose in Glukose und Galaktose spaltet.

### Laktose
Milchzucker; ein Disaccharid, das aus der chemischen Verbindung eines Glukose- und eines Galaktosemoleküls besteht.

### Lumen
Hohlraum des Darms (Darmlumen).

### Maltase
Ein in den Mukosazellen des Dünndarms lokalisiertes Enzym, das die Maltose in zwei Glukosemoleküle spaltet.

### Maltose
Disaccharid, bestehend aus zwei chemisch miteinander verbundenen Glukosemolekülen. Ein Großteil der Maltose im Darmtrakt stammt von bereits gespaltener Stärke.

### Mikrovilli
Feine zytoplasmatische Fortsätze an der freien Darmzellenoberfläche, in denen sich normalerweise die Verdauungsenzyme befinden.

### Molekül
Verbindung aus zwei oder mehreren Atomen. Wasser z.B. ist ein Molekül, das aus zwei Wasserstoffatomen und einem Sauerstoffatom ($H_2O$) besteht.

### Monosaccharide
Einfachzucker (mono=eins, saccharid=Zucker) wie Glukose, Fruktose und Galaktose, die unverdaut in den Blutkreislauf aufgenommen werden.

### Mukosazellen
Darmzellen, die mit dem Darminhalt in Kontakt kommen.

### Peristaltik
Wellenartige fortschreitende Darmwandbewegung, die dem Transport des Darminhalts dient.

### Polysaccharide
Ein Kohlenhydrat, bestehend aus mehr als zwei chemisch miteinander verbundenen Zuckermolekülen, wie z.B. Stärke.

### Proteine
Einfache Eiweiße.

### Raffinierte Kohlenhydrate
Kohlenhydrate, z.B. Maisstärke oder raffinierte Zucker, denen die meisten Ballaststoffe, Vitamine und Mineralien entzogen wurden; die Kalorien sind in der Regel noch enthalten.

### Saccharase
Ein Enzym der Mukosazellen des Dünndarms, das Saccharose in Glukose und Fruktose spaltet.

### Saccharose
Disaccharid, bestehend aus der chemischen Verbindung eines Glukose- und eines Fruktosemoleküls; ein gewöhnlicher Rohr- oder Rübenzucker.

### Stärke
Ein als Polysaccharid in der gesamten Pflanzenwelt vorkommendes Kohlenhydrat; Getreide und Kartoffeln enthalten große Mengen Stärke. Ein Stärkemolekül wird aus einer langen Kette Glukosemoleküle gebildet.

### Toxin
Organischer Giftstoff von Bakterien.

### Verdauung
Abbau der Nahrungsstoffe in resorptionsfähige Bestandteile und deren Aufnahme in den Blutkreislauf.

### Villi
Finger- oder blattförmige Erhebungen, die normalerweise die Oberfläche des Dünndarms bilden; sie können unter verschiedenen Bedingungen abflachen.

### Vitamine
Lebensnotwendige Wirkstoffe, die in kleinen Mengen mit der Nahrung zugeführt werden. Bei unzureichender Vitaminzufuhr kommt es zu Vitaminmangelerkrankungen. Körpereigene Zellen können – bis auf wenige Ausnahmen – selbst keine Vitamine produzieren.

### Zucker
Chemische Verbindungen von unterschiedlicher Süße wie Fruktose, Glukose, Isomaltose, Laktose, Maltose und Saccharose.

# Weiterführende Hinweise

## Käse

Erlaubt sind Käsesorten, die praktisch keine Laktose enthalten. Bei der Herstellung dieser Sorten wird die Laktose durch die Zugabe von Milchsäurebakterien abgebaut. Die laktosehaltige Molke wird vom Bruch getrennt.

Eine Auswahl der erlaubten Käsesorten

### Unbeschränkt zu genießen:
Cheddar
Havarti
Emmentaler
Appenzeller
Hüttenkäse (s. S. 178)

### Gelegentlich zu genießen:
Allgäuer Bergkäse
Raclette
Asiago
Tilsiter

Blauschimmelkäse
Gorgonzola
Brie
Camembert
Edamer
Butterkäse
Esrom
Bonbel
Gouda
Limburger
Monterey Jack
Münster
Parmesan (geriebenen Parmesan nur ohne Zusatzstoffe)
Port du Salut
Roquefort
Stilton

### Nicht erlaubte Käsesorten

Hüttenkäse (laktosehaltig)
Frischkäse
Feta
Gjetost
Greyerzer
Mozzarella
Neufchatel
Mager Mysost
Prim
Ricotta
Räucherkäse
Schmelzkäse, Kochkäse oder andere Käseerzeugnisse

### Hüttenkäse (Körniger Frischkäse)

Hüttenkäse wird in mehreren Rezepten dieses Buches verwendet. Es gibt eine Sorte, die von verschiedenen Herstellern als »Hüttenkäse« oder »Körniger Frischkäse« angeboten wird.

Die Käsemasse besteht aus kleinen, weichen Körnern, die mit Molke und Rahm vermischt sind. Der Kohlenhydratgehalt (Laktosegehalt) von Hüttenkäse liegt je nach Hersteller zwischen 1 und 2,3 Prozent. Der Körnige Frischkäse von Bayernland enthält nur 1 Prozent Kohlenhydrate und ist für die laktosefreie Diät am besten geeignet, doch muss der Laktosegehalt vor dem Verzehr weiter reduziert werden. Zuerst die molke- und rahmhaltige Flüssigkeit abgießen und anschließend die Körner in ein Sieb füllen und unter fließendem Wasser abwaschen, sodass die restliche Laktose, die noch an den Körnern haftet, entfernt wird.

## Zucker

In sehr vielen Lebensmittelprodukten ist Zucker enthalten. Achten Sie beim Kauf von Lebensmitteln immer auf die Herstellerangaben.

Verschiedenen Lebensmitteln beigefügte Zuckermenge (Durchschnittswerte)

| | |
|---|---|
| Backwaren, Backmischungen | 11,42 % |
| Cornflakes | 26,71 % |
| Nudel- oder Reisgerichte | 1,34 % |
| Schmelzkäse | 24,56 % |
| Milcheis | 9,31 % |
| Dosenobst | 12,58 % |
| Fruchteis, Wassereis | 12,38 % |
| Wurstwaren | 2,87 % |
| Dosengemüse | 13,25 % |
| Fruchtsaftgetränke, Fruchtnektar | 13,25 % |

| | |
|---|---|
| Gewürze, Würzsoßen | 26,82 % |
| Süßigkeiten | 47,36 % |
| Marmelade, Gelee, süßer Brotaufstrich | 32,72 % |
| süße Soßen | 30,96 % |
| Kaugummi | 42,30 % |
| Kristallzucker | 97,92 % |
| Pulverkaffee | 12,60 % |
| Babynahrung: | |
| Flaschennahrung | 4,76 % |
| Getreidenahrung | 2,55 % |
| Fruchtnahrung | 12,25 % |
| Fleischnahrung | 0,44 % |
| Geflügelnahrung | 0,58 % |
| Gemüsenahrung | 2,89 % |
| Puddings | 12,09 % |
| Suppen, Fertigsuppen | 0,36 % |

## Vitaminpräparate

Im Rahmen der Diät dürfen Vitaminpräparate weder Zucker, Stärke, Weizen, Soja noch Molke enthalten. Auch Vitaminpräparate auf Hefebasis sind nicht erlaubt. Somit sind die meisten Vitamin-B-Zusammensetzungen und Bierhefe ausgeschlossen.

Oft genügt es nicht, die Packungsbeilage zu lesen, da sich hinter den aufgeführten Zusätzen verbotene Substanzen verbergen können. Der Apotheker kann über die Zusatzstoffe und Bindemittel informieren und helfen, das geeignete Vitaminpräparat zu finden.

Die Mengenangaben auf der Seite 49 dienen als Richtwerte für die benötigten Vitamine.

## Fruchtsäfte

In Deutschland darf ein Fruchtsaft im Handel nur als solcher bezeichnet werden, wenn keinerlei Zuckerzusätze enthalten sind. Daher beinhalten alle angebotenen Frucht- und Gemüsesäfte – ob als Direktsäfte oder als Säfte aus Fruchtsaftkonzentrat – nur fruchteigenen Zucker und sind im Rahmen der Spezifischen Kohlenhydratdiät erlaubt. Fruchtsaftgetränke oder Nektare hingegen sind mit Zucker oder Süßstoffen gesüßt und dürfen während der Diät nicht getrunken werden.
In Restaurants werden Fruchtnektare, z.B. Maracuja-, Kirsch-, oder Bananennektar, oft als Säfte deklariert; im Zweifelsfall sollte der Kellner gebeten werden, die Zutaten zu überprüfen. Apfel-, Trauben- und Orangensaft sind in der Regel zuckerfrei und können bedenkenlos bestellt werden.

# Literatur


Alun Jones, A., E. Workman, A.H. Freeman, R.J. Dickinson, A.J. Wilson, and J.O. Hunter. 1985. Crohn's disease: Maintenance of remission by diet. Lancet II: 177-180.

Anderson, I.H., A.S. Levine, and M.D. Levitt. 1981. Incomplete absorption of the carbohydrate in all-purpose wheat flour. New England Journal of Medicine 304:891-892.

Araya, M. and J.A. Walker-Smith. 1975. Specificity of ultrastructural changes of small intestinal epithelium in early childhood. Archives of Disease in Childhood 50:844-855.

Arbuthnott, J.P. and C.J. Smith. 1979. Bacterial adhesion in host/pathogen interactions in animals. In Adhesion of Microorganisms to Surfaces. Eds. D.C. Ellwood and J. Melling. Academic Press, London.

Arthur, A.B. 1966. Intestinal disaccharidase deficiency in children with celiac disease. Archives of Diseases in Children 41:519-524.

Baker, P.G. and A.E. Read. 1976. Oats and barley toxicity in coeliac patients. Postgraduate Medical Journal 52:264-268.

Bargen, J.A. 1924. Experimental studies on etiology of chronic ulcerative colitis. JAMA 83:332-336.

Bargen, JA., M.C. Copeland, L.A. Buie. 1931. The relation of dysentery bacilli to chronic ulcerative colitis. Practitioner 127:235-247.

Berg, N.O., A. Dahlqvist, T. Lindberg, and A. Norden. 1970. Intestinal dipeptidases and disaccharidases in celiac disease in adults. Gastroenterology 59:575-582.

Brunser, O. and M. Araya. 1984. Damage and repair of small intestinal mucosa in acute and chronic diarrhea. In Chronic Diarrhea in Children. Ed. E. Lebenthal. Nestlé Vevey/Raven Press, New York.

Burke, D.A. and A.T.R. Axon. 1987. Ulcerative colitis and Escherichia coli with adhesive properties. Journal of Clinical Pathology 40:782-786.

Cady, A.B., J.B. Rhodes, A. Littman, and R.K. Crane. 1967. Significance of lactase deficit in ulcerative colitis. Journal of Laboratory and Clinical Medicine 70:279-286.

Chalfin, D. and P.R. Holt. 1967. Lactase deficiency in ulcerative colitis, regional enteritis and viral hepatitis. American Journal of Digestive Diseases 12:81-87.

Coleman, D.L. P.H. Juergensen, M.H. Brand, and F.O. Finkelstein. 1981. Antibiotic-associated diarrhoea during administration of intraperitoneal cephalothin. Lancet 1:1004.

Creamer, B. 1966. Coeliac thoughts. Gut 7:569-571.

Crohn, B.B., L. Ginzburg, and G.D. Oppenheimer. 1932. Regional ileitis. JAMA 99:1323-1329.

Davidson, G.P. and R.R.W. Townley. 1977. Structural and functional abnormalities of the small intestine due to nutritional folic acid deficiency in infancy. Journal of Paediatrics 90:590-595.

De Dombal, F.T. 1968. Ulcerative colitis: definition, historical background, etiology, diagnosis, natural history and local complications. Postgraduate Medical Journal 44:684-692.

Delmont, J. 1983. Milk consumption and rejection throughout the world. In Milk Intolerance and Rejection. Ed. J. Delmont. Karger, Basel.

Dicke, W.K. 1950. Coeliakie, een onderzoek naar de nadelige involoed van sommige graansoorten op de lijder ann coeliakie, Thesis, Utrecht.

Diez-Gonzalez, F., T.R. Callaway, M.G. Kizoulis, and J.B. Russell. 1998. Grain feeding and dissemination of acid-resistant Escherichia coli from cattle. Science 281:1666-1668.

Donaldson, R.M., Jr. and J.D. Grybsoki. 1973. Carbohydrate intolerance. In Gastrointestinal Disease. Eds. M.H. Sleisenger and J.S. Fordtran. XV.B. Saunders Co., Philadelphia.

Dubos, R. 1962. The Unseen World. The Rockefeller Institute Press, New York.

DuPont, H.I., S.B. Formal, R.B. Hornick, M.J. Snyder, J.P. Libonati, D.G. Sheahan, E.H. LaBrec, and J.P. Kalas. 1971. Pathogenesis of Escherichia coli diarrhea. The New England Journal of Medicine 285:1-9.

Dvorak, A.M., A.B. Connell, and G. R. Dickersin. 1979. Crohn's disease: A scanning electron microscopic study. Human Pathology 10:165-177.

Feibusch, J.M. and P.R. Holt. 1982. Impaired absorptive capacity for carbohydrate in the aging human. Digestive Diseases and Sciences 27:1095-1100.

Flexner, S. and J .E. Sweet. 1906. The pathogenesis of experimental colitis and the relation of colitis in animals and man. Journal of Experimental Medicine 8:514-535.

Fournier, G., J. Orgiazzi, B. Lenoir, and M. Dechavannne. Pseudomembranous colitis probably due to rifampicin. Lancet 1:101.

Friedman, R.J., I.E. Mayer, J.T. Galambos, and T. Hersh. 1980. Oxacillin-induced pseudomembranous colitis. American Journal of Gastroenterology 72:445-447.

Gee, 5. 1888. On the celiac affliction. St. Bartholomew's Hospital Report 24:17.

George, W.L., R.D. Rolfe, V.L. Sutter, and S.M. Finegold. 1979. Diarrhea and colitis associated with antimicrobial therapy in man and animals. American Journal of Clinical Nutrition 32:251-257.

Go, V.L.W. and W.H.J. Summerskill. 1971. Digestion, maldigestion, and the gastrointestinal hormones. American Journal of Clinical Nutrition. 24: 160-167.

Gunja-Smith, Z., J.J. Marshall, C. Mercier, E.E. Smith, and W.J. Whelan. 1970. A revision of the Meyer-Bernfield model of glycogen and amylopectin. FEBS Letters 12:101-104.

Haas, S.V. and M.P. Haas. 1951. Management of Celiac Disease. J. B. Lippincott Co., Philadelphia.

Herter, C. 1908. On Infantilism from Chronic Intestinal Infection. MacMillan, New York.

Holmes, G.K.T., P.L. Stokes, T.M. Sorahan, P. Prior, J.A.H. Waterhouse, and W.T. Cooke. 1976. Coeliac disease, gluten free diet, and malignancy. Gut 17:612-619.

Hurst, A.F. 1931. Ulcerative colitis. Proceedings of the Royal Society of Medicine 24:785-803.

Johnson, W.C. 1974. Oral elemental diet. Archives of Surgery 108:32-34.

Jonas, A., P.R. Flanagan, and G.C. Forstner. 1977. Pathogenesis of mucosal injury in the blind loop syndrome. Journal of Clinical Investigation 60:1321-1330.

Jones, R.H.T. 1964. Disaccharide intolerance and mucoviscidosis. Lancet 2:120-121.

Keusch, G.T., and D.H. Present. 1976. Summary of a workshop on clindamycin colitis. Journal of Infectious Diseases 133:578-587.

King, C.E. and P.E. Toskes. 1979. Small intestine bacterial overgrowth. Gastroenterology 76:1035-1055.

King, E. and P.P. Toskes. 1979. Small intestine bacterial overgrowth. Gastroenterology 76:1035-1055.

Kirschner, B.S., M.V. DeFavaro, and W. Jensen. 1981. Lactose malabsorption in children and adolescents with inflammatory bowel disease. Gastroenterology 81:829-832.

Kopeloff, N. 1930. Man Versus Microbes. Garden City Publishing Co.,Inc., Garden City, New York.

Lebenthal, E., L. Heitlinger, P.C. Lee, K.S. Nord, C. Holdge, S.P. Brooks, and D. George. 1983. Corn syrup sugars: In vitro and in vivo digestibility and clinical tolerance in acute diarrhea of infancy. Journal of Pediatrics 103:29-34.

Lee, P.C. 1984. Transient carbohydrate malabsorption and intolerance in diarrheal diseases of infancy. In Chronic Diarrheal in Children. Ed. E. Lebenthal. Nestle, Vevey/Raven Press, New York.

Lifshitz, F. and G. Holman. 1966. Familial celiac disease with intestinal disaccharidase deficiencies. American Journal of Digestive Diseases 11:377-387.

Littman, A. and J.B. Hammond. 1965. Diarrhoea in adults caused by deficiency in intestinal disaccharidases. Gastroenterology 48:237-249.

Matthews, D.M. 1975. Intestinal absorption of peptides. Physiological Review 55:537-608.

McCarrison, R. 1922. Faulty food in relation to gastrointestinal disorders. JAMA 78:1-8.

McEvoy, A., J. Dutton, and O.F.W. James. 1983. Bacterial contamination of the small intestine is an important cause of occult malabsorption in the elderly. British Medical Journal 287:789-793.

McMichael, H.B., J. Webb, and A.M. Dawson. 1965. Lactase deficiency in adults: a cause of functional diarrhoea. Lancet 1:717:720.

Metchnikoff, E. 1908. The Prolongation of Lift. G.P. Putnam's Sons, New York.

Moog, F. 1981. The lining of the small intestine. Scientific American 245:154-176.

Moore, W.E.C. and L.V. Holdeman. 1975. Discussion of current bacteriological investigations of the relationships between intestinal flora, diet, and colon cancer. Cancer Research 35:3418-3420.

Morgan, H .D. 1907. Upon the bacteriology of the summer diarrhea of infants. British Medical Journal 2:16-19.

Necheles, H. and C. Beck. 1965. Lactobacillus and intestinal flora. Applied Therapeutics 7:463-465.

Oh, M.S., K.R. Phelps, M. Traube, J.L. Barbosa-Salvidar, C. Boxhill, and H .1. Carroll. 1979. D-Lactic acidosis in a man with the short-bowel syndrome. New England Journal of Medicine 301:249-252.

Poley, J .R. 1984. Ultrastructural topography of small bowel mucosa in chronic diarrhea in infants and children: Investigations with the scanning electron microscope. In Chronic Diarrhea in Children. Ed. E. Lebenthal. Nestle, Vevey/Raven Press, New York.

Pope, C.E. II. 1983. involvement of the esophagus by infections, systemic illnesses and physical agents. In Gastrointestinal Disease. Eds. M.H. Sleisenger and J.S. Fordtran. W. B. Saunders Co., Philadelphia.

Riley, L.W., R.S. Remis, S.D. Helgerson, et al. 1983. Hemorrhagic colitis associated with a rare Escherichia coli serotype. New England Journal of Medicine 308:681-685.

Robins-Browne, R.M. and M.M. Levine. 1981. The fate of ingested lactobacilli in the proximal small intestine. American Journal of Clinical Nutrition 34:514-519.

Rolfe, R.D. and S.M. Finegold. 1980. Inhibitory interactions between normal fecal flora and Clostridium difficile. American Journal of Clinical Nutrition 33:2539.

Rubin, C.E., L.L. Brandborg, A.L. Flick, P. Phelps, C. Parmentier, and S. van Niel. 1962. Studies of celiac sprue. III The effect of repeated wheat instillation into the proximal ileum of patients on a gluten free diet. Gastroenterology 43:621-641.

Russell, R.I. 1981. Elemental Diets. CRC Press, Florida.

Saginur, R., C.R. Hawley, and J.G. Bartlett. 1980. Colitis-associated metronidazole therapy. Journal of lnfectious Disease 141:772-774.

Salyers, A.A. 1979. Energy sources of major intestinal fermentative anaerobes. American Journal of Clinical Nutrition 32:158-163.

Sandberg, D.H., P.M. Tocci, and R.M. McKey. 1974. Decrease in sweat sodium chloride concentrations on limited diets. Pediatric Research 8:386.

Sandine, W.E., K.S. Muralidhara, P.R. Elliker, and D.C. England. 1972. Lactic acid bacteria in food and health. Journal of Milk and Food Technology 35:691-702.

Simon, G.L. and S.L. Gorbach. 1981. Intestinal flora in health and disease. In Physiology of the Gastrointestinal Tract, Vol.2. Ed. L.R. Johnson. Raven Press, New York.

Stevens, F.M., J.J. Phelan, B. McNicholl, F.R. Comerford, P.F. Fottrell, and C.F. McCarthy. 1978. Clinical demonstration of the reduction of gliadin toxicity by enzymic cleavage of side-chain substituent. In Perspectives in Coeliac Disease. Eds. B. McNicholl, C.F. McCarthy, and PF. Fottrell. University Park Press, Baltimore.

Strunk, R.C., J.L. Pinnas, T.J. John, R.C. Hansen, and J.L. Blazovich. 1978. Rice hypersensitivity associated with serum complement depression. Clinical Allergy 8:51-58.

Struthers, J.E., Jr., J.W. Singleton, and F. Kern, Jr. 1965. Intestinal lactase deficiency in ulcerative colitis and regional ileitis. Annals of Internal Medicine 63:221-228.

Taylor, A.G. 1976. Toxins and the genesis of specific lesions: Enterotoxin and exfoliatin. In Mechanisms in Bacterial Toxinology. Ed. A.W. Bernheimer. John Wiley and Sons, New York.

Thomson, G., A.H. Clark, K. Hare, and W.G.S. Spilg. 1981. Pseudomembranous colitis after treatment with metronidazole. British Medical Journal 282:864-865.

Toffier, R.B., E.G. Pingoud, and M.I. Burrell. 1978. Acute colitis related to penicillin and penicillin derivatives. Lancet 2:707-70.

Townley, R.R.W., K.T. Khaw, and H. Schwachman. 1965. Quantitative assay of disaccharidase activities of small intestinal mucosal biopsy specimens in infancy and childhood. Pediatrics 36:911-921.

Truelove, S.C. 1961. Ulcerative colitis provoked by milk. British Medical Journal 1:154-160.

Truss, C. Orian. 1983. The Missing Diagnosis, P.O. Box 26508, Birmingham, Alabama 35226.

Van Eys, J. 1977. Nutritional therapy in children with cancer. Cancer Research 37:2457-2461.

Van Soest, PJ. 1981. Some factors influencing the ecology of gut fermentation in man. In Banbury Report 7 – Gastrointestinal Cancer: Endogenous Factors. Eds. W.R. Bruce, P. Correa, M. Lipkin, S.R. Tannenbaum, and T.D. Wilkins. Cold Spring Harbor Laboratory.

Von Brandes, J.W., and H. Lorenz-Meyer. 1981. Diet excluding refined sugar: a new perspective for the treatment of Crohn's disease? A randomized controlled study. Z. Gastroenterologie 19:1-12.

Weijers, H.A. and J.H. van de Kamer. 1965. Treatment of malabsorption of carbohydrates. Modern Treatment 2:378-390.

Weiner, M. and J. van Eys. 1983. In Nicotinic Acid. Marcel Dekker, Inc. New York.

Welsh, J.D., O.M. Zschiesche, J. Anderson, and A. Walker. 1969. Intestinal disaccharidase activity in celiac sprue (gluten-sensitive enteropathy). Archives of Internal Medicine 123:33-38.

Weser, E. and M.H. Sleisenger. 1965. Lactosuria and lactase deficiency in adult celiac disease. Gastroenterology 48:571-578.

Willoughby, J.M.T. 1982. The alimentary system. In Iatrogenic Diseases, 2nd ed. Eds. P.P. D'Arcy and J.P. Griffin. Oxford University Press, New York.

Worthen, D.B. and J .R. Lorimer. 1979. Enteral Hyperalimentation with Chemically Defined Elemental Diets: A Source Bock, 2nd ed. Norwich–Eaton Pharmaceuticals, Norwich, New York.

Wright, R., and S.C. Truelove. 1965. A controlled therapeutic trial of various diets in ulcerative colitis. British Medical Journal 2:138-141.

Ziv, G.M., M.J. Paape, and A.M. Dulin. 1983. Influence of antibiotics and intramammary antibiotic products on phagocytosis of Staphylococcus aureus by bovine leukocytes. American Journal of Veterinary Research 44:385-388.

### Internetadressen:

Die Seiten des DCCV:
www.dccv.de

Informationen zu Darmerkrankungen:
www.competenznetz-darmerkrankungen.de

# Register


Ananas-Käse-Dessert 156
Ananas-Koriander-Salsa 79
Antipastosalat 88
Apfel-Nuss-Speise 146
Apfel-Pudding-Torte 144
Apfel-Rosinen-Erdnussbutter-Aufstrich 62
Babynahrung (frei von Disacchariden) 173
Bananenkuchen 130
Bananenpfannkuchen 126
Beckys Toffee 161
Blumenkohlpüree 92
Bratensoße Nr. 1 110
Bratensoße Nr. 2 111
Butternutscheiben 89
Chilisoße 76
Dattelkuchen 131
Eierspeise 144
Eiscreme 148
Eiscreme mit weißen Bohnen 150
Erdnussbutterplätzchen 135
Fischschmortopf 100
Frischkäse 172
Frischkäseglasur 141
Fruchtsaftschorle 168
Gazpacho (Kalte Tomatensuppe) 66
Gebackene Apfelscheiben mit Honig 145
Gebackene-Auberginen-Suppe 74
Gebackene-Bohnen-Schmortopf 96
Gebackener Acorn 89
Gebackener Hüttenkäse 98
Geflügelfüllung 110
Gefüllte Zucchini 114
Gemüse mit Huhn, Rind- oder Schweinefleisch 112
Grundrezept für Muffins und Brot 122
Hackbraten mit Gemüse 118
Hähnchen Royal 98
Hähnchenflügel mit Honig und Knoblauch 106
Hähnchenkroketten 102
Halloween-Möhrensalat (Kürbisköpfe) 82
Herbs Bohnenpfannkuchen 126
Herzhafte Gemüsesuppe 72
Himbeermousse 152
Himbeermousse-Baiser-Torte 154
Honig-Ingwer-Chutney 76
Honig-Knoblauch-Spareribs 104
Honig-Nuss-Kräcker 156
Honig-Walnuss-Backäpfel 145
Honigglasur 141
Honigschlagsahne 140
Hühnersuppe 70
Hüttenkäsesalat 82
Ingwer-Joghurt-Hähnchen 102
Joghurt 170
Joghurt-Salatdressing 86
Kandierte Nüsse 158
Karottenchips 92
Käsebrot 124
Käsekuchen 134
Käseplätzchen 136
Ketchup 78
Kokosbällchen 158
Kürbiskuchen 157
Kürbisplätzchen 140
Leberpastete 64
Linsen süß-sauer 93
Lois Langs leckeres Brot 128
Lollipops 161
Mandel-Honig-Crisps 135
Marmelade 162
Mayonnaise 90
Meeresfrüchtesalat 84
Milkshake 166
Mit Honig überzogene Äpfel 146
Möhrenkuchen 132
Möhrensuppe 68
Monsterkekse 136
Muffins 123
Nusstorte 131
Orangenmousse 151
Party-Käse-Dip 64
Pina Colada 168
Pizza 108
Plätzchen mit Dattelfüllung 138
Preiselbeeren-Relish 78
Punsch 169
Saure Sahne 172
Schnell zubereitete Eiscreme 149
Sommerobst-Terrine 83
»Spaghetti« mit Soße 111
Steckrüben-Pommes-Frites 93
Tomatencremesuppe 65
Vanilleklümpchen 160
Vinaigrette 88
Waldorfsalat 86
Zitronensoufflé 148
Zucchini-Tomaten-Salat 84
Zucchiniauflauf 113
Zucchinilasagne 116
Zucchinimuffins 130